Michael Bauer

Vergleich von Mehrträger-Übertragungsverfahren und Entwurfskriterien für neuartige Powerline-Kommunikationssysteme zur Realisierung von Smart Grids

Forschungsberichte aus der Industriellen Informationstechnik
Band 4

Institut für Industrielle Informationstechnik
Karlsruher Institut für Technologie

Hrsg. Prof. Dr.-Ing. Fernando Puente León
        Prof. Dr.-Ing. habil. Klaus Dostert

Eine Übersicht über alle bisher in dieser Schriftenreihe erschienenen Bände
finden Sie am Ende des Buchs.

Vergleich von Mehrträger-Übertragungsverfahren und Entwurfskriterien für neuartige Powerline-Kommunikationssysteme zur Realisierung von Smart Grids

von
Michael Bauer

Dissertation, Karlsruher Institut für Technologie
Fakultät für Elektrotechnik und Informationstechnik, 2011

Impressum

Karlsruher Institut für Technologie (KIT)
KIT Scientific Publishing
Straße am Forum 2
D-76131 Karlsruhe
www.ksp.kit.edu

KIT – Universität des Landes Baden-Württemberg und nationales
Forschungszentrum in der Helmholtz-Gemeinschaft

Diese Veröffentlichung ist im Internet unter folgender Creative Commons-Lizenz
publiziert: http://creativecommons.org/licenses/by-nc-nd/3.0/de/

KIT Scientific Publishing 2012
Print on Demand

ISSN 2190-6629
ISBN 978-3-86644-779-0

Vergleich von Mehrträger-Übertragungsverfahren und Entwurfskriterien für neuartige Powerline-Kommunikationssysteme zur Realisierung von Smart Grids

Zur Erlangung des akademischen Grades eines

DOKTOR-INGENIEURS

von der Fakultät für

Elektrotechnik und Informationstechnik

des Karlsruher Instituts für Technologie (KIT)

genehmigte

DISSERTATION

von

Dipl.-Ing. Michael Bauer

aus Nürnberg

Tag der mündl. Prüfung: 12.04.2011
Hauptreferent: Prof. Dr.-Ing. habil. K. Dostert
Korreferent: Prof. Dr.-Ing. H. Hirsch

Vorwort

Die vorliegende Arbeit entstand überwiegend während meiner Tätigkeit als wissenschaftlicher Mitarbeiter am Institut für Industrielle Informationstechnik (IIIT) des Karlsruher Instituts für Technologie.

Herrn Prof. Dr.-Ing. habil. Klaus Dostert danke ich für die Initiierung der Arbeit sowie für die Übernahme des Hauptreferats. Sein umfassender Erfahrungsschatz, insbesondere auf dem Gebiet der hardwaretechnischen Realisierung von Übertragungssystemen für die Powerline Kommunikation, war stets ein hilfreicher Wegweiser. Herrn Prof. Dr.-Ing. Holger Hirsch danke ich für die Übernahme des Korreferats, für das meiner Arbeit entgegengebrachte Interesse und für die Anerkennung meiner Leistung.

Außerdem danke ich Herrn Prof. Dr.-Ing. Uwe Kiencke und Herrn Prof. Dr.-Ing. Fernando Puente León, die jeweils in ihrer Funktion als Institutsleiter des IIIT die Rahmenbedingungen dafür geschaffen haben, dass ich diese Arbeit erstellen und erfolgreich abschließen konnte.

Ich danke allen derzeitigen und ehemaligen Mitarbeitern des IIIT, die zu einem einzigartigen, guten Arbeitsklima beigetragen haben, auch in Zeiten hoher allgemeiner Arbeitsbelastung. Namentlich danke ich Frau Manuela Koffler, Frau Mirta Bachmann, Herrn Dieter Brandt und Herrn Stefan Seelinger. Das facettenreiche Arbeitsgebiet der Informations- und Kommunikationstechnologie hat mich in die glückliche Lage versetzt, eine Vielfalt studentischer Arbeiten betreuen zu dürfen. Mit viel persönlichem Engagement und großer Motivation haben einige Studierende mit ihren wissenschaftlichen Arbeiten wertvolle Beiträge zu dieser Arbeit geleistet. Ihnen danke ich für die tolle Zusammenarbeit und die interessanten Diskussionen.

Eine Arbeit wie diese erfordert in hohem Maße persönliche Hingabe. Daher danke ich allen Menschen in meinem persönlichen Umfeld sowie allen Freunden und Bekannten, die mein Engagement für diese Arbeit verständnisvoll toleriert haben. Mein besonderer Dank gilt aber meiner Familie und in erster Linie meinen Eltern. Ihre Unterstützung und ihr Rückhalt haben meinen Werdegang und damit auch diese Arbeit überhaupt erst ermöglicht.

Karlsruhe, im Oktober 2011   Michael Bauer

Tiefes Wissen heißt, der Störung vor der
Störung gewahr sein...

(Sun Tzu)

Inhaltsverzeichnis

1 Einleitung

In jüngster Zeit sind Themen rund um die Erzeugung und den Verbrauch von Energie weiter in den Fokus der Öffentlichkeit gerückt. Häufig wird dabei die zunehmende Verknappung konventionell zur Energieerzeugung eingesetzter Primärenergieträger thematisiert, ebenso wie die nachteiligen Auswirkungen herkömmlicher Methoden zur Energieerzeugung auf die Umwelt. Bei der Energieerzeugung wird daher zunehmend auf einen umweltschonenden und sparsamen Einsatz begrenzt vorhandener Ressourcen geachtet. Auch spielt die Nutzung regenerativer Energiequellen wie beispielsweise Solar- oder Windenergie zur Energieerzeugung eine immer größere Rolle. Allgemein gewinnt der verantwortungsvolle Umgang mit Energie zunehmend an Akzeptanz.

Die effektivste Methode zur Ressourcenschonung besteht sicherlich in einer Reduktion des Verbrauchs von Endenergie. Eine solche Senkung des Energieverbrauchs ist in einigen Fällen machbar und sinnvoll – in anderen Fällen kann dies jedoch mit unerwünschten funktionellen Einschränkungen von Geräten oder Unannehmlichkeiten für Verbraucher verbunden sein. Die Akzeptanz für eine Senkung des Endenergieverbrauchs ist daher seitens der Endenergiekunden tendenziell eher begrenzt.

Gegenüber der Einschränkung des Endenergieverbrauchs erscheint die Akzeptanz für Maßnahmen, die zu einer Steigerung der Effizienz von Prozessen zur Energieumwandlung führen, höher. Hierbei ist das unmittelbare und aktive Mitwirken der Endenergiekunden nicht erforderlich. Über die Senkung des Endenergieverbrauchs und die Steigerung der Endenergieeffizienz hinaus werden in zunehmendem Maße Ansätze untersucht, wie auch die Verteilung von Endenergie effizienter gestaltet werden kann. So lassen sich beispielsweise Verluste bei der Übertragung und Verteilung elektrischer Energie durch eine dezentrale Energieerzeugung verringern [36, 57].

Maßnahmen zur Steigerung der Endenergieeffizienz werden, häufig in Verbindung mit Ansätzen zur Einbindung regenerativer Energiequellen in die Infrastruktur der Energieverteilnetze und zur Einsparung von Energie, unter den Begriffen „Intelligente Energieversorgungsnetze" bzw. „Smart Grids" zusammengefasst.

1.1 Smart Grids als Anwendungsbereich für Powerline Kommunikation

Ein wesentlicher Grundgedanke der Smart Grids ist die bedarfsgerechte Energieerzeugung. Um die Energieerzeugung zu einem Zeitpunkt dem tatsächlichen Verbrauch anpassen zu können, benötigen Energieerzeuger möglichst aktuelle Informationen über den tatsächlichen Energiebedarf. Die zur Ermittlung dieses Energiebedarfs benötigten Informationen müssen an vielen Stellen eines weitläufig verzweigten Energieversorgungsnetzes in örtlicher Nähe zu den Energieverbrauchern erfasst werden und anschließend an die Energieerzeuger übermittelt werden. Entscheidende Voraussetzung für die Realisierung von Smart Grids ist daher das Vorhandensein leistungsfähiger Informations- und zuverlässiger Kommunikationstechnologie.

Eine besondere Rolle bei der Erfassung aktueller Verbrauchsinformationen spielt das automatisierte Erfassen der Zählerstände von Energiemengenzählern, häufig als „Smart Metering" oder „Automated Meter Reading" bezeichnet. Die Datenerfassung bezüglich der in Gebäuden anfallenden Verbrauchswerte erfolgt bei der Mehrzahl der aktuell diskutierten Systemarchitekturen durch den Stromzähler. Dieser übermittelt die gesammelten Daten an einen Datenkonzentrator, der wiederum die aggregierten Daten vieler Stromzähler an übergeordnete Systeme weiterleitet.

Besonders die Kommunikation zwischen Stromzählern und Datenkonzentratoren steht bei der Entwicklung einer Systemarchitektur für Smart Metering, häufig als „Automated Metering Infrastructure" bezeichnet, im Vordergrund. Da sich Stromzähler und Datenkonzentratoren leicht über das Energieverteilnetz miteinander verbinden lassen, erscheint die Powerline Kommunikation [14], also die Datenübertragung über das Energieverteilnetz, als eine ökonomische Lösung, um die Kommunikation zwischen Datenkonzentratoren und Stromzählern gewährleisten zu können.

Im Gegensatz zu anderen Übertragungsmedien sind jedoch Energieverteilnetze nicht für die Übertragung hochfrequenter Signale, wie sie für die digitale Datenübertragung genutzt werden, ausgelegt. An Energieverteilnetze sind des Weiteren vielerlei Arten von Verbrauchern angeschlossen, die während des Betriebs auch Signale in das Energieverteilnetz einkoppeln. Derartige Signale können die Datenübertragungssignale empfindlich stören.

Um Smart-Metering-Anwendungen realisieren zu können, soll also eine große Anzahl an Datenverbindungen mit hohen Zuverlässigkeitsanforderungen über ein bekanntermaßen schwieriges Übertragungsmedium abgewickelt werden.

1.2 Zielsetzung und Struktur der Arbeit

Ausgehend von einer Beschreibung der Systemarchitektur werden in Kapitel 2 die Anforderungen betrachtet, die an ein Powerline-Kommunikationssystem zur Realisierung intelligenter Energieverteilnetze gestellt werden. Dabei wird die Tatsache herausgestellt, dass zwar vielfältige Ideen für mögliche Dienste und Anwendungen in Smart Grids existieren, die Realisierungen solcher Ideen sich allerdings häufig erst im Stadium von Feldversuchen befinden. Evident ist allerdings, dass eine kommunikationstechnologische Infrastruktur unabdingbare Voraussetzung für die Realisierung neuer Dienste und Anwendungen in Smart Grids ist. Diese Infrastruktur stellt insofern eine Neuerung dar, als sie einen bisher nicht realisierbaren Informationsaustausch zwischen Energieerzeuger und Energieverbraucher ermöglichen muss.

Für die Realisierung einer derartigen Kommunikationsinfrastruktur existieren bereits neue, auf OFDM basierende Übertragungstechnolgien, die im Vergleich zu älteren Technologien wie beispielsweise denen nach IEC 61334-5-1 wesentlich höhere Datenraten versprechen und damit gleichzeitig ein hohes Maß an Flexibilität und Zukunftssicherheit bezüglich künftiger, neu zu entwickelnder Smart-Grid-Anwendungen. Eine Auswahl dieser Übertragungstechnologien wird vorgestellt und auf Grundlage ihrer Spezifikationen verglichen.

Um die Möglichkeiten zu ergründen, welchen physikalischen Randbedingungen die Powerline Kommunikation zum Einsatz für Smart Grids unterworfen ist, müssen die Eigenschaften des Übertragungskanals analysiert werden. Die Analyse der Kanaleigenschaften erfolgt in dieser Arbeit auf zweierlei Arten:

Zum einen werden in Kapitel 3 die statistischen Eigenschaften ausgewählter Realisierungen des Störszenarios des für die Powerline Kommunikation (Powerline Communication, PLC) relevanten Übertragungskanals, im Folgenden PLC-Übertragungskanal, mit denen des AWGN-Kanals verglichen. Untersucht werden dabei insbesondere die Eigenschaften der Autokorrelationsfunktion und des Leistungsdichtespektrums. Es zeigt sich, dass alle betrachteten PLC-Störszenarien zyklostationäre Komponenten enthalten und daher auch deren Leistungsdichtespektrum zeitvariant ist. Darüber hinaus weist das Leistungsdichtespektrum der betrachteten PLC-Störszenarien eine starke Frequenzabhängigkeit auf. Beides stellt gravierende Unterschiede zu den Annahmen des AWGN-Kanalmodells dar. Es zeigt sich, dass die zyklostationären Komponenten des Störszenarios im Wesentlichen auf periodische, netzsynchrone Impulsstörer zurückzuführen sind.

Zum anderen werden in Kapitel 4 die besonderen Eigenschaften von PLC-Störszenarien analysiert mit dem Ziel, die Periodizität der Impulsstörer genauer zu untersuchen. Hierfür wird ein spezielles Analyseverfahren neu entwickelt, das unter Anderem auf Grundlage der auftretenden Amplitudenwerte eine automatisierte Detektion von Störimpulsen vornimmt. Damit können Zeitabschnitte, die Impulse enthalten, und Zeitabschnitte, die permanent vorhandene Hintergrundstörungen beinhalten, getrennt voneinander analysiert werden. Mittels des entworfenen Verfahrens werden über 24 Stunden hinweg an mehreren Punkten desselben Niederspannungsnetzes gesammelte Aufzeichnungen des Störszenarios analysiert. Die spezielle Vorgehensweise bei der Analyse lässt sowohl Aussagen über das Zeitverhalten des Störszenarios in Zeiträumen von Millisekunden zu als auch Aussagen bezüglich des Zeitverhaltens des Störszenarios über Zeiträume von Stunden. Es zeigt sich, dass die Eigenschaften des Störszenarios im Mittel mit der Netzperiode periodisch wiederkehrende Regelmäßigkeiten aufweisen. Diese Regelmäßigkeiten bleiben überwiegend über die Größenordnung von Stunden hinweg unverändert. Um die Komplexität des Störszenarios hinreichend zu erfassen, werden zu dessen Beschreibung hauptsächlich Methoden der deskriptiven Statistik angewendet. Um die Evaluation verschiedener Modulationsverfahren unter realitätsnahen Bedingungen vornehmen zu können, wird in Abschnitt 7.3 ein Simulationsmodell vorgestellt, das die Verwendung aufgezeichneter Realisierungen realer PLC-Störszenarien als additive Störsignale erlaubt.

Zielsetzung der weiteren Betrachtungen ist es, geeignete Modulationsverfahren zu finden, die unter den durch PLC-Störszenarien gegebenen Bedingungen eine weitestgehend zuverlässige Datenübertragung ermöglichen. Aufbauend auf einer zusammenfassenden Darlegung der theoretischen Grundlagen der Signalübertragung in Kapitel 5 werden zwei grundsätzlich verschiedene Mehrträgermodulationsverfahren untersucht, zum einen das weit verbreitete Modulationsverfahren OFDM, zum anderen das weniger bekannte Verfahren der Wavelet-Packet-Modulation. Ausgehend von einem in einer anderen Arbeit [35] entstandenen OFDM-System wird in Kapitel 6 eine Parameterkonfiguration für die Wavelet-Packet-Modulation festgelegt. Mit den so gewählten Parametern entsprechen Datenrate und Bandbreite des Übertragungssignals der Wavelet-Packet-Modulation im Wesentlichen denen der Datenrate und Signalbandbreite des OFDM-Systems. Damit kann ein aussagekräftiger Vergleich beider Modulationsverfahren angestellt werden. Die beiden Modulationsverfahren werden in Unterabschnitt 7.4.2 für die jeweils gewählten Parameter anhand des entworfenen Simulationsmodells unter dem Einfluss von AWGN-Störszenarien und unter dem Einfluss realer PLC-Störszenarien validiert und verglichen. Es zeigt sich, dass die Wavelet-Packet-Modulation durchaus Vorteile gegenüber OFDM aufweisen kann.

Darüber hinaus wird anhand des Simulationsmodells die Zuverlässigkeit der Datenübertragung unter Verwendung des zuvor parametrierten OFDM-Verfahrens für verschiedene Modulationsarten untersucht. Zusätzlich wird die Zuverlässigkeit der Datenübertragung mit dieser Parametrierung am realen Niederspannungsnetz evaluiert. Für diese Evaluation wird ein eigens im Rahmen dieser Arbeit entworfenes System verwendet, das die gleichzeitige Datenübertragung und Signalerfassung ermöglicht. Nur dadurch ist es möglich, die Ursachen für die bei der Evaluation aufgetretenen Fehler genau festzustellen.

Als Beitrag zur Steigerung der Zuverlässigkeit bei der Datenübertragung über Niederspannungsnetze unter Verwendung von OFDM wird abschließend gezeigt, dass unter den durch die untersuchten PLC-Störszenarien gegebenen Bedingungen eine Reduzierung der Anzahl der verwendeten Subträger gegenüber der durch die vorher diskutierten OFDM-Systeme verwendeten Subträger-Anzahl zu einer Maximierung der Kanalkapazität führt. Ebenso wird gezeigt, dass aufgrund der zeitlichen Regelmäßigkeit des PLC-Störszenarios und dessen spektraler Eigenschaften auch die Verringerung der Symboldauer gegenüber den Symboldauern anderer OFDM-Systeme zu einer Verringerung der Bitfehlerrate führen kann.

Abbildung 1.1 zeigt die inhaltliche Struktur der vorliegenden Arbeit im Überblick.

Kapitel 2	Kapitel 3	Kapitel 4
▪ Relevanz der Powerline Kommunikation für Smart Grids ▪ Anforderungen an PLC-Kommunikationssysteme ▪ Existierende Konzepte für Kommunikationssysteme für AMI ▪ Regulatorische Vorgaben	▪ Physikalische Eigenschaften des Energieverteilnetzes als Übertragungskanal ▪ Modell des Übertragungskanals ▪ Gegenüberstellung von PLC-Kanal und AWGN-Kanal	▪ Verfahren zur Analyse der speziellen Eigenschaften des Störszenarios ▪ Analyse des Störszenarios eines Niederspannungsnetzes über einen Zeitraum von 24 Stunden

Kapitel 5	Kapitel 6	Kapitel 7
▪ Theoretische Grundlagen für Modulationsverfahren ▪ OFDM ▪ Wavelet-Packet-Modulation	▪ Parameterwahl für OFDM ▪ Parameterwahl für Wavelet-Packet-Modulation ▪ Verfahren zur Rahmendetektion	▪ Evaluation verschiedener Modulationsarten für OFDM ▪ Evaluation der Wavelet-Packet-Modulation und Vergleich mit OFDM ▪ Evaluation eines OFDM-Übertragungssystems am realen Niederspannungsnetz ▪ Entwurfskriterien zur Steigerung der Zuverlässigkeit

Kapitel 8
Verallgemeinertes Kriterium zur Auswahl von Modulationsverfahren

Abbildung 1.1   Aufbau der Arbeit

2 Stand der Technik

Begriffe wie das „Smart Grid" werden zunehmend auch in den Medien diskutiert, wobei allerdings oftmals unklar ist, welche konkreten Anwendungen und Systemideen sich hinter diesen Begriffen verbergen. Daher werden im folgenden Abschnitt zunächst eine Definition und Abgrenzung der Begriffe „Smart Grid" und „Smart Metering" bzw. „Automated Metering" vorgenommen.

2.1 Smart Grids – Funktionen und Dienste

Die mit Smart Grids in Zusammenhang stehenden Funktionalitäten beziehen sich im Wesentlichen auf drei Bereiche:

- Energieerzeugung

- Energieverbrauch

- Energieverteilung und Energiemehrwertdienste

Sämtliche dieser Funktionalitäten werden durch verteilte Systemkomponenten bereitgestellt, weshalb Informations- und Kommunikationstechnologien in Zusammenhang mit Smart Grids unverzichtbar sind. Abbildung 2.1 zeigt die genannten Bereiche zusammen mit den ihnen üblicherweise zugeordneten Oberbegriffen für Teilsysteme eines Smart Grid.

Wie in Abbildung 2.1 dargestellt, wird der unidirektionale Energiefluss vom Energieerzeuger zum Energieverbraucher um einen bidirektionalen Informationsfluss zwischen verschiedenen Teilsystemen erweitert. In erster Linie wird dadurch auch ein Informationsaustausch zwischen Energieverbraucher und Energieerzeuger ermöglicht. Auf Grundlage dieser Möglichkeiten können somit „intelligente" Energiemehrwertdienste realisiert werden, die eine Interaktion zwischen den Erzeugern und Abnehmern von Endenergie erlauben.

2.1.1 Energieerzeugung

Herkömmliche Ansätze für die Organisation der Energieverteilung und die Lastregelung werden durch die zunehmende Dezentralisierung der

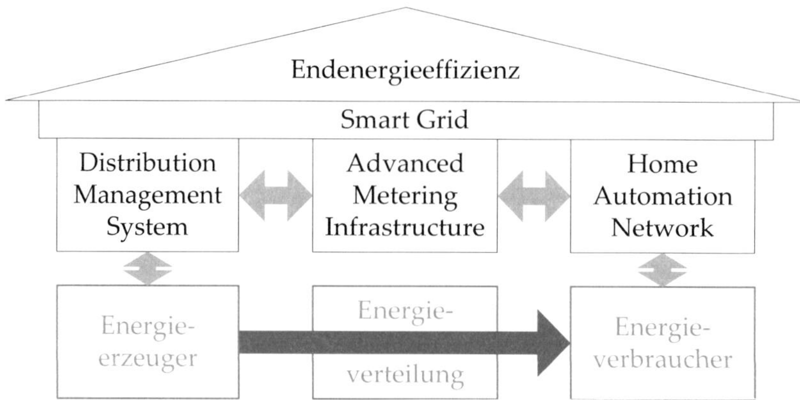

Abbildung 2.1 Übersicht der Anwendungen in intelligenten Netzen. Dunkelgrau hinterlegte Pfeile kennzeichnen den Energiefluss, hellgrau hinterlegt Pfeile den Informationsfluss.

Energieerzeugung vor neue Herausforderungen gestellt. Diese Herausforderungen bestehen unter anderem in einem Zuwachs an kleineren Energiequellen mit unter Umständen stark fluktuierender Leistung. Die nominelle installierte Leistung erneuerbarer Energiequellen kann sich von der tatsächlich zu einem bestimmten Zeitpunkt erbrachten Leistung unterscheiden, wobei die tatsächlich erbrachte Momentanleistung beispielsweise von den aktuellen Wetterbedingungen abhängen kann. Im Energieverteilnetz können sich somit kurzfristig auftretende Abweichungen zwischen der angeforderten Leistung und der tatsächlich gelieferten Leistung ergeben. Diese Abweichungen sind durch Reserven auszugleichen, die mit Hilfe konventioneller Kraftwerke vorgehalten werden müssen. Die Bereitstellung dieser sogenannten „Regelenergie" ist relativ kostenintensiv, nicht zuletzt auf Grund der Tatsache, dass sie kurzfristig abrufbar sein muss [60]. Alternativ dazu kann Regelenergie auch mit Hilfe geeigneter Energiespeicher vorgehalten werden [56].

Zudem werden die Anlagen von Endkunden, die vormals lediglich als Energieverbraucher agiert haben, zunehmend in die Lage versetzt, auch selbst Energie ins Netz einzuspeisen. Die vormals klare Unterteilung der Marktteilnehmer in Energieerzeuger und -verbraucher wird somit zunehmend aufgelöst. Den daraus erwachsenden Herausforderungen sucht man unter anderem durch den Einsatz neuartiger „Distribution Management Systeme" (vgl. Abbildung 2.1) zu begegnen. Mit Hilfe derartiger

Systeme sollen die Netzstabilität weiter erhalten werden können sowie die Energieerzeugung flexibel an den tatsächlichen aktuellen Energieverbrauch angepasst werden können. Ein möglicher Lösungsansatz ist zum Beispiel das Zusammenfassen mehrerer kleiner Energiequellen zu sogenannten „virtuellen Kraftwerken" [7], [60].

2.1.2 Energieverbrauch

Eine weitere Komponente der intelligenten Energieverteilnetze stellt die Haushaltsautomatisierung durch Vernetzung verschiedenster Geräte innerhalb von Gebäuden zu sogenannten „Home Automation Networks" (HANs) dar. Sie dient dem Zweck der Steuerung des Energieverbrauchs. Die Ideen für solche Anwendungen sind vielfältig; beispielsweise ist die automatisierte Steuerung von Großverbrauchern wie Waschmaschinen oder Geschirrspülmaschinen denkbar mit dem Ziel, diese lediglich zu Zeiten günstiger Stromtarife in Gang zu setzen. Auch können beispielsweise Kühlschränke oder Warmwasserboiler kurzzeitig als Energiespeicher verwendet werden. Voraussetzung für eine sinnvolle Realisierung derartiger Anwendungen sind Informationen über die erzeugerseitig aktuell verfügbare Energiemenge oder entsprechende Tarifinformationen. Zudem ist fraglich, inwiefern derartige Ansätze zur Steuerung von Großverbrauchern vor dem Hintergrund der erforderlichen Verfügbarkeit dieser Verbraucher realistisch sind. Eine (Fern-)Steuerung von kleineren Verbrauchern, wie beispielsweise Unterhaltungselektronik zur Vermeidung von unnötigem Stromverbrauch im Stand-by-Betrieb, ist demgegenüber eher denkbar.

Ziel der 2006 verabschiedeten EU-Richtlinie „2006/32/EG über Endenergieeffizienz und Energiedienstleistungen" [15] ist eine Reduzierung des gesamten Energiebedarfs oder zumindest eine Einschränkung dessen Wachstums. Erreicht werden soll dieses durch eine bessere Information der Abnehmer von Endenergie. Endkunden sollen aktuelle Informationen über die tatsächlich verbrauchte Energie sowie über die tatsächliche Nutzungszeit erhalten und dadurch in die Lage versetzt werden, ihren Energieverbrauch gezielter zu beeinflussen, als dies in der Vergangenheit auf Grund von beispielsweise einjährigen Ableseinvervallen möglich war. Die Informationen über tatsächlich verbrauchte Energie und tatsächliche Nutzungszeit sollen den Kunden durch geeignete Energiemengenzähler zur Verfügung gestellt werden. Derartige Zähler werden gemeinhin als „intelligente" Zähler (Smart Meter) bezeichnet, da sie gegenüber herkömmlichen Energiemengenzählern einen erweiterten Funktionsumfang bereitstellen.

Seit dem 01. Januar 2010 sind auch in Deutschland die Messstellenbetreiber, sofern „technisch machbar und wirtschaftlich zumutbar", lt. §21b, Abs. 3a EnWG verpflichtet, „Messeinrichtungen einzubauen, die dem jeweiligen Anschlussnutzer den tatsächlichen Energieverbrauch und die tatsächliche Nutzungszeit widerspiegeln." Seit dem 30. Dezember 2010 sind Energieversorgungsunternehmen – ebenfalls vorbehaltlich technischer Machbarkeit und wirtschaftlicher Zumutbarkeit – lt. §40, Abs. 3 EnWG dazu verpflichtet, „einen Tarif anzubieten, der einen Anreiz zu Energieeinsparung oder Steuerung des Energieverbrauchs setzt." Explizit werden in diesem Zusammenhang „lastvariable oder tageszeitabhängige" Tarife angeführt. Der flächendeckende Einsatz intelligenter Energiemengenzähler und die Abrechnung über dynamische, zeitabhängige Tarife rücken somit in Deutschland in greifbare Nähe.

2.1.3 Energieverteilung und Energiemehrwertdienste

Zusammen mit einer geeigneten Kommunikations-Infrastruktur stellen „intelligente" Energiemengenzähler eine Infrastruktur für den Austausch von Informationen dar. Wie in Abbildung 2.1 dargestellt, ermöglicht eine derartige Infrastruktur vernetzter Messstellen den bidirektionalen Informationsfluss zwischen den Teilsystemen auf Seite der Energieerzeuger und den Teilsystemen auf Seite der Energieverbraucher. Dies eröffnet die Möglichkeit, das Energieversorgungsnetz um „intelligente" Dienste zu erweitern, die weit über die einfache Realisierung einer reinen Messwerterfassung (sogenanntes „Automated Meter Reading", AMR) hinaus reichen können. So kann die AMR-Funktionalität beispielsweise um Funktionen wie ein dynamisches Lastmanagement (in Zusammenspiel mit HANs) oder das Bilanzieren von eingespeister und verbrauchter Energie erweitert werden [51]. Eine Infrastruktur aus vernetzten Energiemengenzählern wird daher als „Advanced Metering Infrastructure" (AMI) bezeichnet [51]. Die flächendeckende Installation einer solchen Infrastruktur ist als erster Schritt hin zu intelligenten Energieverteilnetzen zu sehen.

2.1.4 Anforderungen an Kommunikationssysteme zur Vernetzung intelligenter Energiemengenzähler

Die Grundlage zur Realisierung von Smart Grids besteht in der Vernetzung einer großen Anzahl räumlich getrennter und unter Umständen sogar weitläufig verteilter Systemkomponenten mit Hilfe von Informations- und Kommunikationstechnologien.

Die weiteren Betrachtungen im Rahmen dieser Arbeit resultieren aus einem Bedarf an geeigneter Kommunikationstechnologie zum Aufbau einer Infrastruktur für AMI. Den gesetzlichen Forderungen nach einer flächendeckenden Einführung von intelligenten Energiemengenzählern stehen diverse technische Herausforderungen bei deren Vernetzung gegenüber.

Das Kommunikationssystem muss die Vernetzung einer großen Anzahl von Systemkomponenten ermöglichen. Diese Tatsache muss insbesondere bei Kommunikationstechnologien, die ein geteiltes Übertragungsmedium nutzen, als Entwurfskriterium einbezogen werden. Neben den technischen Anforderungen hinsichtlich Zuverlässigkeit, Flexibilität und Datenübertragungsrate müssen Technologien im Zusammenhang mit AMI hohe wirtschaftliche Anforderungen erfüllen. Dies ergibt sich aus den großen Stückzahlen und den daraus resultierenden Investitionskosten und -risiken. Zudem müssen technologische Realisierungen eine hohe Lebensdauer besitzen und eine möglichst große Flexibilität bieten, sowohl hinsichtlich möglicher Geräte-Hersteller als auch hinsichtlich der Integration mit bereits bestehenden Systemen bzw. mit zukünftigen Systemen. Wünschenswert in diesem Zusammenhang ist das Vorhandensein offener Industriestandards für Kommunikationstechnologie. Im Hinblick auf die Powerline Kommunikation ist die Frage der Standardisierung von Übertragungstechnologien von besonders großer Bedeutung: Da eine Vielzahl unterschiedlicher proprietärer PLC-Übertragungstechnologien existiert, verhindert unter Anderem das Fehlen eines einheitlichen Standards den flächendeckenden Einsatz von PLC für AMI-Anwendungen.

Vor dem Hintergrund der Wirtschaftlichkeit ist besonders die Powerline Kommunikation (Power Line Communication, PLC) [14] interessant [17], bei der das Energieverteilnetz selbst zur Übertragung digitaler Daten genutzt wird. Eine umfassendere Darstellung der Potentiale verschiedener Kommunikationstechnologien findet sich in [17], ebenso wie die Ergebnisse einer diesbezüglich unter 40 Energieversorgern durchgeführten Erhebung. Dieser zufolge ist das Interesse an PLC als Kommunikationstechnologie mit 65% am höchsten, dicht gefolgt von GSM mit 63%. Dies folgt aus der Tatsache, dass die Kommunikation über das Energieverteilnetz unabhängig von Anbietern anderer Kommunikationsdienste (GSM/GPRS, UMTS, DSL) realisiert werden kann und somit die laufenden Kosten auf ein Minimum beschränkt sind.

Den wirtschaftlichen Vorteilen stehen technische Herausforderungen gegenüber. Bei der Powerline Kommunikation in der für Smart Grids relevanten Form handelt es sich um eine relativ neue Technologie in dem Sinne, dass noch kaum flächendeckende Erfahrungen im Umgang damit existieren. Objektive Informationen über die tatsächlich mit dieser Technologie verbundenen Möglichkeiten und über Grenzen dieser Technologien sind kaum verfügbar. Dies liegt nicht zuletzt an der Tatsache, dass die Eigenschaften des Übertragungsmediums nur schwer zu charakterisieren sind.

Die Betrachtungen in den vorangegangenen Abschnitten belegen die Ambivalenz des Begriffes „Smart Grid". Einerseits existieren vielfältige Ideen und Ansätze für neue Funktionalitäten und Systeme zur Steigerung der Energieeffizienz. Andererseits können deren Potentiale und auch deren großflächige Realisierbarkeit im Allgemeinen kaum im Voraus abgeschätzt werden. Hinzu kommt, dass zwischen den vielen verschiedenen Teilsystemen und Funktionalitäten kaum überschaubare Querabhängigkeiten bestehen, weshalb der Kommunikationsaufwand hinsichtlich Datenvolumen und zeitlichen Anforderungen nur schwer abzuschätzen ist. Insbesondere mangelt es hinsichtlich des Entwurfs geeigneter Kommunikationssysteme für intelligente Energieverteilnetze an konkret formulierten Systemanforderungen.

Aus diesem Grund steht weniger der Entwurf eines für Smart Grids geeigneten PLC-Kommunikationssystems im Vordergrund dieser Arbeit. Vielmehr werden die Möglichkeiten für die Nutzung von PLC-Übertragungstechnologie beleuchtet, insbesondere jedoch die Grenzen bezüglich der Leistungsfähigkeit und Zuverlässigkeit.

2.2 PLC-Kommunikationssysteme in AMI-Systemarchitekturen

Anhand eines Beispiels für ein Modell der Infrastruktur für Smart Metering werden im Folgenden die Systemkomponenten einer AMI benannt und deren Zusammenwirken erläutert.

2.2.1 Komponenten einer AMI-Systemarchitektur und deren Interaktion

Abbildung 2.2 zeigt eine mögliche Systemarchitektur für AMI in Anlehnung an die in [51] vorgeschlagene Architektur, in der PLC als primäre Übertragungstechnologie vorgesehen ist.

Verbrauchsrelevante Daten werden von Gas- (G), Wasser- (W), Wärmemengen- (H) und Stromzählern (E) erzeugt. Die Daten laufen in einem Stromzähler (E) auf und werden von einem Datenkonzentrator ausgelesen. Dabei erfüllt der Stromzähler gleichzeitig die Funktion eines Gateway [51], indem er sowohl den Informationsfluss der Geräte innerhalb eines Gebäudes koordiniert als auch zur logischen Anbindung der anderen Geräte an die Datenkonzentratoren dient. Prinzipiell ist jedoch auch eine Realisierung von Stromzähler- und Gateway-Funktionalität in getrennten Geräten denkbar. Anwendern vor Ort wird die Interaktion mit dem System über die Benutzer-Schnittstelle (I) ermöglicht, welche ebenfalls Zugriff auf die Daten des Gateway erhält.

In der in Abbildung 2.2 dargestellten Architektur spielen damit die Gateways bzw. die als solche fungierenden Stromzähler sowie die Datenkonzentratoren eine wesentliche Rolle. Der Informationsaustausch zwischen diesen Geräten erfolgt über PLC und damit über ein geteiltes Übertragungsmedium, dessen physikalische Eigenschaften die Zuverlässigkeit und die Verfügbarkeit der Datenübertragung maßgeblich bestimmen (siehe dazu Kapitel 3).

Die Kommunikation zwischen Datenkonzentratoren und dem Zentralen Datenerfassungssystem kann über das Mobilfunk-Netz abgewickelt werden [51]. Prinzipiell sind an dieser Stelle jedoch auch beliebige andere Weitverkehrsnetze, also Metropolitan Area Networks (MAN) oder Wide Area Networks (WAN), denkbar, welche einen ausreichend großen Datendurchsatz sowie ausreichend hohe Zuverlässigkeit und Verfügbarkeit garantieren.

Die Anzahl der Kommunikationsteilnehmer innerhalb eines PLC-Netzes ist weder durch die Systemarchitektur festgelegt noch in [51] eindeutig spezifiziert. Aktuelle Systemansätze sehen vor, dass insgesamt 3000 Geräte durch einen Datenkonzentrator direkt adressiert und verwaltet werden sollen [51]. Unter der Annahme, dass jedem Hausanschluss genau ein Gateway zugeordnet ist, ist die Anzahl der Kommunikationsteilnehmer innerhalb eines PLC-Netzes auf die Anzahl der Hausanschlüsse begrenzt, die durch einen Transformator versorgt werden. Dies wird in Abschnitt 3.1 genauer beleuchtet.

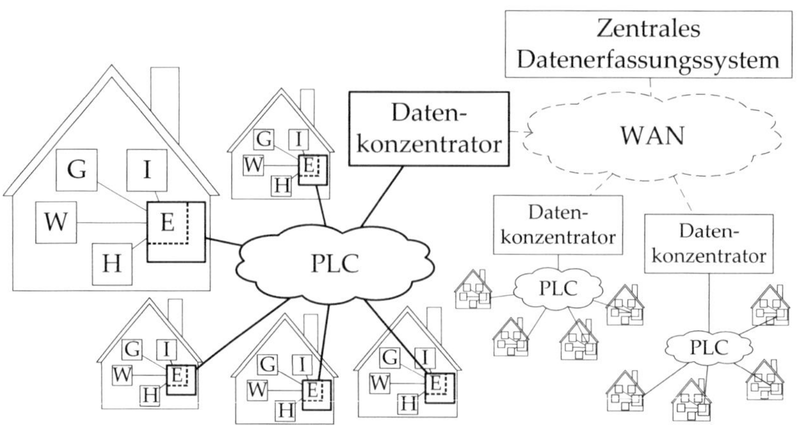

Abbildung 2.2 AMI-Systemkomponenten und Art der Vernetzung. E: Stromzähler, G: Gaszähler, W: Wasserzähler, H: Wärmemengenzähler, I: Benutzer-Schnittstelle

2.2.2 Dienste und Funktionen einer AMISystemarchitektur

Die verschiedenen Funktionen, welche durch die AMI-Systemarchitektur bereitgestellt werden, lassen sich anhand einer Auswahl von Anwendungsfällen verdeutlichen, die den minimalen Leistungsumfang des AMI-Systems beschreiben [51]:

Eine Zählerablesung kann auf zweierlei Arten erfolgen: Während die *Zählerablesung zur Gebührenerfassung* zyklisch und auf Veranlassung eines dedizierten Gebührenerfassungsprozesses automatisiert erfolgt, kann die *Zählerablesung auf Anforderung* zu beliebigen Zeitpunkten erfolgen und durch beliebige Prozesse veranlasst werden.

Eine *ferngesteuerte Tarifprogrammierung* erlaubt die Spezifikation von Tarifen und damit verbundener Parameter. Im Falle zeitabhängiger Tarife können so beispielsweise Beginn- und Endzeitpunkte der Gültigkeitsdauer sowie vorab vereinbarte Energiemengen festgelegt werden.

Das *ferngesteuerte Zu- und Abschalten* ermöglicht die Unterbrechung sowie die Wiederaufnahme der Energieversorgung zu vorab konfigurierten Zeitpunkten. Gründe für das Zu- oder Abschalten können zum Beispiel Umzüge oder das Leisten bzw. die Verweigerung von Zahlungen durch Kunden sein. Bei überwiegend verteilter Energieerzeugung kann eine Abschaltung auch aus Sicherheitsgründen erfolgen.

Mit Hilfe des Anwendungsfalls *Leistungsregelung* soll der Stromzähler – durch die Aktivierung oder Deaktivierung entsprechender Betriebsmodi – als programmierbarer Schalter zur Leistungsregelung eingesetzt werden können. Denkbar ist damit beispielsweise eine Begrenzung der momentanen Leistungsaufnahme auf einen vorab festgelegten maximalen Wert. Zur statistischen Auswertung der Verbrauchsdaten ist der Anwendungsfall *Lastprofil-Management* vorgesehen. Nach dem – auch aus der Ferne auszulösenden – Beginn der Datenaufzeichnung werden Änderungen der Leistungsaufnahme über der Zeit erfasst und gespeichert. Die sich daraus ergebenden Lastprofile können dann in periodischen Intervallen gesammelt und weiterverarbeitet werden. Eine genaue Formulierung der genannten sowie weiterer Anwendungsfälle aus [51] in den entsprechenden Protokollen auf Ebene der Anwendungsschicht (vgl. Abschnitt 2.3) liegt derzeit nicht vor. Aus diesem Grund ist es nicht möglich, verlässliche Angaben bezüglich verschiedener Systemparameter zu machen, wie beispielsweise das zu übertragende Datenvolumen und – unter Annahme einer bestimmten Datenrate – sich daraus ergebende Latenzzeiten. Dennoch lassen die genannten Anwendungsfälle allgemeine Schlussfolgerungen zu:

1. Bereits die Umsetzung der minimal erforderlichen Anwendungsfälle über das Kommunikationssystem übersteigt die Komplexität einer einfachen Punkt-zu-Punkt-Übertragung von Zählerständen bei Weitem. Voraussetzung für die Übertragung der eigentlichen Daten ist eine Anfrage, die vom Datenkonzentrator an einen oder mehrere betreffende Energiemengenzähler gesendet werden muss, zumindest aber an jedes Gateway. Der Kommunikationsaufwand zur Abwicklung der Anwendungsfälle erhöht sich damit gegenüber einer direkten Punkt-zu-Punkt-Verbindung.

2. Mehrere Anwendungsfälle können parallel aktiv sein, wodurch das Datenaufkommen zu einem bestimmten Zeitpunkt deutlich höher ausfallen kann als für einen einzelnen Anwendungsfall veranschlagt.

3. Einige Anwendungsfälle setzen voraus, dass Daten innerhalb einer bestimmten Zeit übermittelt werden können. Dies trifft insbesondere für einen zusätzlichen, in [51] nicht näher definierten Anwendungsfall, die Netzlastregelung, zu. In Abhängigkeit von den jeweiligen Anwendungen ergeben sich Grenzen hinsichtlich maximal tolerierbarer Latenzzeiten.

2.3 Schichtenmodell und Prinzip der paketorientierten Datenübertragung

In den folgenden Abschnitten werden zunächst die Begriffe erläutert, die zur allgemeinen Modellierung von Kommunikationssystemen in einer Schichten-Architektur benötigt werden. Dies erfolgt – unter Vereinfachung der Zusammenhänge – in Anlehnung an die Begriffsdefinitionen in [24].

Anschließend an die Darstellung der Grundzüge einer Schichten-Architektur werden zwei Schichtenmodelle für Kommunikationssysteme vorgestellt, zum einen das OSI-Referenzmodell gemäß ISO/IEC 7498-1:1994 [24] und zum anderen das Schichtenmodell der Familie der Internet-Protokolle gemäß RFC 1122. Zusammen mit der Beschreibung des Schichtenmodells der Internet-Protokolle werden die wesentlichen Eigenschaften und Funktionen dieser Protokolle erläutert. Aufbauend auf die erläuterten Schichtenmodelle wird ein Schichtenmodell vorgestellt, das sich als grundlegende Struktur zur Beschreibung der Funktionen und Datenstrukturen von Kommunikationssystemen für AMI und Smart Grids eignet. Gleichzeitig werden Möglichkeiten zur Realisierung einer solchen Struktur aufgezeigt.

Die gesamte Architektur eines Kommunikationssystems lässt sich in Gruppen von Teilsystemen unterteilen, die als Schichten bezeichnet werden. Die Schichten sind übereinander angeordnet und bilden einen sogenannten Protokollstapel oder Protokollstack. Innerhalb einer Schicht werden jeweils spezifische, für die Funktionsweise des Übertragungssystems essentielle Funktionen sinnvoll gruppiert.

Das Konzept einer Schichten-Architektur dient zum einen als Referenz und ist daher für den Vergleich von Kommunikationssystemen wichtig. Des Weiteren stellt ein Schichtenmodell auch eine Grundlage für die Spezifikation interoperabler Kommunikationssysteme vor dem Hintergrund einer Standardisierung dar.

Zum anderen verdeutlicht das Prinzip einer Schichten-Architektur, dass das Funktionieren aller Protokoll-Schichten Voraussetzung ist für die Funktionsfähigkeit eines Kommunikationssystems. Da alle Protokoll-Schichten über die Bitübertragungsschicht abgewickelt werden, ist diese Schicht von besonders großer Bedeutung hinsichtlich der Zuverlässigkeit der Datenübertragung und steht im Mittelpunkt der Betrachtungen in Kapitel 5 und den darauf folgenden Kapiteln.

Jede Schicht stellt auf Grundlage der ihr zugeordneten Funktionen Dienste bereit, die von der jeweils darüber liegenden Schicht in Anspruch genommen werden können. Zur Bereitstellung dieser Dienste nutzt die betreffende Schicht wiederum die von der darunter liegenden Schicht bereitgestellten Dienste. Die eigentliche Anwendungssoftware greift auf die Dienste der obersten Schicht zu. Der Informationsaustausch zwischen örtlich verteilten und über das Kommunikationssystem verbundenen Anwendungen erfolgt durch Nutzung der Gesamtheit einer endlichen Anzahl solcher Schichten.

Um den Informationsaustausch zwischen Anwendungen selbst und die Korrektheit der ausgetauschten Informationen sicherzustellen, werden zusätzliche Informationen zwischen den jeweiligen Schichten zweier oder mehrerer räumlich voneinander getrennter Instanzen des Kommunikationssystems ausgetauscht. Somit findet neben der eigentlichen Informationsübertragung zwischen Anwendungen auch die Informationsübertragung zwischen den Instanzen einer Schicht statt. Die Informationsübertragung erfolgt in Gestalt definierter Dateneinheiten.

Zu sendende Daten werden innerhalb einer Schicht des Protokollstacks erstellt und an die darunter liegende Schicht in Form einer sogenannten Protokolldateneinheit (Protocol Data Unit, PDU) übergeben. Diese Dateneinheit wird von der darunter liegenden Schicht als zu bearbeitende Daten (Service Data Unit, SDU) übernommen. Für die Funktionen dieser Schicht relevante Informationen (Protocol Control Information, PCI) werden hinzugefügt, und die so entstandene PDU an die nächsttiefere Schicht weitergegeben. Wird eine SDU durch eine Schicht in mehrere PDUs aufgeteilt, so wird dies als Segmentierung oder Fragmentierung bezeichnet. Ebenso kann eine Schicht auch mehrere SDUs in einer PDU zusammenfassen. Eine Protokolldateneinheit auf Ebene der Bitübertragungsschicht wird auch als Physical Layer Protocol Data Unit, (P-PDU) bezeichnet. Beim Empfang werden die Prozesse in umgekehrter Reihenfolge ausgeführt, d.h. die in PCIs enthaltenen Informationen einer PDU werden auf der betreffenden Schicht ausgewertet und entfernt. Senderseitig aufgeteilte SDUs werden zusammengefasst, zusammengefasste SDUs aufgeteilt. Die so entstandenen Dateneinheiten werden an die nächsthöhere Schicht weitergereicht. Diese Zusammenhänge sind in Abbildung 2.3 veranschaulicht.

Die Datenkommunikation zwischen zwei Knoten eines Netzwerks erfolgt durch die Übermittlung von Dateneinheiten (Protocol Data Units, PDUs). Dies geschieht unter Einhaltung eines Protokolls, welches das Kommunikationsverhalten der in den Knoten instantiierten Schichten

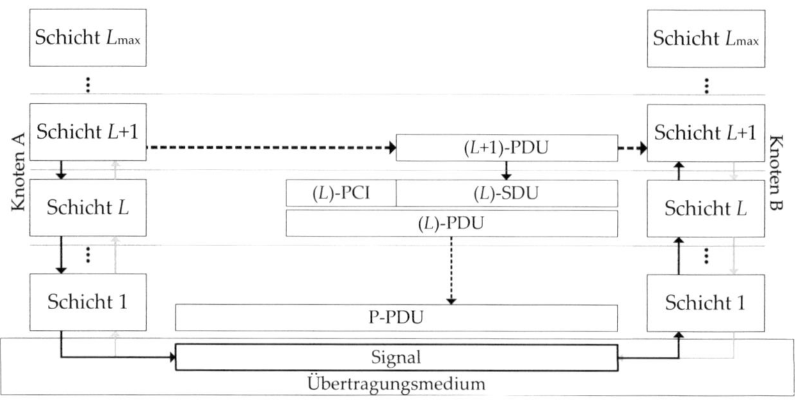

Abbildung 2.3 Prinzip Schichtenmodell eines Übertragungssystems.

über Regeln und Formate definiert. Zum einen legt das Protokoll einer bestimmten Schicht die Syntax der zu verwendenden PDUs fest, also die Einteilung von PDUs in verschiedene Felder sowie die Formate der betreffenden Felder. Zum anderen werden durch das Protokoll gegebenenfalls die inhaltlichen (semantischen) Zusammenhänge zwischen den Feldern verschiedener PDUs fixiert. Die auf einer Schicht angesiedelten Protokolle stellen, ebenso wie der gesamte Protokollstapel, verteilte Algorithmen dar [43]. Die Funktionsweise der Instanz einer Schicht lässt sich über endliche Zustandsautomaten darstellen. Die Übermittlung von Dateneinheiten (SDUs) von einer Datenquelle an eine Datensenke wird als Datenübertragung bezeichnet. Erfolgt die Datenübertragung gleichzeitig in beide Richtungen, spricht man von Duplex-Datenübertragung. Erfolgt die Datenübertragung zu einem Zeitpunkt jeweils nur in eine der beiden Richtungen, wird dies als Halbduplex-Datenübertragung bezeichnet.

Verbindungen dienen zum Datenaustausch zwischen zwei oder mehreren Instanzen einer Schicht und werden durch eine dieser Instanzen bei der darunter liegenden Schicht angefordert. Die Verbindung wird dann durch die entsprechende Instanz der darunter liegenden Schicht hergestellt und beinhaltet auf dieser Schicht eine Folge von Datenübertragungen, für deren kontextuellen Zusammenhang genau definierte Regeln vereinbart werden. Neben der soeben beschriebenen verbindungsorientierten Datenübertragung existiert auch die Möglichkeit einer verbindungslosen Datenübertragung. Hierbei erfolgt die Datenübertragung ohne eine vorher hergestellte logische Verbindung zwischen den jeweils betreffenden Instanzen einer Schicht.

Die verbindungslose Datenübertragung setzt damit auch keine semantischen Zusammenhänge zwischen aufeinander folgenden SDUs voraus. Erfolgt die Datenübertragung verbindungslos, kann nicht garantiert werden, dass der Adressat der Informationen diese auch tatsächlich erhält. Aufeinander folgende Dateneinheiten werden voneinander unabhängig behandelt und können somit ihr Ziel auf verschiedenen Wegen erreichen. Sie können daher auch dupliziert werden und ihr Ziel in veränderter Reihenfolge erreichen. Daher ist eine verbindungslose Datenübertragung nicht zuverlässig, während eine verbindungsorientierte Datenübertragung als zuverlässig zu bezeichnen ist.

Die Übertragung von Dateneinheiten kann entweder direkt oder indirekt erfolgen. Eine indirekte Datenübertragung kann durch Weiterleiten erfolgen: Hierbei werden von der Instanz einer Schicht gesendete Dateneinheiten von einer oder mehreren weiteren Instanzen derselben Schicht wiederholt und gelangen dadurch zur Ziel-Instanz (sog. Relaying). Beim Routing wird hingegen die in der Dateneinheit enthaltene Adress-Information ausgewertet und ein entsprechender Pfad ausgewählt, auf dem die Dateneinheit über eine oder mehrere Instanzen der darunter liegenden Schicht zur Ziel-Instanz gelangt.

Es stellt sich die Frage, welche Schichtenstruktur zur Beschreibung eines Kommunikationssystems für AMI am besten geeignet ist.

2.3.1 Vorschlag einer Protokoll-Struktur für PLC-Kommunikationssysteme zur Realisierung von AMI

Abbildung 2.4 zeigt zwei der bekanntesten Schichtenmodelle für Kommunikationsprotokolle.

Das in IEC 7498 1 [24] beschriebene Referenzmodell, bekannt unter dem Begriff OSI-Referenzmodell, legt eine aus sieben Schichten bestehende Architektur fest. Das entsprechende Schichtenmodell ist in Abbildung 2.4(a) dargestellt. Durch das Referenzmodell wird für jede der Schichten vorgegeben, welche Funktionen sie zu erfüllen hat und welche Dienste sie der jeweils darüber liegenden Schicht bereitstellt. Nicht definiert sind hingegen konkrete Realisierungsalternativen von Prozessen zur konkreten Realisierung dieser Funktionen und Dienste. In IEC 7498-1 wird daher ausdrücklich darauf hingewiesen, dass das OSI-Referenzmodell eher als Abstraktion realer Systeme zu sehen ist und daher beim Entwurf realer Systeme nicht zwingend strikt ange-

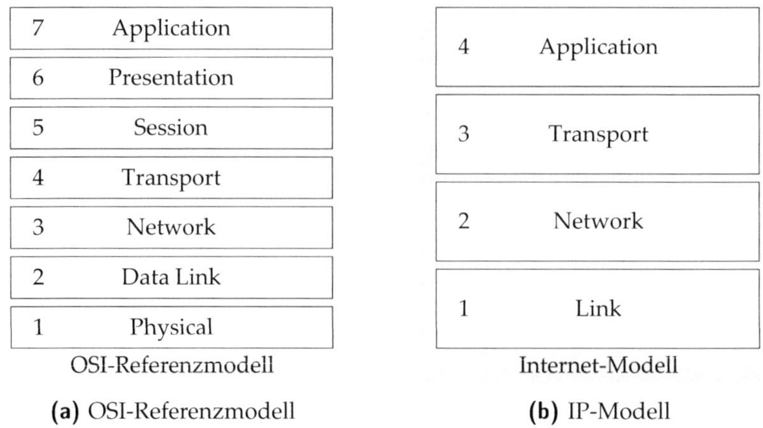

(a) OSI-Referenzmodell **(b)** IP-Modell

Abbildung 2.4 Schichtenmodelle für Protokolle.

wendet werden muss. Ebensowenig wird im OSI-Referenzmodell auf die Eigenschaften von Übertragungsmedien Bezug genommen. Das OSI-Referenzmodell stellt somit ein universell verwendbares, aber stark formalisiertes Konstrukt dar. Dies ist hinsichtlich einer Vorgabe zur Gewährleistung der Interoperabilität verschiedener Geräte ebenso vorteilhaft wie hinsichtlich der Austauschbarkeit verschiedenartig realisierter Schichten. Nachteilig ist der daraus entstehende hohe Aufwand bei der Entwicklung und Beschreibung von Implementierungen.

Im Gegensatz dazu ist das der Internet-Protokoll-Suite zugrunde liegende Schichtenmodell nicht als Referenzmodell zu verstehen. Es beschreibt vielmehr real existierende Protokolle, die eine hohe Praxisrelevanz und überragende Flexibilität in der Anwendbarkeit besitzen. Die Dokumentation einer umfassenden Sammlung von Netzwerk-Protokollen, welche auf die Internet-Protokoll-Suite aufbauen, ist zudem frei verfügbar und zugänglich. Dadurch und durch den Verzicht auf eine zu starke Formalisierung hinsichtlich eines Referenzmodells lässt sich die breite Akzeptanz erklären, die diese Protokollfamilie gefunden hat. Nachteilig ist dabei die starke Fokussierung der Protokoll-Funktionen auf Anwendungen und auf die Vernetzung von Geräten über die Grenzen lokaler Netzwerke hinaus. Dabei werden gemeinhin für die Kommunikation in lokalen Netzwerken grundlegende Funktionen, insbesondere für die mediennahen Schichten, nicht festgelegt.

In Zusammenhang mit Aufgaben in Zusammenhang mit AMI bzw. mit Smart Grids ist davon auszugehen, dass die Anzahl möglicher Anwendungen und gleichermaßen der Funktionsumfang dieser Anwendungen begrenzt ist, vgl. Unterabschnitt 2.2.2. Die Beschreibung und Formalisierung der Art und Weise, wie Dateneinheiten aufgebaut sein müssen, und die Definition von Algorithmen zu deren korrekter Übertragung, ist vor diesem Hintergrund höher zu priorisieren als die verallgemeinerte und formalisierte Beschreibung der Protokollarchitektur. Mindestens ebenso wichtig wie die genaue Spezifikation von Dateneinheiten und Übertragungsmechanismen sind die genaue Spezifikation der Zugriffsregeln auf geteilte Übertragungsmedien sowie die Gestaltung der physikalischen Signale zur Übertragung binärer Information.

In Anlehnung an das in [63] verwendete „Hybride Schichtenmodell" wird daher für die weiteren Betrachtungen das in Abbildung 2.5 dargestellte Schichtenmodell als Grundlage für die Kommunikation in Smart Grids vorgeschlagen. Zwecks einheitlicher Bezeichnungen und gleich-

6	Anwendung
5	Transport
4	Netzwerk
3	Anpassung
2	Sicherung
1	Bitübertragung

Angepasstes Schichtenmodell

Abbildung 2.5 Angepasstes Schichtenmodell für Protokolle zur Kommunikation in AMI bzw. Smart Grids

zeitig größtmöglicher Kompatibilität mit den in Kapitel 2 beschriebenen Spezifikationen und Standards werden die Schichten 1 und 2 aus Abbildung 2.5 in allen nachfolgenden Abschnitten mit den englischsprachigen Akronymen „PHY" (Schicht 1, „Physical Layer") und „MAC" (Schicht 2, „Medium Access Control Layer") bezeichnet. Die auf den betreffenden Schichten übertragenen Dateneinheiten werden mit „P-PDU" (Schicht 1, „Physical Layer Protocol Data Unit") und „M-PDU" (Schicht 1, „MAC Protocol Data Unit") bezeichnet. M-PDUs, ebenso wie die PDUs höherer

Schichten, enthalten in jedem Fall ausschließlich binäre Informationen. Die Spezifikation von P-PDUs hingegen kann, neben der Festlegung des Formats für Binärinformationen, auch besondere Signalformen als Präambeln oder Postambeln einschließen. In jedem Fall stellen die Angaben zu P-PDUs einen Bezug zu der für ihre Übertragung benötigten Zeitdauer her. Die in einer P-PDU enthaltenen Binärinformationen können neben den in der zugehörigen M-PDU enthaltenen Informationen auch Informationen zum Modulationsverfahren enthalten.

Im Fokus der weiteren Betrachtungen im Rahmen dieser Arbeit liegen Schicht 1 sowie der zugrunde liegende Übertragungskanal. Unterabschnitt 2.3.4 legt deshalb die Funktionen und Prozesse der Bitübertragungsschicht in so weit wie möglich verallgemeinerter Form dar. Detaillierte Betrachtungen der höheren Schichten ab einschließlich Schicht 3 sind nicht Gegenstand detaillierter Analysen. Um der hohen Relevanz der Internet-Protokoll-Suite auch in der Diskussion um ihre Anwendbarkeit für AMI Rechnung zu tragen, erfolgt allerdings in Unterabschnitt 2.3.2 eine genauere Darlegung der Eigenschaften der Internet-Protokoll-Suite mit Blick auf die Größe der zur Realisierung des TCP- und IP-Protokolls benötigten PCI. Dies spielt eine nicht zu vernachlässigende Rolle in Zusammenhang mit den vergleichsweise niedrigen Datenraten, die sich über PLC-Netzwerke realisieren lassen und damit verbundenen Latenzzeiten bei der Übertragung von Daten der Anwendungsschicht.

In Unterabschnitt 2.3.3 werden bereits in der Phase der Realisierung befindliche Ansätze beleuchtet, welche Technologien und Standards auf verschiedenen Schichten eingesetzt werden können.

Bewertungskriterien zur Evaluation der Bitübertragungsschicht

Zur Bewertung der Servicequalität (Quality of Service, QoS) benennt das OSI-Referenzmodell die folgenden Beispiele für Kenngrößen [24]:

- Einzelne Übertragungen zwischen einem Paar von Knoten:
  - Erwartete Verzögerung bei der Datenübertragung
  - Wahrscheinlichkeit für die Störung einer Datenübertragung
  - Wahrscheinlichkeit für das Ausbleiben einer erwarteten Datenübertragung
- Mehrere Übertragungen zwischen einem Paar von Knoten:
  - Erwarteter Datendurchsatz

   – Wahrscheinlichkeit für die Zustellung von Daten in nicht beabsichtigter Reihenfolge

Im Sinne eines möglichst leistungsfähigen Kommunikationssystems sind zum einen die Verzögerung bei der Datenübertragung zu minimieren. Zum anderen müssen die Wahrscheinlichkeiten für Störungen und für das Ausbleiben von Datenübertragungen so gering wie möglich sein.

Die erwartete Verzögerung bei der Datenübertragung hängt primär mit der Datenrate des Kommunikationssystems zusammen. Je nach Art des zur Korrektur von Übertragungsstörungen verwendeten Verfahrens können zusätzliche Verzögerungen allerdings auch durch Übertragungsstörungen verursacht werden. Derartige zusätzliche Verzögerungen sind insbesondere für Fehlerkorrektur-Verfahren relevant, die auf einer erneuten Anforderung von Informationen beruhen. Die Bestimmung des Datendurchsatzes kann experimentell erfolgen, indem die Menge der innerhalb eines bestimmten Zeitintervalls fehlerfrei übermittelten Daten in Bezug gesetzt wird zur Menge der im selben Zeitraum insgesamt übertragenen Daten. Der auf diese Weise ermittelte Datendurchsatz ist auch den Auswirkungen von Übertragungsstörungen und ausbleibenden Übertragungen unterworfen. Eine Alternative zur experimentellen Ermittlung des Datendurchsatzes besteht darin, den Anteil an Protokolldaten (PCI) am gesamten Umfang von PDUs zu bestimmen. Damit steht ein analytisch zu ermittelndes Maß für den Datendurchsatz zur Verfügung, das den Vergleich von Kommunikationssystemen unabhängig von eventuellen Störeinflüssen ermöglicht. Der Datendurchsatz kann entweder absolut in bit/s angegeben oder relativ in Form des Anteils der (nominellen) Datenrate, der für die Übertragung tatsächlicher Nutzdaten genutzt werden kann.

Störungen einer Datenübertragung auf Ebene der Bitübertragungsschicht resultieren in Bitfehlern. Ausbleibende erwartete Datenübertragungen entsprechen der Nicht- oder Fehldetektion von Datenrahmen der Bitübertragungsschicht. Aussagekräftige Kenngrößen für die Übertragungsqualität sind im Sinne des OSI-Referenzmodells daher

- die erzielbare Datenrate R_b,

- die Bitfehlerwahrscheinlichkeit $P_{b,e}$ und

- die Wahrscheinlichkeit eines Rahmenfehlers bezüglich einer P-PDU $P_{F,e}$.

Als Bitfehler wird das zufällige Invertieren eines gesendeten Bits während dessen Übertragung verstanden. Die Entscheidung für ein falsches Datensymbol durch den Empfänger (vgl. Unterabschnitt 5.1.2) verursacht mindestens einen Bitfehler.

Der im Weiteren verwendete Begriff „Rahmenfehler" schließt die Nicht-Übertragung einer P-PDU, also den Verlust eines ganzen Datenrahmens ein. Der Verlust eines Datenrahmens wird verursacht durch die Nicht-Detektion eines gesendeten Datenrahmens durch den Empfänger. Darüber hinaus wird im Folgenden auch das Generieren zusätzlicher Datenrahmen bedingt durch empfängerseitige Fehldetektionen als Rahmenfehler gewertet. Auf Grundlage solcher Fehler erzeugte Datenrahmen enthalten ausschließlich Binärinformationen ohne nutzbare Dateninformation.

Beide Fehlerarten können nur eindeutig festgestellt werden, indem die ursprünglich gesendeten Binärinformationen mit den empfangen Binärinformationen verglichen werden.

Je nach Art des Fehlerkorrektur-Verfahrens kann über die Nicht-Übertragung einer P-PDU oder deren zusätzlicher, fehlerbedingter Erzeugung hinaus ein Rahmenfehler gegeben sein, sobald ein empfangener Datenrahmen mindestens einen Bitfehler beinhaltet. Da Fehlerkorrektur-Verfahren nicht im Fokus der vorliegenden Arbeit liegen, wird für die weiteren Betrachtungen in dieser Arbeit angenommen, dass Bitfehler keine Ursache für Rahmenfehler darstellen.

Die Wahrscheinlichkeiten $P_{b,e}$ und $P_{F,e}$ können entweder analytisch berechnet werden oder durch die experimentell ermittelten Größen Bitfehlerrate

$$R_{b,e} = \frac{N_{b,e}}{N_b} \qquad (2.1)$$

bzw. Rahmenfehlerrate

$$R_{F,e} = \frac{N_{F,e}}{N_F} \qquad (2.2)$$

abgeschätzt werden. Dabei sind $N_{b,e}$ und $N_{F,e}$ die Anzahl der aufgetretenen Bitfehler sowie die Anzahl der nicht bzw. falsch detektierten Datenrahmen (P-PDUs). Die Größen N_b und N_F stellen die gesamte Anzahl der gesendeten Bits bzw. P-PDUs dar. Die Datenrate R_b ergibt sich durch das Verhältnis aus der Anzahl übertragener Bits und der dafür benötigten Zeitdauer T_D

$$R_b = \frac{N_b}{T_D} \qquad (2.3)$$

Aufgrund ihrer herausragenden Bedeutung für die Zuverlässigkeit eines Kommunikationssystems erfolgt im Rahmen dieser Arbeit die Analyse der Bitübertragungsschicht hinsichtlich ihrer Eignung für die Datenübertragung unter dem Einfluss von PLC-Übertragungskanälen. Die Analyse der Bitübertragungsschicht erfolgt dabei in erster Linie durch die Analyse der Qualität der Übertragung von P-PDUs über Punkt-zu-Punkt-Verbindungen. Der Datendurchsatz wird mit Hilfe der analytischen Methode bestimmt.

2.3.2 Protokolle der Internet-Protokoll-Suite und damit verbundener zusätzlicher Übertragungsaufwand

Da Internet-Protokolle besonders weit verbreitet sind und somit einen De-facto-Standard darstellen, wird ihr Einsatz für Smart-Grid-Anwendungen aus praktischen Gründen häufig gewünscht.

Dem praktischen Nutzen der Internet-Protokolle steht dabei allerdings die Tatsache gegenüber, dass die Effizienz der Datenübertragung wegen der zusätzlich zu übertragenden Protokoll-Informationen unter Umständen signifikant verringert wird. Sollen Internet-Protokolle für ein Kommunikationssystem entworfen werden, dessen Bitübertragungsschicht lediglich eine geringe Datenrate bereitstellt, so sind geringere Effizienz der Datenübertragung und hohe Flexibilität und Kompatibilität sorgfältig gegeneinander abzuwägen. Die folgende Beschreibung der Internet-Protokolle liefert vor diesem Hintergrund die Basis für eine solche Abwägung.

Die Informationen über die genaue Funktionsweise sind in Form von durch die Internet Engineering Task Force (IETF) verwalteten und herausgegebenen RFCs (Request For Comments) frei verfügbar. Grundlage für die Ausführungen zu Protokollen der Internet-Protokoll-Suite in diesem Abschnitt sind die entsprechenden RFCs, insbesondere RFC 791, RFC 793 und RFC 1122 sowie RFC 2460.

Die sogenannte „Internet Protocol Suite" ist, wie aus Abbildung 2.4(b) ersichtlich wird, in vier Protokoll-Schichten untergliedert. Jeder Host muss alle diese Protokollschichten implementieren. Als Host wird dabei jedes Gerät aufgefasst, das Anwendungsprogramme ausführt, deren Funktionen auf Dienste der Internet-Protokoll-Suite aufbauen.

Die Architektur des Internet besitzt eigentlich zwei Hierarchieebenen, die jedoch mit Hilfe des Internet-Protokolls vereinheitlicht werden. Einerseits existieren lokale Netzwerke von begrenzter räumlicher Ausdehnung. Andererseits entsteht das gesamte logische Netzwerk („Internet") aus der Vernetzung lokaler Netzwerke miteinander. Die logische Vernetzung mehrerer lokaler Netzwerke erfolgt durch sogenannte Gateways. Innerhalb lokaler Netze findet der Datenaustausch direkt über den Austausch physikalischer Signale statt, alle Geräte nutzen dasselbe Übertragungsmedium bzw. bezüglich der mediennahen Schichten identische Kommunikationssysteme. Die Funktion des Internet-Protokoll besteht darin, dass die Datenübertragung zwischen Hosts und Gateways immer auf dieselbe Art und Weise erfolgen kann, und zwar unabhängig davon, ob sich die kommunizierenden Hosts bzw. Gateways im selben lokalen Netzwerk befinden. Gateways führen das Routing von Informationen durch, ohne allerdings den jeweiligen Zustand der einzelnen logischen Verbindungen zu überwachen oder solche Verbindungen zu verwalten. Alle IP-Datagramme werden identisch behandelt. Die Überwachung des Zustands einzelner Verbindungen und die Flusssteuerung erfolgt allein durch die Hosts. Dadurch wird hinsichtlich der Verwaltung von Verbindungen ein größtmögliches Maß an Unabhängigkeit gegenüber Ausfällen der Infrastruktur gewahrt.

Anwendungsschicht (Application Layer)

Die Anwendungsschicht der Internet-Protokoll-Familie vereint laut RFC 1122 die Anwendungs- und die Darstellungsschicht des OSI-Referenzmodells. Sämtliche Protokolle, die einer Anwendungssoftware die Funktionalität der tieferen Protokollschichten zugänglich machen, werden der Anwendungsschicht zugeordnet. Anwendungsschicht-Protokolle können dabei entweder Dienste bereitstellen, die direkt vom Anwender genutzt werden können („User Protocols"), oder Dienste, welche lediglich den Zugriff auf Funktionen der Internet-Protokoll-Suite ermöglichen. Protokolle der Anwendungsschicht sind beispielsweise HTTP, FTP, SMTP und SSH.

Transportschicht (Transport Layer)

Auf Ebene der Transportschicht werden Dateneinheiten, die aus Nutzdaten und dem Header des jeweils verwendeten Transportschicht-Protokolls bestehen, als Segmente bezeichnet.

Die Transportschicht stellt Dienste für die Kommunikation zwischen Endpunkten bereit. Dieser Schicht sind zwei alternativ verwendbare Protokolle zugeordnet: Das Transmission Control Protocol (TCP) ist ein verbindungsorientiertes Protokoll, das den zuverlässigen Datenaustausch zwischen zwei Endpunkten gewährleistet. TCP sorgt für die (positive) Bestätigung korrekt empfangener Segmente, die Wiederherstellung der Reihenfolge empfangener IP-Datagramme, für die Steuerung des Datenflusses und behandelt alle weiteren möglichen Fehlerfälle von TCP-Verbindungen. Zur Gewährleistung der Zuverlässigkeit werden Sequenznummern einzelner übertragener Bytes und Bestätigungen über deren Empfang verwendet. Der Empfang von Bestätigungen wird durch sogenannte Retransmission Timer überwacht.

TCP-Segmente besitzen keine fest vorgegebene maximale Länge, es empfiehlt sich jedoch, die Länge der TCP-Segmente an die entsprechenden Parameter der Internet-Schicht anzupassen. Die Länge der TCP-Header beträgt 20 bis 60 Bytes. Neben 16 bit langen Port-Adressen enthalten TCP-Header auch eine 16 bit umfassende Prüfsumme. Diese wird über alle Header-Felder, die im jeweiligen TCP-Segment enthaltenen Nutzdaten und einen sogenannten Pseudo-Header berechnet. Der Pseudo-Header enthält dabei Informationen aus der Internet-Schicht im Umfang von 96 bit (IPv4) oder 320 bit (IPv6) und wird nicht mit übertragen.

Im Gegensatz zu TCP ist das User Datagram Protocol (UDP) ein verbindungsloses Protokoll, das die Zustellung von Datagrammen nicht selbst garantieren kann. Anwendungen, die UDP nutzen, müssen in der Lage sein, alle Probleme zu behandeln, die aus dem möglichen Verlust von Datagrammen entstehen können. Des Weiteren können mit UDP keine Broadcast- oder Multicast-IP-Adressen genutzt werden. Im Gegensatz zum TCP-Segment ist die maximale Länge eines UDP-Datagramms mit $2^{16} - 1$ Bytes festgelegt. Davon entfallen 8 Bytes auf Header-Informationen, wobei die Port-Adressen genau wie bei TCP 16 bit umfassen. Wird IPv4 verwendet, so ist ein 16 bit langes Prüfsummen-Feld optional, im Fall von IPv6 ist es verpflichtend.

Internet-Schicht (Internet Layer)

Alle Protokolle der Transportschicht verwenden das auf der sogenannten Internet-Schicht angesiedelte Internet Protokoll (IP), um Daten vom Quell-Host zum Ziel-Host zu übertragen. Dabei ist das Internet-Protokoll selbst verbindungslos. Datagramme können durch das Internet-Protokoll, falls notwendig, in mehrere Segmente aufgeteilt werden (Fragmentierung). Dateneinheiten, die aus Nutzdaten, Transportschicht-Header und IP-Header bestehen, werden als Datagramme bezeichnet. Auf Ebene der Internet-Schicht werden die Nutzdaten dieser Schicht, also der Transportschicht-Header und die Nutzdaten zusammen, als Nachricht bezeichnet.

Die IP-Architektur unterscheidet zwischen zwei verschiedenen Gerätearten, sogenannten „Hosts" und „IP Gateways" bzw. „Routern". Im Unterschied zu Hosts implementieren Gateways keine weiteren Schichten oberhalb der Internet-Schicht. Sie dienen lediglich dazu, IP-Datagramme weiterzuleiten. Die Weiterleitung von Datagrammen erfolgt grundsätzlich nur in einzelnen Schritten, das heißt von einem Host zu einem Gateway, einem Gateway zu einem anderen Gateway, oder einem Gateway zu einem Host. Die Weiterleitung von Gateway zu Gateway kann dabei mehrfach wiederholt werden. Das Weiterleiten von Datagrammen geschieht auf Grundlage der Informationen in einem lokal gepflegten „Route Cache", der in Abhängigkeit von Informationen über die Struktur des umgebenden Netzwerks fortlaufend aktualisiert wird.

Hosts adressieren ausgehende IP-Datagramme entweder direkt an Hosts (sofern sich diese innerhalb desselben lokalen Netzes befinden) oder an den für das Weiterversenden des Datagramms am günstigsten gelegenen, ihnen bekannten Gateway. Gateways wählen für die weiterzuleitenden Datagramme die für den nächsten Routing-Schritt passende Ziel-Adresse aus und führen, falls nötig, eine Fragmentierung des Datagramms durch. Anschließend werden die Daten der Verbindungsschicht übergeben.

Im Ziel-Host werden empfangene IP-Datagramme durch die Internet-Schicht auf korrekte Formatierung hin überprüft und, sofern das Datagramm an den betreffenden Host adressiert ist, ausgewertet und an die Transport-Schicht übergeben. Aus mehreren Segmenten bestehende Datagramme werden vor dem Weitergeben wieder zusammengesetzt.

Die korrekte Übermittlung von IP-Datagrammen zwischen zwei Endpunkten wird durch das Internet-Protokoll alleine nicht garantiert. Datagramme können zerstört oder vervielfältigt werden sowie außerhalb der erwarteten Reihenfolge oder auch gar nicht beim Ziel-Host ankommen.

Es existieren zwei Versionen des Internet-Protokolls, IPv4 und IPv6. Die beiden Versionen sind größtenteils nicht zueinander kompatibel. IPv4 (RFC 791) bietet 32 bit lange Adressen. Ein Teil dieser Adressen ist für private Netzwerke und spezielle Multicast-Adressen reserviert. Mit Hilfe einer Subnetz-Maske (RFC 950) kann der Adress-Raum in weitere Unterräume flexibler Größe unterteilt werden. Die maximale Gesamtlänge von IP-Datagrammen beträgt $2^{16} - 1$ Bytes, von denen 20 bis 60 Bytes auf Header-Daten entfallen. Diese Header-Daten enthalten eine 16 bit umfassende Prüfsumme über die im Header enthaltenen Informationen. Auf

Grund von Restriktionen bedingt durch verschiedenste Übertragungstechnologien zur Anbindung an lokale Netzwerke kann die Länge zu übertragender Dateneinheiten begrenzt sein. Die maximal mögliche Länge von Dateneinheiten (Maximum Transmission Unit, MTU) beträgt bei IPv4 minimal 576 Bytes. Falls die Größe der MTU in einem Netzwerk geringer ist als die Größe vorliegender Datagramme, müssen diese Datagramme fragmentiert werden. Die Fragmentierung von Datagrammen wird immer durch Gateways vorgenommen.

Im Gegensatz zu IPv4 beträgt die Adresslänge bei IPv6 128 bit (RFC 2460). Die Gesamtlänge der IP-Datagramme beträgt für IPv6 ebenfalls $2^{16} - 1$ Bytes, allerdings kann die Gesamtlänge bei spezieller Konfiguration um ein Vielfaches weiter vergrößert werden. Die Header-Daten umfassen eine minimale Länge von 40 Bytes, wobei sich diese Länge bei Verwendung sogenannter Erweiterungs-Header vergrößern kann. Die minimale MTU-Größe liegt in IPv6-Netzen bei 1280 Bytes. Die Fragmentierung von Datagrammen kann bei IPv6 ausschließlich durch Quell-Hosts vorgenommen werden. Die dafür benötigte minimale MTU entlang des Routing-Pfades muss vorab bestimmt werden.

IPv6 bietet gegenüber IPv4 – neben dem offensichtlich erweiterten Adressraum – laut RFC 2460 den Vorteil eines effizienteren Header-Formats. Obwohl die IP-Adressen viermal länger sind als IPv4-Adressen, ist die minimale Länge des gesamten IP-Header nur doppelt so groß. Erreicht wird dies durch eine geringere Anzahl obligatorischer Header-Felder, wodurch die Verarbeitung von IP-Paketen effizienter gestaltet werden kann. Durch die Einführung von Erweiterungs-Headern wird die Flexibilität dennoch erhöht. Darüber hinaus ergibt sich die Möglichkeit zur Priorisierung von IP-Paketen durch sogenannte „Traffic Classes" und zur selektiven Behandlung von durch übereinstimmende „Flow Labels" markierten Paketen. IPv6-Header enthalten keine Prüfsumme. Zur Behebung von Übertragungsfehlern verlässt sich IPv6 auf die Verbindungsschicht (bzw. die zugrunde liegende Technologie) und auf die Anwendungsschicht.

Zur Unterstützung des Internet-Protokolls wird das Internet Control Message Protocol (ICMP) eingesetzt, das von jedem Host zusammen mit IP unterstützt werden muss. Dieses ist für jede IP-Version gesondert spezifiziert (ICMPv4, ICMPv6) und baut auf das jeweilige Protokoll auf, weshalb es im Sinne einer Ende-zu-Ende-Übertragung als unzuverlässig einzustufen ist. ICMP ist nicht für die Übermittlung von Nutzdaten vorgesehen, sondern dient vielmehr der Information über im Zusammenhang mit IP-Datagrammen aufgetretene Fehler sowie der Verwaltung des Protokolls.

Verbindungsschicht (Link Layer oder auch Media-Access Layer)

Die Verbindungsschicht dient der Anbindung an lokale Netzwerke, über die Knoten direkt miteinander verbunden sind. Innerhalb dieser lokalen Netzwerke werden IP-Frames in physikalische Signale übersetzt, die über ein Übertragungsmedium übertragen werden. Hosts und Gateways sind mit diesem Übertragungsmedium direkt verbunden. Datagramme, die mit Verbindungsschicht-Header versehen sind, werden als Frame bezeichnet. Datagramme werden auf Ebene der Verbindungsschicht als Pakete bezeichnet. Die Verbindungsschicht ist definiert für die Übertragung von Datagrammen über Ethernet oder über Netzwerke der IEEE-802-Familie. Für andere Netzwerke muss die Verbindungsschicht gegebenenfalls neu definiert werden.

Besonders wichtig sind auf Ebene der Verbindungsschicht Protokolle, welche die korrekte Zuordnung von Adressen der Internet-Schicht und entsprechenden Adressen der Verbindungsschicht (üblicherweise sogenannte MAC-Adressen) sicherstellen. Beispiele für solche Protokolle sind das „Address Resolution Protocol" für IPv4 (beschrieben z.B. in RFC 826) bzw. das „Neighbor Discovery Protocol" für IPv6 (beschrieben in RFC 4861). Die Zuordnung von IP-Adressen und MAC-Adressen wird im lokal verwalteten „ARP Cache" bzw. „Neighbor Cache" abgelegt. In beiden Fällen wird die dort abgelegte Zuordnung von Adressen in regelmäßigen Abständen aktualisiert.

2.3.3 Mögliche Protokollstacks für AMI

Mögliche Konfigurationen von Protokollen für einzelne Schichten finden sich beispielsweise in [55], allerdings ohne die strikte Zuordnung dieser Protokolle zu einem vereinheitlichten Schichtenmodell. Des Weiteren werden in [55] keine weiteren Angaben zur Effizienz der betreffenden Protokolle gemacht.

Als mögliche Protokolle für die Anwendungsschicht kommen beispielsweise DLMS/COSEM (Device Language Message Specification / Companion Specification for Energy Metering; Protokolle entsprechend IEC 62056-53 und IEC 62056-47, Datenmodelle entsprechend IEC 62056-61 und IEC 62056-62) und SML (Smart Message Language; Spezifikation, Version 1.03) in Frage.

Für eine Realisierung der Transport- und der Netzwerkschicht können beispielsweise die Protokolle der entsprechenden Schichten des IP-Schichtenmodells in Abbildung 2.4 (b) verwendet werden. Die Vorteile dabei liegen in der weitläufigen Verbreitung dieser Protokolle sowie in der Tatsache, dass IP-Protokolle über das WAN durchgängig bis hin zu Endgeräten genutzt werden können (vgl. Abbildung 2.2).

Voraussetzung für die Nutzung von Protokollen der Internet-Protokoll-Suite ist allerdings, dass trotzdem eine effiziente Nutzung der durch die unteren Schichten bereitgestellten Datenrate gewährleistet ist. Die Protokolle der Internet-Protokoll-Suite setzen mit jeder Dateneinheit die Übertragung von Header-Informationen in Tabelle 2.1 zu entnehmendem Umfang voraus. Darüber hinaus entsteht bei der Verwendung

	TCP	UDP
IPv4	40	28
IPv6	60	48

Tabelle 2.1 Minimaler Overhead je Schicht-5-Dateneinheit (Summe der minimalen Größen der jeweiligen Header, ohne Schicht-4-Fragmentierung) in Bytes.

von TCP zusätzlicher Übertragungsaufwand bedingt durch den obligatorischen 3-Wege-Handshake zum Herstellen einer Verbindung. Weiteren Übertragungsaufwand verursachen die Erstellung und ständige Aktualisierung des Route Cache des IP-Protokolls. Zu beachten ist außerdem die Wahl einer angemessenen Zeitspanne für die gegebenenfalls notwendige erneute Übertragung eines TCP-Segments. Für den Fall, dass die Funktionen der Schichten 4 und 5 durch Protokolle der Internet-Protokoll-Familie bereitgestellt werden, entspricht die in Abbildung 2.5 als „Anpassungsschicht" bezeichnete Schicht dem „Data Link Layer" in Abbildung 2.4b. Im Kontext des angepassten Schichtenmodells wichtigste Funktion dieser Schicht ist die Zuordnung von IP-Adressen und Adressen des lokalen Netzwerks (vgl. ARP im Fall von IPv4 oder NDP im Fall von IPv6). Die betreffenden Zuordnungen werden in dynamischen Tabellen gespeichert, die bei der Initialisierung des Netzwerkes erstellt werden. Jeder Host erstellt die nötigen Tabellen lokal und aktualisiert sie während des laufenden Betriebs des Netzwerks.

Wie Tabelle 2.1 zeigt, kann die Nutzdaten-Effizienz durch die Verwendung von Protokollen der IP-Familie unter Umständen drastisch beeinträchtigt werden. Der durch Header-Informationen verursachte Protokoll-Overhead kann jedoch bei der Verwendung geeigneter Schicht-3-Protokolle erheblich reduziert werden, was die Nutzdaten-Effizienz – im Vergleich zur Verwendung der vollständigen Protokoll-Header – deutlich steigert. Erreicht werden kann dies mit Hilfe von Verfahren zur Komprimierung der Protokoll-Header („Header Compression", beschrieben z.B. in RFC 2507). Die Header-Komprimierung speziell für Kommunikationssysteme nach IEEE 802.15.4 ist in RFC 4944 detailliert beschrieben und erlaubt beispielsweise die Verkürzung von IPv6-Header minimaler Länge (40 Bytes) auf lediglich 2 Bytes. Hinsichtlich einer möglichen Steigerung der Effizienz bei der Datenübertragung nimmt daher die Anpassungsschicht eine herausragende Rolle ein.

Die Übertragungseffizienz kann über die Nutzung von Header-Komprimierung hinaus weiter gesteigert werden, wenn zwischen Schicht-2-Protokollen und Protokollen höherer Schichten redundante Funktionen genutzt werden können oder wenn spezielle Schicht-2- oder gar Schicht-1-Dateneinheiten an Stelle von längeren Dateneinheiten höherer Schichten übertragen werden können. Genau genommen verstößt dies gegen den Grundsatz vollständig gegeneinander austauschbarer Schichten. Dies ist jedoch tolerierbar, solange die entsprechende „Übersetzung" zwischen den Protokollen eindeutig und umkehrbar definiert ist bzw. eine bijektive Abbildung zwischen den Funktionen der Protokolle und deren entsprechender Dateneinheiten existiert. Werden auf Schicht 3 Algorithmen eingesetzt, die eine solche Umkehrbarkeit gewährleisten, so findet die Aufhebung der konsequenten Schachtelung von Dateneinheiten ohne Kenntnis der höheren Schichten statt.

Die beschriebenen Ansätze zur Steigerung der Übertragungseffizienz führen jedoch möglicherweise zu einer erhöhten Fehleranfälligkeit, die daraus resultiert, dass die Übersetzung zwischen den Protokollen verschiedener Schichten in vielen Fällen nur unter Nutzung von kontextabhängigen Informationen möglich ist. Voraussetzung für die korrekte Funktionsweise ist jedoch die semantische und syntaktische Korrektheit der relevanten Dateneinheiten. Ist diese Korrektheit nicht mehr vollständig gegeben, kann dies zu Fehlfunktionen führen, die schlimmstenfalls eine erneute Initialisierung des Netzwerkes nach sich ziehen.

Die in Unterabschnitt 2.4.2 beschriebene Technologie nutzt sowohl die Komprimierung von Header-Informationen als auch die Redundanz von Funktionen verschiedener Protokollschichten zur Steigerung der Effizienz bei der Datenübertragung.

Alternativ zur Verwendung von Protokollen der Internet-Protokoll-Suite ist es auch möglich, ganz auf die Schichten 4 und 5 zu verzichten. Voraussetzung dafür ist allerdings, dass Schichten 1 und 2 sämtliche erforderliche Funktionen bereitstellen. Dieser Ansatz wird beispielsweise bei der in Unterabschnitt 2.4.1 beschriebenen Technologie gewählt, bei der zusätzlich zu der in IEC 61334-5-1 spezifizierten Bitübertragungs- und MAC-Schicht lediglich eine weitere (Teil-)Schicht in Form einer „Logical Link Control (LLC)"-Schicht zur Anbindung an die Anwendungsschicht verwendet wird.

Die in Kapitel 7 dargestellten Ergebnisse lassen keine eindeutige Aussage zu, welche Datenraten mit realen PLC-Kommunikationssystemen zuverlässig erzielt werden können. Daher kann ohne eine genauere Analyse der Möglichkeiten zur Realisierung einer zuverlässigen Bitübertragungsschicht keine Aussage darüber getroffen werden, welche Protokolle auf den Schichten 2 bis 6 effizient eingesetzt werden können.

2.3.4 Modell der Bitübertragungsschicht

Abbildung 2.6 zeigt das verallgemeinerte Modell der Bitübertragungsschicht, deren wesentliche Funktionen sich einem Sendeprozess und einem Empfangsprozess zuordnen lassen. Die Daten durchlaufen die einzelnen Funktionsblöcke des jeweiligen Prozesses in sequentieller Reihenfolge. Während der Empfangsprozess durch die Rahmensynchronisation gestartet wird und M-PDUs zur weiteren Verarbeitung durch die MAC-Schicht liefert, wird der Sendeprozess durch die MAC-Schicht gestartet. Die MAC-Schicht übergibt dem Sendeprozess M-PDUs zur unverzüglichen Übertragung, sobald sie das Übertragungsmedium für die Übertragung eines Datenrahmens freigibt. Den in einer M-PDU enthaltenen Binärinformationen werden gegebenenfalls binäre Redundanzinformationen zur Kanalcodierung (Forward Error Correction, FEC) hinzufügt. Außerdem können den Binärinformationen der M-PDU weitere Informationen hinzugefügt werden, die für die Bitübertragungsschicht des Empfängers bestimmt sind und beispielsweise das verwendete Modulationsschema festlegen. Anschließend werden die Binärdaten in physikalische Signale umgewandelt (Modulation). Vor der D/A-Wandlung werden die eigentlichen P-PDUs durch Hinzufügen von Präambeln und Postambeln generiert, die Beginn und Ende einer P-PDU markieren.

Der Empfangsprozess überwacht ständig das aus dem Übertragungsmedium ausgekoppelte und verstärkte Signal, das zuvor einer A/D-Wandlung unterzogen wurde. Der Signalpegel des Empfangssignals

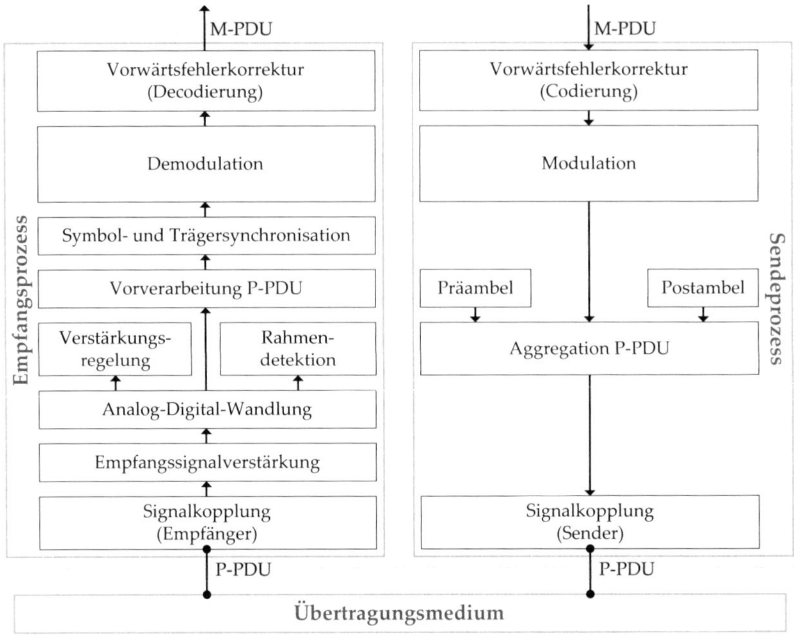

Abbildung 2.6 Struktur der Bitübertragungsschicht

kann dabei über eine Verstärkungsregelung angepasst werden. Der Prozess wird gestartet, sobald der Beginn eines Datenrahmens detektiert wird. Diese Detektion erfolgt durch die Rahmensynchronisation, sobald im am Empfänger anliegenden Analogsignal eine zur Rahmensynchronisation im Protokoll vereinbarte Präambel erkannt wurde. Die Präambel kann aus einer festgelegten Folge modulierter Bits bestehen oder auch aus anderweitigen geeigneten Signalen. Anschließend können die Daten weiteren Synchronisationsstufen zur Symbol- und Trägersynchronisation sowie einer eventuellen Signalvorverarbeitung unterzogen werden, bei der optional auch eine zusätzliche Filterung des Empfangssignals oder anderweitige Signalmanipulationen vorgenommen werden. Das so erhaltene Signal wird demoduliert, die sich daraus ergebenden Binärdaten werden anschließend – sofern vorhanden – durch die Vorwärtsfehlerkorrektur korrigiert. Die auf diese Weise erhaltenen Binärinformationen werden zur weiteren Verarbeitung der Datensicherungsschicht übergeben.

Die Verwendung von Kanalcodierungsverfahren garantiert dabei nicht zwingend, dass alle auftretenden Bitfehler vollständig korrigiert werden.

Zusammenhang von Bitübertragungsschicht und Datensicherungsschicht

Eine Modellierung der Prozesse der Datensicherungsschicht gestaltet sich im Vergleich zu denen der Bitübertragungsschicht deutlich schwieriger, da ein sequentieller Ablauf der einzelnen Prozesse nicht zwingend gegeben ist.

Die Besonderheit einiger Funktionen dieser Schicht, beispielsweise bei der Kontrolle des Zugriffs auf das von allen Knoten geteilte Übertragungsmedium, ist, dass solche Funktionen auf Grundlage lokal vorliegender Informationen ausgeführt werden, die unter Anderem empfangenen M-PDUs entnommen werden. Diese wiederum stammen von anderen Knoten im Netzwerk und sind auf Grundlage der dort lokal vorhandenen Informationen generiert worden. Dieses stellt ein wesentliches Merkmal verteilter Algorithmen dar [43]. Die Besonderheit verteilter Algorithmen liegt in der Tatsache, dass die lokalen Informationen nicht unbedingt den tatsächlichen Zustand des Gesamtsystems widerspiegeln und außerdem immer dem Risiko unterliegen, bei der Übertragung verfälscht zu werden. Dies spielt insbesondere bei Betrachtungen zur Zuverlässigkeit solcher Algorithmen eine Rolle.

Die auf dieser Schicht wesentlichen Funktionen sind die Medienzugriffskontrolle und die Korrektur von Übertragungsfehlern. Außerdem stellt die Datensicherungsschicht sicher, dass von der Bitübertragungsschicht gelieferte M-PDUs korrekt an höhere Schichten weitergegeben werden und dass von höheren Schichten stammende M-SDUs an die jeweiligen Ziel-Knoten gesendet werden. Daher zählt auch die eindeutige Adressierung der Knoten in einem direkt verbundenen Netzwerk zu den Aufgaben der Datensicherungsschicht. Die Zustellung der M-SDUs an andere Knoten kann auf mehrere Arten erfolgen. Im Allgemeinen wird unterschieden, ob die Zustellung der Informationen

- verbindungslos und unbestätigt,

- verbindungslos und bestätigt oder

- verbindungsorientiert und bestätigt

erfolgt [63].

Der Zugriff auf das geteilte Übertragungsmedium kann nach verschiedenen Verfahren geregelt werden. Jedes dieser Verfahren stellt einen verteilten Algorithmus dar, mit dessen Hilfe sichergestellt werden soll, dass jeweils nur ein Knoten zu einem Zeitpunkt Daten über das Übertragungsmedium sendet. Zu unterscheiden ist zwischen Verfahren, bei denen die Knoten in einem Netzwerk um den Zugriff auf das Übertragungsmedium konkurrieren und Verfahren, bei denen der Zugriff auf das Übertragungsmedium erst nach Aufforderung, d.h. nach Erhalt einer bestimmten M-PDU, zulässig ist. Die fehlerfreie Funktion dieses im weiteren als „MAC-Algorithmus" bezeichneten Algorithmus hängt insbesondere vom fehlerfreien Funktionieren des Algorithmus in allen anderen Knoten des Netzwerks ab. Versagt der Algorithmus bei einem der Knoten, so beginnen unter Umständen mehrere Knoten gleichzeitig mit der Datenübertragung. Die analogen Signale überlagern sich auf der Übertragungsleitung, wodurch die jeweils enthaltenen Informationen mit hoher Wahrscheinlichkeit zerstört werden.

Die Fehlerkorrektur kann durch die Datensicherungsschicht nicht allein auf Basis lokal vorliegender Informationen erfolgen. Der Datensicherungsschicht liegen lediglich von der Bitübertragungsschicht gelieferte Binärinformationen ohne zusätzliche Redundanz vor. Die einzige Möglichkeit zur Korrektur von Übertragungsfehlern besteht darin, Informationen erneut anzufordern. Eine Korrektur kann somit nur mit Unterstützung des ursprünglichen Senders von Informationen erfolgen, und somit nur durch erneute Nutzung des Übertragungsmediums. Die erneute Anforderung von Informationen im Falle eines durch den Empfänger einer PDU festgestellten Übertragungsfehlers wird als „Automatic Repeat reQuest" (ARQ) bezeichnet und ist der Datensicherungsschicht zuzuordnen.

Die Modellierung der Algorithmen der Datensicherungsschicht erfolgt mittels endlicher Zustandsautomaten. Diese Zustandsautomaten steuern den Sendeprozess der Bitübertragungsschicht in Abhängigkeit davon, in welchem Zustand sich das gesamte Netzwerk befindet. Informationen über diesen Zustand werden entweder durch Beobachten der Vorgänge auf dem Übertragungsmedium gewonnen oder aus Informationen, die durch den Empfangsprozess der Bitübertragungsschicht zur Verfügung gestellt werden. Die Zustandsübergänge des Zustandsautomaten erfolgen ereignisdiskret durch im Protokoll definierte Ereignisse, wie beispielsweise dem Empfang einer bestimmten M-PDU oder dem Ablauf eines konfigurierten Timers.

2.4 Existierende PLC-Übertragungstechnologien

Auf Grundlage des Schichtenmodells in Abschnitt 2.3 erfolgt nun die Betrachtung bereits vorhandener PLC-Übertragungstechnologien. Im Hinblick auf die Schaffung eines einheitlichen, offenen Standards für die Powerline Kommunikation für AMI werden im Rahmen des EU-Forschungsprojektes „OPEN meter" vier alternative Ansätze für Übertragungssysteme diskutiert: Der Standard IEC 61334-5-1, „Meters&More", „PLC G3" und „PoweRline Intelligent Metering Evolution" (PRIME). Diese vier verschiedenen Systeme sind aussichtsreiche Kandidaten für Standardisierung auf europäischer Ebene [54]. Über die genannten Technologien hinaus existieren weitere Übertragungstechnologien, die zur Modulation bandspreizende Verfahren, wie beispielsweise DSSS und auf Chirp-Signalformen basierende Modulationsarten einsetzen [52]. Solche Verfahren sind nicht Gegenstand der im Rahmen dieser Arbeit angestellten Betrachtungen.

Die nachfolgenden Abschnitte bieten einen Überblick über die wesentlichen Eigenschaften von IEC 61334-5-1, PLC G3 und PRIME. Für diese Technologien sind Spezifikationen verfügbar, welche die Funktionsweise der jeweiligen Technologie zumindest in wesentlichen Zügen erkennen lassen. Zusätzlich wird die Bitübertragungsschicht einer Technologie angeführt, die aus Forschungsarbeiten heraus entstanden ist [35].

Tabelle 2.2 zeigt die für die auf OFDM basierenden Übertragungssysteme relevanten Parameter im Überblick.

Über die Darstellung der Funktionsweise der einzelnen Übertragungstechnologien hinaus werden die Übertragungsgeschwindigkeit der Bitübertragungsschicht sowie der Datendurchsatz (vgl. Abschnitt 2.3.1) untersucht und verglichen. Der Datendurchsatz kann dabei auch als ein Maß für die Effizienz der Bitübertragungsschicht verstanden werden.

Für die folgenden Untersuchungen wird angenommen, dass mittels der verschiedenen Übertragungstechnologien jeweils identische Datenmengen variabler Größe zu übertragen sind. Für jede der Übertragungstechnologien können unter Verwendung der jeweiligen Parameter die folgenden Kenngrößen berechnet werden:

- Zeitdauer $T_{\mathrm{PHY},\Sigma}$, welche für die Übertragung der Datenmenge mittels Datenrahmen der Bitübertragungsschicht unter Verwendung eines der spezifizierten Modulationsschemata benötigt wird. Die zu übertragende Daten werden der Bitübertragungsschicht als Nutzdaten übergeben. Überschreitet die Länge der zu übertragenden

	PRIME	PLC G3	IIIT
Abtastrate (Basisband) in kHz	250	400	333,333
FFT-Punkte N_{FFT}	512	256	1024
Länge FFT-Fenster T_{S} in ms	2,048	0,640	3,072
Cyclic Prefix N_{CP} in Abtastwerten	48	30	87
Cyclic Prefix T_{CP} in ms	0,192	0,075	0,261
OFDM-Symbolintervall $T_{\mathrm{SI}} = T_{\mathrm{S}} + T_{\mathrm{CP}}$	2,240	0,715	3,333
Trägeranzahl N_{C}	97	36	48
Trägerindizes	86…182	23…58	244…291
$f_{\mathrm{C,min}}$ in kHz	41,992	35,938	79,427
$f_{\mathrm{C,max}}$ in kHz	88,867	90,625	94,726
Bandbreite W in kHz	47,363	54,687	15,951
Modulationsarten (D-M-PSK)	$M \in \{2,4,8\}$	$M \in \{2,4\}$	$M = 2$

Tabelle 2.2 Relevante Parameter der PLC-Übertragungstechnologien basierend auf OFDM. Die Frequenzen $f_{\mathrm{C,min}}$ und $f_{\mathrm{C,max}}$ bezeichnen jeweils die Mittenfrequenz des untersten und obersten Subträgers.

Daten die maximale Größe einer Dateneinheit der Bitübertragungsschicht, so werden so viele Dateneinheiten (P-PDU) gesendet wie nötig.

- Effizienz der Bitübertragungsschicht η_{PHY}: Verhältnis aus ideal für die Übertragung der Datenmenge benötigter Zeit und tatsächlich für die Übertragung der Datenmenge in Form von einer oder mehreren P-PDUs benötigter Zeit. Der Berechnung der idealisierten Übertragungsdauer wird die Übertragung der Datenmenge ausschließlich mittels Symbolen des jeweiligen Modulationsverfahrens („Informationssymbole") zugrunde gelegt. Hingegen werden für die Berechnung der tatsächlich zur Übertragung benötigten Zeit zusätzlich Präambeln und Header-Informationen einbezogen. Die so berechnete Größe η_{PHY} gibt somit Aufschluss darüber, zu welchem Anteil die für die Übertragung einer Datenmenge benötigte Zeit für die Übertragung tatsächlicher Nutzdaten verwendet wird und stellt folglich ein Maß für die Effizenz der Realisierung der Bitübertragungsschicht dar.

Die für die jeweilige Technologie berechnete Größe T_{PHY} wird zusätzlich für verschiedene Parameter-Konfigurationen berechnet. Dies ermöglicht quantitative Vergleiche, inwiefern beispielsweise die Wahl eines höherstufigen Modulationsverfahrens tatsächlich Vorteile hinsichtlich der für die Datenübertragung einer bestimmten Datenmenge benötigten Zeit bringt.

Abschließend wird ein Vergleich der Übertragungstechnologien hinsichtlich der jeweils für die Übertragung benötigten Zeit angestellt.

Für die folgenden Betrachtungen werden Datenmengen von $N_{\mathrm{D,TX}} = 8, 16, \ldots, 8192$ bit zugrunde gelegt. Eine P-PDU setzt sich aus einer Präambel der Dauer T_{Pr} sowie Header- und Nutzdaten-Symbolen der Dauer T_{S} zusammen, so dass sich die für die Übertragung einer P-PDU mit Index i benötigte Zeitdauer zu

$$T_{\mathrm{PHY},i} = T_{\mathrm{Pr}} + (N_{\mathrm{S,H}} + N_{\mathrm{S},i})\, T_{\mathrm{S}} \qquad (2.4)$$

ergibt. Während die $N_{\mathrm{S,H}}$ Header-Symbole immer mit identischen Modulationsarten übertragen werden, kommen für die $N_{\mathrm{S},i}$ Nutzdaten-Symbole je nach Übertragungstechnologie unterschiedliche Modulationsarten in Betracht. Betrachtet werden M-PSK-Modulationsarten (vgl. Abschnitt 5.2) mit unterschiedlicher Wertigkeit $M \in \{2,4,8\}$. Die Anzahl der mit jedem Modulationssymbol je Subträger übertragenen Bits erhält man gemäß $N_{\mathrm{BPC}} = \mathrm{ld}(M)$. Die Anzahl der modulierten Träger je (Mehrträger-)Symbol wird mit N_{C} bezeichnet.

Die $N_{\mathrm{S},i}$ Nutzdaten-Symbole enthalten die Informationen von N_{PHY} Nutzdaten-Bits, die mittels der i-ten P-PDU übertragen werden. Bei der Verwendung von Mehrträger-Modulation muss gegebenenfalls mit Nullen aufgefüllt werden, um vollständige Modulationssymbole zu erhalten. Werden der Bitübertragungsschicht N_D Bits an Nutzdaten übergeben, so muss überprüft werden, ob die Größe einer P-PDU für die Übertragung der Nutzdaten ausreicht. Falls die Länge der Nutzdaten N_D die maximale Länge des Nutzdatenfeldes einer P-PDU $\hat{N}_{\mathrm{PHY}}$ übersteigt ($N_D > \hat{N}_{\mathrm{PHY}}$), müssen mehrere P-PDUs gesendet werden, um die Nutzdaten übertragen zu können. Dabei wird idealisiert angenommen, dass die P-PDUs ohne Pause direkt aufeinander folgen. Die Anzahl der zu übertragenden P-PDUs ergibt sich aus

$$N_{\mathrm{PPDU}} = \left\lceil \frac{N_{\mathrm{D,TX}}}{\hat{N}_{\mathrm{PHY}}} \right\rceil \tag{2.5}$$

Zusammen mit der Tatsache, dass jedes der $N_{\mathrm{S},i}$ Symbole $N_{\mathrm{C}} \cdot N_{\mathrm{BPC}}$ Nutzdaten-Bits übertragen kann, ist die Anzahl der für die Übertragung einer Anzahl $N_{\mathrm{D,TX}}$ von Nutzdaten-Bits notwendigen Nutzdaten-Symbole

$$N_{\mathrm{S},i} = \begin{cases} \left\lceil \frac{\hat{N}_{\mathrm{PHY}}}{N_{\mathrm{C}} \cdot N_{\mathrm{BPC}}} \right\rceil, & i = 1,\ldots,N_{\mathrm{PPDU}} - 1, \; N_{\mathrm{PPDU}} \geq 2 \\ \left\lceil \frac{N_{\mathrm{D,TX}} - (N_{\mathrm{PPDU}} - 1)\hat{N}_{\mathrm{PHY}}}{N_{\mathrm{C}} \cdot N_{\mathrm{BPC}}} \right\rceil, & i = N_{\mathrm{PPDU}}, \; N_{\mathrm{PPDU}} \geq 1. \end{cases} \tag{2.6}$$

Gleichung 2.6 gilt für den Fall bis zur maximalen P-PDU-Länge $\hat{N}_{\mathrm{PHY}}$ variabler P-PDU-Längen und vereinfacht sich für den Fall fester P-PDU-Längen zu

$$N_{\mathrm{S},i} = \left\lceil \frac{\hat{N}_{\mathrm{PHY}}}{N_{\mathrm{C}} \cdot N_{\mathrm{BPC}}} \right\rceil. \tag{2.7}$$

Die gesamte für die Übertragung von $N_{\mathrm{D,TX}}$ Bits mittels P-PDUs benötigte Zeitdauer ermittelt man schließlich mit

$$T_{\mathrm{PHY},\Sigma} = \sum_{i=1}^{N_{\mathrm{PPDU}}} T_{\mathrm{PHY},i}. \tag{2.8}$$

Als Maß dafür, wie effizient die Umsetzung des PHY-Protokolls gelingt, dient die Kenngröße η_{PHY}. Sie ist definiert als das Verhältnis der für die Übertragung der reinen SDU-Informationen mit der betrachteten Modulationsart benötigten Zeitdauer und der für die Übertragung der SDU-Informationen in Form von ganzen Datenrahmen benötigten Zeit. Letztendlich ausschlaggebend bei der Entscheidung für eine Technologie ist jedoch (neben der Zuverlässigkeit, für die jedoch erst die Analyse in Kapitel 7 Anhaltspunkte liefert) die jeweils für die Übertragung einer bestimmten Datenmenge benötigte Zeitdauer. Hierfür ist ein Vergleich der Übertragungsdauern $T_{\mathrm{PHY},\Sigma}$ der jeweiligen Technologien notwendig. Um eine einfache Vergleichbarkeit der Übertragungszeiten zu erreichen, werden diese zueinander ins Verhältnis gesetzt. Darüber hinaus wird ein Vergleich der jeweils verfügbaren Modulationsarten einer Technologie angestellt.

Über den Parameter η_{PHY} hinaus ist für einen Vergleich verschiedener Technologien und verschiedener Modulationsarten einer Technologie folglich die Kenngröße

$$\theta_{\mathrm{PHY}}^{(I_{\mathrm{T},i},I_{\mathrm{P},j})/(I_{\mathrm{T},k},I_{\mathrm{P},l})} = \frac{T_{\mathrm{PHY},\Sigma}^{(I_{\mathrm{T},i},I_{\mathrm{P},j})}}{T_{\mathrm{PHY},\Sigma}^{(I_{\mathrm{T},k},I_{\mathrm{P},l})}} \tag{2.9}$$

heranzuziehen. Die Wertepaare $(I_{\mathrm{T},i},I_{\mathrm{P},j})$ und $(I_{\mathrm{T},k},I_{\mathrm{P},l})$ bestehen aus der Bezeichnung der i-ten bzw. k-ten Technologie ($I_{\mathrm{T},i}$ bzw. $I_{\mathrm{T},k}$) sowie der Bezeichnung des j-ten bzw. k-ten Parameters ($I_{\mathrm{P},i}$ bzw. $I_{\mathrm{P},k}$).

2.4.1 IEC 61334-5-1

IEC 61334-5-1 spezifiziert eine Bitübertragungsschicht und eine Datensicherungsschicht, letztere allerdings nur hinsichtlich des Zugriffs auf das geteilte Übertragungsmedium (Medium Access Control, MAC) [13]. Die Realisierung der Verbindungskontrolle (Logical Link Control, LLC) erfolgt gemäß IEC 61334-4-32, wird jedoch im Folgenden nicht detailliert erläutert.

IEC 61334-5-1 – Bitübertragungsschicht

Die Modulation erfolgt bei Systemen nach IEC 61334-5-1 mittels Frequenzumtastung (Frequency Shift Keying, FSK). Nutzdatenbits werden zwei Frequenzen f_{S} (entsprechend „0") und f_{M} (entsprechend „1") zugeordnet. Bei der konventionellen Frequenzumtastung muss für den Frequenzabstand aus Gründen der Orthogonalität $|f_{\mathrm{S}} - f_{\mathrm{M}}| = k \cdot 1/T_{\mathrm{S}}$ gelten, wobei T_{S} die Symboldauer bezeichnet. Im Gegensatz hierzu wird in IEC 61334-5-1 festgelegt, dass die beiden Trägerfrequenzen mit $|f_{\mathrm{S}} - f_{\mathrm{M}}| > 10\,\mathrm{kHz}$ weit voneinander entfernt im Spektrum gemäß EN 50065 (CENELEC A-Band) liegen.

Dies erlaubt empfängerseitig den Einsatz eines modifizierten Entscheidungskriteriums, welches frequenzselektive Störungen, bedingt durch den Übertragungskanal, mit in die Bit-Entscheidung einbezieht. Das Entscheidungskriterium basiert dabei auf einer Schätzung der „Qualität" des Empfangssignals bei der jeweiligen Trägerfrequenz: Ist die mittlere Empfangsqualität für beide Trägerfrequenzen ähnlich, fällt die Entscheidung zugunsten der Trägerfrequenz, für die eine höhere Signalenergie detektiert wird. Dies entspricht der konventionellen Demodulation im Falle orthogonaler Übertragungssignale. Ist die Empfangsqualität hingegen für eine der beiden Trägerfrequenzen signifikant niedriger, so wird das auf dieser Frequenz übertragene Signal nicht für die Bit-Entscheidung herangezogen. Stattdessen wird die Energie des Empfangssignals mit der höheren Empfangsqualität mit einem vorher berechneten Schwellwert verglichen. Die Bit-Entscheidung basiert also in einem solchen Fall, in dem einer der beiden Übertragungskanäle deutlich besser zur Übertragung geeignet ist, auf einer besonderen Form der Amplitudentastung (Amplitude Shift Keying, ASK), dem On/Off-Keying (OOK).

Die Blockschaltbilder eines Senders und eines Empfängers nach IEC 61334-5-1 sind Abbildung 2.7 zu entnehmen.

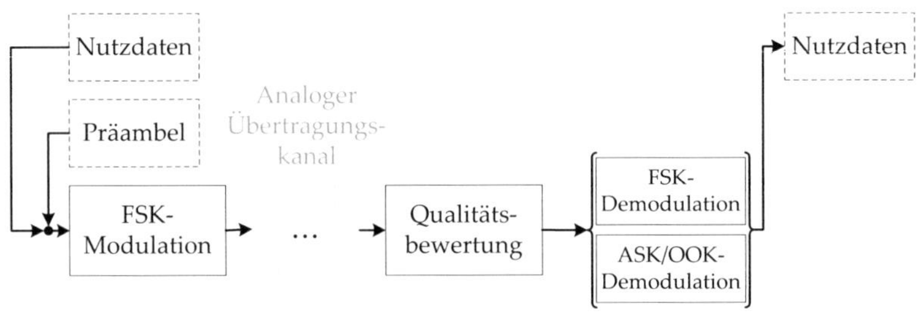

Abbildung 2.7   IEC 61334-5-1 – Blockschaltbild Bitübertragungsschicht

Die modulierten Symbole werden synchron zur Netzwechselspannung übertragen, wobei die Nulldurchgänge einer Phase als Referenz dienen. Unter Annahme einer Netzfrequenz von $50\,\mathrm{Hz}$ und Drei-Phasen-Wechselstrom liegt die maximale Symboldauer bei $T_{S,\mathrm{max}} = {}^{10}/_3\,\mathrm{ms} = 3{,}3333\,\mathrm{ms}$. Mit dem zu Grunde gelegten Modulationsverfahren wären somit $300\,\mathrm{bit/s}$ die minimale Datenrate eines Übertragungssystems nach IEC 61334-5-1. Sofern die Symboldauer der Vorschrift $T_{S,\mathrm{max}}/n$, $n = 1,2,\ldots$ folgt, sind höhere Datenraten möglich, zum Beispiel $600\,\mathrm{bit/s}$ ($n = 2$), $900\,\mathrm{bit/s}$ ($n = 3$) und $1200\,\mathrm{bit/s}$ ($n = 4$).

Abbildung 2.15 zeigt die Struktur der Datenrahmen der Bitübertragungsschicht.

Jeder Datenrahmen der Bitübertragungsschicht beginnt mit einer Präambel in Form der Bitfolge AAAA_{16}, gefolgt von einem sogenannten „Start Subframe Delimiter" $54\mathrm{C7}_{16}$, welcher in Abbildung 2.8 als „Start SF" bezeichnet ist. Darauf folgt ein genau 38 Byte umfassendes Feld, dessen Inhalt durch die Datensicherungsschicht bestimmt wird. Datenrahmen enden mit einer Pause, in der für die Dauer von 3 Byte nicht gesendet wird.

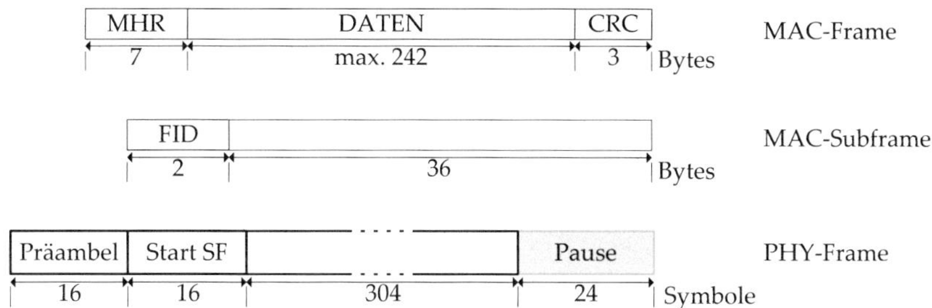

Abbildung 2.8 IEC 61334-5-1 – Datenrahmen: Bitübertragungsschicht (unten) und Datensicherungsschicht (Mitte und oben).

IEC 61334-5-1 – Datensicherungsschicht

Die Datenrahmen der Datensicherungsschicht beinhalten jeweils einen 7 Byte umfassenden Header, ein bis zu 242 Byte umfassendes Datenfeld, das für höhere Schichten relevante Informationen enthält, sowie ein Feld, das eine 3 Byte umfassende CRC-Prüfsumme enthält. Für die Adressierung stehen 12 bit zur Verfügung, wobei sowohl einzelne Geräte direkt adressiert werden können (Unicast) als auch Gruppen von Geräten (Multicast).

Zur Übertragung über die Bitübertragungsschicht werden die soeben beschriebenen Datenrahmen in maximal sieben sogenannte „Subframes" unterteilt, die jeweils maximal 38 Byte umfassen. Davon stehen jeweils 36 Byte für die Daten der Datensicherungsschicht zur Verfügung. Umfassen diese weniger Daten, so werden Nullen hinzugefügt, um genau 36 Byte zu erreichen. In einem Netzwerk existieren ein Master und mindestens ein Client, die jeweils durch 12 bit lange Adressen identifiziert werden. Die Koordination des Zugriffs auf das Übertragungsmedium erfolgt durch den Master, wobei vorausgesetzt wird, dass der jeweilige Zeitschlitz für die Datenübertragung synchron mit den Netznulldurchgängen beginnt. Ein Datenrahmen der Bitübertragungsschicht entspricht einem Subframe, welcher wiederum die Dauer eines Zeitschlitzes definiert. Die einzelnen Symbole werden synchron zu den Nulldurchgängen der Netzwechselspannung übertragen. Das Schema der Zeitschlitze wird durch den Master in Abhängigkeit von den Nulldurchgängen der Netzspannung definiert. Alle Clients in einem Netzwerk synchronisieren sich mit diesem Zeitschema durch Detektion von Präambel und „Start Subframe Delimiter". Nur auf diese Weise synchronisierte Clients dürfen Informationen senden oder empfangen. Empfangene MAC-Frames können maximal 7 Mal wiederholt werden, jedoch nur durch als Repeater (sog. „Server") konfigurierte Geräte.

Sämtliche weitere Funktionen wie das Herstellen von Verbindungen zwischen Geräten werden höheren Schichten überlassen. Dies trifft auch auf Verfahren zur Korrektur von Übertragungsfehlern zu. Bei der Betrachtung der Effizienz der Übertragung muss das LLC-Protokoll ebenfalls einbezogen werden, was einen weiteren Overhead bedingt (angenommen werden 3 Byte bei Verwendung von IEC 61334-4-32).

Zeitdauer und Effizienz der Datenübertragung Mit dem P-PDU-Format in Abbildung 2.8 ergibt sich der in Abbildung 2.9(a) dargestellte Verlauf der zur Übertragung der Datenmengen $N_{D,TX}$ benötigten Zeitdauer $T_{PHY,\Sigma}$. Die Übertragungsdauer liegt bei Verwendung der Symboldauer $T_S = 3{,}3\,\text{ms}$ in der Größenordnung einiger Zehn Sekunden. Auch wenn die Symboldauer auf 25% des ursprünglichen Wertes gesenkt wird, bleibt $T_{PHY,\Sigma}$ in der Größenordnung von Sekunden.

Dabei zeigt die Effizienz der Bitübertragungsschicht η_{PHY} aus 2.9b, dass gut 84% der Übertragungszeit für die Übertragung von Nutzdaten genutzt werden.

2.4.2 PLC G3

PLC G3 wurde unter Anderem mit dem Ziel entworfen, höhere Datenraten als IEC 61334-5-1 zur Verfügung zu stellen. Die vollständige Spezifikation von PLC G3 besteht aus drei Teilen [40, 39, 38] und beschreibt alle Schichten eines vollständigen Übertragungssystems für das Fernablesen von Zählern der. Die Spezifikation dient dazu, eine modernisierte und leistungsfähigere Alternative zu IEC 61334-5-1 und den damit verbundenen Normen zu schaffen.

PLC G3 – Bitübertragungsschicht

Abbildung 2.10 zeigt die Struktur der Bitübertragungsschicht eines Übertragungssystems nach PLC G3 [39]. Im Unterschied zu IEC 61334-5-1 ist hierfür mit OFDM ein Mehrträger-Modulationsverfahren vorgesehen. Dargestellt ist lediglich der Sender, der Empfänger führt die jeweils dazu inversen Operationen in umgekehrter Abfolge aus. Die von der MAC-Schicht kommenden Daten, in Abbildung 2.10 als Nutzdaten bezeichnet, werden zunächst mit Hilfe eines Scramblers verwürfelt. Dadurch sollen

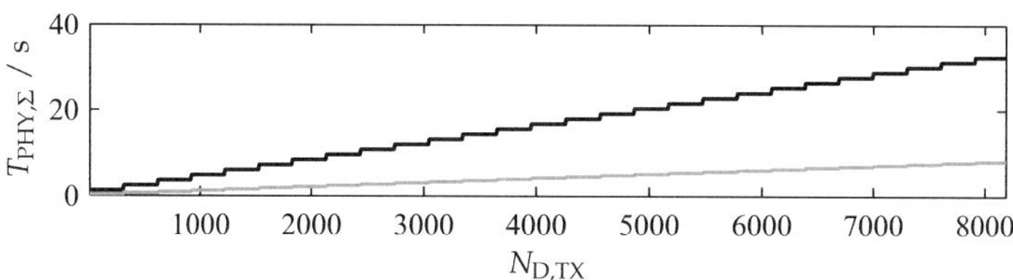

(a) Zeitdauer der Datenübertragung: $T_{\mathrm{PHY},\Sigma}^{\mathrm{IEC}}$ für $T_{\mathrm{S}} = 3{,}3\,\mathrm{ms}$ (—); $T_{\mathrm{PHY},\Sigma}^{\mathrm{IEC}}$ für $T_{\mathrm{S}} = 0{,}825\,\mathrm{ms}$ (—)

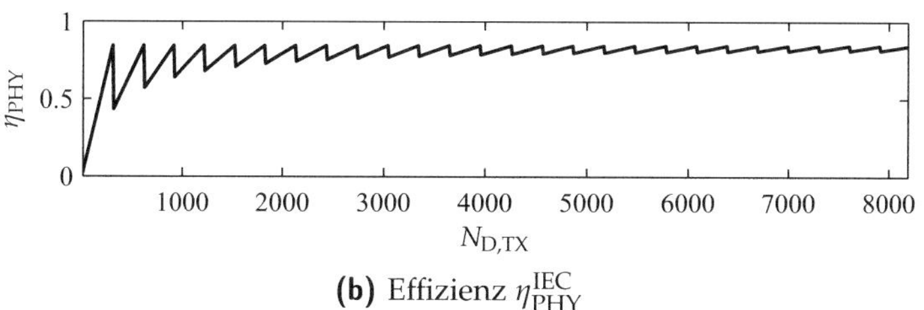

(b) Effizienz $\eta_{\mathrm{PHY}}^{\mathrm{IEC}}$

Abbildung 2.9 Zeitdauer und Effizienz der Datenübertragung mit IEC 61334-5-1 für verschiedene Symboldauern.

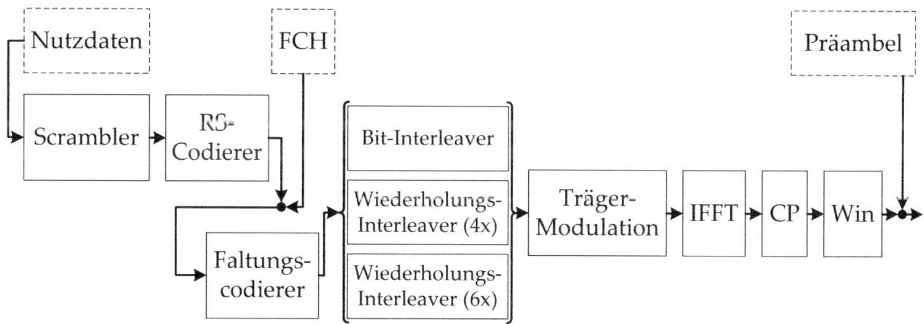

Abbildung 2.10 PLC G3 – Blockschaltbild Bitübertragungsschicht

lange Folgen von Nullen und Einsen vermieden werden, die den Crest-Faktor des Ausgangssignals nachteilig beeinflussen können.

Auf die Nutzdaten wird anschließend ein konkatenierter Code angewendet. Dieser besteht aus einem Reed-Solomon-Code (RS-Code) mit einer Prüfwort-Länge von 8 bzw. 16 Bytes (je nach Konfiguration) und einem Faltungscodierer mit Coderate $1/2$. Außerdem werden im Anschluss an die RS-Codierung als „Frame Control Header" (FCH) bezeichnete Informationen eingefügt, welche beispielsweise festlegen, mit welchem Modulationsschema die empfängerseitige Demodulation erfolgen soll. Die Parameter des Scramblers und des Faltungscodierers entsprechen dem Standard IEEE 802.11-2007 [23] und sind somit auch identisch mit den für PRIME verwendeten Parametern, vgl. Unterabschnitt 2.4.3.

Auf das Ergebnis der Faltungscodierung wird anschließend ein Bit-Interleaving angewendet. Das Interleaving-Schema bietet die Möglichkeit, im Datenstrom unmittelbar benachbarte Bits nicht auf benachbarten Sub-Trägern direkt aufeinander folgender OFDM-Symbole zu übertragen. Dadurch kann sichergestellt werden, dass benachbarte Bits weder durch denselben Impulsstörer noch durch denselben Schmalbandstörer beeinflusst werden. Für besonders stark gestörte Übertragungsstrecken ist ein robuster Übertragungsmodus ("Robust Mode") vorgesehen. Er ist durch eine vierfach wiederholte Übertragung der codierten Bitfolge charakterisiert.

Die Trägermodulation erfolgt differentiell in zeitlicher Richtung, wobei die Modulation einzelner Träger entweder mit D-2-PSK oder mit D-4-PSK erfolgen kann. Im robusten Übertragungsmodus wird D-2-PSK verwendet.

Die Header-Daten eines Datenrahmens auf Bitübertragungsschicht werden lediglich durch den Faltungscode geschützt, dafür jedoch sechsfach wiederholt („Super Robust Mode"). Eine über die Header-Informationen berechnete 5 bit lange CRC-Prüfsumme dient der Fehlererkennung.

Mit Hilfe der IFFT werden die modulierten Träger in Zeitsignale transformiert, anschließend wird jedes OFDM-Symbol zyklisch erweitert. Die Parameter zur Charakterisierung der OFDM-Symbole finden sich in Tabelle 2.2. In der Standard-Konfiguration werden die Informationen auf 36 Subträger moduliert. Während die 13 Header-Symbole immer diese 36 Subträger einschließen, können die Subträger der für Nutzdaten genutzten OFDM-Symbole mit Hilfe einer „Tone Map" adaptiv belegt werden. Die Belegung kann dabei, mit dem Ziel einer erhöhten Zuverlässigkeit der Datenübertragung, in Abhängigkeit vom vorherrschenden SNR erfolgen. Darüber hinaus können einzelne Frequenzbänder ausgespart werden, wodurch beispielsweise die Koexistenz mit anderen schmalbandigen Übertragungssystemen im selben Netzwerk ermöglicht wird.

Das Hinzufügen der zyklischen Fortsetzung jedes OFDM-Symbols wird in Abbildung 2.10 mit CP markiert. Eine Besonderheit bei der Behandlung der Nutzdaten-OFDM-Symbole eines Datenrahmens besteht darin, dass die jeweils ersten und letzten acht Abtastwerte der zyklisch erweiterten Symbole mit einem Raised-Cosine-Fenster [50] gefenstert werden. Damit wird eine Reduzierung der Außerbandleistung erreicht. Die jeweils ersten acht Abtastwerte eines Symbols werden mit den jeweils letzten acht Abtastwerten des vorhergehenden Symbols additiv überlagert. Die Fensterung mit additiver Überlagerung wird auf das Ende des letzten halben Symbols der Präambel sowie auf alle darauf folgenden OFDM-Symbole angewendet. Somit überlappen sich die zyklisch erweiterten OFDM-Symbole für 5,6% ihrer Dauer.

Der Aufbau eines Datenrahmens für Nutzdaten ist Abbildung 2.11 zu entnehmen. Die Datenrahmen der Bitübertragungsschicht beginnen mit

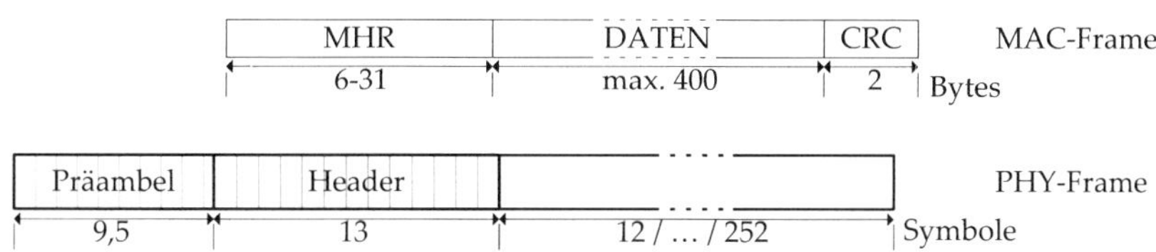

Abbildung 2.11 PLC G3 – Datenrahmen der Bitübertragungsschicht und Datensicherungsschicht

einer Präambel, bestehend aus 9,5 OFDM-Symbolen ohne zyklische Erweiterung, deren 36 Subträger mit fest vorgegebenen Phasenwerten moduliert werden. Die letzten eineinhalb Symbole werden dabei mit gegenüber den ersten acht Symbolen invertierter Phase moduliert. Die ersten acht Symbole dienen der Anpassung der Empfangssignal-Verstärkung, Symbol-Synchronisation sowie der Kanalschätzung und liefern eine erste Phasenschätzung für die einzelnen Träger. Die Phasendifferenz zwischen den ersten acht und den letzten eineinhalb Symbolen dient der Rahmensynchronisation.

Auf die Präambel folgen die 39 Bit umfassenden Header-Daten der Bitübertragungsschicht, die nach Faltungscodierung und sechsfacher Wiederholung mittels 13 OFDM-Symbolen mit jeweils 36 Trägern übertragen werden. Die Header-Daten enthalten Informationen über die Art der Modulation (D-2-PSK, D-4-PSK oder „Robust Mode"), die Länge des Nutzdaten-Feldes und darüber, welche der Träger für die Übertragung von Nutzdaten verwendet werden („Tone Map").

Darauf folgt das Nutzdaten-Feld. Wie viele Nutzdaten-Bytes dieses Feld eines jeweiligen Datenrahmens transportiert, hängt zusammen mit der gewählten Modulationsart, der Anzahl der verwendeten Träger sowie der Art der Codierung. Einzubeziehen sind dabei auch die zulässigen Blockgrößen des RS-Codes. Die maximale Anzahl an OFDM-Symbolen, die dieses Feld umfassen kann, beträgt zwischen 12 und maximal 252. Die sowohl für D-2-PSK als auch für D-4-PSK verwendbare maximale Größe beträgt 56 OFDM-Symbole.

PLC G3 – Datensicherungsschicht

Die Spezifikation der MAC-Schicht stützt sich im Wesentlichen auf IEEE 802.15.4-2006.

Abbildung 2.11 zeigt außer dem Rahmenformat der Bitübertragungsschicht auch das Format eines Datenrahmens der MAC-Schicht. Ein solcher Datenrahmen besteht aus einem Header variabler Länge, einem maximal 400 Bytes umfassenden Nutzdaten-Feld sowie einer 16 bit langen CRC-Prüfsumme.Die Header-Daten beinhalten unter Anderem Adress-Informationen. Auf Grund verschiedener möglicher Adressierungsmodi können Adressen unterschiedliche Längen besitzen, weshalb auch die Länge des gesamten Headers variiert. Die im Header enthaltenen Informationen entsprechen den in IEEE 802.15.4-2006 spezifizierten, sind jedoch um 3 Bytes an zusätzlichen Informationen erweitert und dienen zum Beispiel der Verwaltung der Tone Map und der Überwachung der Segmentierung. Die Segmentierung, also die Unterteilung eines MAC-Datenrahmens in mehrere kürzere Abschnitte, kann notwendig sein, um eine bestimmte Menge an Nutzdaten auf mehrere Datenrahmen aufzuteilen.

Außer dem bereits beschriebenen MAC-Datenrahmen werden nach PLC-G3-Spezifikation statt neun in IEEE 802.15.4 dafür spezifizierter Datenrahmen lediglich zwei weitere Typen von Datenrahmen zur Verwaltung der MAC-Algorithmen verwendet. Dabei wird einer dieser Datenrahmen während der Initialisierung eines PLC G3-Netzwerkes verwendet, der andere dient der Verwaltung der jeweiligen Tone Maps aller Knoten. Jeder Knoten eines Netzes besitzt eine eindeutige, 64 bit lange MAC-Adresse. Die Adressierung kann entweder anhand dieser Adressen erfolgen oder stattdessen anhand verkürzter 16 bit langer Adressen. Diese kurzen Adressen können allerdings nur für Knoten verwendet werden, die bereits durch den Koordinator-Knoten eines Personal Area Netzwerk (PAN) registriert worden sind.

Grundsätzlich sind zwei verschiedene logische Netzwerk-Topologien möglich. Ein PAN kann sternförmig aufgebaut sein oder in einer Peer-to-Peer-Struktur. In beiden Fällen existiert ein sogenannter Koordinator-Knoten, der den Aufbau des Netzes initiiert. Während in der Stern-Topologie sämtliche Knoten des Netzes ausschließlich mittelbar über den Koordinator kommunizieren, ist in einer Peer-to-Peer-Topologie die Kommunikation zwischen allen Knoten möglich. Die Peer-to-Peer-Topologie ermöglicht dadurch auch den Aufbau mehrerer parallel operierender Teilnetze in Form einer Baum-Struktur.

Der Zugriff auf das geteilte Übertragungsmedium erfolgt ausschließlich durch CSMA/CA, wobei die Erkennung einer Übertragung anhand der Detektion einer Präambel durch die Bitübertragungsschicht erfolgt. Im Unterschied zu IEEE 802.15.4-2006 wird auf eine durch Beacons definierte dynamische TDMA-Struktur verzichtet, ebenso wie auf die Möglichkeit, das Übertragungsmedium für begrenzte Zeitabschnitte einzelnen Knoten exklusiv zuzuweisen.

Für die Behandlung von Übertragungsfehlern und zur Umsetzung des CSMA-Algorithmus sieht das MAC-Protokoll von PLC G3 ein ARQ-Schema vor (Automatic Repeat reQuest, automatische Wiederholungs-Anforderung). Dieses ARQ-Schema ermöglicht es dem Absender eines Datenrahmens, eine Bestätigung einzufordern, die nach korrektem Empfang des Datenrahmens durch den Adressaten zu erfolgen hat. Das ARQ-Schema kann ausschließlich im Unicast-Adressierungsmodus eingesetzt werden.

Zur positiven bzw. negativen Bestätigung (ACKnowledge bzw. NotACKnowledge) werden stark verkürzte Datenrahmen gesendet. Diese Datenrahmen werden durch einen PHY-Datenrahmen minimaler Länge dargestellt, der ausschließlich Präambel und PHY-Header umfasst. Somit werden keine Nutzdaten der MAC-Schicht transportiert. Die Anforderung einer Bestätigung durch den Adressaten eines Datenrahmens erfolgt durch Setzen eines bestimmten Bits im Header des PHY-Frame.

Zeitdauer und Effizienz der Datenübertragung Abbildung 2.9(a) zeigt die jeweiligen Verläufe der Zeitdauern $T_{\mathrm{PHY},\Sigma}^{\mathrm{G3,2\text{-}PSK}}$ und $T_{\mathrm{PHY},\Sigma}^{\mathrm{G3,4\text{-}PSK}}$, die unter Verwendung der beiden verfügbaren Modulationsschemata D-2-PSK

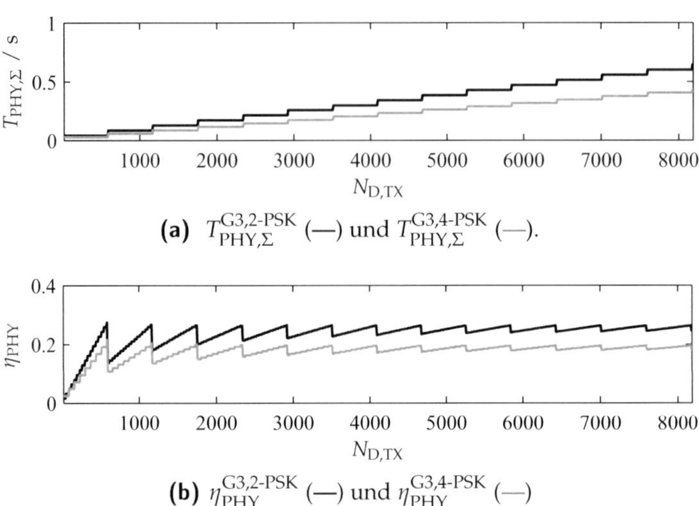

(a) $T_{\mathrm{PHY},\Sigma}^{\text{G3,2-PSK}}$ (—) und $T_{\mathrm{PHY},\Sigma}^{\text{G3,4-PSK}}$ (—).

(b) $\eta_{\mathrm{PHY}}^{\text{G3,2-PSK}}$ (—) und $\eta_{\mathrm{PHY}}^{\text{G3,4-PSK}}$ (—)

Abbildung 2.12 Zeitdauern und Effizienz der Datenübertragung mit P-PDUs nach PLC G3 für D-2-PSK und D-4-PSK.

und D-4-PSK für die Übertragung der Datenmengen $N_{\mathrm{D,TX}}$ mit den in Abbildung 2.11 dargestellten Dateneinheiten benötigt werden. Für beide Modulationsschemata wird die Parametrierung der Kanalcodierung so vorgenommen, dass die Coderate ca. 0,4 beträgt. Die P-PDUs umfassen in diesem Fall für D-2-PSK $N_{\mathrm{S},i} = 40$ Symbole und für D-4-PSK $N_{\mathrm{S},i} = 20$ Symbole.

Die Übertragungszeit liegt, wie in Abbildung 2.12(a) dargestellt, für jede der Konfigurationen deutlich unter 1 s. Wie die Verläufe von $\eta_{\mathrm{PHY}}^{\text{G3,2-PSK}}$ und $\eta_{\mathrm{PHY}}^{\text{G3,4-PSK}}$ in Abbildung 2.12(b) zeigen, kann bestenfalls nur etwa 1/4 der theoretischen Datenrate für die Übertragung von Nutzdaten genutzt werden. Zum einen ist dies auf die Kanalcodierung zurückzuführen, zum anderen auf die Tatsache, dass die Übertragung von Präambel und Header-Informationen in Relation zur Übertragung der Nutzdaten viel Zeit beansprucht.

Um eine Aussage darüber zu erhalten, wie groß die Verbesserung der Übertragungsgeschwindigkeit mit D-4-PSK gegenüber D-2-PSK ausfällt, werden die Übertragungsdauern $T_{\mathrm{PHY},\Sigma}^{\text{G3,4-PSK}}$ und $T_{\mathrm{PHY},\Sigma}^{\text{G3,2-PSK}}$ verglichen. Abbildung 2.13 zeigt den Verlauf des Verhältnisses $\theta_{\mathrm{PHY}}^{\text{G3,4-PSK}/\text{G3,2-PSK}}$. Bedingt durch die Länge der Präambel und der Header-Informationen

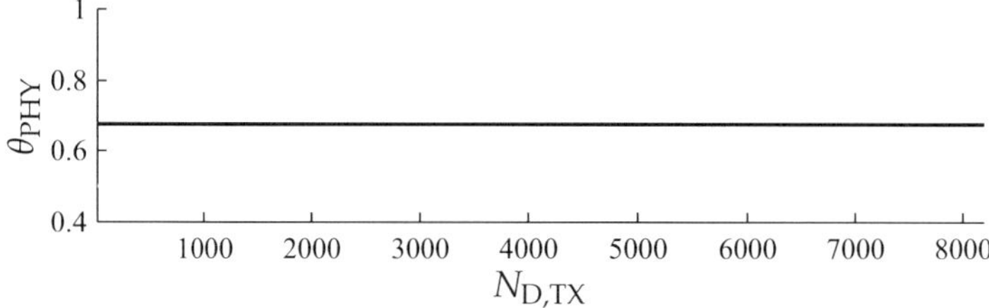

Abbildung 2.13 Vergleich der Übertragungsdauern für PLC G3 unter Verwendung von D-4-PSK mit D-2-PSK, $\theta_{\mathrm{PHY}}^{\mathrm{G3,4\text{-}PSK/G3,2\text{-}PSK}}$. Auf Grund der Verdoppelung der nominellen Datenrate wäre ein Wert von 0,5 zu erwarten ($\cdots$).

beträgt die Übertragungsdauer bei der Verwendung von D-4-PSK etwa 67% der Übertragungsdauer mit D-2-PSK. Die zu erwartende Halbierung der Übertragungsdauer wird folglich nicht erreicht.

2.4.3 Powerline Intelligent Metering Evolution (PRIME)

Ebenso wie PLC G3 ist auch PRIME [49] aus dem Wunsch nach höheren Datenraten entstanden. In der Tat kann die PRIME-Spezifikation als erste offene und frei verfügbare kommerzielle Spezifikation eines OFDM-Systems für die Kommunikation im Frequenzbereich nach EN 50065 bis 95 kHz bezeichnet werden, sofern die Arbeit in [35] nicht als Spezifikation im eigentlichen Sinne verstanden wird.

PRIME – Bitübertragungsschicht

Ebenso wie im Fall von PLC G3 erfolgt die Datenübertragung gemäß PRIME-Spezifikation mittels OFDM. Abbildung 2.14 zeigt das Blockschaltbild der zugehörigen Bitübertragungsschicht.

Wie Abbildung 2.14 erkennen lässt, werden Header-Daten und Nutzdaten unterschiedlich moduliert. Die 84 bit umfassenden Header-Daten enthalten für die Bitübertragungsschicht des Empfängers relevante Informationen wie beispielsweise das für die Nutzdaten verwendete Modulationsverfahren und die Länge des Nutzdaten-Feldes in OFDM-Symbolen. Darüber hinaus sind 54 bit der Header-Daten für Informationen der Datensicherungsschicht reserviert. Als Präambel-Signalform wird ein Chirp-Signal verwendet. Die Header-Daten werden für die Vorwärtsfehlerkorrektur einer Faltungscodiererung unterzogen und anschließend zur

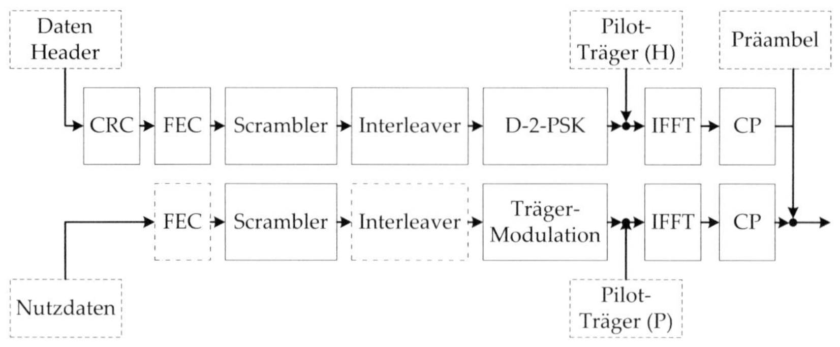

Abbildung 2.14 PRIME – Blockschaltbild Bitübertragungsschicht

Vermeidung langer Folgen von Nullen und Einsen mit Hilfe eines Scramblers verwürfelt. Die Parameter des Scramblers und des Faltungscodierers entsprechen ebenfalls dem Standard IEEE 802.11-2007 [23] und sind somit identisch mit den für PLC G3 verwendeten Parametern, vgl. Unterabschnitt 2.4.2.

Die verwürfelte und codierte Bitfolge wird anschließend einem Block-Interleaver übergeben. Dieser soll sicherstellen, dass direkt aufeinander folgende Bits nicht auf benachbarten OFDM-Subträgern übertragen werden, um im Falle schmalbandiger Störungen Bündelfehler zu vermeiden. Das Interleaving bewirkt, dass Bits, die ohne Interleaving in einem einzigen OFDM-Symbol übertragen würden, auf zwei OFDM-Symbole verteilt werden. Dabei werden zuvor benachbarte Bits in einem definierten Abstand zueinander angeordnet. Dieser beträgt mindestens das Dreifache der Einflusslänge des Faltungscodierers. Die genaue Zuordnungsvorschrift des Interleavers ist in der Spezifikation festgelegt.

Anschließend an das Interleaving werden die Daten einzelnen OFDM-Subträgern zugewiesen. Für das Header-Feld erfolgt die Modulation mit D-2-PSK, also der robustesten der vorhandenen Modulationsarten. Dabei werden 13 gleichmäßig über das Symbol verteilte Pilot-Subträger eingefügt. Mit Hilfe der IFFT werden die Zeitsignale der OFDM-Symbole berechnet, die anschließend jeweils zyklisch erweitert werden.

Für die Nutzdaten entfällt die Berechnung der CRC-Prüfsumme auf Bitübertragungsschicht, da die Korrektheit der Informationen bereits durch Anfügen einer Prüfsumme in der MAC-Schicht verifiziert werden kann. Ansonsten entspricht die Vorgehensweise bei der Modulation der Nutzdaten in wesentlichen Teilen der für die Header-Daten. Während Faltungscodierung und Interleaving bei Header-Daten immer aktiviert sind, können diese für die Übertragung von Nutzdaten auch deaktiviert werden. Ein weiterer Unterschied besteht darin, dass Nutzdaten neben D-2-PSK auch mit D-4-PSK und D-8-PSK moduliert werden können. Die Entscheidung dafür, welches Modulationsschema angewendet werden soll, wird durch die MAC-Schicht, basierend auf Informationen, die aus vorher empfangenen Datenrahmen gewonnen werden, bestimmt. Die Auswahl des Modulationsschemas soll dabei in Abhängigkeit von den vorherrschenden Kanaleigenschaften erfolgen.

OFDM-Symbole, die Nutzdaten-Information enthalten, besitzen jeweils lediglich einen Pilotträger, welcher der niedrigsten Trägerfrequenz zugeordnet ist. Somit können jeweils 96 Träger der insgesamt maximal 64 Nutzdaten-OFDM-Symbole je Datenrahmen mit Dateninformation moduliert werden.

Die Modulation erfolgt bei einem Übertragungssystem nach PRIME immer frequenzdifferentiell. Weitere das Modulationsverfahren betreffende Parameter sind in Tabelle 2.2 aufgelistet.

Abbildung 2.15 zeigt die Struktur eines Datenrahmens.

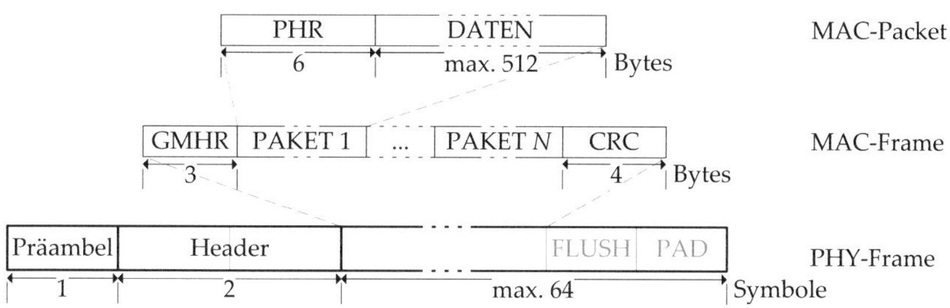

Abbildung 2.15   PRIME – Datenrahmen Bitübertragungsschicht

PRIME – Datensicherungsschicht

Über die Struktur eines Datenrahmens auf Bitübertragungsschicht hinaus beschreibt Abbildung 2.15 die zur Datenübertragung auf Ebene der MAC-Schicht verwendete Rahmen-Struktur.

Jeder MAC-Datenrahmen besteht aus einem 3 Bytes langen Header-Feld, mehreren sogenannten „Packets", und einer 32 bit langen CRC-Prüfsumme, die über die dem Header-Feld vorangestellte Subnetz-Adresse, das Header-Feld selbst sowie alle in einem MAC-Datenrahmen enthaltenen Packets berechnet wird. Die CRC-Prüfsumme dient zur Erkennung von Übertragungsfehlern. Jedes der Packets wiederum besitzt ein 6 Bytes langes Header-Feld sowie ein maximal 512 Bytes umfassendes Nutzdaten-Feld.

Über die in Abbildung 2.15 dargestellte Struktur eines Datenrahmens auf Ebene der Bitübertragungsschicht (PHY) und Datensicherungsschicht (MAC) hinaus existieren zwölf weitere Typen von Datenrahmen. Diese werden zur Realisierung der verteilten Algorithmen der MAC-Schicht benötigt und besitzen Längen zwischen 1 und 40 Bytes. Zu diesen verteilten Algorithmen zählen zum Beispiel der Aufbau und die Verwaltung eines logischen Kommunikations-Netzes, wobei die logische Struktur eines solchen Netzes nach PRIME-Spezifikation einer Baum-Struktur entspricht. Innerhalb eines logischen Netzes können weitere Sub-Netze existieren.

Jedes Übertragungssystem nach PRIME-Spezifikation stellt einen Knoten („Node") eines solchen Kommunikations-Netzes dar. Grundsätzlich wird zwischen „Base-Nodes" und „Service-Nodes" unterschieden. Abhängig von ihrem jeweiligen Zustand erfüllen die einzelnen Knoten in diesem Netz verschiedene Aufgaben: In jedem Netz existiert genau ein Base-Node, der die Kommunikation im Netz koordiniert und somit die Wurzel des Baumes darstellt. Sämtliche anderen Knoten sind Service-Nodes. Jeder Service-Node kann sich zu einem Zeitpunkt in einem der folgenden Zustände befinden:

„Disconnected" (Ausgangszustand): Es können keine logischen Verbindungen zu den Knoten eines Netzwerks hergestellt werden. Der Knoten kann weder eigene Informationen übermitteln noch die Informationen anderer Knoten weiterleiten.

„Terminal": Logische Verbindungen zu anderen Knoten eines Netzwerks können hergestellt werden. Eigene Informationen können übermittelt und empfangen werden, das Weiterleiten von Informationen anderer Knoten ist nicht möglich. Der Terminal-Zustand kann nach erfolgter Registrierung bei einem „Switch" eingenommen werden.

„Switch": Logische Verbindungen zu anderen Knoten eines Netzwerks können hergestellt werden. Über die im Zustand „Terminal" ausführbaren Funktionen hinaus können die Informationen anderer Knoten weitergeleitet werden. Terminal-Nodes können nach Bestätigung durch den Base-Node zu Switch Nodes „befördert" werden.

Die Verwaltung des jeweiligen Zustands eines Knotens in einem Netz erfolgt durch den Base-Node. Jeder Service-Node kann zwischen den drei genannten Zuständen dynamisch wechseln.

Das Adressierungs-Schema innerhalb eines PRIME-Netzes lautet wie folgt: Jeder Knoten besitzt eine eindeutige MAC-Adresse der Länge 48 bit, wobei die MAC-Adresse des Base-Node gleichzeitig die Adresse des durch ihn verwalteten Netzwerks darstellt („Subnetwork Address"). Terminal-Nodes erhalten nach Registrierung bei einem Switch Node eine 14 bit lange Adresse. Zusammen mit der 8 bit langen Adresse des Switch Node können Terminal-Nodes somit eindeutig adressiert werden. Die 8 bit lange Adresse wird einem Terminal-Node nach seiner Beförderung zum Switch Node vom Base-Node zugewiesen, der wiederum eine eigene Switch-Node-Adresse besitzt. Zusätzlich erhält jede logische Verbindung, die zwischen den Knoten eines Netzwerkes hergestellt wird, eine 9 bit lange Bezeichnung. Das beschriebene Adressierungsschema wird zur Addressierung einzelner Pakete eines MAC-Frame im betreffenden Paket-Header verwendet und erlaubt dabei eine wesentlich effizientere, eindeutige Adressierung von Knoten. Die 48 bit lange Subnetwork Address wird hingegen nur in ausgewählten, für die Verwaltung des Netzwerkes vorgesehenen MAC-Frames explizit übertragen.

PRIME unterstützt neben der direkten Adressierung einzelner Knoten (Unicast) auch die Adressierung mehrerer sowie aller Knoten eines Netzwerks (Multicast bzw. Broadcast).

Die Regelung des Zugriffs aller Knoten auf das geteilte Übertragungsmedium wird durch den Base-Node geregelt. Dabei kommt eine dynamische TDMA-Struktur zum Einsatz: In regelmäßigen Abständen sendet der Base-Node sogenannte „Beacon Frames". Diese teilen das Zeitintervall zwischen jeweils zwei Beacon Frames in zwei weitere Intervalle, deren jeweilige Dauer in den Beacon Frames festgelegt wird. Innerhalb des ersten Zeitintervalls erfolgt der Zugriff sendewilliger Knoten auf das Übertragungsmedium konkurrierend, die Zuteilung erfolgt während dieser Zeit nach einem CSMA/CA-Schema. Für die Verwaltung des MAC-Algorithmus vorgesehene Frames werden innerhalb dieses Zeitintervalls übertragen. Innerhalb des zweiten Zeitintervalls wird das Übertragungsmedium durch den Base-Node einzelnen Knoten jeweils exklusiv zugewiesen. Diese Knoten müssen vorher die gewünschten Zeitdauern beim Base-Node beantragen, welcher dann die Zuweisung vornimmt. Außer dem Base-Node senden auch Switch Nodes in regelmäßigen Abständen Beacon Frames. Die einem Switch Node zugeordneten Knoten können ebenfalls exklusive Übertragungszeit reservieren, wobei der Base-Node dafür sorgt, dass kein anderer Knoten innerhalb der reservierten Zeiten überträgt.

Zur Gewährleistung der Vertraulichkeit von Informationen ermöglicht PRIME die Datenübertragung unter Verwendung des Verschlüsselungsverfahrens AES. Der AES-Algorithmus wird dabei jeweils auf das Nutzdaten-Feld eines Pakets eines MAC-Datenrahmens angewendet.

Zur Behandlung von Bitfehlern, die nicht durch die Kanalcodierung behoben werden können, besteht nach PRIME-Spezifikation die Möglichkeit, ein ARQ-Verfahren zu implementieren. Ein solches ARQ-Verfahren ist jedoch nicht zwingende Voraussetzung dafür, dass ein Gerät die PRIME-Spezifikation erfüllt. Methoden zur Korrektur anderweitiger Übertragungsfehler, wie beispielsweise dem Verlust ganzer Datenrahmen bzw. -pakete, sind nicht spezifiziert und werden somit höheren Schichten überlassen.

Die Interaktion von Protokollen höherer Schichten, unter anderem auch TCP/IPv4, mit der MAC- und PHY-Schicht nach PRIME-Spezifikation erfolgt über eine als „Convergence Layer" bezeichnete Zwischenschicht.

Zeitdauer und Effizienz der Datenübertragung Die Verläufe der Zeitdauer $T_{\text{PHY},\Sigma}^{\text{PRIME},M\text{-PSK}}$ für $M \in \{2,4,8\}$ sind Abbildung 2.16(a) zu entnehmen. Für alle Konfigurationen beträgt die Übertragungsdauer weniger als 0,5 s. Die Kanalcodierung mit Coderate $1/2$ bewirkt, dass die Effizienz der Bitübertragungsschicht nicht über bestenfalls 50% steigen kann. Wie in Abbildung 2.16(b) dargestellt, wird dieser Wert auf Grund der Präambel und der Header-Informationen nicht erreicht. Mit den betrachteten Nutzdatenmengen sind minimal 20,4% und maximal 48,6% zu erreichen, wobei der Maximalwert mit höherwertigen Modulationsschemata erst bei größeren Nutzdatenmengen erreicht wird. Dies ist auf die konstante Länge der Präambel und die konstante Anzahl von Header-Symbolen in Kombination mit der variablen Länge des Nutzdatenfeldes der P-PDUs zurückzuführen. Da die maximale Länge des Nutzdatenfeldes groß ist gegenüber der Länge von Präambel und Header-Symbolen, erreicht die Effizienz bei großen Nutzdatenmengen immerhin nahezu Werte nahe der Coderate.

Wird D-4-PSK als Modulationsart verwendet statt D-2-PSK, so kommt die erwartete Halbierung der Übertragungsdauer erst ab einem Nutzdatenvolumen von 385 Bytes (P-PDU) zum Tragen. Eine Verbesserung auf 60% der Übertragungsdauer wird bereits ab 67 Bytes erreicht. Für P-PDUs mit

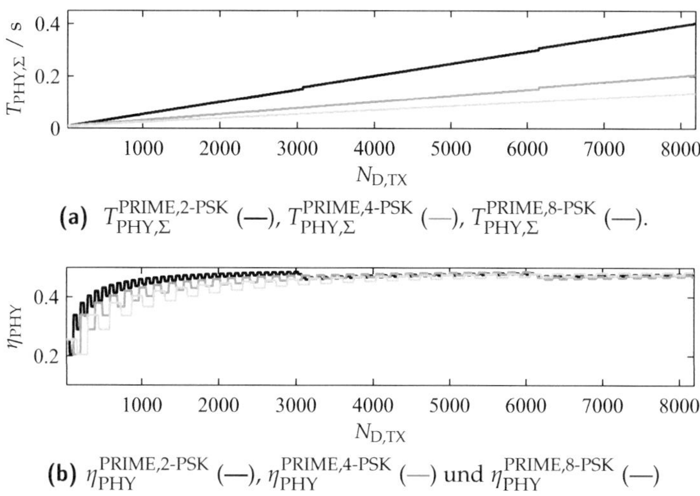

(a) $T_{\mathrm{PHY},\Sigma}^{\mathrm{PRIME,2\text{-}PSK}}$ (—), $T_{\mathrm{PHY},\Sigma}^{\mathrm{PRIME,4\text{-}PSK}}$ (—), $T_{\mathrm{PHY},\Sigma}^{\mathrm{PRIME,8\text{-}PSK}}$ (—).

(b) $\eta_{\mathrm{PHY}}^{\mathrm{PRIME,2\text{-}PSK}}$ (—), $\eta_{\mathrm{PHY}}^{\mathrm{PRIME,4\text{-}PSK}}$ (—) und $\eta_{\mathrm{PHY}}^{\mathrm{PRIME,8\text{-}PSK}}$ (—)

Abbildung 2.16 Zeitdauern und Effizienz der Datenübertragung mit P-PDUs nach PRIME. Betrachtet werden die drei möglichen Modulationsarten.

weniger Nutzdaten als 6 Bytes ist mit D-4-PSK gegenüber D-2-PSK überhaupt keine Verringerung der Übertragungsdauer zu erzielen.

Wie Abbildung 2.17 zeigt, stellt sich bei der Verwendung von D-8-PSK statt D-2-PSK die erwartete Drittelung der Übertragungsdauer näherungsweise ab 769 Bytes ein. Eine Reduzierung auf 43% der Übertragungsdauer für D-2-PSK ergibt sich jedoch schon ab 103 Bytes. Die Verbesserung von D-8-PSK gegenüber D-4-PSK auf erwartete 66,67% wird für P-PDUs ab 769 Bytes erreicht bzw. mit 64,8% sogar geringfügig übertroffen (49 Bytes für eine Verbesserung auf 74,7%). Überwiegend keine Verbesserung von D-8-PSK gegenüber D-4-PSK ergibt sich mit Nutzdatenvolumina bis 24 Bytes für P-PDUs.

2.4.4 OFDM-Übertragungssystem zu Forschungszwecken

In Ergänzung zu den bisher beschriebenen Übertragungssystemen wird an dieser Stelle das in [35] vorgestellte, am Institut für Industrielle Informationstechnik (IIIT) des KIT entwickelte OFDM-Übertragungssystem beschrieben. Für dieses Übertragungssystem ist lediglich die Bitübertragungsschicht definiert. Es wird im Folgenden der Einfachheit halber mit

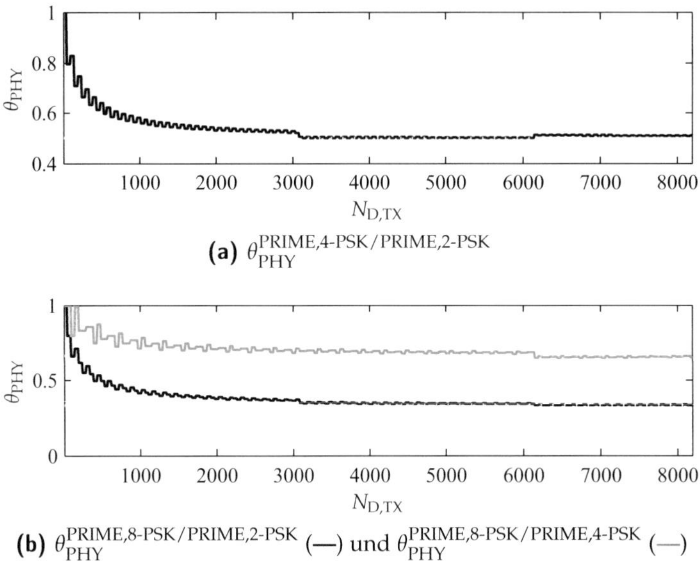

(a) $\theta_{\mathrm{PHY}}^{\mathrm{PRIME,4\text{-}PSK}/\mathrm{PRIME,2\text{-}PSK}}$

(b) $\theta_{\mathrm{PHY}}^{\mathrm{PRIME,8\text{-}PSK}/\mathrm{PRIME,2\text{-}PSK}}$ (—) und $\theta_{\mathrm{PHY}}^{\mathrm{PRIME,8\text{-}PSK}/\mathrm{PRIME,4\text{-}PSK}}$ (—)

Abbildung 2.17 Vergleich der Übertragungsdauern für PRIME unter Verwendung von (a) D-4-PSK mit D-2-PSK bzw. (b) von D-8-PSK mit D-4-PSK. Außerdem dargestellt die zu erwartenden Werte ($\cdots$), bedingt durch die nominelle Verdopplung bzw. die nominell um ein Drittel höhere Datenrate.

„IIIT" bezeichnet. Wie aus Abbildung 2.18 hervorgeht, wird bei diesem System D-2-PSK als einziges Modulationsschema verwendet, wobei die Modulation, wie auch bei PLC G3, symboldifferentiell erfolgt. Die genaue Konfiguration der OFDM-Parameter ist Tabelle 2.2 zu entnehmen. Da die Nutzdaten-Information in der Phasendifferenz der jeweiligen

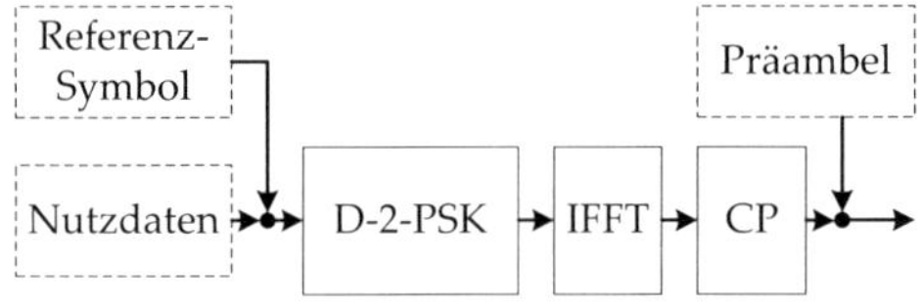

Abbildung 2.18 OFDM-Übertragungssystem – Blockschaltbild Bitübertragungsschicht

Träger zweier aufeinanderfolgender OFDM-Symbole enthalten ist, wird

den Nutzdaten vor der Trägermodulation ein Referenz-Symbol vorangestellt. Insgesamt können in einem Datenrahmen 54 Bytes an Nutzdaten
übertragen werden.

Die Präambel selbst besteht ebenfalls aus einem OFDM-Symbol. Allerdings werden nur die drei in Tabelle 2.3 aufgeführten Träger mit maximaler Amplitude übertragen, alle anderen Träger sind deaktiviert. Die

Frequenz / kHz	82,677	83,328	86,583
Träger-Index	254	256	266

Tabelle 2.3 Konfiguration des Präambel-Symbols

wie beschrieben aufgebaute Präambel wird jedoch nur zur Detektion des
Beginns eines Datenrahmens herangezogen. Die eigentliche Symbolsynchronisation basiert auf der Detektion der Nulldurchgänge der Netzspannung. Dabei wird vorausgesetzt, dass die zeitliche Abweichung zweier
jeweils sender- und empfängerseitig detektierter Nulldurchgänge vom
idealen Zeitpunkt nicht mehr als $\pm 62{,}11\,\mu$s beträgt [35]. Für diesen Fall
ist die Wahl der Länge der zyklischen Fortsetzung eines OFDM-Symbols
T_{CP} (s. Tabelle 2.2) gerade noch ausreichend [35].

Abbildung 2.19 zeigt die sich daraus ergebende Struktur eines Datenrahmens der Bitübertragungsschicht. Da bei diesem Entwurf eines

Präambel	Referenz	DATEN	PHY-Frame
1	1	9	Symbole

Abbildung 2.19 OFDM-Übertragungssystem – Datenrahmen Bitübertragungsschicht

Kommunikationssystems auf Methoden zur Kanalcodierung verzichtet wurde, eignet es sich hervorragend zur experimentellen Analyse
von Übertragungsstrecken. Das in Abschnitt 7.2 beschriebene integrier-
te Datenübertragungs- und Signalerfassungssystem wird entsprechend
dem IIIT-System konfiguriert.

Zeitdauer und Effizienz der Datenübertragung Auf Grundlage
des in Abbildung 2.19 abgebildeten P-PDU-Formats entsteht der in
Abbildung 2.20(a) dargestellte Verlauf der Übertragungsdauer $T_{\mathrm{PHY},\Sigma}$ für
die Datenmengen $N_{\mathrm{D,TX}}$.

Die Effizienz der Bitübertragungsschicht η_{PHY}, Abbildung 2.20(b) zu entnehmen, beträgt maximal 81,82%, da genau zwei OFDM-Symbole auf Präambel und Referenz-Symbol entfallen. Auf Grund der festgelegten P-PDU-Größe wird dieser Wert erstmals bei einer Nutzdatengröße von 49 Bytes erreicht.

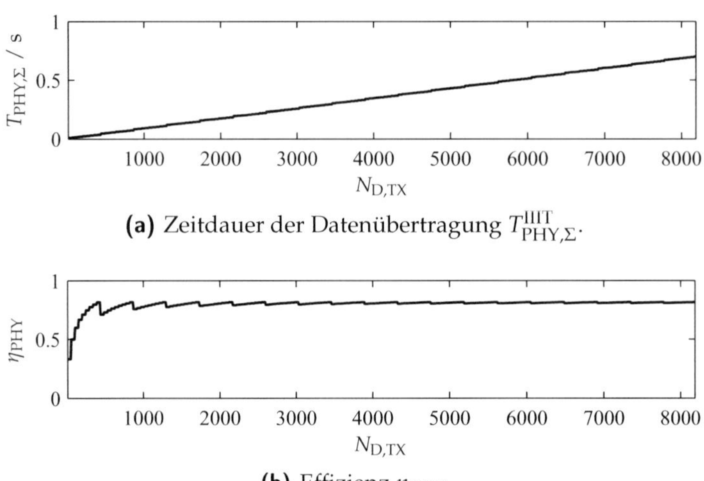

(a) Zeitdauer der Datenübertragung $T_{\text{PHY},\Sigma}^{\text{IIIT}}$.

(b) Effizienz η_{PHY}

Abbildung 2.20 Zeitdauer und Effizienz der Datenübertragung mit einem „IIIT"-PLC-System nach [35].

2.4.5 Diskussion und Vergleich der Übertragungstechnologien

Die Abschnitte 2.4.1 bis 2.4.4 enthalten eine Beschreibung der für die Datenübertragung über das Energieverteilnetz wesentlichen Merkmale von Übertragungstechnologien. Die beschriebenen Technologien sind aussichtsreiche Technologien für den künftigen Einsatz für AMI [53].

Im Folgenden werden die drei beschriebenen Übertragungstechnologien zunächst hinsichtlich ihrer jeweiligen Protokollstruktur analysiert. Darüber hinaus ist von noch größerem Interesse, welche Auswirkungen die jeweils für das Modulationsverfahren gewählten Parameter auf die Fehleranfälligkeit bei der Übertragung über reale PLC-Kanäle haben. Abschätzungen dazu finden sich, nachdem in Abschnitt 3.3 und Kapitel 5 die dafür benötigten Zusammenhänge dargestellt worden sind, in Kapitel 7.

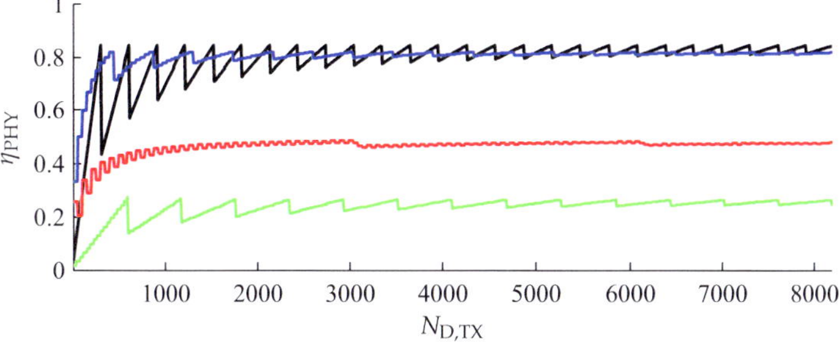

Abbildung 2.21 Effizienz η_{PHY} für IEC 61334-5-1 (—), PRIME (—), PLC G3 (—) und IIIT (—).

Einen Vergleich der Effizienz der P-PDU-Formate der jeweiligen Technologien zeigt Abbildung 2.21. Für PRIME und PLC G3 zeigt die Abbildung lediglich die jeweiligen Verläufe für D-2-PSK und damit die effizientesten, wie der Vergleich mit den höherwertigen Modulationsschemata in 2.12b und 2.16b zeigt. Die Effizienz der Verfahren ohne Kanalcodierung liegt mit Median-Werten von 81,5 % (IEC 61334-5-1) bzw. 81,1 % (IIIT-System) deutlich höher als die Effizienz der Verfahren mit Kanalcodierung 47,3 % (PRIME) und 24,6 % (PLC G3). Für große Nutzdatenvolumina konvergiert die Effizienz der Bitübertragungsschicht für PRIME gegen die Coderate, für PLC G3 liegt sie wegen der umfangreichen Präambel und der Header-Informationen deutlich darunter.

Im nächsten Schritt werden die Übertragungsdauern der jeweiligen Systeme verglichen. Abbildung 2.22 zeigt die sich im Verhältnis zu den jeweils anderen Übertragungstechnologien ergebenden Verläufe von $\theta_{\mathrm{PHY}}^{(I_{\mathrm{T},i},2\text{-PSK})/\mathrm{IEC}}$. In Tabelle 2.4(a) sind die den jeweiligen Verläufen zugehörigen Medianwerte angegeben. Sie zeigen, dass G3-, PRIME-, und IIIT-Systeme gegenüber Kommunikationssystemen nach IEC 61334-5-1 durchweg nur einen Bruchteil der Übertragungsdauer benötigen.

Vergleicht man die Übertragungsdauern der anderen auf OFDM basierenden Kommunikationsysteme mit der eines „IIIT-Systems", wie in Abbildung 2.23 dargestellt, so zeigt sich, dass PRIME für alle Datenmengen weniger Zeit für die Datenübertragung benötigt und PLC G3 für Datenmengen oberhalb von 439 Bytes. Dies schlägt sich auch in den Median-Werten in Tabelle 2.4(a) nieder. Bemerkenswert ist jedoch, dass die Übertragung von Datenmengen kleiner als 25 Bytes mit PLC G3 unter Umständen weit mehr als das Doppelte der Übertragungsdauer eines

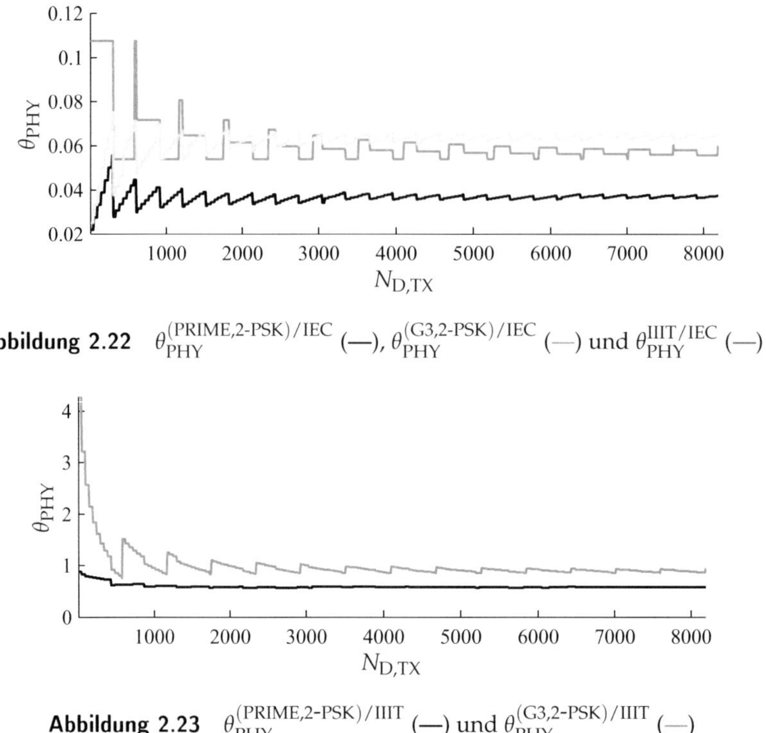

Abbildung 2.22 $\theta_{\mathrm{PHY}}^{(\mathrm{PRIME,2\text{-}PSK})/\mathrm{IEC}}$ (—), $\theta_{\mathrm{PHY}}^{(\mathrm{G3,2\text{-}PSK})/\mathrm{IEC}}$ (—) und $\theta_{\mathrm{PHY}}^{\mathrm{IIIT}/\mathrm{IEC}}$ (—)

Abbildung 2.23 $\theta_{\mathrm{PHY}}^{(\mathrm{PRIME,2\text{-}PSK})/\mathrm{IIIT}}$ (—) und $\theta_{\mathrm{PHY}}^{(\mathrm{G3,2\text{-}PSK})/\mathrm{IIIT}}$ (—)

IIIT-Systems benötigt. Die jeweilige Übertragungsdauer liegt für alle drei OFDM-Systeme in derselben Größenordnung. Die Datenübertragung mit PRIME nimmt bei Verwendung identischer Modulationsschemas die geringste Zeit in Anspruch. Bestenfalls werden, bedingt durch die kürzere Symboldauer und die höhere Trägeranzahl, lediglich 56,2% der Übertragungsdauer eines IIIT-Systems benötigt. PLC G3 benötigt bestenfalls 75,7% der Übertragungsdauer, obwohl die nominelle Dauer eines OFDM-Symbols im Vergleich zu einem IIIT-System wesentlich kürzer ist.

Der Vergleich der Übertragungsdauern von PRIME und PLC G3 für die Übertragung von P-PDUs in Abbildung 2.24 zeigt, dass die Übertragungszeit für PRIME schlimmstenfalls 83,1% (mit D-2-PSK) bzw. 76,5% (mit D-4-PSK) der für PLC G3 beträgt. Für Nutzdatenmengen größer als 219 Bytes nimmt die Datenübertragung in Form von P-PDUs mit PRIME unter Verwendung von D-2-PSK weniger als 69,5% der mit PLC G3 benötigten Zeit in Anspruch. Unter Verwendung von D-4-PSK werden ab

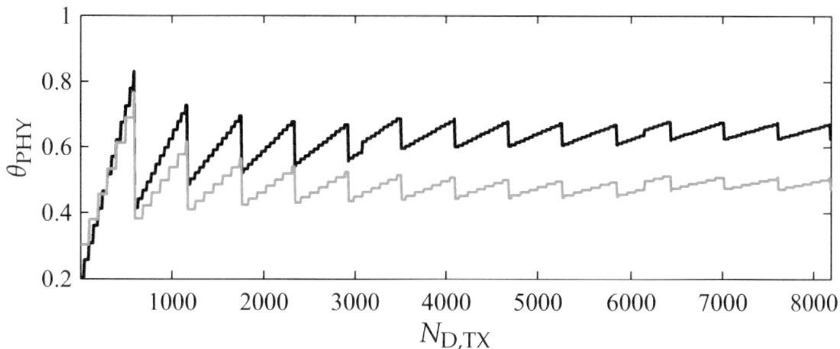

Abbildung 2.24 $\theta_{\mathrm{PHY}}^{(\mathrm{PRIME,2\text{-}PSK})/(\mathrm{G3,2\text{-}PSK})}$ (—) und $\theta_{\mathrm{PHY}}^{(\mathrm{PRIME,4\text{-}PSK})/(\mathrm{G3,4\text{-}PSK})}$ (—)

	IEC	PLC G3 (2-PSK)	PRIME (2-PSK)	IIIT
IEC	100	5,78	3,66	6,31
IIIT	1585	91,46	57,95	100

(a) Technologien ohne Kanalcodierung

	2-PSK	4-PSK
PRIME / PLC G3	63,36	48,09

(b) Technologien mit Kanalcodierung

Tabelle 2.4 Median-Werte der θ_{PHY} für die verschiedenen Übertragungstechnologien (Angaben in Prozent). Die Zeilenbeschriftung gibt die Übertragungstechnologie an, deren Übertragungsdauer als Bezugsgröße dient.

derselben Menge von Nutzdaten lediglich 56,4% der mit PLC G3 benötigten Zeit beansprucht. Auch die Median-Werte der Verhältnisse der Übertragungsdauern in Tabelle 2.4(b) zeigen, dass PRIME gegenüber PLC G3 für die betrachteten Modulationsschemata eine höhere Übertragungsgeschwindigkeit aufweist.

Betrachtet man Übertragungseffizienz und -geschwindigkeit, so ist PRIME allen anderen betrachteten Technologien überlegen: PRIME besitzt für P-PDUs die niedrigsten Übertragungsdauern, wobei die Effizienz der Schicht 1 für PRIME deutlich höher ist als die für PLC G3. Die Effizienz der Technologien mit Kanalcodierung ist deutlich niedriger im Vergleich zu den Systemen ohne Kanalcodierung.

PLC G3 weist in der betrachteten Konfiguration eine deutlich niedrigere Übetragungsgeschwindigkeit auf als PRIME. Die Effizienz von

Schicht 1 ist im Vergleich zu PRIME für D-2-PSK und auch für D-4-PSK wesentlich niedriger, was insbesondere auf die relativ langen Präambeln und Header-Daten, aber auch auf die Verwendung eines geschachtelten Codes (Blockcode und zusätzliche Faltungscodierung) für die Kanalcodierung zurückzuführen ist.

Das „IIIT-System" befindet sich hinsichtlich der Übertragungsdauer bei Verwendung von P-PDUs in einer ähnlichen Größenordnung wie PRIME und PLC G3. Während die Übertragung mit PRIME durchweg weniger Zeit in Anspruch nimmt, ist das IIIT-System für P-SDU-Größen bis 378 Bytes mitunter schneller als PLC G3. Die Effizienz von Schicht 1 ist gegenüber den Übertragungssystemen mit Kanalcodierung deutlich höher.

Systeme nach IEC 61334-5-1 weisen die mit Abstand höchste Übertragungsdauer auf. Die Effizienz von Schicht 1 liegt im besten Fall über der aller anderen Systeme, Schicht 2 ist bis zu einer M-SDU-Größe von 239 Bytes immerhin effizienter als die von PLC G3. Bist zu einer M-SDU-Größe von 239 Bytes schwankt die Zunahme der Übertragungsdauer für M-PDUs gegenüber der von P-PDUs zwischen extremen Werten: Teilweise verlängert sich die Übertragungsdauer durch die zusätzlich zu übertragenden Daten überhaupt nicht, sie kann jedoch ebenso auf maximal das Doppelte anwachsen.

Auf Grundlage der betrachteten Kenngrößen liegt somit die Folgerung nahe, dass PRIME den anderen OFDM-Systemen überlegen ist. Diese Schlussfolgerung wäre allerdings verfrüht. Die angestellten Betrachtungen sind zwar hinsichtlich einer Bewertung der Effizienz der Datenformate der jeweiligen Protokolle und hinsichtlich eines Vergleichs der jeweiligen Übertragungsgeschwindigkeit durchaus aussagekräftig, allerdings wurde beim Vergleich der Übertragungstechnologien nicht die Zuverlässigkeit der Übertragung einbezogen. Vor diesem Hintergrund weisen die beiden Übertragungstechnologien ohne Kanalcodierungsverfahren zwar eine signifikant höhere Effizienz auf, allerdings sind bei beiden auf Schicht 1 weder Mechanismen zur Fehlererkennung noch zur Fehlerkorrektur vorgesehen. Insofern ist also die Zuverlässigkeit der jeweiligen Systeme nicht vergleichbar. Andererseits ist wiederum fraglich, inwiefern die bei PRIME und PLC G3 verwendeten Kanalcodierungsverfahren unter dem Einfluss realer PLC-Übertagungskanäle auch unter realen Bedingungen so effektiv sind, dass sie die verringerte Effizienz rechtfertigen.

Eine eindeutige Aussage über die Zuverlässigkeit der jeweiligen Übertragungstechnologien kann auf Grundlage der in diesem Abschnitt angestellten Analysen nicht getroffen werden. Erst die Analysen in Abschnitt 7.5 lassen auf Grundlage der Erkenntnisse über die tatsächliche Zuverlässigkeit des IIIT-Systems eine Abschätzung für die Zuverlässigkeiten der anderen betrachteten Systeme zu: Auf Basis der in Tabelle 2.2 angegebenen Parameter kann man über die in Unterabschnitt 7.6.1 dargelegten Zusammenhänge die Kanalkapazität abschätzen, die sich für die betrachteten Übertragungssysteme unter den in Kapitel 4 dargelegten Eigenschaften des PLC-Störszenarios ergibt.

2.5 Regulierung der Signaleinspeisung für Powerline Kommunikation

Die für PLC nutzbaren Frequenzbereiche sowie ihre Eignung für eine zuverlässige Datenübertragung hängen stark von den jeweils gültigen Regelungen ab, die von zuständigen Regulierungsbehörden erlassen werden. Im Wesentlichen werden das sogenannte Schmalband-PLC (Narrowband PLC, NPL) mit Übertragungsfrequenzen unterhalb von 500 kHz und Breitband-PLC (Broadband PLC, BPL) im Frequenzbereich oberhalb von 2 MHz unterschieden [16]. Die Regelungen unterscheiden sich nach Regionen und auch in Hinblick auf die Definition für PLC nutzbarer Frequenzbereiche sowie durch die Festlegung von Grenzwerten.

2.5.1 Regulierung in Europa und Deutschland

Im europäischen Raum gilt für die Nutzung des Energieverteilnetzes zur Datenübertragung im Frequenzbereich zwischen 3 kHz und 148,5 kHz die Norm EN 50065. Diese macht Vorgaben hinsichtlich maximaler Sendepegel, Art der Signalkopplung sowie zur Unterteilung des Frequenzbereiches in weitere Teilfrequenzbänder, die üblicherweise mit Großbuchstaben bezeichnet werden. Abbildung 2.25 zeigt die für die einzelnen Frequenzbereiche gültigen maximalen Sendepegel. Ursprünglicher Zweck der Norm ist, sowohl die gegenseitige Beeinflussung von Geräten zur Signalübertragung untereinander zu begrenzen, als auch die Beeinflussung anderer Geräte, insbesondere empfindlicher elektronischer Geräte. Allerdings wird in der Norm explizit festgestellt, dass eine derartige Beeinflussung nicht völlig ausgeschlossen werden kann. Nach EN 50065 dürfen Übertragungseinrichtungen entweder einphasig oder dreiphasig an das Niederspannungsnetz gekoppelt werden, wobei eine asymmetrische Signaleinspeisung vorbehaltlich anders lautender lokaler Vorschriften nicht erlaubt ist.

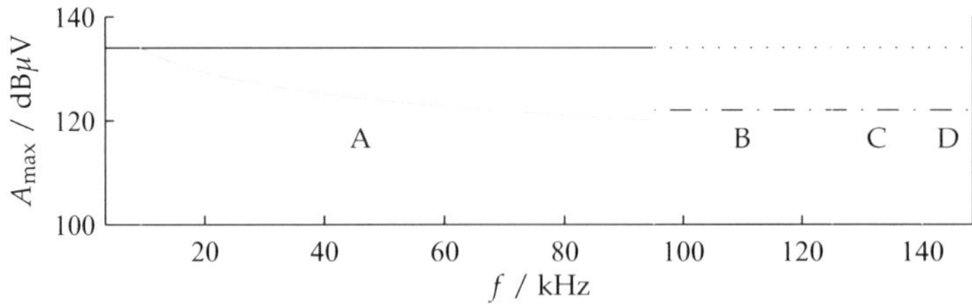

Abbildung 2.25 Frequenzbereich nach EN 50065, zugehörige Teilfrequenzbänder und zulässige Sendepegel A_{max}. Die maximal zulässigen Sendepegel unterscheiden sich im mit „A" bezeichneten Teilfrequenzband in Abhängigkeit davon, ob schmalbandige (—) oder breitbandige (—) Sendesignale genutzt werden. In den Teilfrequenzbändern B bis D wird zwischen den Geräteklassen „122" ($\cdots$) und „134" (-·-) unterschieden.

Die Nutzung des Frequenzbereichs zwischen 3 kHz und 95 kHz (A-Band) ist Energieversorgungsunternehmen und deren Konzessionsinhabern vorbehalten, die Frequenzbänder zwischen 95 kHz und 148,5 kHz der Nutzung durch „Kundenanlagen". Die in Abbildung 2.25 angegebenen maximal zulässigen Signalpegel beziehen sich auf das Sendesignal im Zeitbereich, gemessen entweder auf dem Phasenanschluss oder auf dem Nullleiter über einer ebenfalls in der Norm angegebene Netznachbildung.

In EN 50065 wird zwischen schmalbandigen Signalen mit einer Bandbreite $W \leq 5\,\mathrm{kHz}$ und breitbandigen Signalen mit $W > 5\,\mathrm{kHz}$ unterschieden. Dabei wird die Signal-Bandbreite W des Systems mit Hilfe eines Spitzenwertdetektors (100 Hz Bandbreite) gemessen. Die Signal-Bandbreite ist dabei laut Norm definiert als der Frequenzbereich, in dem das Spektrum des Sendesignals nicht mehr als 20 dB unterhalb seines Maximums liegt.

Eine Messung zur Überprüfung auf Einhaltung der maximalen Signalpegel im Zeitbereich erfolgt über einen Beobachtungszeitraum von 1 min mit einem Spitzenwertdetektor, dessen Bandbreite größer oder gleich der zu beobachtenden Signal-Bandbreite W ist. Neben den Kriterien für den maximalen Sendesignalpegel im Zeitbereich existiert ein weiteres Kriterium für die maximale Amplitude im Frequenzbereich: Das Spektrum eines Sendesignals darf bei einphasiger Signaleinspeisung, gemessen mit einem Spitzenwertdetektor (Bandbreite 200 Hz), in keinem Bereich 120 dBμV überschreiten. EN 50065 macht somit Vorgaben über die maximal zulässigen leitungsgeführten Signalamplituden, gemessen an einer Netznachbildung im Zeitbereich und im Frequenzbereich.

Diese in der Norm angegebene Netznachbildung weist allerdings eine Impedanzkennlinie auf, die gegenüber der Zugangsimpedanz in realen Netzen zu hoch ist [14, 5, 35]. Zwar liefert das in Anhang F der Norm angegebene adaptive Netzwerk einen Impedanzverlauf über der Frequenz, der näher an den in [5, 35] gemessenen liegt, diese Impedanzkennlinie hat allerdings keinerlei Relevanz für die Ermittlung der Signalamplituden.

Die zur Einspeisung eines Signals mit einer bestimmten Spannung erforderliche Sendeleistung des Leistungsverstärkers kann an realen Niederspannungsnetzen deutlich höher sein als die für eine Messung unter Verwendung der Netznachbildung erforderliche Sendeleistung. Wie eine Beispielrechnung in [35] zeigt, kann die erforderliche Sendeleistung in der Realität bei dreiphasiger Kopplung sogar mehr als 270 W betragen.

Neben EN 50065 ist in Deutschland seit Mai 2009 die „Verordnung zum Schutz von öffentlichen Telekommunikationsnetzen und Sende- und Empfangsfunkanlagen, die in definierten Frequenzbereichen zu Sicherheitszwecken betrieben werden (Sicherheitsfunk- Schutzverordnung - SchuTSEV) in Kraft, welche die umstrittene und nie offiziell in Kraft getretene Nutzungsbedingung 30 (NB30) der damaligen Bundesnetzagentur ablöst. Zweck der Verordnung ist der „Schutz sicherheitsrelevanter Funkanwendungen und öffentlicher Telekommunikationsnetze vor Störaussendungen aus leitergebundenen Telekommunikationsanlagen und -netzen". Die SchuTSEV legt maximal zulässige Grenzwerte der unbeabsichtigt durch aus leitergebundenen Telekommunikationsanlagen und -netzen abgestrahlten elektrischen Feldstärke fest sowie die zugehörigen Messvorschriften.

Die Vorgaben gemäß Sicherheitsfunk-Schutzverordnung vom 13. Mai 2009 (BGBl. I S. 1060) zu den Grenzwerten der Feldstärke finden sich auszugsweise in Tabelle 2.5. Abbildung 2.26 veranschaulicht den Verlauf der Grenzwerte in den betreffenden Frequenzbereichen.

Im internationalen Vergleich der Regulierung zur Einspeisung von PLC-Übertragungssignalen im Frequenzbereich unter 500 kHz ist hinsichtlich EN 50065 bemerkenswert, dass der in der Norm spezifizierte Frequenzbereich die niedrigste Bandbreite aufweist [5]. Des Weiteren hebt sich EN 50065 von den außerhalb der EU gültigen Vorgaben insofern ab, als explizite Vorgaben bezüglich der maximalen Pegel der Sendesignale im Zeitbereich und Frequenzbereich gemacht werden. Zusätzlich werden zumindest für Deutschland gültige Grenzwerte für die maximal zulässige Feldstärke der Abstrahlungen festgelegt. Die Vorschriften

Frequenzbereich	E_{max} / dB $(\mu V/m)$	Messbandbreite / kHz
$9\dots150\,\mathrm{kHz}$	$40 - 20\log\left(\frac{f}{\mathrm{MHz}}\right)$	0,2
$> 150\dots1000\,\mathrm{kHz}$	$40 - 20\log\left(\frac{f}{\mathrm{MHz}}\right)$	9
$> 1\dots30\,\mathrm{MHz}$	$40 - 8{,}8\log\left(\frac{f}{\mathrm{MHz}}\right)$	9

Tabelle 2.5 Grenzwerte der Feldstärke, zugehörige Frequenzbereiche und Messbandbreiten gemäß SchuTSEV. E_{max} ist der Spitzenwert der elektrischen Feldstärke zu messen in einem Abstand von 3 m.

in den USA und Japan legen hingegen ausschließlich Grenzwerte für die maximal zulässige Feldstärke fest. In den USA gelten diese Grenzwerte allerdings erst für Frequenzen oberhalb von 1,705 MHz.

Im Zuge der weiteren Entwicklung von Kommunikationstechnologie für Smart Grids könnte es sich als sinnvoll erweisen, den durch EN 50065 festgelegten Frequenbereich zu erweitern. Für eine Erweiterung des für PLC nutzbaren Frequenzbereiches spricht nicht alleine die Tatsache, dass dadurch größere Bandbreiten und damit höhere Datenraten möglich werden als beispielsweise die Systeme in Abschnitt 2.4 bieten. Auch die Analyse des Störszenarios in Kapitel 4 zeigt, dass dessen Leistungsdichte mit zunehmender Frequenz abnimmt. Ungeklärt sind bislang allerdings die möglichen Konsequenzen, die sich aus einer solchen Erweiterung des Frequenzbereichs im Hinblick auf die Elektromagnetische Verträglichkeit

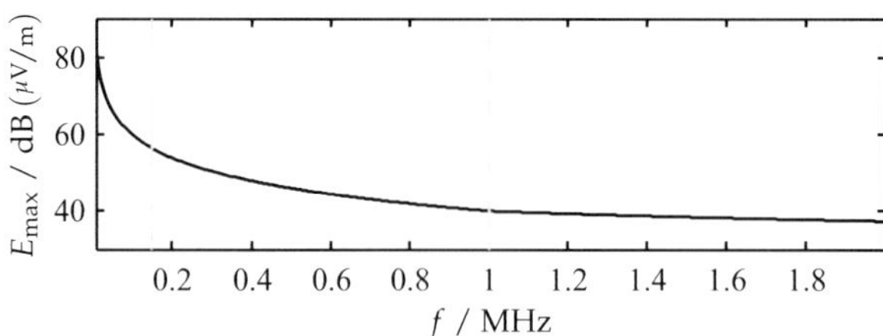

Abbildung 2.26 Grenzwerte der maximal zulässigen Feldstärke aufgetragen über der Frequenz. Die Grenzen der jeweiligen Frequenzbereiche sind in grau eingezeichnet.

ergeben. Der folgende Unterabschnitt 2.5.2 bietet einen Überblick darüber, wie die für PLC relevante Regulierung außerhalb des Geltungsbereiches der EN 50065 gehandhabt wird.

2.5.2 Regulierung außerhalb der EU

Zum Vergleich mit der Art der Regulierung von Grenzwerten für PLC in Deutschland und in der EU werden im Folgenden die geltenden Regelungen für die USA und für Japan dargelegt. Diese unterscheiden sich sowohl hinsichtlich der Einteilung der für die Signalübertragung vorgesehenen Frequenzbereiche als auch hinsichtlich der Definition der Grenzwerte.

Regulierung in den USA

In den USA sind die Regelungen zur Verwendung von Powerline-Kommunikationssystemen durch die sogenannten „FCC Rules" vorgegeben. Da für PLC-Systeme die elektrischen Leitungen des Energieverteilnetzes als Übertragungsmedium genutzt werden sollen und etwaige Abstrahlungen im Sinne der Funktionsfähigkeit des Übertragungssystems nicht beabsichtigt sind, werden PLC-Systeme zur Klasse der unabsichtlichen Abstrahler („unintentional radiators") gezählt. Hinsichtlich der Regulierung werden gemäß Code of Federal Regulations, Title 47 „Telecommunication", Volume 1, Chapter I, Part 15 drei strikt voneinander abgegrenzte Kategorien von Powerline-Übertragungssystemen unterschieden:

Power Line Carrier Systems, die von Energieversorgungsunternehmen zur allgemeinen Überwachung und Steuerung der Energieversorgung betrieben werden. Als Übertragungsmedium dürfen ausschließlich Hochspannungsleitungen verwendet werden, eine Nutzung auf Strecken zwischen Trafostation und anderen Häusern ist damit nicht möglich. Power-Line-Carrier-Systeme nutzen den Frequenzbereich zwischen 9 und 490 kHz, welcher nicht gesondert vor Störungen durch andere Geräte geschützt ist. Falls Störungen anderer Dienste durch Power-Line-Carrier verursacht werden, muss der Betreiber des Power-Line-Carrier-Systems Änderungen an seinem System vornehmen oder den Betrieb ganz einstellen. Power-Line-Carrier-Systeme sollen mit möglichst geringer Leistung betrieben werden, die Leistung soll jedoch die Erfüllung des vorgesehenen Zwecks des Systems ermöglichen. Für

Power-Line-Carrier-Systeme ist keine behördliche Zulassung erforderlich.

***Access Broadband over Power Line (Access BPL)*-Systeme** nutzen Mittel- und Niederspannungsleitungen im Frequenzbereich zwischen 1,705 MHz und 80 MHz zur Übertragung. Sie dienen der Breitbandkommunikation und sind bezüglich des Übergabepunkts zwischen dem Netz des Energieversorgers und dem des Privatbesitzers immer auf der Seite der Energieversorger angebracht. Für Access-BPL-Geräte ist 30 Tage vor der Inbetriebnahme eine Eintragung in eine öffentlich zugängliche Datenbank („Access BPL Database") erforderlich. Für die Nutzung von Mittelspannungs- und Niederspannungs-Leitungen gelten feste Grenzwerte für die Feldstärke der abgestrahlten Signale. Oberhalb von 30 MHz unterscheiden sich diese Grenzwerte für Mittelspannung und Niederspannung.

Bei der Verwendung von Mittelspannungs-Freileitungen dürfen bestimmte, explizit angegebene Frequenzbereiche nicht genutzt werden (vgl. § 15.615 FCC Rules). Ebenso existiert eine Liste von Gebieten, in deren direkter Umgebung eine Nutzung von Access-BPL-Systemen vollständig untersagt ist. Die Regelungen fordern explizit die pauschale Anwendung adaptiver Verfahren zur Vermeidung von Störungen anderer Dienste. Hierzu zählen beispielsweise Notch-Filter oder die grundsätzliche Vermeidung der Nutzung bestimmter Frequenzbänder.

***In-House Broadband over Power Line (In-House BPL)*-Systeme** nutzen Leitungen, die nicht im Einflussbereich von Energieversorgern liegen, um eigenständige Netzwerke herzustellen oder den Zugang zu Access BPL zu ermöglichen. Bei den hierfür genutzten Leitungen kann es sich sowohl um Freileitungen und Erdkabel als auch um Leitungen des Gebäudeinstallationsnetzes handeln. Für In-House-BPL-Systeme existieren keine weiteren Vorgaben, weder hinsichtlich der zu nutzenden Frequenzbereiche noch hinsichtlich möglicher Grenzwerte.

Über die genannten Regelungen hinaus existieren feste Grenzwerte für die durch Sendeanlagen („Intentional Radiators") verursachten Abstrahlungen, die jedoch auf PLC-Systeme nicht anzuwenden sind.

Wollte man PLC-Technologien zur Anbindung von Energiemengenzählern an Datenkonzentratoren im Sinne einer Architektur ähnlich zu der in Abbildung 2.2 in den USA nutzen, so kämen auf Grund der sich aus den FCC Rules, Part 15 ergebenden Zusammenhänge lediglich Access-BPL-Technologien mit Übertragungsfrequenzen zwischen 1,705 MHz und 80 MHz in Frage. In diesem Frequenzbereich betriebene PLC-Kommunikationssysteme sind nicht Gegenstand der Betrachtungen im Rahmen dieser Arbeit.

Regulierung in Japan

Regelungen zur Nutzung von PLC-Systemen sind in Japan durch das „Radio Law" festgelegt. Der für PLC nutzbare Frequenzbereich liegt zwischen 10 kHz und 450 kHz. Die elektrische Feldstärke muss in 1 km Entfernung vom Sender und $\lambda/2\pi$ Metern Entfernung von der Leitung unter 500^- V/m betragen, wobei λ die Wellenlänge des Übertragungssignals repräsentiert. Für den Frequenzbereich zwischen 10 kHz und 450 kHz gelten in Japan keine weiteren Regelungen. Für direkt auf der Leitung messbare Spannungspegel existieren folglich – sofern die Grenzwerte für abgestrahlte Signale eingehalten werden – keine Grenzwerte.

2.5.3 Für weitere Betrachtungen relevante Vorgaben zur Signaleinspeisung

Als Rahmenbedingungen für die Betrachtungen und Analysen in Kapitel 7 werden die Vorgaben nach EN 50065 für die einphasige Signalkopplung im Frequenzbereich zwischen 9 kHz und 95 kHz angenommen. Es wird davon ausgegangen, dass die Grenzwerte in Abbildung 2.26, bedingt durch die differentielle Signaleinspeisung, eingehalten werden. Dennoch erfolgt die Analyse des Störszenarios in Abschnitt 4.2 so, dass auch Aussagen für den Frequenzbereich bis 500 kHz möglich sind.

3 Modellierung und Analyse der Eigenschaften des Übertragungskanals

Grundlage für den Entwurf und für den bewertenden Vergleich von PL-Kommunikationssystemen ist eine genaue Kenntnis der Eigenschaften des Niederspannungsnetzes. Relevant sind dabei zunächst die physikalischen Eigenschaften des Netzes. Kenntnisse über die Größenordnung physikalischer Parameter wie beispielsweise der Netzzugangsimpedanz sind zum einen Grundlage für den Entwurf der für Kommunikationssysteme benötigten Geräte. Zum anderen bestimmen die physikalischen Eigenschaften des Niederspannungsnetzes wesentlich, wie sich Übertragungssignale entlang der Leitungen ausbreiten.

Neben den physikalischen Eigenschaften spielt die Analyse der signaltheoretischen Eigenschaften des Störszenarios eine große Rolle. Eine genaue Kenntnis der Eigenschaften des Störszenarios ermöglicht es, geeignete Modulationsverfahren und -arten zu wählen sowie diese so zu parametrieren, dass trotz der bekanntermaßen schwierigen Bedingungen, die das Niederspannungsnetz im Frequenzbereich nach EN 50065 bietet, eine möglichst zuverlässige Datenübertragung stattfinden kann.

Schwerpunkt der folgenden Betrachtungen sind die physikalischen sowie die signaltheoretischen Eigenschaften des Niederspannungsnetzes im Frequenzbereich zwischen 9 und 95 kHz nach EN 50065 [1]. Die Betrachtung des Störszenarios mit Hilfe des in Abschnitt 7.2 beschriebenen Aufbaus erlaubt es jedoch, die Betrachtungen auf einen größeren Frequenzbereich auszudehnen. Daher wird bei den folgenden Betrachtungen des Störszenarios der Frequenzbereich von 9 bis 500 kHz analysiert. Dies ermöglicht es, die gewonnenen Erkenntnisse gegebenenfalls auf Länder zu übertragen, in denen die Nutzung höherer Frequenzen für PLC erlaubt ist.

3.1 Topologie des Niederspannungsnetzes als Übertragungsmedium für PLC

Die überregionale Verteilung elektrischer Energie erfolgt über Transportnetze bei Spannungen von 380 kV bzw. 220 kV (Höchstpannungsebene).

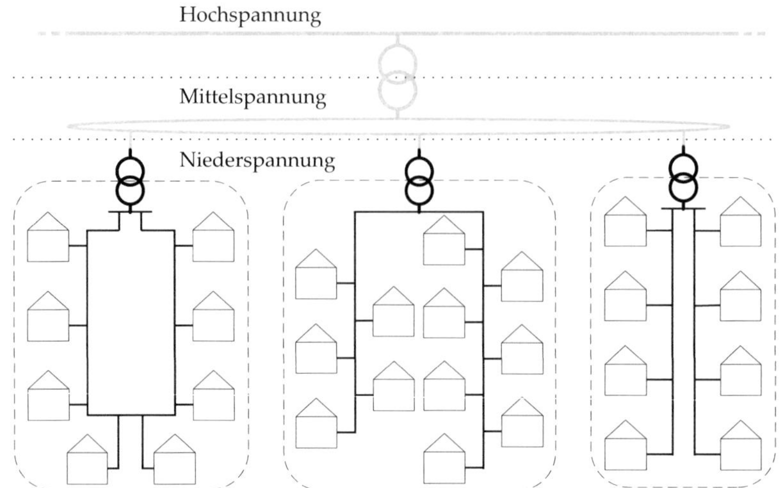

Abbildung 3.1 Trennung der Niederspannungs-Teilnetze durch Ortsnetztrafos. Dargestellt sind Strahlennetz- und Ringtopologien.

Für die regionale Versorgung durch Übertragungsnetze wird die Höchstspannung auf Hochspannung mit 110 kV für die weitere Verwendung in Verteilungsnetzen transformiert. Als Verteilungsnetze werden die Netze zur lokalen Verteilung über beschränkte Gebiete bezeichnet. Sie führen Spannungen von 10 kV, 20 kV oder 30 kV und versorgen die Ortsnetzstationen. Diese wiederum versorgen den Großteil der Endabnehmer mit 400 V bzw. 230 V Niederspannung. Auf Niederspannungsebene sind vorwiegend Strahlennetz- und Ringnetz-Topologien vorzufinden, teilweise auch Maschennetz-Topologien. Letztere können je nach Größe auch durch mehrere Transformatoren gespeist werden [60]. Für AMI-Systemarchitekturen relevant ist die Niederspannungsebene, über die private Haushalte und kleinere Unternehmen versorgt werden. Abbildung 3.1 veranschaulicht die beschriebenen Zusammenhänge.

3.2 Modell des PLC-Übertragungskanals

Die Eigenschaften des PLC-Übertragungskanals sind, wie in [68] beschrieben, sowohl orts- als auch zeitabhängig. Auf Grund der Abhängigkeit von vielen unterschiedlichen Einflussfaktoren ist eine umfassende Messdatenbasis Voraussetzung für eine parametrische Beschreibung und Modellierung der Kanaleigenschaften. Als Parameter sind dabei insbesondere die in Unterabschnitt 3.2.1 beschriebenen Parameter physikalischer Modelle einzubeziehen. Hinzu kommt, dass diese Parameter mit den aus Sicht der Signaltheorie relevanten Parametern in Zusammenhang gebracht werden müssen.

Dies ist ausdrücklich nicht Gegenstand dieser Arbeit. Die folgenden Ausführungen beinhalten vielmehr eine phänomenologische Beschreibung der wesentlichen Eigenschaften des Übertragungskanals im Frequenzbereich 9 bis 500 kHz. Dabei wird gezeigt, dass Kanaleigenschaften, die im Rahmen anderer Arbeiten teilweise für andere Frequenzbereiche und Mess-Orte nachgewiesen worden sind, auch in diesem Frequenzbereich zutreffend sind. Im Zuge dessen werden bislang bekannte Erkenntnisse um wesentliche neue Zusammenhänge erweitert, die sich insbesondere aus der detaillierten Analyse real vorliegender Störszenarien ergeben. Die phänomenologische Beschreibung der Zusammenhänge bietet Anknüpfungspunkte für weiterführende Untersuchungen und stellt somit die Grundlage für eine parametrische Beschreibung der Kanaleigenschaften dar.

3.2.1 Modellierung der physikalischen Parameter

Zunächst werden die elektrisch relevanten Parameter des Energieverteilnetzes erläutert. Die Grundlage hierfür bilden schaltungstechnische Modelle des PLC-Übertragungskanals, welche mit der Zielsetzung dessen messtechnischer Charakterisierung bereits in anderen Arbeiten [68, 5] vorgestellt worden sind.

Abbildung 3.2 stellt zusammenfassend das sich aus diesen Arbeiten ergebende Schaltbild dar. Alle angegebenen Größen sind komplexwertig. Das Netzwerk wird als Punkt-zu-Punkt-Verbindung zwischen einem Sender (Tx) und einem Empfänger (Rx) abstrahiert. Ein vom Sender vorgegebener Spannungsverlauf $s(t)$ wird über eine der Bitübertragungsschicht des Senders zugeordnete und daher nicht dargestellte Koppelschaltung in das Niederspannungsnetz mit unbekannter Netzzugangsimpedanz $Z_E(f)$ eingekoppelt. Es ergibt sich die Spannung $U_{Tx}(f)$, welche je nach dem Verhältnis aus der Impedanz der Koppelschaltung $Z_K(f)$ und der Netzzugangsimpedanz gegenüber dem ursprünglichen Sendesignal verzerrt sein kann. Am Verbindungspunkt des Empfängers mit dem Energieverteilnetz liegt die Spannung $U_{Rx}(f)$ als Summe der über der Ausgangsimpedanz $Z_A(f)$ abfallenden Spannung und der durch additive Störungen verursachten Spannung $U_\mathrm{N}(f)$ an. Die Modellierung als gesteuerte Spannungsquelle ermöglicht es, die Impedanzen $Z_\mathrm{E}(f)$ und $Z_\mathrm{A}(f)$ als voneinander unabhängig anzunehmen. Darüber hinaus postuliert das Modell keinerlei Vorschrift, wie der Zusammenhang zwischen den Spannungen $U_\mathrm{Tx}(f)$ und $U'_\mathrm{Tx}(f)$ mathematisch zu beschreiben ist. Für die folgenden Betrachtungen wird jedoch angenommen, dass dieser Zusammenhang linear ist.

Der Zusammenhang zwischen Ausgangssignal und Eingangssignal in Form einer gesamten Übertragungsfunktion kann gemäß

$$H(f) = \frac{U_\mathrm{Rx}(f)}{U_\mathrm{Tx}(f)} \tag{3.1}$$

auch ohne genaue Kenntnis der jeweiligen Impedanzen und der genauen Leitungsparameter angegeben werden und ist auch nur in dieser Form messtechnisch erfassbar. Die Spannung $U_\mathrm{Rx}(f)$ ergibt sich aus der Überlagerung der Spannung $U''_\mathrm{Tx}(f)$ mit der durch Störsignale verursachten Spannung $U_\mathrm{N}(f)$. Voraussetzung für die messtechnische Bestimmung von $H(f)$ und auch für die Gültigkeit des Zusammenhangs in Gleichung 3.1 ist, dass $U''_\mathrm{Tx}(f)$ genügend groß ist gegenüber $U_\mathrm{N}(f)$.

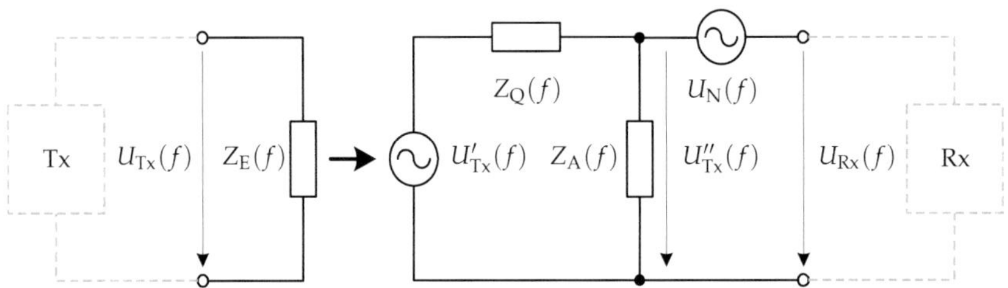

Abbildung 3.2 Schaltungstechnische Darstellung physikalisch relevanter Parameter des Übertragungskanals

3.2.2 Leitungseigenschaften

Zur Beschreibung der Eigenschaften von $H(f)$ werden in der Hochfrequenztechnik üblicherweise die Leitungsgleichungen [65] herangezogen. Diese bilden die Grundlage für ein parametrisches Modell der Übertragungsfunktion, das für PLC-Übertragungssignale im MHz-Bereich gültig ist [68]. Die Leitungsgleichungen beschreiben die Wellenausbreitung auf elektrischen Leitungen für den Fall „elektrisch langer" Leitungen. In diesem Fall ist die Verteilung der Spannung entlang der Leitung eine orts- und zeitabhängige Funktion.

Ist die Leitungslänge l allerdings sehr klein gegenüber der Wellenlänge λ des eingespeisten Signals, so wird die Leitung als „elektrisch kurz" bezeichnet. Das eingespeiste Signal führt zu einer Spannungsverteilung entlang der Leitung, die näherungsweise ortsunabhängig ist und daher überall entlang der Leitung mit dem Signal am Einspeisepunkt übereinstimmt. In diesem Fall bilden sich keine stehenden Wellen auf der Leitung aus. Als Grenze für elektrisch kurze Leitungen wird oftmals $l \leq \frac{\lambda}{10}$ angenommen.

Um eine Abschätzung zu erhalten, welche Leitungslängen im Frequenzbereich zwischen 9 kHz und 500 kHz als elektrisch kurz zu betrachten sind, wird nun die kritische Leitungslänge $l_{\text{krit}} = \frac{\lambda}{10}$ bestimmt. Dabei wird auf Grund der unterschiedlichen zur Isolation verwendeten Materialien in Anlehnung an [3] zwischen Freileitung und Erdkabel unterschieden. Die Wellenlänge λ einer sich in einem Medium mit Permittivität ϵ_r und Permeabilität μ_r ausbreitenden elektromagnetischen Welle lässt sich gemäß

$$\lambda = \frac{c_0}{f \cdot \sqrt{\epsilon_r \mu_r}}$$

berechnen [45]. Für beide Fälle wird angenommen, dass $\mu_r \approx 1$ gilt. Aufgrund der Verwendung von PVC als Isoliermaterial beträgt die Permittivität für Erdkabel $\epsilon_{\text{r,K}} \approx 4$. Für Freileitungen ist $\epsilon_{\text{r,F}} \approx 1$, da die einzelnen Leiter durch Luft voneinander isoliert sind [60, 3]. Abbildung 3.3 zeigt die sich ergebenden Verläufe der kritischen Leitungslängen über der Frequenz für Freileitung und Erdkabel. Bei einer Frequenz von 95 kHz beträgt die kritische Leitungslänge für Freileitungen 315,6 m und für Erdkabel immerhin noch 157,8 m. Nimmt man an, dass in Europa die von einer Trafostation versorgten Hausanschlüsse bis zu 400 m von einer Trafostation entfernt sein können [22], so sind durchaus auch Leitungslängen oberhalb der kritischen Länge zu erwarten.

3.2.3 Netzzugangsimpedanz

In der Vergangenheit wurde für den Bereich zwischen Trafostation und Hausanschlüssen im Frequenzbereich nach EN 50065 [1] gezeigt, dass eine Modellierung des Niederspannungs-Energieverteilnetzes mit Hilfe der Leitungsgleichungen bestenfalls grobe Abschätzungen erlaubt,

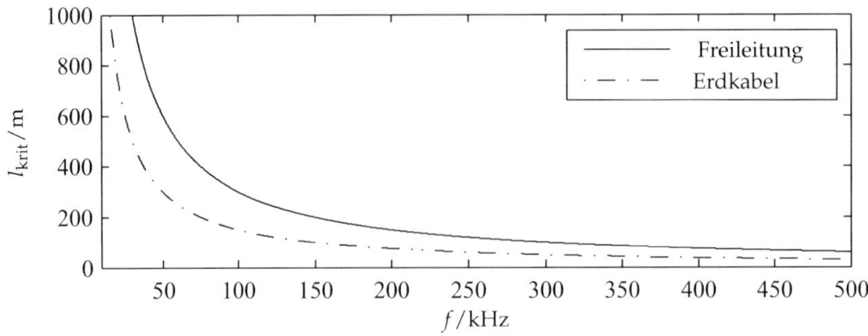

Abbildung 3.3   Abschätzung der kritischen Leitungslängen l_{krit} für Freileitungen und Erdkabel

nicht jedoch das Aufstellen allgemein gültiger physikalischer Modelle [3]. Auch innerhalb von Gebäuden ist eine Klassifikation nach charakteristischen Betragsübertragungsfunktionen bzw. deren Typisierung für den Frequenzbereich zwischen 50 kHz und 500 kHz nicht möglich [5]. Dies legt die Annahme nahe, dass die Impedanzen $Z_E(f)$ und $Z_A(f)$, maßgeblich bestimmt durch die an das Netz angeschlossenen Verbraucher, einen wesentlich größeren Einfluss auf das Übertragungssignal haben als die Eigenschaften der Leitung selber.

Es ist also anzunehmen, dass der Verlauf der Übertragungsfunktion folgenden Einflüssen unterworfen ist:

- Senderseitig parallel zum Sender angeschlossene Verbraucher, in Abbildung 3.2 repräsentiert durch Z_E,

- empfängerseitig parallel zum Empfänger angeschlossenen Verbraucher, in Abbildung 3.2 repräsentiert durch Z_A,

- der Wechselwirkung von Z_E und Z_A mit den Impedanzen der Schaltungen zur Signalkopplung in Sender und Empfänger

- sowie den physikalischen Leitungseigenschaften.

Art und Anzahl der angeschlossenen Verbraucher können je nach Mess-Ort variieren. Hinzu kommt die Tatsache, dass die jeweilige Impedanz eines Verbrauchers durchaus zeitveränderlich sein kann, vgl. Unterabschnitt 3.2.4.

Eine genaue Modellierung der Übertragungsfunktion sowie eine Analyse der Leitungseigenschaften und der Impedanzen $Z_E(f)$ und $Z_A(f)$ sind nicht Gegenstand der Betrachtungen in dieser Arbeit.

3.2.4 Übertragungsfunktion

Die messtechnisch erfassbare Übertragungsfunktion $H(f)$ in Gleichung 3.1 beschreibt den Zusammenhang zwischen dem durch den Sender in das Netz eingespeisten Ausgangssignal und dem Anteil dieses Signals, der (bei ausreichend großem Signal-Stör-Verhältnis) durch den Empfänger ausgewertet werden kann. Aus dieser Übertragungsfunktion können somit keine Rückschlüsse mehr gezogen werden, wie groß der jeweilige Einfluss der Leitungseigenschaften und der Abschlussimpedanzen ist. Eine physikalische Modellierung des Übertragungsverhaltens einer Punkt-zu-Punkt-Verbindung mit Hilfe der Leitungsgleichungen hat demzufolge ohne genaue Kenntnis der Abschlussimpedanzen wenig Aussicht auf Erfolg.

Aus signaltheoretischer Sicht ist dennoch die Beschreibung der Zusammenhänge durch die Übertragungsfunktion $H(f)$, bzw. durch deren Betrag, völlig ausreichend. Für die technische Umsetzung der Bitübertragungsschicht ist allerdings wichtig zu wissen, dass die Netzzugangsimpedanz $Z_E(f)$ in Abbildung 3.2 betragsmäßig sehr geringe Werte annehmen kann [3, 5, 35]. Dies ist insbesondere für die Dimensionierung des Leistungsverstärkers im Sender relevant.

Für die Eigenschaften der Übertragungsfunktion werden die folgenden qualitativen Zusammenhänge zu Grunde gelegt: Untersuchungen zum Langzeitverhalten haben gezeigt, dass die Übertragungsfunktion im Mittel über die Dauer von Minuten bis Stunden hinweg konstant ist [2]. Zwar ist sie sehr wohl frequenzabhängig, scharfe Einkerbungen („Notches"), wie sie für Signale im MHz-Bereich zu erwarten sind [68, 20], sind jedoch nicht vorhanden [4, 5]. Dies konnte an Hand aktueller Messungen verifiziert werden [82]. Daher wird für theoretische Betrachtungen im Folgenden die Übertragungsfunktion vereinfachend zu

$$h(\tau,t) = h(t) = a \cdot \delta(t) \tag{3.2}$$

angenommen. Die Wahl des Parameters a in Gleichung 3.2 erfolgt entsprechend der Tatsache, dass die betragsmäßige Signaldämpfung $\left|\frac{1}{H(f)}\right|$ üblicherweise Werte zwischen 30 dB und 60 dB annehmen kann, in Extremfällen auch bis zu 80 dB [2, 5]. Vereinfachend wird angenommen, dass der Betrag der Übertragungsfunktion näherungsweise konstant über der Bandbreite des Übertragungssignals ist. Diese Annahmen sind geeignet, um zumindest die Größenordnung der zu erwartenden Signaldämpfung abzuschätzen sowie die Zeiträume, für die eine solche Abschätzung gilt. Daher stellen sie die Grundlage für die vorliegende Arbeit dar.

An dieser Stelle sei – im Vorgriff auf Unterabschnitt 4.2.2 – angemerkt, dass für zukünftige Betrachtungen durchaus das Kurzzeitverhalten des Übertragungskanals in Betracht gezogen werden sollte. So wurde beispielsweise nachgewiesen, dass sich Lastimpedanzen periodisch mit der Netzfrequenz ändern [11, 32]. Je nach Art der angeschlossenen Verbraucher ergeben sich dadurch systematische, periodische Fluktuationen bezüglich der Übertragungsfunktion und somit auch bezüglich der vom Empfänger wahrgenommenen Amplituden des Nutzsignals. Für den MHz-Bereich wurde daher in [8] die Modellierung der Übertragungsfunktion als zyklostationärer Prozess vorgeschlagen. Darüber hinaus ist zu berücksichtigen, dass das Verhalten ans Netz angeschlossener elektrischer Verbraucher möglicherweise nichtlinear ist [8], was insbesondere für Leistungselektronik der Fall ist.

3.2.5 Additive Störsignale

Die Auswirkungen eines Übertragungskanals auf ein Sendesignal $s(t)$ lassen sich ganz allgemein durch das Modell des „Linear Time-Variant Filter Channel"

$$r(t) = s(t) * h(\tau,t) + n(t)$$

$$= \int_{-\infty}^{\infty} h(\tau,t)s(t-\tau)\mathrm{d}\tau + n(t)$$

formulieren [50], mit dessen Hilfe auch Kanäle mit Mehrwegeausbreitung modelliert werden können. Das Empfangssignal $r(t)$ ergibt sich demzufolge aus dem Sendesignal, das durch die zeitvariante Impulsantwort des Übertragungskanals $h(\tau,t)$ verzerrt und mit einer Störung $n(t)$ additiv überlagert wird.

Mit Hilfe der Annahmen bezüglich der Kanalimpulsantwort in Gleichung 3.2 wird das Modell für die weiteren Betrachtungen vereinfacht zu

$$r(t) = a \cdot s(t) + n(t). \tag{3.3}$$

Die Komplexität dieses Modells des „Additive Noise Channel" ist für die weiteren Betrachtungen im Rahmen dieser Arbeit ausreichend, da sie in erster Linie das Szenario aus additiven Störungen und Signaldämpfung zum Gegenstand haben.

Allerdings muss für die Modellierung der Störungen des PLC-Übertragungskanals ein deutlich komplexeres Modell angesetzt werden als das in [50] für $n(t)$ angenommene weiße gaußsche Rauschen. Der Beschreibung der für PLC relevanten Störungen liegt das in [68] vorgestellte Modell zu Grunde. Es unterscheidet die in Abbildung 3.4 dargestellten fünf Klassen additiver Störungen, die für PLC-Kanäle allgemein charakteristisch sind. Gegenstand der folgenden Betrachtungen ist die Analy-

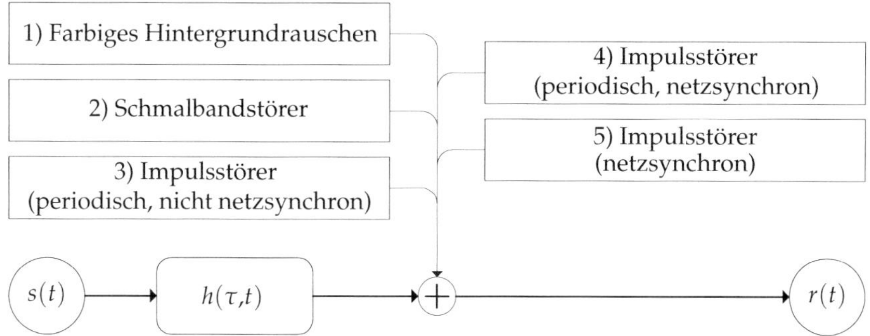

Abbildung 3.4 Kanalmodell und Klassifikation additiver Störungen

se grundlegender Eigenschaften dieses Störszenarios im Frequenzbereich zwischen 9 kHz und 500 kHz. Zuerst werden die Unterschiede zwischen dem im Energieverteilnetz vorherrschenden Störszenario und dem allgemein gebräuchlichen Modell des AWGN-Kanals (s. Abschnitt 3.3) dargelegt. Des Weiteren wird die Verteilung der Leistung der Störsignale in der Zeit-Frequenz-Ebene analysiert.

Für die physikalischen Eigenschaften der Leitungen, die Zugangsimpedanz und auch das Störszenario ist anzunehmen, dass sie von den in Tabelle 3.1 aufgeführten Einflussfaktoren abhängig ist. Auf Grund des messtechnischen Aufwandes ist, wie bereits erwähnt, eine allgemeingültige, analytische Modellierung der Eigenschaften des Störszenarios kaum möglich [3]. Dennoch ist es im Hinblick auf eine Abschätzung des Signal-Störverhältnisses zwingend notwendig, die Charakteristika des Störszenarios zu kennen. Die Herausforderung besteht dabei darin, sowohl das Langzeitverhalten des Störszenarios über die Größenordnung von Stun-

Ort	makroskopisch	Topologie des Netzes (z.B. Ring-, Strahlen- oder Maschennetz)
		Geographische Lage des Netzes (z.B. Nähe zu Funksendern)
		Anzahl der Hausanschlüsse und Transformatoren
		Leitungstyp (z.B. Erdkabel, Freileitung)
		Leitungslänge
	mikroskopisch	Art und Anzahl der angeschlossenen Verbraucher
Zeit	makroskopisch	Betriebszeiten verschiedener Verbraucher
	mikroskopisch	Charakteristika verschiedener Verbraucher (z.B. verbrauchertypische Störsignale)
		Häufigkeit von Schaltereignisse

Tabelle 3.1 Kanaleigenschaften und zugehörige Einflussfaktoren

den hinweg zu erfassen als auch das Kurzzeitverhalten in der Größenordnung von Millisekunden.

Schwerpunkt der Betrachtungen in Abschnitt 4.2 ist eine Analysemethode, welche die Zusammenhänge auf eine handhabbare Anzahl geeigneter Parameter abbildet. Dadurch wird es insbesondere möglich, Einblicke in die mikroskopische und makroskopische zeitliche Struktur des Störszenarios zu erhalten. Außerdem können auf Grundlage der im Folgenden vorgestellten Analysemethode allgemeine Aussagen zur Ortsabhängigkeit getroffen werden. Im Unterschied zu den in anderen Arbeiten [3, 68, 5] vorgestellten Analysen erfolgt dabei die Auswertung von Messdaten, die über längere Zeiträume hinweg zusammenhängend erfasst wurden. Die Auswertung geschieht unter Berücksichtigung von Zeit- und Frequenzauflösungen, die ähnliche Größenordnungen annehmen wie die Systemparameter tatsächlicher PLC-Übertragungssysteme, vgl. Tabelle 7.7. Diese Art der Analyse ermöglicht eine genauere Abschätzung des Signal-Stör-Verhältnisses, Aussagen über die Wahl der Parameter für Modulationsverfahren sowie deren Optimierung und somit letztlich die Bewertung der Leistungsfähigkeit von Übertragungssystemen.

3.3 Analyse realer PLC-Störszenarien und Vergleich mit Eigenschaften des AWGN-Kanals

Das Modell des PLC-Übertragungskanals aus Abbildung 3.4 legt nahe, dass sich die Eigenschaften der additiven Störungen vom Modell des AWGN-Kanals unterscheiden. Auf Grundlage dieser qualitativen Aussage ist es jedoch kaum möglich, fundierte Aussagen über mögliche Ursachen für das Auftreten von Übertragungsfehlern zu machen.

Um eine Aussage darüber zu erreichen, worin genau sich das PLC-Störszenario von dem des AWGN-Kanals unterscheidet, werden zunächst die statistischen Eigenschaften aufgezeichneter realer PLC-Störszenarien ermittelt und mit denen von synthetisch erzeugtem weißem gaußschem Rauschen verglichen. Die betrachteten PLC-Störszenarien wurden mit dem in Abschnitt 7.2 vorgestellten integrierten Datenübertragungs- und Signalerfassungssystem aufgezeichnet.

3.3.1 Statistische Eigenschaften des AWGN-Kanals und Vergleich mit PLC-Störszenarien

Das Modell des AWGN-Kanals [29, 50] wird oftmals als Referenz für den Vergleich verschiedener Modulationsverfahren herangezogen. Die additive Störung wird hierbei als ein stochastischer Prozess $N_0(t)$ modelliert, dessen Amplitudenwerte n mit

$$p_{N_0}(n) = \frac{1}{\sqrt{2\pi}\sigma_0}\mathrm{e}^{-\frac{(n-\mu_0)^2}{2\sigma_0^2}} \tag{3.4}$$

gaußverteilt sind und deren Statistik sich somit durch die Parameter Mittelwert μ_0 und Varianz σ_0 vollständig beschreiben lässt. Gemeinhin wird ein mittelwertfreier weißer Rauschprozess angenommen, es gilt also $\mu_0 = 0$. Des Weiteren gilt aufgrund der Stationarität dieses Prozesses für die Autokorrelationsfunktion (AKF) $r_{N_0 N_0}(t_1, t_2)$

$$r_{N_0 N_0}(t_1, t_2) = \mathrm{E}\left\{N_0(t_1) \cdot N_0(t_2)\right\} = \mathrm{E}\left\{N_0(t) \cdot N_0(t+\tau)\right\} = r_{N_0 N_0}(\tau). \tag{3.5}$$

Für die AKF wird außerdem definiert, dass

$$r_{N_0 N_0}(\tau) = c \cdot \delta(\tau) \tag{3.6}$$

mit der reellwertige Konstante c, wodurch sich mit

$$S_{N_0 N_0}(f) = \mathcal{F}\left\{r_{N_0 N_0}(\tau)\right\} = c \tag{3.7}$$

ein im Mittel über alle Frequenzen konstantes Leistungsdichtespektrum (LDS) ergibt. Mit einem idealen Bandpassfilter

$$H(f) = \begin{cases} 1, & f_\mathrm{C} - \frac{W}{2} \leq |f| \leq f_\mathrm{C} + \frac{W}{2} \\ 0 & sonst \end{cases} \tag{3.8}$$

der Bandbreite $B = 2W$ ergibt sich daraus mit der in der Literatur üblichen Definition $c := \frac{N_0}{2}$ die zur Bandbreite proportionale Störleistung

$$P_{N_0} = \mathrm{E}\left\{|N_0(t)|^2\right\} = \sigma_0^2 = \int\limits_{\infty}^{\infty} S_{N_0 N_0}(f)\,|H(f)|^2\,\mathrm{d}f = W \cdot N_0 \,. \tag{3.9}$$

Abbildung 3.5 veranschaulicht diese Zusammenhänge am Beispiel einer Realisierung $n_0(t)$ eines weißen gaußschen Rauschprozesses. Dargestellt sind das normierte Zeitsignal $\tilde{n}_0(t) = n_0(t)/\hat{n}_0$ mit $\hat{n}_0 = \max\{n_0(t)\}$ und die zugehörige normierte Autokovarianzfunktion $\tilde{r}_{n_0 n_0}(\tau) = r_{n_0 n_0}(\tau)/r_{n_0 n_0}(0)$. In Abbildung 3.5(c) ist darüber hinaus die relative Häufigkeit $\mathrm{H}^\mathrm{r}_{\tilde{n}_0(t)}(\tilde{n}_0)$ der aufgetretenen Amplitudenwerte zusammen mit der aus dem geschätzten Mittelwert $\hat{\mu}_0$ und der geschätzten Standardabweichung $\hat{\sigma}_0$ bestimmten Wahrscheinlichkeitsdichte $\hat{p}_{n_0}(\tilde{n}_0)$ logarithmisch dargestellt. Das Störszenario für PLC-Übertragungskanäle hat im Allgemeinen nicht die Eigenschaften von weißem gaußschem Rauschen. Folglich ist zur signaltheoretischen Modellierung des PLC-Übertragungskanals in Gleichung 3.3 für $n(t)$ $n_\mathrm{PLC}(t)$ einzusetzen anstelle von $n_0(t)$. Auch das additive Störsignal des PLC-Übertragungskanals kann als ein stochastischer Prozess $N_\mathrm{PLC}(t)$ aufgefasst werden. Wie in Abbildung 3.4 dargestellt, besteht dieser Prozess jedoch aus einer additiven Überlagerung spezifischer Störsignale, die für sich betrachtet wiederum ebenfalls als stochastische Prozesse aufzufassen sind. Unter Berücksichtigung von Hintergrundrauschen $N_\mathrm{BGN}(t)$, Schmalbandstörern $N_\mathrm{NBN}(t)$ und Impulsstörern $N_\mathrm{IMP}(t)$ ergibt sich somit

$$N_\mathrm{PLC}(t) = N_\mathrm{BGN}(t) + N_\mathrm{NBN}(t) + N_\mathrm{IMP}(t). \tag{3.10}$$

Messtechnisch erfassbar ist jedoch lediglich der Summenprozess $N_\mathrm{PLC}(t)$.

3.3.2 Analyse der statistischen Eigenschaften exemplarischer Realisierungen des PLC-Störszenarios

Im Folgenden werden nun einzelne Realisierungen des stochastischen Prozesses aus Gleichung 3.10 hinsichtlich ihrer Eigenschaften analysiert

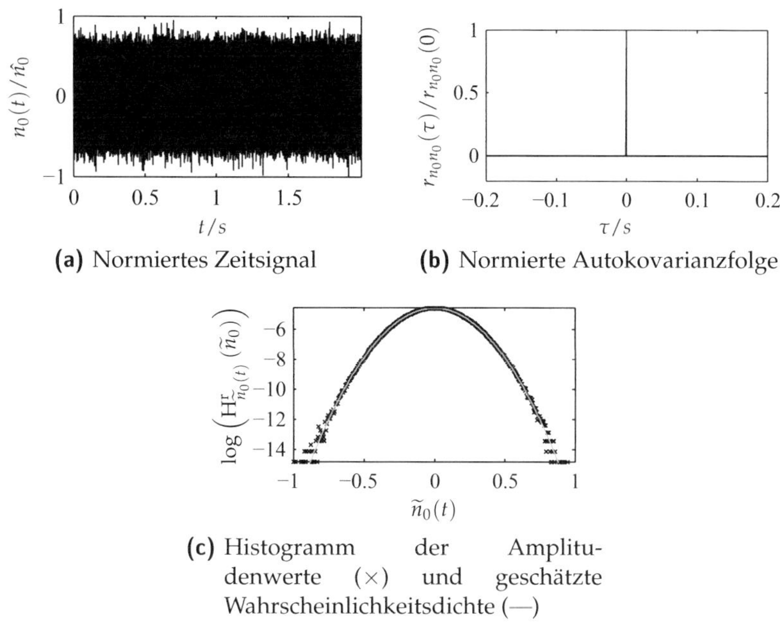

(a) Normiertes Zeitsignal   (b) Normierte Autokovarianzfolge

(c) Histogramm der Amplitudenwerte ($\times$) und geschätzte Wahrscheinlichkeitsdichte (—)

Abbildung 3.5 Eigenschaften weißen gaußschen Rauschens.

und mit den Eigenschaften des AWGN-Kanals verglichen. Grundlage der Betrachtungen sind Messungen, die in drei verschiedenen Netzen jeweils entweder an einem Hausanschluss oder Verteilerkasten sowie an der Sammelschiene des zugehörigen Transformators aufgezeichnet worden sind.

Netz I ist das Netz eines ausgelagerten Universitäts-Campus und versorgt überwiegend Büro- und Laborgebäude sowie kleinere Werkstätten. Die in Abbildung 3.6(a) und (b) bzw. in Abbildung 3.6(c) und (d) dargestellten Signale wurden innerhalb desselben Netzes zu verschiedenen Zeitpunkten und an verschiedenen Mess-Orten aufgezeichnet. Netz II befindet sich in einem Industriegebiet und versorgt überwiegend kleine und mittlere Produktionsanlagen sowie Bürogebäude. Netz III versorgt ein Wohngebiet. Alle Netze befinden sich im Stadtgebiet von Karlsruhe. Netz I und Netz II bestehen ausschließlich aus Erdkabeln, während Netz III überwiegend aus Freileitungen besteht. Auf weitere Eigenschaften der Messungen in Netz I wird in Abschnitt 4.2 im Detail eingegangen.

Auch für die Betrachtungen in den folgenden Abschnitten 3.3.2 bis 3.3.2 gilt die Substitution $n(t) := n_{\mathrm{PLC}}(t)$.

Abbildung 3.6 zeigt eine Auswahl aufgezeichneter Störsignale. Da zunächst im Wesentlichen der Zeitverlauf relevant ist, sind diese Realisierungen auf deren im gesamten Beobachtungszeitraum von 2 s maximal auftretende Amplitude normiert. Alle Amplitudenwerte befinden sich im Bereich $< 100\,\mathrm{mV}$. Die Darstellung umfasst eine Zeitdauer von 200 ms. Im Gegensatz zu weißem Rauschen, vgl. Abbildung 3.5(a), sind die Amplitudenwerte periodischen Schwankungen unterworfen, welche mehr oder weniger deutlich in Form von Impulsen ausgeprägt sind. Dabei treten innerhalb des dargestellten normierten Spannungsbereiches zwar große Amplitudenschwankungen auf, extreme Spitzenwerte von $\pm 19\,\mathrm{V}$, wie beispielsweise in [35] beschrieben, treten jedoch innerhalb der Beobachtungsintervalle an keinem der Orte auf. Es ist davon auszugehen, dass es sich bei derartigen Spannungsspitzen um seltene Ereignisse handelt.

Autokorrelationsfunktion und Stationarität

Eine Betrachtung der in Abbildung 3.7 dargestellten zugehörigen normierten Autokovarianzfolgen

$$\widetilde{r}_{n_{\mathrm{PLC}} n_{\mathrm{PLC}}}(\tau) = r_{n_{\mathrm{PLC}} n_{\mathrm{PLC}}}(\tau) / r_{n_{\mathrm{PLC}} n_{\mathrm{PLC}}}(0)$$

über Verschiebungen von $|\tau| \leq 3\,\mathrm{s}$ bestätigt, dass ausnahmslos alle in Abbildung 3.6 betrachteten Realisierungen des stochastischen Prozesses $N_{\mathrm{PLC}}(t)$ periodische Anteile enthalten. Außer einem zu erwartenden Hauptmaximum bei $\tau = 0$ sind Nebenmaxima bei Verschiebungen um Vielfache von 20 ms oder/und 10 ms vorhanden. Aus den Abbildungen nicht ersichtlich sind weitere Periodizitäten im kHz-Bereich, deren jeweilige Periodendauern allerdings nicht für alle betrachteten Messungen verallgemeinerbar sind.

Ursache für das periodische Verhalten der additiven Störungen sind elektrische Verbraucher, die Schaltvorgänge in Abhängigkeit von der momentanen Amplitude der Netzspannung durchführen. Dies können beispielsweise Schaltnetzteile sein, insbesondere in Kombination mit aktiven Leistungsfaktorkorrekturfiltern [37]. In der Mehrzahl der Fälle stehen Periodizitäten in Zusammenhang mit der Netzperiode von $T_{\mathrm{AC}} = 20\,\mathrm{ms}$. Unter Einbeziehung der Tatsache, dass Verbraucher entweder eine oder beide der Halbwellen der Netzspannung nutzen und einphasig oder drei-

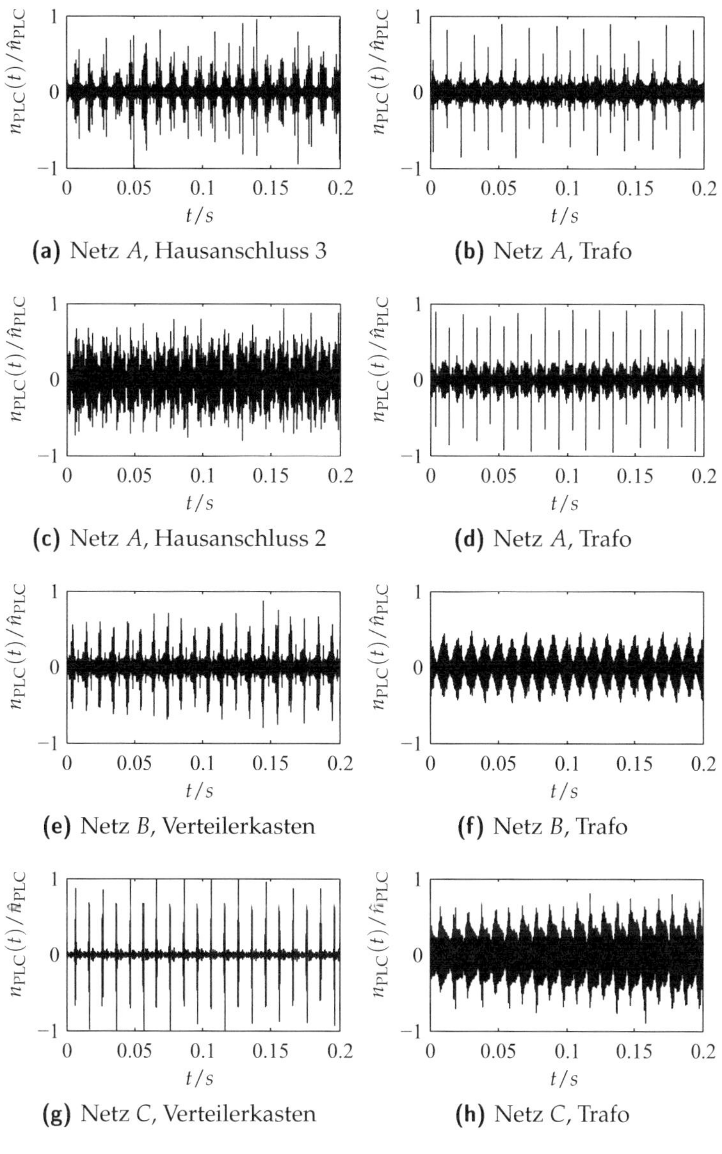

Abbildung 3.6 Aufgezeichnete Störsignale

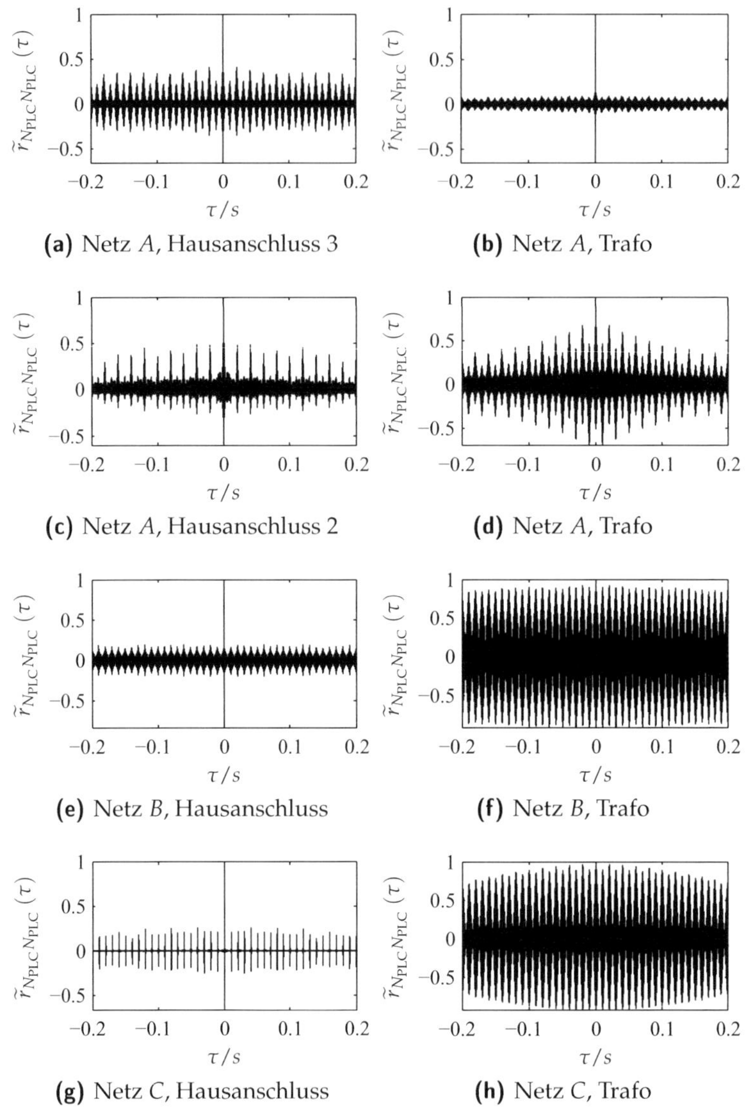

Abbildung 3.7   Autokovarianzfolgen, berechnet über eine Zeitdauer von 4 s, Darstellung für $|\tau| \leq 200\,\mathrm{ms}$.

phasig betrieben werden können, kommen allgemein drei mögliche Werte für T_0 in Betracht:

$$T_0 \in \left\{ T_{AC}, \frac{T_{AC}}{2}, \frac{T_{AC}}{3} \right\}.$$

Alle in Abbildung 3.7 dargestellten Messungen weisen mindestens eine Periodizität von $T_0 = \frac{T_{AC}}{2}$ auf, wobei hierfür die augenscheinlich dominanteste Periodizität zu Grunde gelegt wird.

Somit kann angenommen werden, dass die den in Abbildung 3.7 dargestellten Autokovarianzfunktionen zugrunde liegenden Signale zumindest Anteile enthalten, die näherungsweise die Bedingungen für zyklostationäre Prozesse

$$E\left\{ N_{PLC}(t) \right\} = E\left\{ N_{PLC}(t + T_0) \right\} \tag{3.11}$$

$$r_{N_{PLC}N_{PLC}}(t_1, t_2) = r_{N_{PLC}N_{PLC}}(t_1 + T_0, t_2 + T_0) \tag{3.12}$$

erfüllen [18], wobei T_0 die Periodendauer repräsentiert. Daraus folgt, dass die in Abbildung 3.7 betrachteten Realisierungen des stochastischen Prozesses $N_{PLC}(t)$ innerhalb der betrachteten Zeitdauer immer mindestens einen dominanten zyklostationären Prozess mit einer Periodendauer T_0 beinhalten. Grundsätzlich ist auch möglich, dass diese Realisierungen eine Überlagerung aus mehreren zyklostationären Prozessen gleicher Periodendauer darstellen, welche jeweils den Bedingungen (Gleichung 3.11 und Gleichung 3.12) folgen. Für diesen Fall ist anzumerken, dass das Erfüllen der Bedingungen der Zyklostationarität keine Aussage über die relativen Phasenlagen der einzelnen Komponenten erlaubt.

Über die Beobachtungsdauer in Abbildung 3.7 hinaus lässt sich verallgemeinert annehmen, dass der stochastische Prozess des PLC-Störszenarios abschnittsweise zyklostationär ist. Ein Abschnitt ist dabei als die Zeitdauer zu sehen, innerhalb der die in Betrieb befindlichen dominanten Verbraucher aktiv sind und innerhalb der keine wesentlichen Veränderungen an der Konfiguration des Energieverteilnetzes, einschließlich angeschlossener Verbraucher, vorgenommen werden.

Aus den vorangegangenen Betrachtungen folgt, dass es sich bei $N_{PLC}(t)$ im Gegensatz zu $N_0(t)$ zumindest um einen zeitvarianten stochastischen Prozess handeln muss, der außerdem zyklostationäre Anteile beinhaltet.

Die Vermutung, dass das PLC-Störszenario abschnittsweise zyklostationär ist, wird in Abschnitt 4.2 erneut aufgegriffen und durch weitere umfassende Analysen in Anhang A exemplarisch belegt.

Amplitudenwahrscheinlichkeitsdichte

Abbildung 3.8 zeigt die Amplitudendichten der jeweiligen Realisierungen des stochastischen Prozesses $N_{\mathrm{PLC}}(t)$ im Vergleich mit den Amplitudendichten, die sich für weißes Rauschen identischer Varianz ergeben würden.

Die Amplitudendichten des stochastischen Prozesses $N_{\mathrm{PLC}}(t)$ werden approximiert durch die relative Auftretenshäufigkeit $H^{\mathrm{r}}_{n_{\mathrm{PLC}}(t)}(n)$ der Amplitudenwerte, die während der für 4 s beobachteten Zeitverläufe (ausschnittsweise dargestellt in Abbildung 3.6) auftreten. Die Amplituden der Zeitverläufe sind dabei entsprechend

$$\widetilde{n} = n_{\mathrm{PLC}}(t)/\hat{n}_{\mathrm{PLC}}$$

auf die innerhalb der Beobachtungsdauer maximal auftretende Amplitude $\hat{n}_{\mathrm{PLC}}$ normiert. Gegenüber der jeweils auf Grundlage derselben Daten über die Varianz σ^2_{PLC} geschätzten Normalverteilung $p_{N_0}(\widetilde{n})$ (vgl. Gleichung 3.4) zeigen sich hier mitunter sehr deutliche Abweichungen:

Bei niedrigen Amplitudenwerten weisen die Dichten der gemessenen Amplitudenverläufe eine – gegenüber der Wahrscheinlichkeitsdichte der Normalverteilung – teilweise deutlich höhere Konzentration der relativen Häufigkeiten auf. Gleichzeitig treten größere Amplitudenwerte mit einer deutlich höheren relativen Häufigkeit auf als dies bei einer entsprechenden Normalverteilung der Fall wäre. Diese Abweichungen treten umso deutlicher zutage, je deutlicher im jeweiligen Zeitsignal Impulse zu erkennen sind.

Leistungsdichte in der Zeit-Frequenz-Ebene

Zusätzlich zur Zeitvarianz weichen auch die Eigenschaften von $N_{\mathrm{PLC}}(t)$ im Spektrum von denen einer konstanten Leistungsdichte ab. Da die spektralen Eigenschaften des Prozesses zeitvariant sind, wird zur genaueren Analyse der Verteilung der Signalleistung in der Zeit-Frequenz-Ebene die Short-Time-Fourier-Transformation [34]

$$F^{\gamma}_{n_{\mathrm{PLC}}(t)}(\tau,f) = \int\limits_{-\infty}^{\infty} n_{\mathrm{PLC}}(t)\gamma^*(t-\tau)\mathrm{e}^{-j2\pi ft}\mathrm{d}t \qquad (3.13)$$

einer Realisierung von $N_{\mathrm{PLC}}(t)$ herangezogen. Als um τ gegenüber dem Signal verschobenes Analysefenster $\gamma(t)$ wird dabei ein Blackman-Harris-Fenster [64, 21] mit einer Zeitdauer von 0,5 ms gewählt. Um eine

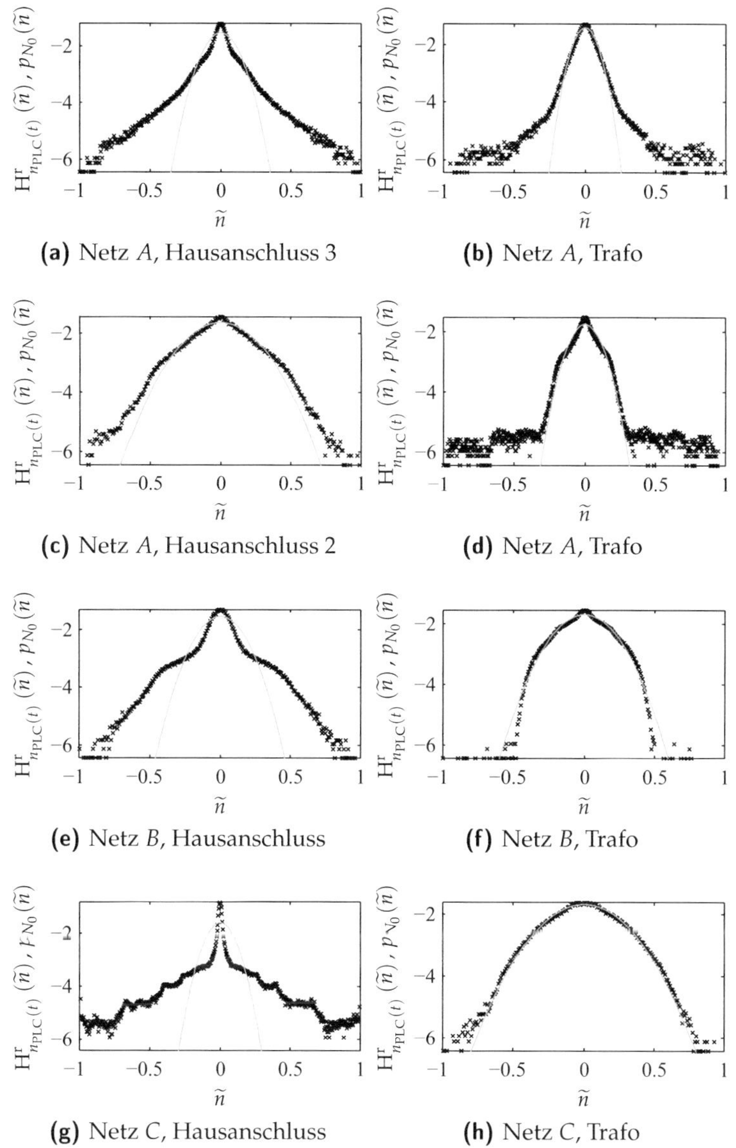

(a) Netz A, Hausanschluss 3

(b) Netz A, Trafo

(c) Netz A, Hausanschluss 2

(d) Netz A, Trafo

(e) Netz B, Hausanschluss

(f) Netz B, Trafo

(g) Netz C, Hausanschluss

(h) Netz C, Trafo

Abbildung 3.8 Histogramm der Amplitudenwerte ($\times$) und geschätzte Wahrscheinlichkeitsdichte der Normalverteilung (—); Ordinate jeweils in logarithmischer Darstellung

ausreichend gute Darstellung des Zeitverhaltens bei möglichst gleichmäßiger Gewichtung der einzelnen Abtastwerte zu erreichen, wird die Überlappung der einzelnen Fenster zu 64,8% gewählt. Abbildung 3.9 zeigt die Ergebnisse.

Die Periodizität des Störszenarios und der Bezug zur Netzperiode T_{AC} sind entlang der Zeitachse deutlich erkennbar. Darüber hinaus ist aus Abbildung 3.9 ersichtlich, dass das Störszenario sowohl in Zeit- als auch Frequenzrichtung überwiegend systematisch strukturiert ist. Die jeweiligen Muster, denen die jeweiligen Leistungsdichten in der Zeit-Frequenz-Ebene folgen, sind trotz der deutlich erkennbaren Struktur mitunter überaus komplex. Die Struktur der Muster ist dabei offensichtlich abhängig vom Mess-Ort.

Außerdem ist die Struktur der Muster durch zeitlich periodische Wiederholungen mit verschiedenen Zeitkonstanten geprägt. Deutlich erkennbar ist dabei der Zusammenhang mit der Netzperiode T_{AC}. Ebenso deutlich erkennbar sind periodische Impulsstörer. Deren jeweilige Bandbreiten sind in Abhängigkeit vom Mess-Ort stark unterschiedlich. Wesentliche Spektralanteile von Impulsstörern beschränken sich überwiegend auf den Bereich unter 300 kHz. Teilweise haben die Spektren jedoch auch signifikante Spektralanteile bis zu 500 kHz und höher.

Zusätzlich zur Periodiziät des Störszenarios bezüglich der Zeit ist auch in Richtung der Frequenzachse eine Struktur zu erkennen. Die Leistungsdichte ist in der Mehrzahl der Fälle hauptsächlich im Frequenzbereich bis maximal 130 kHz konzentriert. Die Störszenarien weisen in einigen Fällen periodisch auftretende, zeitbegrenzte schmalbandige Signale auf. Zudem sind in allen Fällen schmalbandige Signalanteile zu erkennen, die über die gesamte Beobachtungsdauer hinweg eine konstante Leistung aufweisen. Schmalbandige Störer mit diesem Verhalten werden im Weiteren als Schmalbandstörer bezeichnet. Die Mehrzahl dieser schmalbandigen Störungen lässt hinsichtlich ihrer Mittenfrequenzen, Bandbreiten und Auftrittszeitdauern keine Gemeinsamkeiten bezüglich der verschiedenen Mess-Orte erkennen.

Auffällig ist der Schmalbandstörer mit einer Mittenfrequenz von 576 kHz, der über die gesamte jeweilige Beobachtungsdauer hinweg vorhanden ist und an allen Mess-Orten auftritt. Dieser Schmalbandstörer ist eindeutig einem Mittelwellen-Rundfunksender zuzuordnen. Darüber hinaus sind weitere Schmalbandstörer mit hoher Wahrscheinlichkeit Rundfunksendern zuzuordnen. Tabelle 3.2 zeigt eine Auswahl dafür in Frage kommender Sender.

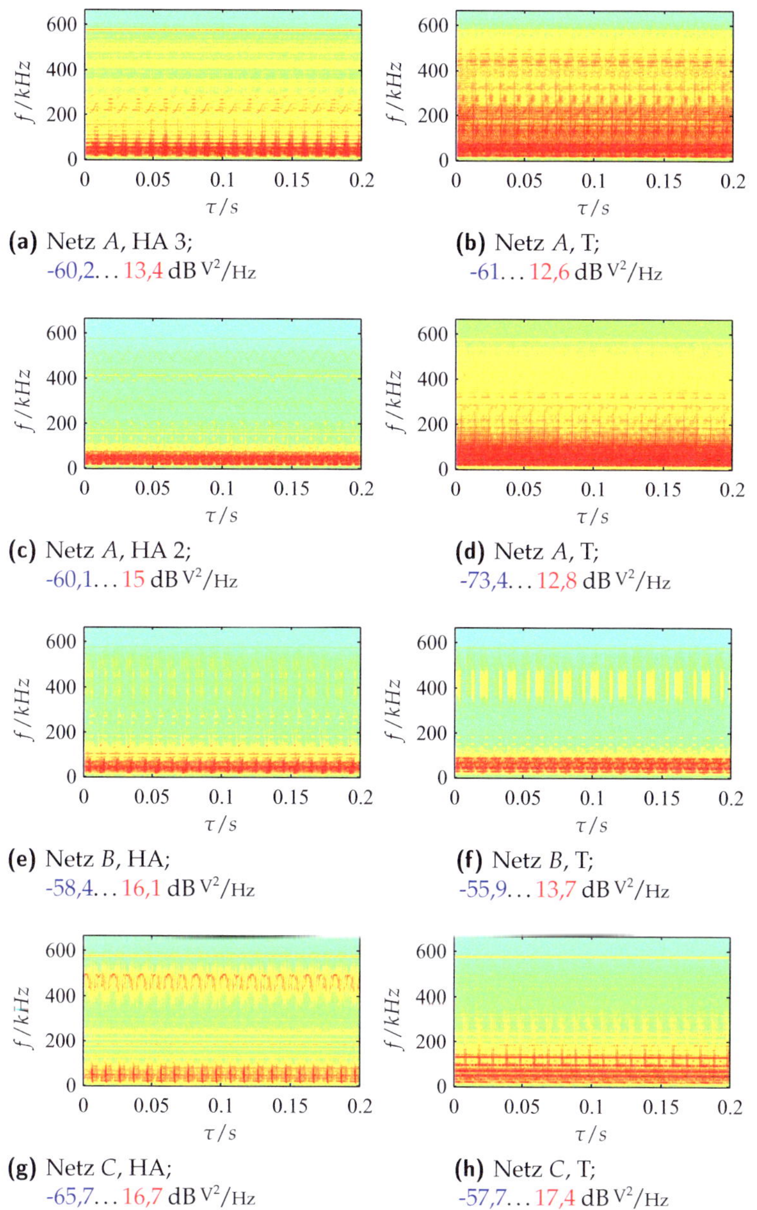

(a) Netz A, HA 3;
-60,2...13,4 dB V^2/Hz

(b) Netz A, T;
-61...12,6 dB V^2/Hz

(c) Netz A, HA 2;
-60,1...15 dB V^2/Hz

(d) Netz A, T;
-73,4...12,8 dB V^2/Hz

(e) Netz B, HA;
-58,4...16,1 dB V^2/Hz

(f) Netz B, T;
-55,9...13,7 dB V^2/Hz

(g) Netz C, HA;
-65,7...16,7 dB V^2/Hz

(h) Netz C, T;
-57,7...17,4 dB V^2/Hz

Abbildung 3.9 STFT $F_{n(t)}^{\gamma}(\tau, f)$ der Störsignale, gemessen am Hausanschluss (HA) und an der Sammelschiene des zugehörigen Trafos (T), mit jeweiligem Wertebereich des Leistungsdichtespektrums.

Mittenfrequenz / (kHz)	Sender	Standort
576	Südwestrundfunk	Mühlacker
270	Czech Radio 1	Topolná (Tschechien)
252	RTA Algier	Tipaza (Algerien)
234	RTL	Beidweiler (Luxemburg))
216	Radio Monte Carlo	Roumoules (Frankreich)
207	Deutschlandfunk	Aholming
183	Europe 1	Saarlouis
177	Deutschlandradio Kultur	Zehlenberg
153	Deutschlandfunk Köln	Donebach

Tabelle 3.2 Schmalbandige Störungen zuzuordnende Rundfunksender.

In einigen der Fälle sind die Mittenfrequenzen der schmalbandigen Signalanteile eines Störszenarios in äquidistanten Abständen entlang der Frequenzachse angeordnet. Die Ursache für eine äquidistante Anordnung der Mittenfrequenzen schmalbandiger Signalanteile ist nicht eindeutig zu identifizieren: Zum einen können diese von harmonischen Oberschwingungen herrühren, die während des Betriebs von Verbrauchern am Netz entstehen. Zum anderen gilt für im Abstand T_r periodisch wiederholte Signalformen

$$x_\mathrm{p}(t) = x(t) * \sum_{n=-\infty}^{\infty} \delta\left(t - nT_r\right), \qquad x(t) = \begin{cases} x(t) & 0 \leq t \leq T_r \\ 0 & \text{sonst} \end{cases} \qquad (3.14)$$

der Zusammenhang [33]

$$\mathcal{F}\left\{x^*(t)\right\} = \frac{1}{T_r}\mathcal{F}\left\{x(t)\right\} \cdot \sum_{k=-\infty}^{\infty} \delta\left(f - \frac{k}{T_r}\right).$$

Das Spektrum der elementaren Signalform $x(t)$ existiert also nur noch in Form von Spektrallinien, die in Abständen angeordnet sind, welche dem Kehrwert einer Periodendauer T_r entsprechen. Die in einigen Fällen in Abbildung 3.9 zu erkennenden äquidistanten Spektrallinien können also auch durch periodische Impulsstörer mit hoher Wiederholrate entstehen.

Aus den vorangegangenen Betrachtungen des PLC-Störszenarios lassen sich zusammenfassend folgende Schlussfolgerungen für das mikroskopische Verhalten ableiten:

1. Die Verteilung der Leistung des PLC-Störszenarios in der Zeit-Frequenz-Ebene ändert sich sowohl über der Zeit als auch über der Frequenz. Sie unterscheidet sich damit drastisch vom Modell des AWGN-Kanals, das einen stationären stochastischen Prozess mit im Mittel konstantem Leistungsdichtespektrum voraussetzt.

2. Entgegen den Ausführungen in [35] enthält das PLC-Störszenario sowohl netzsynchrone Impulsstörer als auch Schmalbandstörer. Aperiodische Impulsstörer treten hingegen eher selten auf.

3. Das Störszenario weist deutlich periodisch wiederkehrende Signalanteile auf, deren jeweilige Periodizitäten mit der Netzperiode $T_{AC} = 20\,\mathrm{ms}$ in Zusammenhang stehen.

4. Die Ausprägung des Störszenarios, insbesondere die Struktur der Verteilung der Störleistung über Zeit und Frequenz, sind vom Ort der Messung abhängig.

Zu beantworten bleibt die Frage, über welche Zeiträume das mikroskopische Zeit- und Spektralverhalten der in der Zeit-Frequenz-Ebene erkennbaren Muster des Störszenarios beibehalten wird.

Für eine Analyse dieser Zusammenhänge über lange Zeiträume von mehreren Stunden ist die Kurzzeit-Fourier-Transformation ungeeignet. Hierfür wäre das über die einzelnen – möglicherweise überlappenden – Zeitfenster berechnete Betragsspektrum zu speichern, wobei enorme Datenmengen anfielen. Für eine makroskopische Langzeitbetrachtung ist es also notwendig, die Eigenschaften des Störszenarios, idealerweise dessen mikroskopisches Muster in der Zeit-Frequenz-Ebene, auf eine geringe Anzahl geeigneter Parameter abzubilden. Diese können mit vertretbarem Aufwand gespeichert und anschließend statistisch ausgewertet werden. Im Folgenden wird daher ein Verfahren vorgestellt, das auf der Extraktion von im Zeitsignal enthaltenen Merkmalen basiert.

4 Regelmäßigkeiten und Ortsabhängigkeit der Eigenschaften des PLC-Störszenarios

Das zu einem bestimmten Zeitpunkt an einem bestimmten Ort beobachtete Störszenario $N_{\mathrm{PLC}}(t)$ variiert über Zeit und Frequenz. Wie im vorherigen Abschnitt verdeutlicht wurde, folgt die Verteilung der Störleistung in der Zeit-Frequenz-Ebene im Wesentlichen zu einer sich mit der Periode der Netzspannung wiederholenden Struktur.

Im Folgenden wird die Frage beantwortet, inwiefern diese Struktur anhand einzelner, in Form von Spannungsverläufen aufgezeichneter Realisierungen $n_{\mathrm{PLC}}(t) = u(t)$ zu charakterisieren ist und inwiefern die Systematik möglicherweise selbst zeitvariant ist. Von besonderem Interesse ist dabei die Analyse der Eigenschaften von Impulsstörern.

Ideal wäre eine Charakterisierung des Störszenarios durch wenige Parameter, die in der Zeit-Frequenz-Ebene darstellbar sind. Die Signaleigenschaften eines kausalen Impulses $x(t) = \mathcal{H}\left\{n^{\mathrm{Imp}}(t)\right\}$ mit endlicher Zeitdauer $0 \leq t \leq T^{\mathrm{Imp}}$ könnten beispielsweise in der Zeit-Frequenz-Ebene durch die Parameter „mittlere Zeit" t_x, „mittlere Frequenz" f_x, „Zeitdauer" T_x und „Bandbreite" B_x [34]

$$
t_x = \int\limits_{\infty}^{-\infty} t \left(\frac{|x(t)|}{\|x(t)\|}\right)^2 \mathrm{d}t \qquad T_x = \int\limits_{\infty}^{-\infty} (t - t_x) \left(\frac{|x(t)|}{\|x(t)\|}\right)^2 \mathrm{d}t \tag{4.1}
$$

$$
f_x = \int\limits_{\infty}^{-\infty} f \left(\frac{|X(f)|}{\|X(f)\|}\right)^2 \mathrm{d}f \qquad B_x = \int\limits_{\infty}^{-\infty} (f - f_x) \left(\frac{|X(f)|}{\|X(f)\|}\right)^2 \mathrm{d}f \tag{4.2}
$$

beschrieben werden. Diese Definitionen berücksichtigen die ersten beiden Momente der normierten Energiedichten im Zeit- bzw. Frequenzbereich. Die Leistungsdichte des realen Störszenarios ist allerdings, wie Abbildung 3.9 zeigt, im Allgemeinen sowohl in Zeit- als auch in Frequenzrichtung multimodal. Eine Beschreibung der Verteilungen durch erstes und zweites zentrales Moment wäre somit von nur geringer Aussagekraft. Eine exakte parametrische Klassifikation der verschiedenen Störer in der Zeit-Frequenz-Ebene wäre hingegen mit erheblichem Aufwand verbunden, zumal Parameter unterschiedlicher Klassen unter Umständen durchaus sehr ähnlich sein können. Dies wird am Beispiel des diskreten Linienspektrums deutlich, das für sich genommen keine eindeutige Aussage über das Vorhandensein periodisch wiederholter Signalformen oder harmonischer Oberschwingungen zulässt.

Daher wird im Weiteren sowohl von einer Verwendung der Kenngrößen in Gleichung 4.2 abgesehen als auch von einer detaillierten parametrischen Beschreibung der Störerklassen. Der hier verfolgte Ansatz ist an die Vorgehensweise in [68] angelehnt und sieht, wie in Abbildung 4.1 dargestellt, die Segmentierung des Zeitsignals in Impulse und Hintergrundstörung vor. Ziel ist dabei, Aussagen über die Struktur des Störszenarios einschließlich dessen Zeitvarianz und – soweit möglich – spektraler Eigenschaften zu treffen. Eine genauere Erläuterung der in Abbildung 4.1 dargestellten Parameter wird in Abschnitt 4.1 vorgenommen.

Die Zuordnung von Segmenten zu den Klassen „Impuls" und „Hintergrundstörung" wird dabei allein auf Basis des Zeitsignals vorgenommen. Da hierbei lediglich ein zweidimensionales Signal auszuwerten ist, ist das Verfahren im Gegensatz zu einer dreidimensionalen Zeit-Frequenz-Darstellung einfacher und effizienter, weist aber nichtsdestotrotz eine hohe Zuverlässigkeit hinsichtlich der Segmentierung auf.

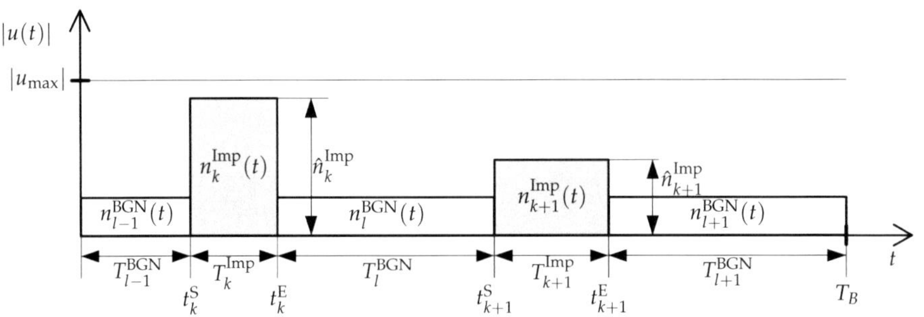

Abbildung 4.1 Parameter zur Beschreibung von Impulsen im Zeitbereich.

4.1 Schritte bei der Verarbeitung des gemessenen Signals

Der Spannungsverlauf des Störszenarios wird mit Hilfe des in Abschnitt 7.2 beschriebenen Aufbaus über einen bestimmten Zeitraum erfasst. Die Messwerterfassung geschieht zwar in Form amplituden- und zeitdiskreter Werte, dies hat jedoch zu vernachlässigende Auswirkungen auf das im Weiteren angewendete Analyseverfahren. Daher werden mathematische Zusammenhänge zeit- und amplitudenkontinuierlich formuliert.

Um eine effiziente Datenverarbeitung und somit die Auswertung auch langer Aufzeichnungsdauern zu ermöglichen, wird der gemessene Spannungsverlauf in kürzere Abschnitte gleicher Zeitdauer unterteilt. Diese werden wiederum in weitere Segmente unterteilt, welche – in Abhängigkeit von einem Entscheidungskriterium – entweder als Impuls oder als Hintergrundstörung klassifiziert werden und unterschiedliche Zeitdauern besitzen können.

Ausgangspunkt der Analyse ist eine Messung des Spannungsverlaufes $u(t)$ des Störszenarios über einen längeren Zeitraum T_M. Der Messdaten-Vektor $u(t)$ wird in N_B kürzere Beobachtungsfenster der Dauer T_B unterteilt. Der mittels des im Folgenden näher beschriebenen Verfahrens auszuwertende Zeitabschnitt, über den sich $u(t)$ erstreckt, hat also die Gesamtdauer $T_\mathrm{M} = N_\mathrm{B} \cdot T_\mathrm{B}$. Einem Beobachtungsfenster mit Index i ist somit ein Spannungssignal

$$u_i(t) = u(t'), \qquad i \cdot T_\mathrm{B} \leq t' < (i+1) \cdot T_\mathrm{B}, \quad i = 0,1,\ldots,N_\mathrm{B}-1 \qquad (4.3)$$

zugeordnet.

Jeder der Klasse „Impuls" zugeordnete Signalabschnitt $n_k^{\mathrm{Imp}}(t)$ besitzt die in Tabelle 4.1 aufgelisteten Parameter. Die der Klasse „Hintergrundstörung" zugeordneten Segmente $n_l^{\mathrm{BGN}}(t)$ besitzen hingegen lediglich die Parameter Zeitdauer T_l^{BGN} und mittleres geschätztes Spektrum $\hat{N}_l^{\mathrm{BGN}}(f)$.

Durch die Segmentierung bzw. Klassifikation der Segmente wird das i-te Beobachtungsintervall in jeweils zwei Mengen

$$M_i^{\mathrm{Imp}} = \left\{ n_{k_i}^{\mathrm{Imp}}(t) \right\} \qquad k_i = 1,2,\ldots,K_i^{\mathrm{Imp}}, i = 0,1,\ldots,N_\mathrm{B}-1 \qquad (4.4)$$

$$M_i^{\mathrm{BGN}} = \left\{ n_{l_i}^{\mathrm{BGN}}(t) \right\} \qquad l_i = 1,2,\ldots L_i^{\mathrm{BGN}}, i = 0,1,\ldots,N_\mathrm{B}-1 \qquad (4.5)$$

unterteilt und beinhaltet jeweils $K_i^{\mathrm{Imp}} = \left| M_i^{\mathrm{Imp}} \right|$ bzw. $L_i^{\mathrm{BGN}} = |M_i^{\mathrm{BGN}}|$

Segmente. Das gesamte Mess-Intervall enthält also $K^{\mathrm{Imp}} = \left| \bigcup_i M_i^{\mathrm{Imp}} \right|$

Impuls-Segmente und $L^{\mathrm{BGN}} = \left| \bigcup_i M_i^{\mathrm{BGN}} \right|$ Segmente, die lediglich Hintergrundstörung enthalten.

Bezeichnung	Formelzeichen und Definition
Zeitdauer	$T_k^{\mathrm{Imp}} = t_k^{\mathrm{E}} - t_k^{\mathrm{S}}$
Maximalamplitude	$\hat{n}_k^{\mathrm{Imp}} = \max\left\{ \left\| n_k^{\mathrm{Imp}}(t) \right\| \right\}$
Zeitpunkt, zu dem die Maximalamplitude auftritt	$\hat{t}_k^{\mathrm{Imp}} = \underset{t}{\arg\max}\left\{ \left\| n_k^{\mathrm{Imp}}(t) \right\| \right\}$
Mittleres geschätztes Spektrum	$\hat{N}_k^{\mathrm{Imp}}(f)$

Tabelle 4.1 Für die statistische Auswertung relevante Parameter des k-ten Impuls-Segments.

Das Vorgehen zur Gewinnung der Parameter ist in Abbildung 4.2 schematisch dargestellt und wird in den folgenden Abschnitten detailliert erläutert.

Die Schätzung des Leistungsdichtespektrums (PSD) $\hat{X}(f) = \widehat{\mathcal{F}}\{x(t)\}$ eines Signals $x(t)$ erfolgt in allen Schritten des Analyseverfahrens nach der Welch-Methode [30] mit einem Blackman-Harris-Fenster der Länge 3,1 ms, was 4096 Abtastwerten entspricht. Segmente von kürzerer Zeitdauer werden mit Nullen aufgefüllt (Zero-Padding). Die Überlappung der Analysefenster ist dabei mit 64,1% so gewählt, dass die Gewichtung der einzelnen Abtastwerte durch die Fensterfunktion möglichst einheitlich erfolgt. Dies ist wegen der zu erwartenden mikroskopischen Instationarität der Signale notwendig.

4.1.1 Aufteilen der Messdaten

In Schritt ① erfolgt die bereits zu Beginn von Abschnitt 4.1 erläuterte Aufteilung des aufgezeichneten Signals in kürzere Abschnitte. Der Messdaten-Vektor $u(t)$ wird in N_{B} kürzere Beobachtungsfenster der Dauer T_{B} unterteilt. Der mittels des im Folgenden näher beschriebenen Verfahrens auszuwertende Zeitabschnitt, über den sich $u(t)$ erstreckt und über den abschließend auch die jeweiligen Statistiken der Parameter berechnet werden, hat also die Gesamtdauer $T_{\mathrm{M}} = N_{\mathrm{B}} \cdot T_{\mathrm{B}}$.

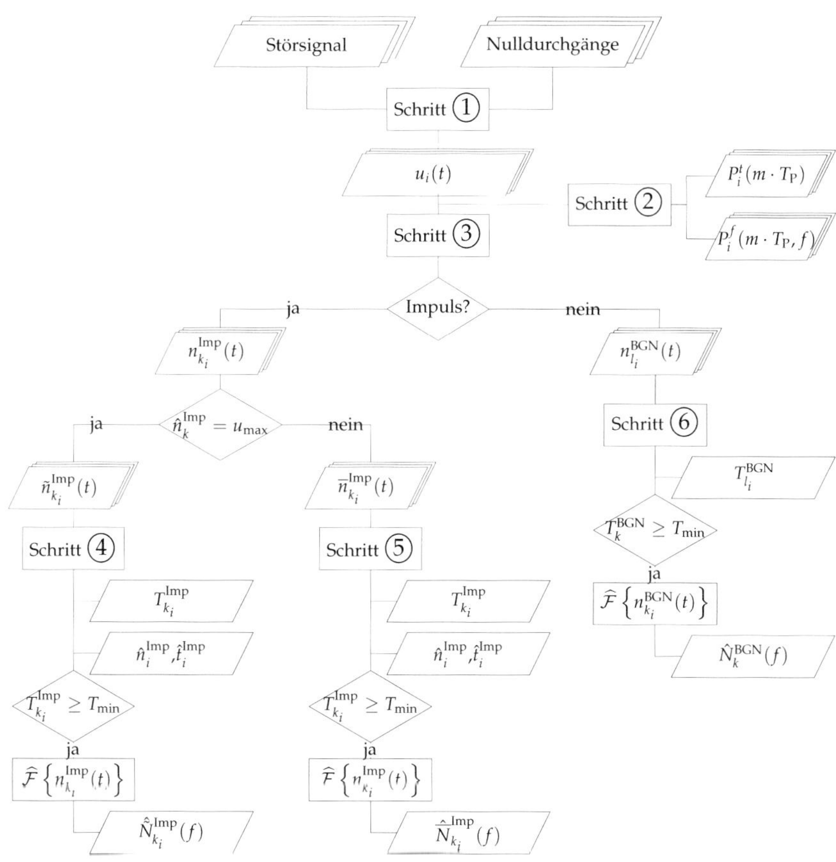

Abbildung 4.2 Schematische Darstellung des Analyseverfahrens

Sofern Informationen über die Zeitpunkte der Nulldurchgänge der Netzspannung vorliegen, können diese zur Synchronisation der Beobachtungsfenster mit der Netzperiode genutzt werden. Für die folgenden Betrachtungen sind die Beobachtungsfenster mit den Nulldurchgängen bei ansteigender Netzspannung zeitsynchron. Einem Beobachtungsfenster mit Index i ist nach Gleichung 4.3 ein Spannungssignal zugeordnet, wobei $T_\mathrm{B} = T_\mathrm{AC} = 20\,\mathrm{ms}$ gilt. Im Gegensatz hierzu wird in Unterabschnitt 7.3.1 die Synchronität mit der Netzwechselspannung aufgegeben, da diese für die Evaluation von Modulationsverfahren nicht allgemein vorausgesetzt wird.

4.1.2 Berechnung von Störsignalleistung und Störleistungsdichte

In Schritt ② wird die Grundlage dafür erstellt, um Aussagen über den Verlauf der Leistung und des Leistungsdichtespektrums über der Zeit treffen zu können. Dies liefert Informationen, die unabhängig von dem in Schritt ③ verwendeten Kriterium sind. Sie dienen somit auch zur Plausibilisierung der Ergebnisse der weiteren Analyseschritte.

Zunächst wird jedes Signal $u_i(t)$ in N_P weitere Abschnitte der Zeitdauer $T_\mathrm{P} = T_\mathrm{B}/N_\mathrm{P}$ unterteilt. Über jeden dieser Abschnitte wird dann jeweils die mittlere Signalleistung berechnet, s. Gleichung 4.6. Dadurch kann der Zeitverlauf der Momentanleistung innerhalb einer Netzperiode abgeschätzt werden, wobei die Anzahl der zu betrachtenden Werte je Netzperiode durch Mittelung über das Intervall T_P signifikant von $T_\mathrm{B} \cdot f_\mathrm{A}$ auf N_P reduziert wird.

Für jeden der Abschnitte der Dauer T_P wird außer der mittleren Leistung im Zeitbereich das Leistungsdichtespektrum $P^f(m \cdot T_\mathrm{P}, f)$ berechnet. Somit erhält man den diskretisierten Verlauf der über eine Zeitdauer T_P gemittelten Momentanleistung sowie den Verlauf des zugehörigen Leistungsdichtespektrums über der Zeit

$$P_i^t(m \cdot T_\mathrm{P}) = \frac{1}{T_\mathrm{P}} \int\limits_{m \cdot T_\mathrm{P}}^{(m+1)\cdot T_\mathrm{P}} |u_i(t)|^2 \, \mathrm{d}t \qquad\qquad 0 \leq t < T_\mathrm{B} \quad (4.6)$$

$$P_i^f(m \cdot T_\mathrm{P}, f) = \widehat{\mathcal{F}}\left\{u_i(t')\right\} \qquad\qquad m \cdot T_\mathrm{P} \leq t' < (m+1) \cdot T_\mathrm{P} \quad (4.7)$$

mit $m = 0,1,\ldots,N_\mathrm{P} - 1$. Die für die Berechnung der tatsächlichen Leistung notwendige Bezugsimpedanz ist dabei unbekannt und wird zu $1\,\Omega$ angenommen. Die Folge der Leistungsdichtespektren $P_i^f(m \cdot T_\mathrm{P}, f)$ wird im Interesse einfach zu formulierender Parameter und Kriterien durch die nachfolgenden Analyseschritte nicht weiter berücksichtigt. Der Mittelwert der $P_i^t(m \cdot T_P)$ wird allerdings, wie Tabelle 4.2 zeigt, in die Auswertung einbezogen.

4.1.3 Segmentierung in Impuls und Hintergrundstörung

Die in Schritt ③ durchgeführte Segmentierung des Signals $u_i(t)$ in Abschnitte und deren jeweilige Zuordnung zu einer der Klassen „Impuls" M_i^{Imp} und „Hintergrundstörung" M_i^{BGN} erfolgt anhand zweier Schwellwerte, $u_{i,1}^{\mathrm{Th}}$ und $u_{i,2}^{\mathrm{Th}}$. Der Fokus der Betrachtungen in diesem Abschnitt liegt darauf, wie diese beiden Schwellwerte zur Bestimmung der zeitlichen Grenzen eines Impuls-Segmentes ausgewertet werden. Das genaue Vorgehen zur Berechnung dieser Schwellwerte wird in Unterabschnitt 4.1.4 dargelegt.

Der Schwellwert $u_{i,1}^{\mathrm{Th}}$ dient der Detektion des eigentlichen Impuls-Ereignisses $n_{k_i}^{\mathrm{Imp}}(t)$. Alle in einem Intervall $t_{k_i}^{\prime\mathrm{S}} \leq t \leq t_{k_i}^{\prime\mathrm{E}}$ zusammenhängenden Amplitudenwerte, für die $u_i(t) \geq u_{i,1}^{\mathrm{Th}}$ gilt, werden dabei als dem k_i-ten Impuls zugehörig klassifiziert.

Beginn und Ende eines Impulses $n_{k_i}^{\mathrm{Imp}}(t)$ werden in Abhängigkeit von $u_{i,2}^{\mathrm{Th}}$ bestimmt. Zur Bestimmung des Start-Zeitpunkts $t_{k_i}^{\mathrm{S}}$ werden zunächst die Amplitudenwerte in direkter Umgebung $t_{k_i}^{\prime\mathrm{S}} - \delta_{k_i}^{\mathrm{S}}$ gesucht, die unter den Schwellwert $u_{i,2}^{\mathrm{Th}}$ fallen. Dazu wird $\delta_{k_i}^{\mathrm{S}}$ so lange vergrößert, bis $u_i\left(t_{k_i}^{\prime\mathrm{S}} - \delta_{k_i}^{\mathrm{S}}\right) < u_{i,2}^{\mathrm{Th}}$. Der Startzeitpunkt $t_{k_i}^{\mathrm{S}}$ wird sodann durch den nächstliegenden Nulldurchgang des Spannungsverlaufes im Intervall $t \leq t_{k_i}^{\prime\mathrm{S}} - \delta_{k_i}^{\mathrm{S}}$ bestimmt. Die Wahl eines solchen Nulldurchgangs empfiehlt sich, um den Leckeffekt bei der Berechnung der Spektren so weit wie möglich zu reduzieren. Die Bestimmung des End-Zeitpunkts $t_{k_i}^{\mathrm{E}}$ erfolgt analog: Es wird der Zeitpunkt $t_{k_i}^{\prime\mathrm{E}} + \delta_{k_i}^{\mathrm{E}}$ bestimmt, für den $u_i\left(t_{k_i}^{\prime\mathrm{E}} + \delta_{k_i}^{\mathrm{E}}\right) < u_{i,2}^{\mathrm{Th}}$. Der gesuchte Zeitpunkt $t_{k_i}^{\mathrm{E}}$ entspricht dann dem nächstliegenden Nulldurchgang im Intervall $t \geq t_{k_i}^{\prime\mathrm{E}} + \delta_{k_i}^{\mathrm{E}}$.

Diese amplitudenbasierte Segmentierung liefert – unter der Voraussetzung, dass das Störszenario Impulse enthält, deren Amplituden sich wesentlich vom Hintergrundrauschen unterscheiden – die in Abbildung 4.1 grau hinterlegten Impuls-Segmente. Wird innerhalb eines

Impuls-Segmentes die Amplitude $u_{\max}$ nicht erreicht, so werden die Parameter des betreffenden Impuls-Segments

$$\tilde{n}_{k_i}^{\mathrm{Imp}}(t) = u_i(t'), \, t_{k_i}^{\mathrm{S}} \leq t' \leq t_{k_i}^{\mathrm{E}},$$

in Schritt ④ ausgewertet. Wird innerhalb eines Impulsfensters die Amplitude $u_{\max}$ erreicht, so wird das betreffende Impuls-Segment

$$\overline{n}_{k_i}^{\mathrm{Imp}}(t) = u_i(t'), \, t_{k_i}^{\mathrm{S}} \leq t' \leq t_{k_i}^{\mathrm{E}} \iff \max\left\{\left|u_i(t')\right|\right\} = u_{\max}$$

einer gesonderten Klasse von Impulsen zugewiesen und in Schritt ⑤ gesondert ausgewertet. Hierdurch erhält man Aufschluss darüber, wie häufig das Störszenario bei einer fest eingestellten Empfangsverstärkung den vom AD-Wandler maximal darstellbaren Amplitudenwert $u_{\max}$ erreicht oder überschreitet („Übersteuern"). Zudem können, mit gewissen Einschränkungen, Aussagen über das Auftreten möglicherweise aperiodischer Impulsstörer gemacht werden. Alle anderen Zeitabschnitte

$$n_{l_i}^{\mathrm{BGN}}(t) = u_i(t''), \, t_{k_i}^{\mathrm{E}} \leq t'' \leq t_{k_i+1}^{\mathrm{S}}$$

zwischen Impuls-Fenstern werden der Klasse „Hintergrundstörung" zugerechnet und in Schritt ⑥ ausgewertet.

4.1.4 Bestimmung der Schwellwerte

Zur Festlegung des Schwellwertes $u_{i,1}^{\mathrm{Th}}$ wird die Amplitude $u_i(t)$ als Zufallsvariable U betrachtet mit der zugehörigen Dichtefunktion $p_U(u), |u| \leq u_{\max}$. Wäre $u_i(t)$ ein zufälliges Signal $\overline{U}$ und wäre dessen Amplitude nicht durch $u_{\max}$ begrenzt, so wäre seine Wahrscheinlichkeitsdichte (Probability Density Function, PDF) gemäß dem zentralen Grenzwertsatz [26, 48] eine Normalverteilung gemäß

$$p_{\overline{U}}(u) = \frac{1}{\sqrt{2\pi}\sigma} \mathrm{e}^{\left(-\frac{u^2}{2\sigma^2}\right)}.$$

Der Betrag der Einhüllenden $\left|u_i^+(t)\right| = \left|u_i(t) + \mathrm{j}u_i(t)\right|$ wäre damit näherungsweise Rayleigh-verteilt [50] gemäß

$$p_{\left|\overline{U}^+\right|}(u) = \begin{cases} \frac{u}{\sigma^2} \mathrm{e}^{-\frac{u^2}{2\sigma^2}}, & x > 0 \\ 0 & \mathrm{sonst} \end{cases}.$$

Hierbei entspricht der Parameter σ^2 der Varianz von $\overline{U}$ und damit der mittleren Leistung von $u_i(t)$ innerhalb des Beobachtungsintervalls T_B. Da die Komponenten $u_i(t)$ und $\mathrm{j}u_i(t)$ nicht statistisch unabhängig sind, ist dies allerdings nicht exakt erfüllbar. Nun ist, wie in Abschnitt 3.3.2 gezeigt, die Amplitude des Störsignals $N_\mathrm{PLC}(t)$ im Allgemeinen nicht normalverteilt. Genau diese Tatsache wird zur Festlegung des Schwellwertes $u_{i,1}^\mathrm{Th}$ herangezogen: Auf Grund der im Signal enthaltenen Impulse treten hohe Amplitudenwerte deutlich häufiger auf, als dies bei einem Signal mit normalverteilter Amplitude bei gleicher mittlerer Leistung der Fall wäre. Ebenso treten niedrige Amplitudenwerte nahe Null bei impulsbehafteten Signalen häufiger auf als bei Signalen mit normalverteilter Amplitude. Dies ist aus den Histogrammen in Abbildung 3.8 ersichtlich. Der Schwellwert $u_{i,1}^\mathrm{Th}$ lässt sich also durch Auswertung der Amplitudenbereiche bestimmen, in denen die PDF des Betrages der Einhüllenden des gemessenen Signals $|U^+| = |u_i^+(t)|$ von der einer Rayleigh-Verteilung abweicht.

Allerdings werden zur Berechnung von $u_{i,1}^\mathrm{Th}$ nicht die durch Histogramme approximierten Wahrscheinlichkeitsdichten herangezogen, da die zur Berechnung von Histogrammen unumgängliche Unterteilung des Wertebereichs von U in Abschnitte („Bins"), insbesondere bei selten auftretenden Werten von U, zu Ungenauigkeiten führen würde. Daher wird an Stelle der durch Histogramme approximierten PDF die empirische kumulierte Wahrscheinlichkeitsverteilung (Cumulative Distribution Function, CDF) der N Amplitudenwerte $\{U_1, U_2, \ldots, U_N\}$ verwendet. Die empirische CDF berechnet sich aus den der Größe nach aufsteigend sortierten Amplitudenwerten $\{U_1', U_2', \ldots, U_R', \ldots, U_N'\}$ gemäß

$$\widehat{P}_U(u) = 1 - \prod_r \left(\frac{N-r}{N-r+1} \right), \tag{4.8}$$

wobei $r = 1, 2, \ldots, R$ für jedes u die Indizes der sortierten Amplitudenwerte aufsteigend durchläuft, so lange $u_r \leq u$ gilt [31].

Betrachtet wird nun die Abweichung zwischen der aus der geschätzten Varianz $\hat{\sigma}^2$ analytisch berechneten CDF $P_{\overline{U}}(u)$ und der empirisch ermittelten CDF $\widehat{P}_U(u)$: Angenommen wird zunächst, dass das Signal $u_i(t)$ deutlich ausgeprägte Impulse enthält, wie beispielsweise in Abbildung 3.6 (b) dargestellt. Dann ist die Wahrscheinlichkeit, dass ein bestimmter Amplitudenwert erreicht wird, bei hohen Amplitudenwerten – im Intervall $(u_\mathrm{max} - \delta_1, u_\mathrm{max})$ – für die als Rayleigh-verteilt angenommenen Größe $\overline{U}$ größer als für die gemessene Größe U. Für den Zusammenhang zwischen den kumulierten Verteilungsfunktionen gilt folglich in diesem Bereich

$$P_{\overline{U}}(u) > \widehat{P}_U(u), \qquad u_{\max} - \delta_1 \leq u \leq u_{\max}. \tag{4.9}$$

Für Amplitudenwerte nahe Null gilt umgekehrt

$$P_{\overline{U}}(u) < \widehat{P}_U(u), \qquad 0 \leq u \leq \delta_2. \tag{4.10}$$

Für den in diesem Beispiel angenommenen Fall eines einfachen impulsbehafteten Szenarios gilt dabei $\delta_2 = u_{\max} - \delta_1$ und $P_{\overline{U}}(\delta_2) = P_{\widehat{U}}(\delta_2)$.

Die Wertebereiche der Amplitude, in denen sich geschätzte und Rayleigh-Verteilungsfunktion unterscheiden, können somit zur Bestimmung des Schwellwertes $u_{i,1}^{\mathrm{Th}}$ herangezogen werden. Im Weiteren wird daher die Funktion

$$\Delta_{P(u)} = P_{\overline{U}}(u) - \widehat{P}_U(u), \qquad 0 \leq u \leq u_{\max} \tag{4.11}$$

betrachtet. Allerdings kann $u_i(t)$ neben vereinzelten, ausgeprägten Impulsen auch Gruppen häufig auftretender, periodischer Impulse kleinerer bis mittlerer Amplitude enthalten. Dies führt neben den bereits beschriebenen Bereichen am oberen und unteren Ende des Wertebereichs der Amplituden zu weiteren Intervallen, in denen $\Delta_{P(u)} \neq 0$ gilt. Innerhalb dieser Intervalle nimmt $\Delta_{P(u)}$ lokale Maxima an. Diese resultieren aus Häufungen von Amplitudenwerten, bedingt durch gehäuft auftretende Impulse ähnlicher Amplitude. Deshalb wird $\Delta_{P(u)}$ in Intervalle I_m, $m = 1,2,\dots,M$ aufgeteilt, in denen $\Delta_{P(u)} \neq 0$. Begrenzt werden diese Intervalle jeweils durch die Stellen $u_{0,m}$, $m = 0,1,\dots,M-1$, an denen $\Delta_{P(u)} = 0$, sowie $u_{0,0} = 0$ und $u_{0,M} = u_{\max}$. Die lokalen Maxima von $\Delta_{P(u)}$ befinden sich an den Stellen $\hat{u}_m = \arg\max\limits_{u \in I_m} \left\{ \Delta_{P(u)} \right\}$. Die Intervalle werden, beginnend bei $u_{0,M}$, iterativ ausgewertet. Einbezogen werden dabei die kumulierte relative Größe der einzelnen Intervalle

$$L(k) = \frac{1}{u_{\max}} \sum_{m=M}^{k} (u_{0,m} - u_{0,m-1}), \qquad 0 \leq k \leq M \tag{4.12}$$

sowie die kumulierte relative normierte mittlere quadratische Abweichung

$$A(k) = \frac{1}{A} \sum_{m=M}^{k} \int\limits_{u_{0,m-1}}^{u_{0,m}} \Delta_{\widehat{P}_U(u)}^2 \, \mathrm{d}u, \qquad 0 \leq k \leq M \tag{4.13}$$

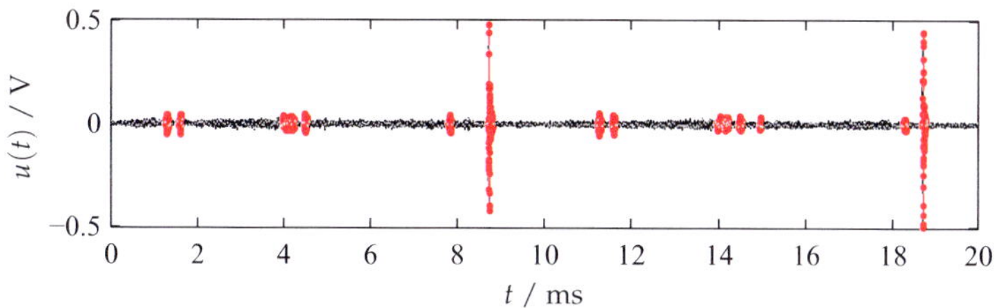

(a) Zeitverlauf des Signals $u_i(t)$. Impuls-Segmente sind rot, Hintergrund-Segmente grau hinterlegt.

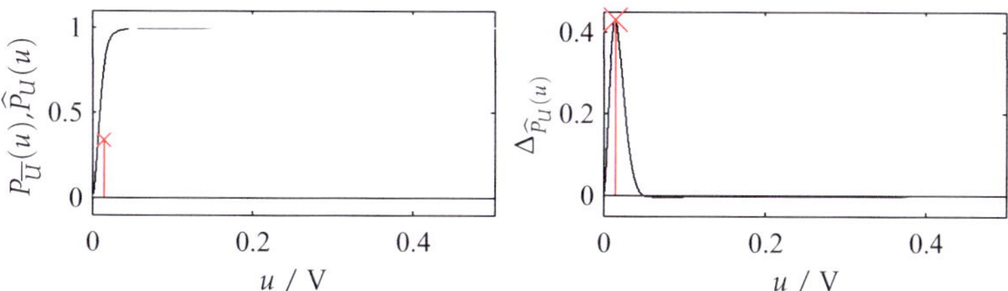

(b) Geschätzte Verteilung (—) und Rayleigh-Verteilung (—)

(c) Differenz der Verteilungsfunktionen

Abbildung 4.3 Beispiel für die Segmentierung in Impulse und Hintergrundrauschen mittels geschätzter und Rayleigh-Verteilungsfunktion.

mit $A = \int\limits_0^{u_{\max}} \Delta_{P(u)}^2 \mathrm{d}u$.

Da kleine Amplitudenwerte in einem impulsbehafteten Szenario häufiger auftreten als im Falle normalverteilter Amplituden, ist $A(k)$ für kleine Amplituden, das heißt für kleine k, mit bis zu $A(k) \approx 0{,}5$ relativ groß. Daher wird der Schwellwert $u_{i,1}^{\mathrm{Th}}$ wie folgt bestimmt:

1. Bestimme den Intervall-Index k so, dass $L(k) < 0.9$ und zugleich $A(k) < 0.4$

2. Wähle $u_{i,1}^{\mathrm{Th}}$ mit $u_{i,2}^{\mathrm{Th}} = 0.6 * (\hat{u}_{k+1} + u_{0,k})$ so, dass sich der Schwellwert oberhalb des Maximums des darunter liegenden Intervalls und unterhalb der oberen Intervallgrenze befindet.

Zur Bestimmung der Start- und End-Zeitpunkte von Impulsen mit Hilfe des Schwellwertes $u_{i,2}^{\mathrm{Th}}$ ist es sinnvoll, die mittlere Leistung des Signals im gesamten Beobachtungsfenster T_B einzubeziehen: Fällt die Moment-anleistung $u_i^2(t)$ unter die über die gesamte Dauer T_B gemittelte Leistung

$$\overline{P}_{u_i} = \frac{1}{T_\mathrm{B}} \int\limits_0^{T_\mathrm{B}} u_i^2(t)\mathrm{d}t,$$

so ist zu diesem Zeitpunkt sehr wahrscheinlich kein Impulsereignis vor-handen. Somit wird der zweite Schwellwert

$$u_{i,2}^{\mathrm{Th}} = \sqrt{\overline{P}_{u_i}}$$

gesetzt.

4.1.5 Aggregation der gewonnenen Parameter

Wie in Abbildung 4.2 dargestellt, werden in den Schritten ④, ⑤ und ⑥ für jedes Segment des Zeitabschnitts $u_i(t)$ die jeweils relevanten Para-meter berechnet. Diese Daten stellen die Grundlage für eine statistische Auswertung mit Hilfe deskriptiver Statistik in Form von Histogrammen dar. Daraus können Schlussfolgerungen über die Größenordnungen der jeweiligen Parameter, die Kurzzeit- und Langzeitabhängigkeit sowie die Ortsabhängigkeit gezogen werden.

Die Auswertung von Messungen zeigt, dass zumindest innerhalb eines Beobachtungsintervalls $N_\mathrm{B} \cdot T_\mathrm{B} \leq 10\,\mathrm{s}$ die Verteilungen der Parameter im Wesentlichen zeitinvariant sind. Zwar variieren der Verlauf der mittleren Leistung $P_i^t(m \cdot T_\mathrm{P})$ und die Leistungsdichtespektren $P_i^f(m \cdot T_\mathrm{P}, f)$ durch-aus im Bereich von $\pm 10\,\mathrm{dB}$ um den Median-Wert. Allerdings folgt der jeweilige Verlauf der Leistungsverteilungen dem des Medians, so dass dieser als Maß für den qualitativen Verlauf der Leistung über der Zeit herangezogen werden kann. Zudem folgt daraus, dass Median und Mit-telwert in guter Näherung übereinstimmen.

Gleiches gilt für die Leistungsdichtespektren von Impulsen und Hin-tergrundstörung, sodass deren qualitativer Verlauf ebenfalls gut durch den jeweiligen Median repräsentiert wird.

Ergebnisse des Analyseverfahrens sind die in Tabelle 4.2 aufgelisteten Statistiken. Besonders zu beachten sind dabei die unterschiedlichen Zei-tintervalle, über welche die Statistiken gebildet werden: Der Verlauf der mittleren Leistung über der Zeit $\overline{P}^t(m)$ sowie die Auftretenshäufigkeit von Auftrittszeitpunkten der Impulsmaxima $H^a_{\hat{t}^{Imp}_{k_i}}(t')$ spiegeln das Verhalten des Störszenarios innerhalb des Mess-Intervalls T_M mit Bezug zum Beobachtungsintervall T_B wider. Hingegen werden die Zeitdauern, Maximalamplituden und Spektren über das Mess-Intervall T_M aggregiert, wodurch der direkte Bezug zum Beobachtungsintervall verloren geht. Die Operatoren $\underset{(x)}{E}\{\cdot\}$ und $\underset{(x)}{M}\{\cdot\}$ in Tabelle 4.2 beschreiben die Bildung des arithmetischen Mittelwerts bzw. des Medians bezüglich einer beliebigen Variable x. $H^a_X(t)$ beschreibt die absolute Auftrittshäufigkeit des Wertes eines Parameters X innerhalb des Mess-Intervalls T_M und ist darüber hinaus gegebenenfalls noch von weiteren Parametern abhängig.

Zeitintervalle	Bezeichnung der aggregierten Statistik
$T_B,\ T_M$	$\overline{P}^t(m) = \underset{(i)}{M}\left\{P^t_i(m\cdot T_P)\right\}$
$T_B,\ T_M$	$H^a_{\hat{t}^{Imp}_{k_i}}(t^*)\quad 0 \le t^* \le T_B$
T_M	$H^a_{T^{Imp}_{k_i}}(t)$
T_M	$H^a_{T^{BGN}_{k_i}}(t)$
T_M	$H^a_{\hat{n}^{Imp}_{k_i}}(u)$
T_M	$\left\{\hat{N}^{Imp}_{k_i}(f)\right\}$
T_M	$\left\{\hat{N}^{BGN}_{k_i}(f)\right\}$

Tabelle 4.2 Aus dem Analyseverfahren resultierende Statistiken und deren zeitlicher Bezug.

4.2 Langzeit-Untersuchung eines Netzes

Das im vorangegangenen Abschnitt 4.1 beschriebene Analyseverfahren wird nun zur Auswertung von Messdaten verwendet, die werktags über einen Zeitraum von nahezu 24 Stunden an verschiedenen Orten innerhalb des bereits in Abschnitt 3.3 beschriebenen Netzes I aufgezeichnet worden sind.

Auf Grundlage der mittels des Analyseverfahrens gewonnenen Statistiken, vgl. Tabelle 4.2, lassen sich Aussagen über die Eigenschaften des Störszenarios treffen, und zwar sowohl hinsichtlich des Kurz- und Langzeitverhaltens als auch hinsichtlich der Ortsabhängigkeit des Störszenarios innerhalb des Netzes.

Zur Datenerfassung werden mehrere der in Abschnitt 7.2 beschriebenen Geräte, wie in Abbildung 4.4 dargestellt, innerhalb eines durch einen Transformator versorgten Netzes an drei verschiedenen Gebäuden in der Nähe der jeweiligen Hausanschlüsse installiert. An jedem der Orte wird das Störszenario im Abstand von $\Delta_{T_\mathrm{h}} = 10\,\mathrm{min}$ für eine Dauer von 120 Netzperioden aufgezeichnet. Dadurch ergibt sich für jede der in Tabelle 4.2 beschriebenen Statistiken die Abhängigkeit von einem weiteren Zeitparameter $t_\mathrm{h} = T_0 + k\Delta_{T_\mathrm{h}}$. Jedes der Aufnahmefenster entspricht einem Mess-Intervall der Dauer $T_\mathrm{M} = 120T_\mathrm{B} = 120T_\mathrm{AC} = 2{,}4\,\mathrm{s}$. Für jeden der Orte liegen 143 solcher Mess-Intervalle vor.

Mess-Ort A befindet sich direkt an der Sammelschiene der Trafo-Station, welche ein mehrstöckiges Gebäude mit Büros, biologischen Laboren und Unterrichtsräumen (B) und ein Werkstatt- und Lagergebäude (C) versorgt. Mess-Ort B liegt im Keller des mehrstöckigen Gebäudes und ist mit A über dieselbe Phase einer Ringleitung verbunden. Mess-Ort C liegt in der Nähe des Hausanschlusses des Werkstattgebäudes, welches über eine von der Ringleitung abzweigende Stichleitung versorgt wird, und ist mit einer anderen Phase dieser Leitung verbunden als die Orte A und B.

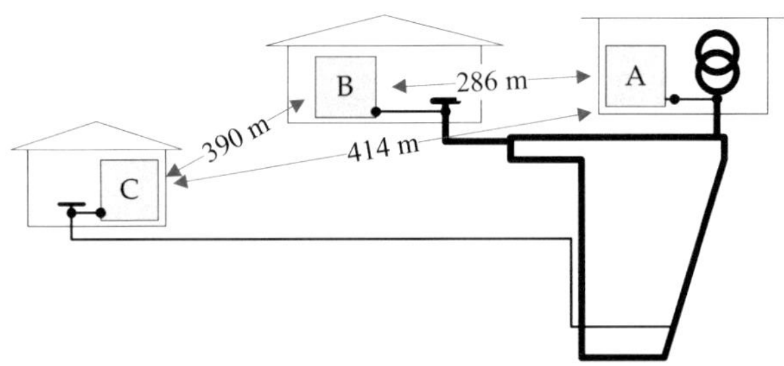

Abbildung 4.4 Leitungsstrukur des Netzes

Zur Analyse des Störszenarios an den jeweiligen Mess-Orten werden die Parameter aus Tabelle 4.2 herangezogen. Diese müssen aus Gründen der Darstellbarkeit gemäß den Tabellen 4.3 und 4.4 modifiziert werden. Um zu verhindern, dass die Statistiken der Leistungsdichtespektren verfälscht werden, werden die Spektren einzelner Segmente erst ab einer Zeitdauer von mindestens $T_{\min} = 100\,\mathrm{s}$ berechnet. Sofern aus Gründen der Darstellung möglich, wird die gemäß Unterabschnitt 7.2.1 bestimmte Leistungsdichte des Quantisierungsrauschens zusammen mit den relevanten mittleren Leisungsdichtespektren des Störszenarios dargestellt. Dadurch kann abgeschätzt werden, wie groß in einem betreffenden Frequenzband das SNR bezüglich des Quantisierungsrauschens ist.

Bei der statistischen Auswertung der Analyseergebnisse zeigt sich, dass sich bestimmte Parameter über längere Zeiträume hinweg ähnlich verhalten. Dies gilt insbesondere für den Verlauf der mittleren Störsignalleistung über der Netzperiode und für die mittlere Störsignalleistung im jeweiligen Mess-Intervall.

Zeitintervalle, innerhalb derer Parameter im Mittel näherungsweise konstant sind, werden im Folgenden als „Abschnitte" bezeichnet. Einzelne Abschnitte können durch Intervalle unterbrochen sein, in denen Parameter für begrenzte Zeit von den ansonsten innerhalb der Abschnitte auftretenden Werten abweichen. Solche Zeitintervalle werden im Folgenden als „Ereignisse" bezeichnet.

Für den mittleren Verlauf der Störsignalleistung über der Netzperiode sowie die mittlere Anzahl von Impulsmaxima innerhalb eines kurzen Zeitintervalls einer Netzperiode gilt an allen betrachteten Mess-Orten, dass diese für beide Halbperioden, also in den Bereichen $0 \leq t \leq \frac{T_{AC}}{2}$ und $\frac{T_{AC}}{2} \leq t \leq T_{AC}$, identisch verlaufen.

4.2.1 Statistik der Signalleistung im Zeit- und Frequenzbereich

Grundlage für die im Folgenden vorgestellten Ergebnisse der Langzeit-Untersuchung des Störszenarios sind die in Tabelle 4.3 aufgeführten Parameter. Der Parameter $\overline{P}^t(m, t_h)$ ist der Mittelwert über die $P_i^t(m \cdot T_P)$. Die aggregierten Leistungsdichtespektren in Tabelle 4.4 ergeben sich aus dem Median der jeweiligen ihnen zugrunde liegenden Leistungsdichtespektren. Es stellt sich die Frage, inwiefern Mittelwert und Median repräsentativ für den Verlauf der mittleren Leistung über der Netzperiode bzw. die Leistungsdichtespektren zu bestimmten Zeitpunkten der Netzperiode sind.

Um diese Frage zu beantworten, werden jeweils das Minimum und Maximum, das 5- und 95-Perzentil, das untere und obere Quartil sowie der Median der in Schritt ② des Analyseverfahrens aus Abbildung 4.2 berechneten Parameter $P_i^t(m \cdot T_P)$ (vgl. Gleichung 4.6) und

$P_i^f(m \cdot T_\mathrm{P}, f)$ (vgl. Gleichung 4.7) betrachtet. Abbildungen 4.5, 4.6 und 4.7 zeigen die resultierenden Statistiken. In diesen Abbildungen sind der Verlauf des Median-Wertes in rot dargestellt, der Bereich zwischen 75- und 25-Quantil blau hinterlegt, das 5- und 95-Perzentil jeweils durch dunkelgraue Linien und das Minimum und Maximum durch gestrichelte Linien angedeutet. Bei den Messdaten handelt es sich um einen zufällig ausgewählten Beobachtungsabschnitt von 120 Netzperioden Länge für jeden der drei Mess-Orte.

Betrachtet werden der Verlauf von $P_i^t(m \cdot T_\mathrm{P})$ über der Netzperiode sowie das jeweils zum Zeitpunkt maximaler Leistung und das zum Zeitpunkt minimaler Leistung berechnete Spektrum $P_i^f(m \cdot T_\mathrm{P}, f)$. Da in Abbildung 4.6(a) kein ausgeprägtes Maximum zu erkennen ist, wird an Stelle des Maximums das Zeitintervall ausgewählt, in dem die Perzentile am weitesten vom Median entfernt sind.

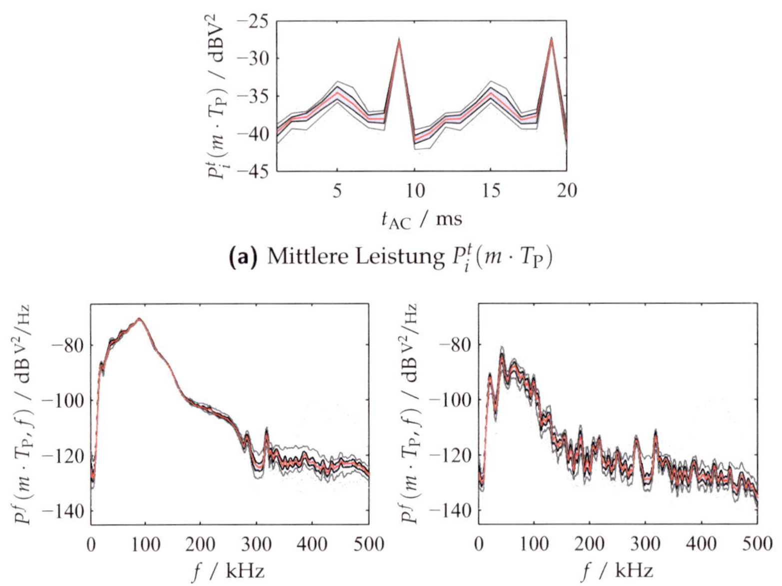

(a) Mittlere Leistung $P_i^t(m \cdot T_\mathrm{P})$

(b) Leistungsdichtespektrum bei $m = 0$ (c) Leistungsdichtespektrum bei $m = 10$

Abbildung 4.5   Mess-Ort A: Zeitverlauf der mittleren Störleistung über der Netzperiode und Leistungsdichtespektren über die Zeitintervalle der Maxima und Minima.

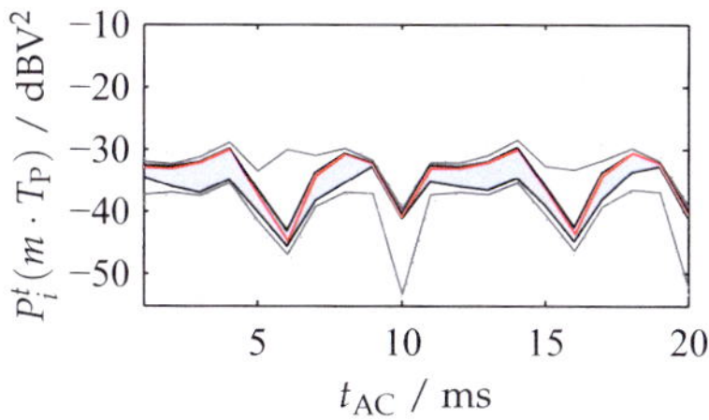

(a) Mittlere Leistung $P_i^t(m \cdot T_P)$

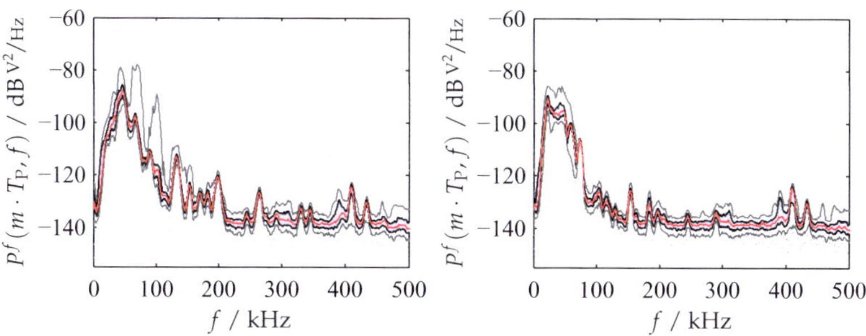

(b) Leistungsdichtespektrum bei $m =$ **(c)** Leistungsdichtespektrum bei $m = 10$

Abbildung 4.6 Mess-Ort B: Zeitverlauf der mittleren Störleistung über der Netzperiode und Leistungsdichtespektren über die Zeitintervalle der Maxima und Minima.

Die Beispiele in den Abbildungen 4.5, 4.6 und 4.7 belegen hinreichend, dass die Verläufe gut durch den Median wiedergegeben werden. Da die Quartile weitgehend symmetrisch um den Median verteilt sind, stimmen Mittelwert und Median gut überein. Beide eignen sich somit gut, um den Verlauf der mittleren Leistung über der Zeit darzustellen und rechtfertigen auch die Aggregation von Spektren, die über ähnlichen Zeitintervallen der Netzperiode berechnet wurden, durch den Median-Operator.

4.2.2 Zusammenfassung der Ergebnisse der Analyse

Die Ergebnisse der Analyse mittels des vorgestellten Verfahrens geben Aufschluss über das Verhalten der Parameter des Störszenarios an verschiedenen Mess-Orten innerhalb eines durch einen Ortsnetz-Trafo versorgten Niederspannungsnetzes. Detaillierte Ausführungen zu den Er-

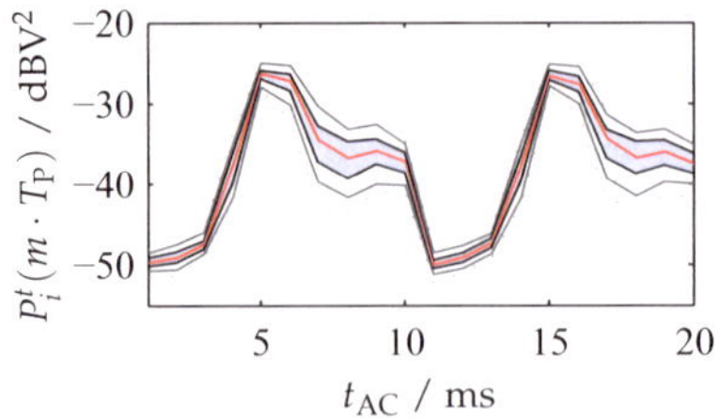

(a) Mittlere Leistung $P_i^t(m \cdot T_\mathrm{P})$

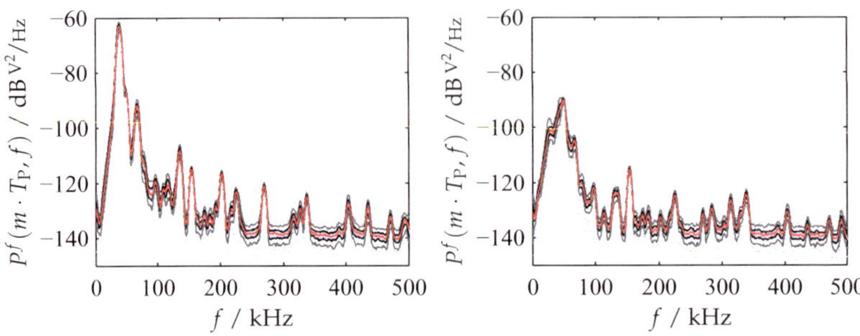

(b) Leistungsdichtespektrum bei $m =$ (c) Leistungsdichtespektrum bei $m = 11$

Abbildung 4.7 Mess-Ort C: Zeitverlauf der mittleren Störleistung über der Netzperiode und Leistungsdichtespektren über die Zeitintervalle der Maxima und Minima.

gebnissen der Auswertung der Messungen mittels des beschriebenen Verfahrens finden sich in Anhang A.

Im Folgenden werden die für die weiteren Betrachtungen in Kapitel 7 relevanten Ergebnisse im Überblick zusammmgefasst. Die Auswertung der Ergebnisse lässt verallgemeinerbare Zusammenhänge sowohl auf makroskopischer als auch auf mikroskopischer Ebene erkennen.

Tabelle 4.5 zeigt die Werte, welche die Analyse an den drei Mess-Orten für die in Tabelle 4.2 aufgeführten Parameter ergibt. Die Tabelle stellt die Zusammenhänge zur besseren Übersicht in stark vereinfachter Form dar. Die tatsächlichen zeitabhängigen Verteilungen in Anhang A gegeben weit tiefere Einblicke in die Strukturen und Regelmäßigkeiten der beobachteten Störszenarien.

Makroskopische Betrachtung

Die Ergebnisse belegen, dass die Struktur des Störszenarios in der Tat ortsabhängig und größtenteils langzeitstabil ist: Die Statistiken der an einem Mess-Ort betrachteten Parameter bleiben über längere Zeitintervalle („Abschnitte") hinweg konstant.

Hinsichtlich solcher Phasen ist zunächst allgemein ein Unterschied zwischen nachts und tagsüber aufgezeichneten Mess-Intervallen erkennbar. Auf Grund der Anzahl in Betrieb befindlicher Verbraucher wäre zu erwarten, dass beispielsweise die mittlere Störleistung nachts niedriger ist als tagsüber. Während dies für Mess-Ort C durchaus der Fall ist, trifft an Mess-Orten A und B das Gegenteil zu. Eine höhere mittlere Störsignalleistung während der Nachtstunden erscheint für Mess-Ort B plausibel unter Einbeziehung der Tatsache, dass sich im Gebäude von Mess-Ort B Laboratorien für Mikrobiologie und Genetik befinden. In diesen Fachbereichen werden häufig Bioreaktoren und Thermozykler eingesetzt, die durchaus auch nachts betrieben werden.

Bei genauerer Betrachtung der Uhrzeiten für Beginn und Ende der beschriebenen Abschnitte und Ereignisse wird deutlich, dass sich diese Uhrzeiten mit für den Arbeitsalltag üblichem Nutzerverhalten in Zusammenhang bringen lassen. So fallen oftmals Beginn und Ende von Abschnitten und Ereignissen mit Zeiten zusammen, die auch im Arbeitsalltag relevant sind. Diverse Abschnitte beginnen oder enden in den Morgenstunden (wie beispielsweise A3 an Mess-Ort C), um die Mittagszeit und nachmittags bzw. abends, was mit Zeiten des Arbeitsalltags wie Arbeitsbeginn, Pausen und Arbeitsende gut übereinstimmt.

Mikroskopische Betrachtung

Die Analyse der Messungen im Hinblick auf zeitliche Regelmäßigkeiten stimmt mit den Ergebnissen der Untersuchungen in Unterabschnitt 3.3.2 überein. Das Störszenario wird im Wesentlichen durch periodische Prozesse synchron zur Netzperiode dominiert.

Das Störszenario weist im Mittel eine Periodizität von $\frac{T_{AC}}{2}$ auf, wobei die Statistiken der betrachteten Parameter innerhalb der Abschnitte im Wesentlichen zeitinvariant sind. Zu beachten ist dabei allerdings, dass aus Gründen der Darstellbarkeit die Analyse des Verlaufes der Leistung über der Netzperiode anhand der über Beobachtungsabschnitte von jeweils $120 T_{AC}$ Dauer gebildeten Mittelwerte vorgenommen wurde. Ebenso erfolgt die Betrachtung der Leistungsdichtespektren anhand der über diese Zeitdauer gemittelten Leistungsdichtespektren. Mittelwerte und Medianwerte sind zwar durchaus repräsentativ für die jeweiligen Verläufe, jedoch müssen für genauere Betrachtungen, beispielsweise hinsichtlich eines zeitvariant anzusetzenden Signal-Stör-Verhältnisses, unbedingt die Schwankungen um diese Mittelwerte einbezogen werden, die, wie bereits erwähnt, durchaus in der Größenordnung $\pm 10\,\text{dB}$ liegen können (vgl. Abbildungen 4.5, 4.6 und 4.7).

In der überwiegenden Mehrzahl der betrachteten Fälle weisen bestimmte Zeitabschnitte der Netzperiode deutlich höhere Störleistungen im Vergleich zum Mittelwert auf. Umgekehrt existieren, ebenso in der überwiegenden Mehrzahl der Fälle, Zeitabschnitte innerhalb der Netzperiode, in denen die Störsignalleistung gegenüber dem Mittelwert deutlich niedriger ist. Dadurch entsteht im Mittel ein regelmäßiges Muster hinsichtlich der Störsignalleistung, das sich stets periodisch und synchron zur Netzwechselspannung wiederholt. Maxima im mittleren Verlauf der Störleistung über der Netzperiode fallen immer zeitlich mit dem Auftreten von Impuls-Maxima zusammen. Je nach Störszenario werden diese Maxima der Störleistung durch nur wenige Impuls-Maxima erzeugt, erkennbar an der niedrigen mittleren Anzahl von Impuls-Maxima zu den entsprechenden Zeitpunkten der Netzperiode. In solchen Fällen enthält das Störszenario dominante Impulse. Auch sind häufig längere Zeitintervalle innerhalb der Netzperiode zu erkennen, in denen sowohl die Störleistung überdurchschnittlich hoch ist als auch eine relativ große mittlere Anzahl an Impuls-Maxima pro Zeitintervall zu verzeichnen ist. Dies deutet auf Impulsfolgen mit Wiederholraten im Kilohertz-Bereich hin. Über die Bedeutung dieser Tatsachen für die sich im Störszenario abzeichnenden Regelmäßigkeiten hinaus folgt daraus, dass die Störsignalleistung in erster Linie durch periodische Impulse dominiert wird.

Folgerungen für das Störmodell des PLC-Übertragungskanals

In Bezug auf das Modell für additive Störungen des PLC-Übertragungskanals in Abbildung 3.4 legen die betrachteten Messungen nahe, dass das Störszenario von periodisch netzsynchronen Impulsstörern dominiert wird. In den betrachteten Störszenarien in Nähe zu Hausanschlüssen sind auch netzasynchrone Impulsstörer mit Wiederholraten im Kilohertz-Bereich zu beobachten. Netzasynchrone Impulsstörer weisen gegenüber den netzsynchronen Impulsstörern jedoch innerhalb der Beobachtungsabschnitte wesentlich geringere Leistungen auf und werden im Folgenden nicht gesondert betrachtet.

Die Zeitdauern netzsynchroner Störimpulse liegen in allen betrachteten Fällen unterhalb von 0,5 ms. Bedingt durch die hohen Spitzenamplituden ist die Leistung dieser Impulse innerhalb der relativ kurzen Signalformdauer dennoch sehr hoch. Die Bandbreite der netzsynchronen Impulsstörer ist allerdings begrenzt. Die jeweiligen Leistungsdichtespektren nehmen nur bis etwa 150 bis 200 kHz so hohe Werte an, dass sie klar über dem jeweiligen Leistungsdichtespektrum der Hintergrundstörungen liegen.

Des Weiteren sind in fast allen der betrachteten Fälle Schmalbandstörer mit unterschiedlichen Mittenfrequenzen zu erkennen, die mitunter gegenüber den Hintergrundstörungen hohe Leistungsdichten aufweisen und über die gesamten Beobachtungszeiträume hinweg permanent vorhanden sind.

Obwohl die Analysemethodik nicht primär auf die Detektion aperiodischer Impulsstörer ausgerichtet ist, ist doch festzustellen, dass aperiodische Impulsstörer mit großer Signalleistung gegenüber den periodischen, netzsynchronen Komponenten des Störszenarios eine untergeordnete Rolle spielen. Insbesondere ist keine offensichtliche Regelmäßigkeit erkennbar im Sinne von Zusammenhängen mit Zeiten vermehrter Schaltaktivität, wie sie zu Beginn und am Ende von Abschnitten eigentlich zu erwarten wären. Aperiodische Impulsstörer treten damit so selten auf, dass sie im Hinblick auf die Auswahl von Modulationsverfahren zu vernachlässigen sind. Für den Fall, dass die Datenübertragung kurzzeitig durch aperiodische Impulsstörer beeinträchtigt wird, können zur Fehlerkorrektur, wie in [35] vorgeschlagen, ARQ Verfahren eingesetzt werden.

Hinsichtlich des Leistungsdichtespektrums des gesamten Störszenarios ist zu erkennen, dass dessen Leistung im Frequenzbereich oberhalb von ca. 100 kHz deutlich niedriger ist als im Bereich zwischen 30 und 50 kHz.

Obwohl die betrachteten Störszenarien erkennbare Regelmäßigkeiten aufweisen, ist ihre jeweilige Struktur so komplex, dass auf eine parametrische Modellierung im Rahmen dieser Arbeit vollständig verzichtet wird. Die Ergebnisse der Analysen, ausführlich dargestellt in den Anhängen A.1, A.3 und A.2, bieten zwar sicherlich Anknüpfungspunkte für eine parametrische Modellierung der Eigenschaften der Störszenarien. Jedoch ist der Aufwand für die Extraktion von Parametern, die beispielsweise Voraussetzung für eine aussagekräftige Emulation der Kanaleigenschaften wäre, aus den gemessenen Signalen nicht zu unterschätzen.

Eine pragmatische Lösung, die eine Evaluation von PLC-Kommunikationssystemen unter realitätsnahen Bedingungen auch ohne aufwändige Extraktion von Modellparametern ermöglicht, ist das in Abschnitt 7.3 vorgestellte Simulationsmodell. Das PLC-Störszenario dieses Modells besteht aus über Zeiträume von mehreren Minuten hinweg kontinuierlich aufgezeichneten Realisierungen von PLC-Störszenarien.

Folgerungen für die Zuverlässigkeit von PLC-Übertragungssystemen

Aufgrund der Zeit- und Frequenzvarianz der Störszenarien sowie der Ortsabhängigkeit lässt sich, unter gegebenen Systemparametern, das Signal-Störverhältnis (Signal-to-Noise Ratio, SNR) nicht analytisch bestimmen.

Anhand der beobachteten Leistungsdichtespektren wie beispielsweise in Abbildung A.4 kann jedoch eine Abschätzung des SNR angestellt werden, indem die Leistungsdichespektren der Störungen zum Leistungsdichtespektrum eines Empfangssignals ins Verhältnis gesetzt wird.

Abbildung 4.8 zeigt die Mittelwerte der Leistungsdichtespektren der in Abschnitt 2.4 vorgestellten PLC-Kommunikationssysteme. Diese Mittelwerte des Leistungsdichtespektrums werden durch das jeweilige System innerhalb des von ihm genutzten Frequenzbandes (vgl. Tabelle 7.7) unter der Annahme einer maximalen Sendesignal-Amplitude von 5 V erreicht. Die Werte erhält man, indem unter Einbeziehung des die Signaldämpfung beschreibenden Verstärkungsfaktors a die mittlere Leistung gemäß Gleichung 6.9 bestimmt und auf die jeweilige Bandbreite des Sendesignals bezogen wird. Diese Werte für die Leistungsdichte können nun zu

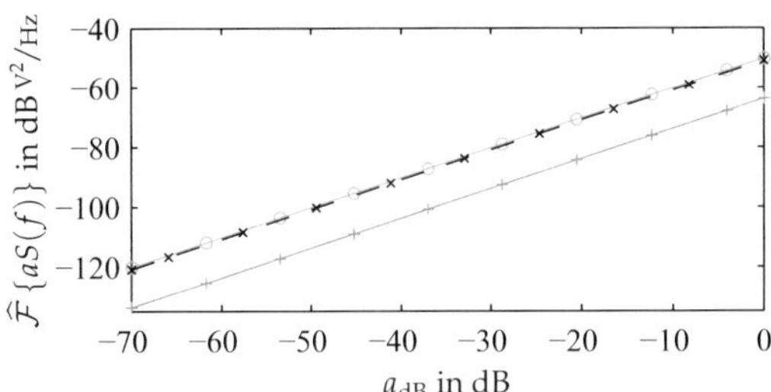

Abbildung 4.8 Mittelwerte der Leistungsdichtespektren für PLC G3 (–○–), PRIME (–+–) und das IIIT-System (– × –).

den gemessenen Störleistungsdichten in Relation gebracht werden.

Tabelle 4.5 listet die Maximalwerte für die Leistungsdichtespektren periodischer Impulsstörer $\hat{N}^{\mathrm{Imp}}(f)$ und Hintergrundstörung $\hat{N}^{\mathrm{BGN}}(f)$ auf. Die zugehörigen Verläufe finden sich in Anhang A. Zur Bestimmung der Maxima der Leistungsdichtespektren werden die Leistungsdichten der Impulse mit Übersteuern herangezogen, sofern diese periodisch auftreten. Dies ist für Mess-Orte A und B der Fall. Die an Mess-Ort C beobachteten vereinzelt auftretenden Impulse mit Übersteuern sind aperiodische Impulsstörer. Die Bestimmung der Bandbreite der Störimpulse erfolgt anhand der Impulse ohne Übersteuern, erfasst aber dennoch den hauptsächlichen Anteil der Störleistungsdichte geclippter Impulse.

Die mittleren Leistungsdichtespektren aller betrachteten Störsignale nehmen ihre höchste Leistungsdichte im Bereich etwa zwischen 40 und 80 kHz an. Man erkennt, dass bereits bei relativ moderaten Signaldämpfungen die mittleren Leistungsdichtespektren des Empfangssignals der betrachteten PLC-Kommunikationssysteme in derselben Größenordnung liegen wie die Maxima der Leistungsdichte des Störszenarios. Folglich ist mit einer Beeinträchtigung der Zuverlässigkeit der Datenübertragung zu rechnen. Auf die Zusammenhänge zwischen Nutzsignal- und Störleistungsdichte wird in Abschnitt 7.6 genauer eingegangen.

Die Analyse der Messungen ergibt, dass die Schwankungen der Störsignalleistung im Zeitbereich mit den periodischen Schwankungen des mittleren Leistungsdichtespektrums der betrachteten Signale über der Netzperiode korrespondieren. Die Leistungsdichte des Störszenarios erreicht für die Dauer von Impulsstörungen kurzzeitig die durch $\hat{N}^{\mathrm{Imp}}(f)$ gegebenen Maximalwerte. In der Mehrzahl der Fälle ist die Zeitdauer der netzsynchronen Impulse kürzer als 0,25 ms, die durch netzsynchrone Impulse verursachten Leistungsdichtespektren sind damit nur für relativ kurze Zeitfenster zu erwarten. Die Leistungsdichtespektren der Hintergrundstörung entsprechen hingegen der minimalen mittleren beobachteten Störleistungsdichte. Sie geben das Leistungsdichtespektrum des Störszenarios über Zeitintervalle von maximal ca. 8 ms Dauer an, allerdings beträgt in der überwiegenden Zahl der Fälle die Dauer dieser nur Hintergrundstörungen beinhaltenden Zeitintervalle höchstens 3,7 ms.

Formelzeichen	Beschreibung
$\overline{P}^t(m,t_\mathrm{h}) = 10\log\left(\underset{(i)}{\mathrm{E}}\left\{P_i^t(m\cdot T_\mathrm{P},t_\mathrm{h})\right\}\right)$	Gemittelter Verlauf der Störleistung über der Netzperiode
$\overline{\overline{P}^t}(t_\mathrm{h}) = \underset{(m)}{\mathrm{E}}\left\{\overline{P}^t(m,t_\mathrm{h})\right\}$	Mittlere Störleistung im Mess-Intervall T_M
$\overline{\mathrm{H}}^{\mathrm{a}}_{\hat{t}_{k_i}^{\mathrm{Imp}}}(t^*,t_\mathrm{h}) = \underset{(i)}{\mathrm{E}}\left\{\mathrm{H}^{\mathrm{a}}_{\hat{t}_{k_i}^{\mathrm{Imp}}}(t^*,t_\mathrm{h})\right\}$	Gemittelte Anzahl Impuls-Maxima je Zeitintervall über der Netzperiode (ohne Übersteuern)
$\overline{\mathrm{H}}^{\mathrm{a}}_{\check{t}_{k_i}^{\mathrm{Imp}}}(t^*,t_\mathrm{h}) = \underset{(i)}{\mathrm{E}}\left\{\mathrm{H}^{\mathrm{a}}_{\check{t}_{k_i}^{\mathrm{Imp}}}(t^*,t_\mathrm{h})\right\}$	Gemittelte Anzahl Impuls-Maxima je Zeitintervall über der Netzperiode (mit Übersteuern)
$\mathrm{H}^{\mathrm{a}}_{T_{k_i}^{\mathrm{Imp}}}(t_\mathrm{h},t) = \underset{(i)}{\mathrm{E}}\left\{\mathrm{H}^{\mathrm{a}}_{T_{k_i}^{\mathrm{Imp}}}(t)\right\}$	Mittlere absolute Auftrittshäufigkeit der Dauer von Impuls-Segmenten
$\mathrm{H}^{\mathrm{a}}_{T_{k_i}^{\mathrm{BGN}}}(t_\mathrm{h},t) = \underset{(i)}{\mathrm{E}}\left\{\mathrm{H}^{\mathrm{a}}_{T_{k_i}^{\mathrm{BGN}}}(t)\right\}$	Mittlere absolute Auftrittshäufigkeit der Dauer von Hintergrund-Segmenten
$\mathrm{H}^{\mathrm{a}}_{\hat{n}_{k_i}^{\mathrm{Imp}}}(t_\mathrm{h},u) = \underset{(i)}{\mathrm{E}}\left\{\mathrm{H}^{\mathrm{a}}_{\hat{n}_{k_i}^{\mathrm{Imp}}}(u)\right\}$	Mittlere absolute Auftrittshäufigkeit von Maximalamplituden von Impuls-Segmenten
$\mathrm{H}^{\mathrm{a}}_{K_{i,\hat{n}}^{\mathrm{Imp}}}(t_\mathrm{h}) = \underset{(i)}{\mathrm{E}}\left\{\mathrm{H}^{\mathrm{a}}_{K_{i,\hat{n}}^{\mathrm{Imp}}}(K)\right\}$	Mittlere Anzahl Impuls-Segmente je Netzperiode (ohne Übersteuern)
$\mathrm{H}^{\mathrm{a}}_{K_{i,\overline{n}}^{\mathrm{Imp}}}(t_\mathrm{h}) = \underset{(i)}{\mathrm{E}}\left\{\mathrm{H}^{\mathrm{a}}_{K_{i,\overline{n}}^{\mathrm{Imp}}}(K)\right\}$	Mittlere Anzahl Impuls-Segmente je Netzperiode (mit Übersteuern)

Tabelle 4.3 Für Langzeit-Auswertung adaptierte Statistiken über Parameter im Zeitbereich. Die Variable t^* quantisiert ein Beobachtungsintervall T_AC gemäß $0 \leq t^*\Delta_t \leq T_\mathrm{AC}$ mit $\Delta_t = 0{,}2\,\mathrm{ms}$

Formelzeichen	Beschreibung
$\overline{\tilde{N}}^{\mathrm{Imp}}(f,t_{\mathrm{h}}) = 10\log\left(\underset{(i)}{\mathrm{M}}\left\{\left|\hat{\tilde{N}}_{k_i}^{\mathrm{Imp}}(f,t_{\mathrm{h}})\right|^2\right\}\right)$	Median der Leistungsdichtespektren von Impuls-Segmenten (ohne Übersteuern)
$\overline{\overline{N}}^{\mathrm{Imp}}(f,t_{\mathrm{h}}) = 10\log\left(\underset{(i)}{\mathrm{M}}\left\{\left|\hat{\overline{N}}_{k_i}^{\mathrm{Imp}}(f,t_{\mathrm{h}})\right|^2\right\}\right)$	Median der Leistungsdichtespektren von Impuls-Segmenten (mit Übersteuern)
$\overline{N}^{\mathrm{BGN}}(f,t_{\mathrm{h}}) = 10\log\left(\underset{(i)}{\mathrm{M}}\left\{\left|\hat{N}_{k_i}^{\mathrm{BGN}}(f,t_{\mathrm{h}})\right|^2\right\}\right)$	Median der Leistungsdichtespektren von Hintergrund-Segmenten

Tabelle 4.4 Für Langzeit-Auswertung adaptierte Statistiken über Parameter im Frequenzbereich.

	Mess-Ort A		Mess-Ort B		Mess-Ort C	
	Wertebereich	P_{90}	Wertebereich	P_{90}	Wertebereich	P_{90}
$\overline{P}^t(m)$ in dB V^2/s	-45…-25,75		-53…-25,4		-51…-24	
T^{Imp} in ms	0…0,39	0,24	0…2,2	0,21	0…2,4	0,9
T^{BGN} in ms	0…6,87	3,71	0…3,67	2,4	0…8,2	3,7
$\hat{n}^{\mathrm{Imp}}$ in mV	30…500		12,6…250	85	3,7…190	131
	$f_0\ldots f_1$ in kHz	$\hat{N}(f)$ in dB V^2/Hz	$f_0\ldots f_1$ in kHz	$\hat{N}(f)$ in dB V^2/Hz	$f_0\ldots f_1$ in kHz	$\hat{N}(f)$ in dB V^2/Hz
$N^{\mathrm{Imp}}(f)$	0…195	-62,9 (81,2 kHz)	0…121	-63,6 (54 kHz)	0…102	-67,5 (39,9 kHz)
$N^{\mathrm{BGN}}(f)$	4…171	-83,7 (36,3 kHz)	0…116	-87,8 (41,2 kHz)	0…107	-80,8 (48,5 kHz)

Tabelle 4.5 Zusammenfassung der in Anhang A dargelegten Messergebnisse. Angegeben sind Wertebereiche und, sofern sinnvoll, das 90. Perzentil P_{90}. Für die Leistungsdichten sind jeweils die Maximalwerte $\hat{N}^{\mathrm{Imp}}(f)$, $\hat{N}^{\mathrm{BGN}}(f)$ sowie die etwa 40 dB darunter liegenden Grenzen f_0 und f_1 angegeben.

5 Grundlagen für die Parametrierung und den Vergleich von Modulationsverfahren

In Unterabschnitt 2.3.4 wurde die Funktionsweise der Bitübertragungsschicht anhand eines Blockschaltbildes erläutert. Die für die folgenden Betrachtungen zentralen Komponenten der Bitübertragungsschicht sind die Blöcke „Modulation" und „Demodulation" in Abbildung 2.6. Die Betrachtungen beziehen lediglich die Übertragung von einem einzelnen Sender an einen einzelnen Empfänger ein.

Bevor in Abschnitt 6.3 auf den Block „Synchronisation" aus Abbildung 2.6 eingegangen wird, werden in den Abschnitten 6.1 und 6.2 zwei Konfigurationen von Mehrträger-Modulationsverfahren vorgestellt. In Kapitel 7 findet die Evaluation der betrachteten Konfigurationen von Mehrträger-Modulationsverfahren hinsichtlich ihrer Zuverlässigkeit unter dem Einfluss von PLC-Störszenarien statt. Die Evaluation erfolgt dabei einerseits anhand eines realitätsnahen Simulationsmodells und andererseits anhand der Auswertung der Datenübertragung in einem realen Niederspannungsnetz.

Im folgenden Abschnitt werden die Grundlagen der Signal- und Entscheidungstheorie für die Datenübertragung dargelegt.

5.1 Grundlagen zu Modulationsverfahren

Die Beschreibung der in den Abschnitten 5.1 bis 5.3 beschriebenen theoretischen Grundlagen erfolgt in enger Anlehnung an Standardliteratur der Nachrichtentechnik [50, 29]. Das Augenmerk liegt dabei auf einer kompakten und vereinheitlichten Darstellungsweise aller für die Analysen in Kapitel 7 wesentlichen Zusammenhänge.

Den Betrachtungen in diesem Abschnitt liegt das Kanalmodell in Gleichung 3.3 zugrunde, wobei $n_0(t)$ eine Realisierung eines weißen gaußschen Rauschprozesses $N_0(t)$ mit den in Unterabschnitt 3.3.1 dargelegten Eigenschaften darstellt. Des Weiteren wird für den gesamten Abschnitt 5.1 im Sinne der Betrachtungen in Abschnitt 3.2 ein verzerrungs- und dämpfungsfreier Übertagungskanal mit überlagertem weißem gaußschem Rauschen angenommen. Dabei variiert die Varianz, also die mittlere Leistung des Rauschprozesses.

Das Sendesignal $s(t)$ wird somit durch additive Überlagerung mit $n_0(t)$ zum gestörten Empfangssignal

$$r(t) = s(t) + n_0(t). \tag{5.1}$$

Wie in Unterabschnitt 3.3.1 beschrieben, ist das Störsignal $n_0(t)$ eine Realisierung des Rauschprozesses $N_0(t)$ mit

$$\sigma_0^2 = \frac{N_0}{2}. \tag{5.2}$$

5.1.1 Signalraumdarstellung von Übertragungssignalen und Störsignalen

Eine beliebig lange zu übertragende Folge von Bits wird senderseitig in Gruppen fester Länge – die sogenannten Symbole – unterteilt, die mittels einer bijektiven Abbildung physikalischen Signalformen zugeordnet werden. Der Sender prägt diese Signalformen anschließend dem Übertragungsmedium auf, über welches sie zum Empfänger gelangen. Während der Übertragung werden die Signalformen durch Störungen überlagert. Aufgabe des Empfängers ist es, aus dem ihm vorliegenden gestörten Empfangssignal auf die ursprünglich gesendeten Signalformen zu schließen und damit auf die tatsächlich gesendeten Gruppen von Bits. Aus ihnen wird anschließend empfängerseitig die ursprünglich gesendete Bitfolge zusammengesetzt. Ziel ist die möglichst zuverlässige, also fehlerfreie, Übertragung der Bitfolge vom Sender an den Empfänger.

Jedes der insgesamt ν_S Symbole besteht aus k Bits. Zur Übertragung aller $M = 2^k$ möglichen Symbole werden die verschiedenen Signalformen $s_m(t)$, $m = 1,\ldots,M$, benötigt. Die einzelnen Signalformen besitzen eine – zumindest im Wesentlichen – endliche Dauer T_S, so dass die zu sendende Bitfolge in der Folge von Signalformen

$$s(t) = \sum_{i=0}^{\nu_S} s_{m,i}\delta(t - iT_S) \quad i \in \mathbb{N} \tag{5.3}$$

resultiert. Für die Formulierung der Modulationsverfahren im Signalraum ist allerdings die Betrachtung beliebiger einzelner Symbole ausreichend, weshalb im Folgenden ohne Beschränkung der Allgemeinheit exemplarisch nur eine Signalform eines einzelnen Symbols $s_m(t)$ betrachtet wird.

Die $s_m(t)$ lassen sich in einer N-dimensionalen Basis orthonormaler Basisfunktionen $\{\phi_j(t),\ j=1,\ldots,N\}$ als Vektor $\mathbf{s}_m$ darstellen, der aus den Elementen

$$s_m(t) = \sum_{j=1}^{N} s_{m,j}\phi_j(t) \quad s_{m,j} = \langle s_m(t),\phi_j(t)\rangle = \int_{-\infty}^{\infty} s_m(t)\phi_j^*(t) \tag{5.4}$$

besteht.

Auch das Störsignal $n(t)$ lässt sich mit

$$\hat{n}(t) = \sum_{j=1}^{N} n_j\phi_j(t) \quad n_j = \langle n(t),\phi_j(t)\rangle = \int_{-\infty}^{\infty} s_m(t)\phi_j^*(t) \tag{5.5}$$

in einer Basis darstellen, wenn auch nicht notwendigerweise vollständig. Daher wird $n(t)$ durch $\hat{n}(t)$ approximiert. Es kann gezeigt werden (z. B. in [44, 50]), dass ein mittelwertfreier gaußscher Rauschprozess mit Varianz σ_0^2, dargestellt in einer beliebigen orthonormalen Basis, zu unkorrelierten Koeffizienten c_i mit gleicher Varianz $\sigma_{c_i}^2 = \sigma_0^2$ führt. Damit sind auch die einzelnen Komponenten n_j unkorreliert und besitzen dieselbe Varianz $\sigma_{n_j}^2$. Rauschanteile, die nicht in der orthonormalen Basis darstellbar sind, haben auf das Übertragungssignal keinen Einfluss. Unter Annahme der zuvor beschriebenen Eigenschaften des Rauschprozesses $N_0(t)$ ist diese Varianz $\sigma_{n_j}^2 = \frac{N_0}{2}$.

Folglich ist eine N-dimensionale Vektorgleichung gemäß

$$\mathbf{r} = \mathbf{s}_m + \mathbf{n} \tag{5.6}$$

eine äquivalente Formulierung von Gleichung 5.1. Beide Gleichungen können für jede der M Signalformen aufgestellt werden.

5.1.2 Probabilistische Beschreibung der Symbolentscheidung

Auf Grundlage des Signalraummodells der Sendesignalformen kann nun das Problem, vom gestörten Empfangssignal auf das ursprünglich übertragene Signal zu schließen, mit Hilfe der Wahrscheinlichkeitstheorie beschrieben werden. Ziel ist es, einen optimalen Detektor zur Bestimmung von $\hat{m}$ herzuleiten, so dass die Fehlerwahrscheinlichkeit P_e minimal wird, also

$$P_e = P(\hat{m} \neq m) \longrightarrow \min \tag{5.7}$$

Äquivalent dazu ist das Maximieren der Wahrscheinlichkeit einer korrekten Entscheidung P_k. Diese wird gemäß

$$P_k = \int P_{\hat{m}}\left(\hat{m}|\mathbf{r}\right) p_{\mathbf{r}}\left(\mathbf{r}\right) \mathrm{d}\mathbf{r} \tag{5.8}$$

formuliert und maximiert durch

$$\hat{m} = \underset{m}{\mathrm{argmax}} \left\{ P_m\left(m|\mathbf{r}\right) \right\} \tag{5.9}$$

$$= \underset{m}{\mathrm{argmax}} \left\{ P_{\mathbf{s}_m}\left(\mathbf{s}_m|\mathbf{r}\right) \right\}, \quad 1 \leq m \leq M. \tag{5.10}$$

Die Wahrscheinlichkeit $P_{\mathbf{s}_m}\left(\mathbf{s}_m|\mathbf{r}\right)$ lässt sich mit Hilfe des Bayes'schen Theorems zu

$$P_{\mathbf{s}_m}\left(\mathbf{s}_m|\mathbf{r}\right) = \frac{P_{\mathbf{r}}\left(\mathbf{r}|\mathbf{s}_m\right) \cdot P_{\mathbf{s}_m}\left(\mathbf{s}_m\right)}{P_{\mathbf{r}}\left(\mathbf{r}\right)} \tag{5.11}$$

umformen. Dabei wird vorausgesetzt, dass die Wahrscheinlichkeiten den Wahrscheinlichkeitsdichten an den jeweiligen Stellen entsprechen. Somit lässt sich das optimale Maximum-a-posteriori-Entscheidungskriterium (MAP-Kriterium)

$$\hat{m} = \underset{m}{\mathrm{argmax}} \left\{ P_{\mathbf{s}_m}\left(\mathbf{s}_m\right) \cdot p_{\mathbf{r}}\left(\mathbf{r}|\mathbf{s}_m\right) \right\} \tag{5.12}$$

in Abhängigkeit von der dem Empfänger bekannten A-priori-Wahrscheinlichkeit $P_{\mathbf{s}_m}\left(\mathbf{s}_m\right)$ und dem statistischen Modell des Übertragungskanals $p_{\mathbf{r}}\left(\mathbf{r}|\mathbf{s}_m\right)$ formulieren.

Nimmt man als statistisches Modell den AWGN-Kanal aus Gleichung 5.1 an, so ist unter Verwendung des Zusammenhangs in Gleichung 5.6 $p_{\mathbf{r}}\left(\mathbf{r}|\mathbf{s}_m\right) = p_{\mathbf{r}}\left(\mathbf{r} - \mathbf{s}_m\right) = p_{\mathbf{n}}\left(\mathbf{n}\right)$.

Die Wahrscheinlichkeitsdichte des Störsignalvektors $\mathbf{n}$ ist

$$p_{\mathbf{n}}\left(\mathbf{n}\right) = \left(\frac{1}{\sqrt{\pi N_0}}\right)^N e^{-\frac{\sum\limits_{j=1}^{N} n_j^2}{N_0}}, \tag{5.13}$$

woraus sich durch Einsetzen in Gleichung 5.12 das MAP-Kriterium für den AWGN-Kanal ergibt

$$\hat{m} = \underset{m}{\mathrm{argmax}} \left\{ P_{\mathbf{s}_m}\left(\mathbf{s}_m\right) \cdot \left(\frac{1}{\sqrt{\pi N_0}}\right)^N e^{-\frac{\|\mathbf{r} - \mathbf{s}_m\|^2}{N_0}} \right\}. \tag{5.14}$$

Werden die Sendesignale als gleich wahrscheinlich angenommen, so gilt für die A-priori-Wahrscheinlichkeit $P_{\mathbf{s}_m}$ $(=)$ $1/M$, so dass sie für die argmax·-Funktion irrelevant wird. Gleichung 5.14 ist unter dieser Annahme äquivalent zu einem Maximum-Likelihood-Detektor.

Durch Umformungen und unter Verwendung der Tatsache, dass im Folgenden nur Signale mit gleicher Energie $E_S = \|\mathbf{s}_m\|$ betrachtet werden, erhält man die folgenden zwei äquivalenten Formulierungen für den ML-Detektor:

$$\hat{m} = \underset{m}{\mathrm{argmin}} \left\{ \|\mathbf{r} - \mathbf{s}_m\|^2 \right\} \tag{5.15}$$

$$= \underset{m}{\mathrm{argmax}} \left\{ \mathbf{r} \cdot \mathbf{s}_m \right\} \tag{5.16}$$

Beim ML-Detektor nach Gleichung 5.15 beruht die Entscheidung dafür, welches der M Symbole gesendet worden ist, auf der minimalen euklidischen Distanz zwischen gestörtem Empfangsvektor und den möglichen Signalformen $\mathbf{s}_m$. Die Symbol-Entscheidung des ML-Detektors nach Gleichung 5.16 basiert hingegen auf dem Maximum der Innenprodukte aus dem Vektor des Empfangssignals und den möglichen Signalformen. Liegt der Empfangssignal-Vektor bereits komponentenweise vor, kann das Innenprodukt direkt unter Verwendung der jeweiligen Komponenten der Signalformvektoren $\mathbf{s}_m$ gebildet werden. Andernfalls müssen zunächst die N Komponenten

$$r_j = \int\limits_{-\infty}^{\infty} r(t)\phi_j(t)\,\mathrm{d}t \tag{5.17}$$

des Empfangsvektors berechnet werden, mit denen dann das Innenprodukt $\langle \mathbf{r},\mathbf{s}_m \rangle = \sum\limits_{j=1}^{N} r_j s_{m,j}$ berechnet werden kann.

Korrelationsempfänger

Da gilt

$$\langle \mathbf{u},\mathbf{v} \rangle = \langle u(t),v(t) \rangle = \int\limits_{-\infty}^{\infty} u(t)v^*(t)\,\mathrm{d}t, \tag{5.18}$$

können auch direkt die Innenprodukte

$$\mathbf{r} \cdot \mathbf{s}_m = \int_{-\infty}^{\infty} r(t)s_m(t)\mathrm{d}t \tag{5.19}$$

als Grundlage für die ML-Entscheidung dienen. Die Berechung des Innenproduktes entspricht der Korrelation der betrachteten (Energie-)Signale bei einer Verschiebung von $\tau = 0$.

Matched Filter

Aufgrund der Ähnlichkeit mit der Faltungsoperation kann die Korrelation in Gleichung 5.19 auch als

$$r(t) * h(t) = \int_{-\infty}^{\infty} r(\tau)h(t - \tau)\mathrm{d}\tau \tag{5.20}$$

und damit als Filterung mit einer zunächst beliebigen Filterimpulsantwort $h(t)$ notiert werden.

Für die Wahl $h(t) = k \cdot s_m(T_\mathrm{S} - t)$ mit T_S als Zeitdauer der Signalform wird Gleichung 5.20 zu

$$k \cdot \int_{-\infty}^{\infty} r(\tau)s_m(T_\mathrm{S} - t + \tau)\mathrm{d}\tau \bigg|_{t=T_\mathrm{S}} = k \cdot \int_{-\infty}^{\infty} r(\tau)s_m(\tau)\mathrm{d}\tau \tag{5.21}$$

unter der Annahme idealer Abtastung zum Zeitpunkt T_S.

Es kann gezeigt werden [50, 29], dass für die Wahl der zeitlich invertierten Signalform als Filterimpulsantwort das Signal-zu-Störverhältnis (Signal-to-Noise Ratio, SNR) maximiert wird (s. auch Kapitel 8). Genau genommen müsste für die Maximierung des SNR auch die Kanalimpulsantwort in die Filterimpulsantwort $h(t)$ einbezogen werden, was jedoch auf Grund der Annahmen in Unterabschnitt 3.2.5, insbesondere wegen Gleichung 3.3, für die weiteren Betrachtungen nicht relevant ist.

Das mit $h(t) = s_m(T_\mathrm{S} - t)$ maximal erreichbare SNR am Ausgang des Matched Filters ist nach [50, 29] für reellwertige Signalformen

$$\frac{S}{N} = \frac{2E_\mathrm{S}}{N_0} \tag{5.22}$$

mit der Symbolenergie E_S und der Störleistungsdichte des additiven weißen gaußschen Rauschens $\frac{N_0}{2}$.

Für die äquivalenten Konzepte des Korrelationsempfängers und des Matched Filter gilt, dass die Ergebnisse der Entscheidung im Symboltakt gebildet werden. Die Synchronizität von Sender und Empfänger ist daher Voraussetzung für die korrekte Demodulation.

5.1.3 Symbolenergie, Bitenergie und Signalleistung

Die Symbolenergie E_S in Gleichung 5.22 wurde für den Fall gleich wahrscheinlicher Signalformen gleicher Signalenergie angegeben, was für die in den Abschnitten 6 bis 8 betrachteten Zusammenhänge vollkommen ausreichend ist. Für den allgemeinen Fall müsste hingegen die mittlere Energie aller Signalformen $s_m(t)$ angesetzt werden, die sich unter der Annahme gleicher Auftrittswahrscheinlichkeiten der Signalformen gemäß

$$\overline{E}_S = \frac{1}{M} \sum_{m=1}^{M} \int_{-\infty}^{\infty} |s_m(t)|^2 \, \mathrm{d}t \tag{5.23}$$

berechnet. Die mittlere Energie je übertragenem Bit erhält man im allgemeinen Fall aus

$$\overline{E}_b = \frac{\overline{E}_S}{\mathrm{ld}(M)}, \tag{5.24}$$

was für den Fall

$$E_{S,i} = E_{S,j} \quad \forall 1 \leq i,j \leq M, i \neq j$$

zu $\overline{E}_S = E_S$ und somit $\overline{E}_b = E_b$ führt.

Zwischen der Symbolenergie und der Signalleistung eines Symbols besteht wegen

$$P_S = \frac{1}{T_S} \int_0^{T_S} |s_m(t)|^2 \, \mathrm{d}t \quad \text{und} \quad E_S = \int_0^{T_S} |s_m(t)|^2 \, \mathrm{d}t \tag{5.25}$$

der Zusammenhang

$$E_S = P_S \cdot T_S. \tag{5.26}$$

5.1.4 Voraussetzungen für zuverlässige Datenübertragung

Für jeden mit Störungen behafteten Übertragungskanal existiert eine maximale Bitrate $R_\mathrm{b} = \frac{N_\mathrm{b}}{T_\mathrm{S}}$, mit der Informationen zuverlässig über diesen Kanal übertragen werden können [50]. Die Zuverlässigkeit im Sinne einer beliebig niedrigen Bitfehlerwahrscheinlichkeit kann durch ein geeignetes Verfahren zur Kanalcodierung erreicht werden, wobei die Datenrate R_b kleiner als die sogenannte Kanalkapazität sein muss.

Die Kanalkapazität wurde erstmals von C.E. Shannon (z. B. [62, 61]) formuliert. Für den AWGN-Kanal gilt demnach mit der mittleren Leistung P des Übertragungssignals und seiner zweiseitigen Bandbreite B sowie der Leistungsdichte des weißen Rauschens $\frac{N_0}{2}$ [62, 50]

$$R_\mathrm{b} < C = \frac{B}{2}\,\mathrm{ld}\left(1 + \frac{2P}{B \cdot N_0}\right). \tag{5.27}$$

Sowohl R_b als auch C werden in $^{bit}/_s$ angegeben.

Durch Umformungen lässt sich aus Gleichung 5.27 unter Verwendung der Bandbreite-Effizienz (vgl. Gleichung 5.62) herleiten, dass als Voraussetzung für zuverlässige Datenübertragung

$$\frac{E_\mathrm{b}}{N_0} > \ln 2 \approx -1{,}59\,\mathrm{dB} \tag{5.28}$$

gilt.

5.1.5 Signalübertragung im Bandpass-Bereich

Wie zu Beginn von Abschnitt 5.1 beschrieben, erfolgt die Übertragung binärer Symbole mittels bestimmter Signalformen. Zur Anpassung an Kanaleigenschaften und für die Einhaltung durch Normen festgelegter Frequenzbänder ist es oftmals notwendig, die Übertragungssignale in vorgegebene Frequenzbänder einzupassen, deren Mittenfrequenzen f_0 üblicherweise weit über der maximalen Frequenz der ursprünglichen Spektren der Signalformen liegen. In diesem Fall müssen die Signalformen $s_m(t)$ so erzeugt werden, dass sie in das für die Übertragung vorgesehene Frequenzband, den sogenannten Bandpass-Bereich, fallen. Um dieses zu erreichen, ist die in Abbildung 5.1 dargestellte, als Quadraturmischer bezeichnete Struktur notwendig.

Allgemein wird zwischen einem reellen Bandpass-Signal $x_\mathrm{BP}(t)$, das im gewünschten Frequenzband mit Mittenfrequenz f_0 übertragen wird, und dem dazu äquivalenten Tiefpass-Signal $x_{\text{TP}}(t)$ unterschieden. Da $\text{Im}\{x_{\text{BP}}(t)\} = 0$ gefordert wird, gilt

$$X_{\text{BP}}(f) = X_{\text{BP}}^*(-f) \tag{5.29}$$

mit $X_{\text{BP}}(f) = \mathcal{F}\{x_{\text{BP}}(t)\}$. Außerdem ist das Spektrum des Bandpass-Signals auf das Intervall $\left[-f_0 - \frac{W}{2}, -f_0 + \frac{W}{2}\right] \cup \left[f_0 - \frac{W}{2}, f_0 + \frac{W}{2}\right]$ beschränkt und somit jeweils für positive und für negative Frequenzen bandbegrenzt mit der jeweiligen Bandbreite W. Für Zeitsignale endlicher Dauer kann diese Bedingung aufgrund des Zeitdauer-Bandbreite-Produktes [33] allerdings nur näherungsweise eingehalten werden.

Die Mittenfrequenz des äquivalenten Tiefpass-Signals $x_{\text{TP}}(t)$ soll $f = 0$ sein, wobei $x_{\text{TP}}(t)$ dieselben Informationen enthalten soll wie das reelle Bandpass-Signal. Dazu muss das Spektrum des Bandpass-Signals so modifiziert werden, dass

$$2\left(X_{\text{BP}}(f)\,\sigma(f)\right) * \delta(f + f_0) = X_{\text{TP}}(f) \tag{5.30}$$

gilt. Die Betrachtung des Spektrums bei positiven Frequenzen, formuliert mit Hilfe des Einheitssprungs $\sigma(f)$, ist ausreichend, da gemäß Gleichung 5.29 die in den Teilspektren für $f > 0$ und für $f < 0$ enthaltenen Informationen bis auf den Faktor 2 redundant sind. Das Spektrum des äquivalenten Tiefpass-Signals $X_{\text{TP}}(f)$ repräsentiert die sogenannte „Komplexe Einhüllende" im Frequenzbereich.

Mit Hilfe des Spektrums der Hilbert-Transformierten des Bandpass-Signals $\widetilde{X}_{\text{BP}}(f) = \mathcal{F}\{\widetilde{x}_{\text{BP}}(t)\} = -j \cdot \text{sgn}(f)\,X_{\text{BP}}(f)$ erhält man das äquivalente Tiefpass-Signal aus dem reellen Bandpass-Signal mit

$$\begin{aligned}
x_{\text{TP}}(t) &= \mathcal{F}^{-1}\left\{X_{\text{BP}}(f) + j\widetilde{X}_{\text{BP}}(f)\right\} \cdot e^{-j2\pi f_0 t} \\
&= (x_{\text{BP}}(t) + j\widetilde{x}_{\text{BP}}(t)) \cdot e^{-j2\pi f_0 t}.
\end{aligned} \tag{5.31}$$

Das Spektrum des äquivalenten Tiefpass-Signals $X_{\text{TP}}(f)$ ist im Allgemeinen nicht hermitesch, da für $X_{\text{BP}}(f)$ keine Anforderungen hinsichtlich einer Symmetrie um f_0 existieren.

Das in Gleichung 5.31 aus dem reellen Bandpass-Signal gewonnene äquivalente Tiefpass-Signal soll nun als komplexwertiges Zeitsignal

$$x_{\text{TP}}(t) = x^{\text{I}}(t) + jx^{\text{Q}}(t) \tag{5.32}$$

formuliert werden. Durch Umstellen von Gleichung 5.31 folgt

$$x_{\mathrm{BP}}(t) = \mathrm{Re}\left\{x_{\mathrm{TP}}(t) \cdot e^{j2\pi f_0 t}\right\}$$
$$= 2\left(x^{\mathrm{I}}(t)\cos\left(2\pi f_0 t\right) - x^{\mathrm{Q}}(t)\sin\left(2\pi f_0 t\right)\right) . \tag{5.33}$$

Somit ist klar, dass jedes Bandpass-Signal äquivalent durch seine In-phasenkomponente $x^{\mathrm{I}}(t)$ und seine Quadraturkomponente $x^{\mathrm{Q}}(t)$ als komplexwertiges Tiefpass-Signal $x_{\mathrm{TP}}(t)$ dargestellt wird. Senderseitig wird aus dem äquivalenten Tiefpass-Signal das reellwertige Bandpass-Signal, wie in Abbildung 5.1 dargestellt, gemäß Gleichung 5.33 erzeugt. Der Empfänger erzeugt aus dem reellen Empfangssignal in Bandpass-Lage durch die in Gleichung 5.31 beschriebene und in Abbildung 5.1 dargestellte Operation das äquivalente Tiefpass-Signal.

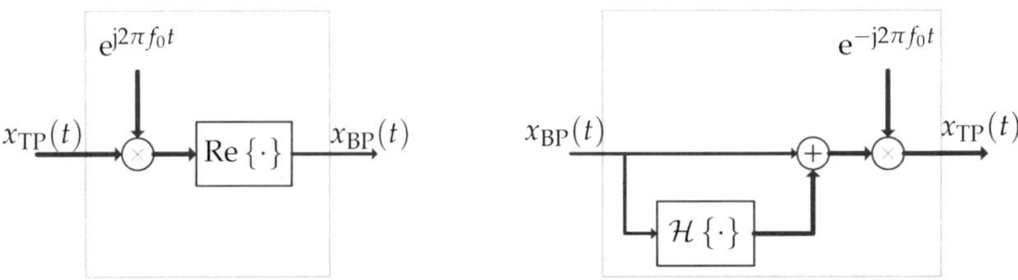

Abbildung 5.1 Quadraturmischer

Der Zusammenhang zwischen den Signalenergien eines Übertragungssignals in Bandpass- und Tiefpass-Lage ist wegen Gleichung 5.30

$$E_{x_{\mathrm{BP}}} = \frac{1}{2}E_{x_{\mathrm{TP}}} . \tag{5.34}$$

5.2 Formale Beschreibung ausgewählter Modulationsarten

Die Bitfehlerwahrscheinlichkeit einer Modulationsart lässt sich allgemein anhand der Konstellation der den Signalformen $s_m(t)$ entsprechenden Punkte im Signalraum (vgl. Gleichung 5.4) formulieren [50]: Für eine M-stufige Modulationsart, bei welcher der minimale Abstand zweier benachbarter Punkte im Signalraum durch die minimale Distanz $d_{\min}$ beschrieben wird, kann mit

$$P_{\mathrm{e}} = \frac{(M-1)}{2} \, \mathrm{erfc}\left(\sqrt{\frac{1}{2}\frac{d_{\min}^2}{2N_0}}\right).$$ (5.35)

eine obere Grenze für die Bitfehlerwahrscheinlichkeit abgeschätzt werden. Für ausgewählte Modulationsverfahren kann jedoch die Fehlerwahrscheinlichkeit unter Einbeziehung der zwischen den Signalformen $s_m(t)$ bestehenden Zusammenhänge analytisch exakt angegeben werden.

Im Folgenden wird eine Auswahl verschiedener Modulationsarten vorgestellt. Eine Übersicht der jeweiligen Verläufe der exakten Bitfehlerwahrscheinlichkeit P_{e} über N_0 ist in Abbildung 5.2 dargestellt.

Die Bitfehlerwahrscheinlichkeiten für den AWGN-Kanal stehen in Zusammenhang mit der Normalverteilung

$$P_x(x) = \frac{1}{\sigma\sqrt{2\pi}} \int\limits_{-\infty}^{x} \mathrm{e}^{-\frac{(u-\mu)^2}{2\sigma^2}} \, \mathrm{d}u,$$ (5.36)

also dem Integral über die Wahrscheinlichkeitsdichte des Störsignals (vgl. Gleichung 3.4). Mit $(\mu,\sigma) = (0,1)$ ergibt sich daraus das gaußsche Fehlerintegral

$$\Phi(x) = \frac{1}{\sqrt{2\pi}} \int\limits_{-\infty}^{x} \mathrm{e}^{-\frac{u^2}{2}} \, \mathrm{d}u,$$ (5.37)

das mit der Fehlerfunktion $\mathrm{erf}\,(\cdot)$ über

$$\mathrm{erf}\,(x) = 2\left(\Phi(\sqrt{2}x) - \frac{1}{2}\right)$$ (5.38)

verknüpft ist [6]. Die Berechung von $\mathrm{erf}\left(\frac{z}{\sqrt{2}}\right)$ liefert für $z \geq 0$ die Wahrscheinlichkeit dafür, dass eine mit $\mu = 0$, $\sigma = 1$ normalverteilte Zufallsvariable Z im Bereich $|Z| \leq z$ liegt. Umgekehrt liefert $\mathrm{erfc}\left(\frac{z}{\sqrt{2}}\right)$ mit

$$\mathrm{erfc}\,(x) = 1 - \mathrm{erf}\,(x) = 2\left(1 - \Phi\left(\sqrt{2}x\right)\right)$$ (5.39)

die Wahrscheinlichkeit, dass $|Z| \geq z$ [6]. Die Funktion

$$Q(x) = 1 - \Phi(x) = \frac{1}{2}\mathrm{erfc}\left(\frac{x}{\sqrt{2}}\right)$$ (5.40)

hingegen gibt die Wahrscheinlichkeit $P(X \geq x)$ für eine $(0,1)$-normalverteilte Zufallsvariable X an.

Die Bitfehlerwahrscheinlichkeit wird in der Literatur entweder mit $Q(\cdot)$ [50] oder $\mathrm{erfc}(\cdot)$ [29, 46] angegeben. Im Folgenden wird dafür $Q(\cdot)$ verwendet. Allen im Folgenden beschriebenen Modulationsarten wird für die Signaldetektion eine Minimum-Distanz-Entscheidung im Signalraum zugrunde gelegt.

5.2.1 Quadratur-Amplituden-Modulation

Bei der M-stufigen Quadratur-Amplituden-Modulation (M-QAM) werden Inphasen- und Quadratur-Komponente des äquivalenten Basisband-Signals moduliert. Die Daten werden durch die Inphasen-Amplituden A_m^{I} und die Quadratur-Amplituden A_m^{Q} repräsentiert. Die Signalformen im Bandpass-Bereich sind damit durch

$$s_m(t) = \mathrm{Re}\left\{ \left(A_m^{\mathrm{I}} + \mathrm{j}A_m^{\mathrm{Q}} \right) g_{\mathrm{S}}(t)\mathrm{e}^{\mathrm{j}2\pi f_0 t} \right\} \tag{5.41}$$

$$= \mathrm{Re}\left\{ a_m \mathrm{e}^{\mathrm{j}\varphi_m} g_{\mathrm{S}}(t)\mathrm{e}^{\mathrm{j}2\pi f_0 t} \right\} \tag{5.42}$$

$$= a_m \cdot g_{\mathrm{S}}(t) \cdot \cos\left(2\pi f_0 t + \varphi_m \right) \tag{5.43}$$

gegeben. Die Funktion $g_{\mathrm{S}}(t)$ ist für alle QAM-Signalformen gleich und bestimmt die Zeitdauer sowie die spektralen Eigenschaften aller Signalformen. Beispiele für Signalformen, die üblicherweise zur Impulsformung verwendet werden, sind die Rechteckfunktion

$$g_{\mathrm{R}}(t) = \left\{ \begin{array}{ll} 1, & 0 \leq t \leq T_{\mathrm{S}} \\ 0 & \text{sonst} \end{array} \right. , \tag{5.44}$$

welche den weiteren Betrachtungen zugrunde liegt, oder der Wurzel-Cosinus-Roll-Off- bzw. Raised-Cosine-Impuls [29, 50].

Aus den Inphasen- und Quadratur-Amplituden ergeben sich die Beträge $a_m = \sqrt{(A_m^{\mathrm{I}})^2 + \left(A_m^{\mathrm{Q}} \right)^2}$ und die Phasen $\varphi_m = \arctan\left(\frac{A_m^{\mathrm{Q}}}{A_m^{\mathrm{I}}} \right)$ der $m = 1, \ldots, M$ komplexwertigen Signalformen im Basisband und damit die komplexwertigen Datensymbole

$$d_m = A_m^{\mathrm{I}} + \mathrm{j}A_m^{\mathrm{Q}} = a_m \cdot \mathrm{e}^{\mathrm{j}\varphi_m} \tag{5.45}$$

Der zweidimensionale Signalraum wird durch die beiden orthonormalen Funktionen

$$\phi_1(t) = \sqrt{\frac{2}{E_g}}\, g_S(t) \cos\left(2\pi f_0 t\right)$$

$$\phi_2(t) = \sqrt{\frac{2}{E_g}}\, g_S(t) \sin\left(2\pi f_0 t\right) \tag{5.46}$$

aufgespannt. Die den Signalformen zugehörigen Vektoren in diesem Signalraum sind durch

$$\mathbf{s}_m = \left[A_m^{\mathrm{I}} \sqrt{\frac{E_g}{2}},\, A_m^{\mathrm{Q}} \sqrt{\frac{E_g}{2}} \right] \tag{5.47}$$

gegeben.

Weitere Betrachtungen zu QAM erübrigen sich, da diese Modulationsart aufgrund der Amplitudenabhängigkeit der Signalformen für stark störbehaftete Übertragungskanäle unter der Annahme begrenzter Sendeleistung ungeeignet ist. Die bisherige Betrachtung von QAM ist dennoch sinnvoll, da QAM eine Verallgemeinerung der im Weiteren vorgestellten Modulationsarten Amplitudenumtastung (Amplitude Shift Keying, ASK) und Phasenumtastung (Phase Shift Keying) darstellt. Bei beiden Modulationsarten weisen die jeweiligen Signalraum-Vektoren – im Falle einer zweiwertigen Modulation – jeweils keine Unterschiede bezüglich ihrer Amplitude auf.

5.2.2 Amplitudenumtastung

Die Bandpass-Signalformen der M-stufigen Amplitudenumtastung (M-ASK) werden beschrieben durch

$$s_m(t) = A_m g_S(t) e^{j2\pi f_0 t} \tag{5.48}$$

mit $A_m = 2m - 1 - M$, wobei $m = 1, \ldots, M$.

Der Signalraum ist mit der auf die Signalenergie der Impulsform normierten Basisfunktion

$$\phi_1(t) = \sqrt{\frac{2}{E_g}}\, g_S(t) \cos\left(2\pi f_0 t\right) \tag{5.49}$$

eindimensional, so dass ASK im zugehörigen Signalraum mit den Vektoren

$$\mathbf{s}_m = A_m \sqrt{\frac{E_g}{2}} \quad A_m = \pm 1, \pm 1, \ldots, \pm(M-1) \tag{5.50}$$

beschrieben wird.

Die minimale euklidische Distanz zwischen zwei benachbarten Vektoren im Signalraum ist für ASK $d_{\min} = \sqrt{2E_g}$.

Ebenso wie bei QAM können sich die Signalenergien der verschiedenen Signalformen unterscheiden, weshalb ASK mit $M > 2$ bei begrenzter Sendeleistung für stark störbehaftete Übertragungskanäle ausscheidet. Einzig der Fall $M = 2$ ist von Interesse, da hierbei die Symbolentscheidung mit $\mathrm{sgn}\,(\mathbf{s}_m)$ einer Vorzeichenentscheidung entspricht.

Mit der Tatsache, dass die additive Störung einer mittelwertfreien normalverteilten Zufallsvariable mit $\sigma_0^2 = \frac{N_0}{2}$ entspricht (vgl. Unterabschnitt 5.1.1), ist die Bitfehlerwahrscheinlichkeit für 2-ASK gegeben durch

$$P_{e,\text{2-ASK}} = Q\left(\sqrt{\frac{2E_g}{N_0}}\right). \tag{5.51}$$

5.2.3 Phasenumtastung

Die M Phasenwerte $\varphi_m = 2\pi \frac{m-1}{M}$ der kohärenten Phasenumtastung führen zu den M-PSK-Bandpass-Signalformen

$$s_m(t) = \mathrm{Re}\left\{ A\mathrm{e}^{j\varphi_m} g_S(t)\mathrm{e}^{j2\pi f_0 t} \right\} \tag{5.52}$$

$$= \mathrm{Re}\left\{ a_m \mathrm{e}^{j2\pi \frac{m-1}{M}} g_S(t)\mathrm{e}^{j2\pi f_0 t} \right\} \tag{5.53}$$

Der zweidimensionale Signalraum wird, wie für M-QAM auch, durch die Basisfunktionen in Gleichung 5.46 aufgespannt. Damit sind die Signalformen aus Gleichung 5.53 in vektorieller Form

$$\mathbf{s}_m = \left[\sqrt{\frac{E_g}{2}} \cos\left(2\pi \frac{m-1}{M}\right), \sqrt{\frac{E_g}{2}} \sin\left(2\pi \frac{m-1}{M}\right) \right] \tag{5.54}$$

beziehungsweise, analog zu Gleichung 5.45,

$$d_m = A\mathrm{e}^{j\varphi_m}, \tag{5.55}$$

und der minimale euklidische Abstand im Signalraum

$$d_{\min} = \sqrt{2E_g \sin^2\left(\frac{\pi}{M}\right)}. \tag{5.56}$$

Bei kohärenter 2-PSK (auch Binary Phase Shift Keying, BPSK) werden, wie bei 2-ASK auch, antipodale Signalformen zur Modulation verwendet. Entsprechend ist auch die Bitfehlerwahrscheinlichkeit mit

$$P_{\mathrm{e,2\text{-}PSK}} = P_{\mathrm{e,2\text{-}ASK}} = Q\left(\sqrt{\frac{2E_g}{N_0}}\right) \tag{5.57}$$

für beide Modulationsarten identisch.

Betrachtet über $\frac{E_b}{N_0}$ kann die Bitfehlerwahrscheinlichkeit für kohärente 4-PSK (auch Quarternary Phase Shift Keying, QPSK) mit der von 2-PSK gleichgesetzt werden: Da Inphasen- und Quadratur-Komponente orthogonal sind, können beide als unabhängige BPSK-modulierte Signale betrachtet werden. Vergleicht man allerdings beide Modulationsarten jeweils unter dem Einfluss von Störungen mit für beide Modulationsarten identischer Varianz, so verschlechtert sich die Bitfehlerwahrscheinlichkeit für 4-PSK gegenüber der für 2-PSK um 3 dB, da zwar die Signalenergie des Sendesignals und damit die Symbolenergie gleich bleibt, jedoch 2 bit je Symbol übertragen werden. Für PSK mit $M > 4$ kann die Bitfehlerwahrscheinlichkeit nicht mehr analytisch angegeben werden und muss numerisch bestimmt werden [50].

5.2.4 Differentielle Phasenumtastung

Voraussetzung für die Verwendbarkeit kohärenter Phasenmodulationsarten ist, dass die absolute Phase der modulierten komplexen Harmonischen $e^{j2\pi f_0 t}$ am Empfänger bekannt sein muss. Eine dazu notwendige Schätzung der Träger-Phase kann entweder aus sogenannten Pilot-Signalen gewonnen werden oder direkt aus dem modulierten Empfangssignal. Die Schätzung der Träger-Phase bildet die Grundlage für eine Phasenregelung (Phase-Locked Loop, PLL), welche schließlich eine korrekte, kohärente Detektion der gesendeten phasenmodulierten Symbole s_m erlaubt. Bei paketorientierter Übertragung ist die korrekte Detektion des Beginns eines Datenrahmens Voraussetzung für die erfolgreiche Schätzung der Träger-Phase.

Bei Differentieller Phasenumtastung (Differential PSK, D-PSK) wird die Binärinformation über die Differenz aufeinander folgender Symbole codiert. Folglich geschieht die Detektion nicht kohärent; es ist keine Schätzung der absoluten Träger-Phase notwendig, weshalb auf eine Phasenregelung verzichtet werden kann. Allerdings müssen zwei aufeinander folgende Symbole zur Berechnung der Phasendifferenz herangezogen werden, weshalb einzelne Symbole nicht als unabhängig betrachtet werden können, wie dies bei kohärenten gedächtnislosen Modulationsarten der Fall wäre.

Während bei kohärenter PSK die Symbolentscheidung auf der Minimierung der euklidischen Distanz

$$\operatorname*{argmin}_{m} \left\{ \left| \mathbf{r} - \mathbf{s}_m \right| \right\} = \operatorname*{argmin}_{m} \left\{ \left| \varphi_r - \varphi_m \right| \right\} \tag{5.58}$$

zwischen dem zum Empfangssignal $r(t)$ gehörigen Signalraumvektor $\mathbf{r}$ und den möglichen Signalraumvektoren $\mathbf{s}_m$ beruht, wird bei D-M-PSK die Differenz zwischen den Phasen $\varphi_{r,i}$ und $\varphi_{r,i-1}$ zweier aufeinander folgender Symbole r_i und r_{i-1} mit den M möglichen Phasendifferenzen verglichen

$$\operatorname*{argmin}_{m} \left\{ \left| \mathbf{r}_i - \mathbf{r}_{i-1} - \mathbf{s}_m \right| \right\} = \operatorname*{argmin}_{m} \left\{ \left| \Delta\varphi_r - \varphi_m \right| \right\} . \tag{5.59}$$

Bleibt die absolute Träger-Phase φ_0 während der Dauer beider betrachteter Symbole konstant, so spielt sie wegen der Differenzbildung

$$\Delta\varphi_r = \varphi_{r,i} - \varphi_{r,i-1} = (\varphi_{s,i} + \varphi_0 + \varphi_{n,i}) - (\varphi_{s,i-1} + \varphi_0 + \varphi_{n,i-1}) \tag{5.60}$$

keine Rolle mehr. Die Phasenterme $\varphi_{n,i}$, $\varphi_{n,i-1}$ sind durch additive Störungen bedingt und wirken sich auf die Entscheidung aus. Allerdings sind sie nicht mehr normalverteilt, sondern folgen jeweils einer deutlich komplexeren Wahrscheinlichkeitsverteilung [50].

Die Bitfehlerwahrscheinlichkeit ist für D-2-PSK

$$P_{\mathrm{e,D\text{-}2\text{-}PSK}} = \frac{1}{2} \mathrm{e}^{-\frac{E_b}{N_0}} \tag{5.61}$$

und liegt damit über der von koheränter 2-PSK. Für niedrige $\frac{E_b}{N_0}$-Werte ist der Unterschied etwa 3 dB, was plausibel erscheint, da sich jede aufgrund der additiven Störungen falsch zugeordnete Phase wegen der Differenzbildung zwischen jeweils zwei Symbolen auf die Symbolzuordnung zweier aufeinander folgender Symbole auswirkt und sich damit die

Anzahl der Bitfehler verdoppelt. Angenommen wird hierbei, dass entweder $\varphi_{r,i}$ oder $\varphi_{r,i-1}$ fehlerhaft sind. Da die Phasenfehler $\varphi_{n,i}$ und $\varphi_{n,i-1}$ jedoch nicht statistisch unabhängig sind, verringert sich der Unterschied zwischen den Bitfehlerwahrscheinlichkeiten von 2-PSK und D-2-PSK mit zunehmendem $\frac{E_b}{N_0}$ [29].

Zu beachten ist dabei, dass die jeweiligen Phasenwinkel und damit auch die Differenz der Phasenwinkel den Auswirkungen additiver Störungen unterworfen sind. In Anhang C werden die zwischen Phasendifferenz und additiven Störsignalen bestehenden Zusammenhänge analytisch dargelegt. Diese Zusammenhänge können beispielsweise als Grundlage für weitere Untersuchungen herangezogen werden, welche die Systematik der Störszenarien von PLC-Übertragungskanälen (Kapitel 4) und ihre Auswirkungen auf phasendifferentielle OFDM-Übertragung als Gegenstand haben.

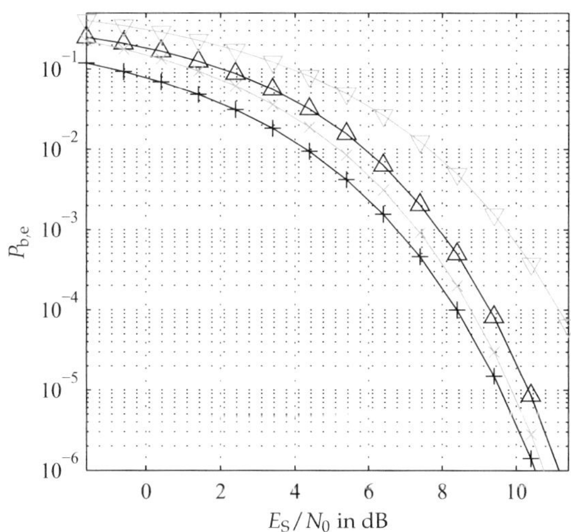

Abbildung 5.2   Theoretische   Bitfehler-Wahrscheinlichkeiten   im   Überblick: Dargestellt sind die Bitfehlerwahrscheinlichkeiten für 2-PSK (schwarz, $+$), D-2-PSK (schwarz, $\triangle$), 4-PSK (grau, $\times$) und D-4-PSK (grau, $\triangledown$).

5.2.5 Bewertungskriterien für Modulationsverfahren

Grundsätzlich stellt sich die Frage, unter welchen Bedingungen welche Modulationsart am besten geeignet ist, um eine zuverlässige Datenübertragung zu gewährleisten. Im Sinne der in Unterabschnitt 2.3.1 genannten Kriterien zur Bewertung der Servicequalität gilt es dabei, ein Modulationsverfahren zu finden, das eine möglichst niedrige Bitfehlerrate bei möglichst hoher Datenrate gewährleistet.

Wie in Unterabschnitt 5.1.4 erläutert wurde, ist die maximal mögliche Datenrate für eine zuverlässige Übertragung durch die Kanalkapazität begrenzt.

Neben der erreichbaren Datenrate und der Bitfehlerwahrscheinlichkeit in Abhängigkeit von $\frac{E_b}{N_0}$ existieren noch die folgenden Kriterien:

Bandbreite-Effizienz r Die Bandbreite-Effizienz gibt Aufschluss darüber, welche Bitrate R_b unter der Annahme einer für die Übertragung benötigten Bandbreite B erzielt werden kann

$$r = \frac{R_b}{B} \tag{5.62}$$

und wird in $\frac{\text{bits/s}}{\text{Hz}}$ angegeben. Je höher die Bandbreite-Effizienz, desto besser (im Sinne einer höheren Datenrate) wird die durch das Signal belegte Bandbreite genutzt.

Energieeffizienz Je niedriger das zum Erreichen einer bestimmten Bitfehlerwahrscheinlichkeit $P_{b,e}$ benötigte $\frac{E_b}{N_0}$ ist, desto höher ist die Energieeffizienz.

Für die M-stufigen Ein-Träger-Modulationsarten M-(D)-PSK und M-ASK (und folglich auch für M-QAM) gilt, dass mit zunehmendem M die Bandbreite-Effizienz mit

$$r = \text{ld}(M) \tag{5.63}$$

zunimmt [50]. Unter der Annahme, dass – aufgrund einer gegebenen Beschränkung der Sendeleistung – eine bestimmte maximale Symbolenergie nicht überschritten werden darf und dass eine bestimmte Bitfehlerwahrscheinlichkeit $P_{b,e}$ erreicht werden soll, sinkt dabei allerdings gleichzeitig die Energieeffizienz, da mit zunehmender Stufigkeit M die minimale euklidische Distanz der entsprechenden Signalraumkonstellation abnimmt. Unter der Annahme einer festen Störsignalleistung erhöht sich dadurch die Bitfehlerwahrscheinlichkeit (vgl. Gleichung 5.35). Voraussetzung dafür, die Stufigkeit einer Modulationsart erhöhen zu können, ist also, dass im Verhältnis zur Störsignalleistung ausreichend Nutzsignalleistung zur Verfügung steht. Eine geringfügige Erhöhung von M erfordert dabei eine überproportional hohe Steigerung der Signalleistung [50]. Die mit M-QAM verwandten Modulationsarten eignen sich also gut für bandbegrenzte Übertragungskanäle, sofern das SNR ausreichend groß ist, um die Stufigkeit M hoch wählen zu können [50].

Im Gegensatz dazu gilt für M-stufige Frequenzumtastung (Frequency Shift Keying, FSK), bei der die Binärinformation in der Frequenz einer harmonischen Schwingung codiert ist [50], dass die Bandbreite mit zunehmendem M wächst und somit die Bandbreite-Effizienz gemäß

$$ r = \frac{2\,\mathrm{ld}(M)}{M} \tag{5.64} $$

abnimmt [50]. Gleichzeitig nimmt allerdings die Energieeffizienz über M zu [50], da die Anzahl der in einem Symbol übertragenen Bits zunimmt, während die Symbolenergie konstant bleibt. Steht also genügend Bandbreite zur Verfügung, so können Daten mit M-FSK [50] auch bei niedrigen SNR-Werten zuverlässig übertragen werden.

Zur Wahl einer geeigneten Modulationsart muss folglich immer ein Kompromiss gefunden werden zwischen der für die Übertragung genutzen Bandbreite und der Energieeffizienz. Mehrträger-Modulationsverfahren besitzen vor diesem Hintergrund den Vorteil, dass sie mehr Freiheitsgrade bei der Wahl von Parametern bieten, die im Fall von Ein-Träger-Modulation direkt miteinander verknüpft wären. So können beispielsweise im Fall von OFDM Symboldauer, Anzahl der parallel zur Übertragung verwendeten Subträger und die für jeden einzelnen Subträger zu verwendende Ein-Träger-Modulationsart unabhängig voneinander gewählt werden.

5.3 Mehrträgermodulationsverfahren

Mehrträgermodulationsverfahren ermöglichen die Datenübertragung auf parallelen, aber dennoch unabhängigen Sub-Kanälen. Sie bieten damit gegenüber Ein-Träger-Modulationsverfahren die Möglichkeit, das Spektrum des Sendesignals in mehrere voneinander unabhängige Teil-Spektren zu unterteilen, die parallel genutzt werden. Damit lassen sich unter Anderem höhere Datenraten erzielen als mit Ein-Träger-Modulationsverfahren: Bei Ein-Träger-Modulationsverfahren erfordert – unter der Annahme, dass dabei dieselbe Modulationsart verwendet wird – die Erhöhung der Datenrate zwangsläufig eine Verringerung der Symboldauer. Im Gegensatz dazu kann die Datenrate bei Mehrträgermodulationsverfahren durch eine höhere Anzahl von Subträgern bzw. Sub-Kanälen erhöht werden, während die Symboldauer gleich bleiben kann.

Allerdings führt die gleichzeitige Verwendung mehrerer Sub-Kanäle dazu, dass die Signalformen eines Mehrträger-Symbols gegenüber denen eines Ein-Träger-Symbols komplexer werden. Diese Tatsache schlägt sich im Crest-Faktor einer Signalform $x(t)$ [29]

$$\Gamma_x = \frac{\max\{|x(t)|\}}{\sqrt{\mathrm{E}\left\{|x(t)|^2\right\}}} \qquad (5.65)$$

nieder bzw. dem Peak-to-Average-Power-Ratio (PAPR) [9]

$$\Lambda_x = \frac{\max\{|x(t)|\}^2}{\mathrm{E}\left\{|x(t)|^2\right\}} . \qquad (5.66)$$

Im Folgenden werden zwei verschiedene Mehrträgermodulationsverfahren betrachtet, zum einen das Orthogonal Frequency Division Multiplexing (OFDM) und zum anderen die Wavelet-Packet-Modulation (WPM).

OFDM impliziert eine Aufteilung der Sendesignalbandbreite in orthogonale Subträger mit im Verhältnis zur Symboldauer geringstmöglicher Bandbreite, wodurch die Kanalkapazität maximiert werden kann [50]. Alle Subträger besitzen dieselbe Signalformdauer, die bei gleicher Modulationsart im Vergleich zu Ein-Träger-Modulationsverfahren bei gleicher Datenrate länger ist und somit weniger empfindlich gegenüber Inter-Symbol-Interferenz (ISI). Darüber hinaus bietet OFDM die Möglichkeit der Verwendung einer Zyklischen Fortsetzung, wodurch die Auswirkungen von Inter-Symbol-Interferenz weiter reduziert werden können. Die modulierten Signalformen bestehen im Fall von OFDM in komplexwertigen Harmonischen. Grundlage zur Erzeugung von OFDM-Sendesignalen ist die Diskrete Fourier-Transformation (DFT).

Die Wavelet-Packet-Modulation hingegen ermöglicht die Wahl unterschiedlicher Bandbreiten für einzelne Subkanäle. Zudem können innerhalb der grundlegenden Zeitdauer eines Symbols je nach Subkanal und gewählter Basis mehrere Subsymbole übertragen werden. Der Wavelet-Packet-Modulation liegt das theoretische Konzept der Diskreten Wavelet-Packet-Transformation (DWPT) zugrunde, die häufig zur Analyse und zur Filterung zeit- und frequenzveränderlicher Signale eingesetzt wird. In [41] wurde gezeigt, dass die sowohl zeitlich als auch im Wesentlichen spektral lokalisierten orthogonalen Signalformen der Wavelet-Packets mit Datensymbolen moduliert werden können und sich damit auch zur Datenübertragung eignen. Da eine nahezu beliebige Gestaltung des Sendesignals möglich ist, kann – unter der Voraussetzung, dass die Eigenschaften eines zeit- und frequenzvarianten Störszenarios a priori bekannt sind – das Sendesignal dahingehend optimiert werden, dass möglichst wenige Subsymbole gestört werden.

Im Folgenden werden die beiden genannten, sehr unterschiedlichen Konzepte für Mehrträgermodulationsverfahren vorgestellt. In Abschnitt 6.1 und Abschnitt 6.2 werden jeweils konkrete Entwürfe für ein auf OFDM basierendes Übertragungssystem und für ein auf WPM basierendes System vorgestellt. Diese Entwürfe werden in Abschnitt 7.4 unter gleichen Bedingungen anhand von Messdaten evaluiert und verglichen.

5.3.1 Orthogonal Frequency Division Multiplexing

Die Datenübertragung über N_C parallele orthogonale Subträger wird als Orthogonal Frequency Division Multiplexing (OFDM) bezeichnet. Sollen mittels OFDM Daten mit derselben Bitrate $R_b = \frac{N_b}{T_S}$ übertragen werden wie mit einem Ein-Träger-Modulationsverfahren, so ist die Symboldauer des OFDM-Systems mit $T_S = N_C \cdot T_{S,SC}$ höher als die des Ein-Träger-Modulationsverfahrens $T_{S,SC}$. Vorausgesetzt ist bei diesem Vergleich, dass alle OFDM-Subträger dieselbe Modulationsart verwenden wie das Ein-Träger-Modulationsverfahren. Ganz allgemein können jedoch die Subträger mit verschiedenen Modulationsarten unabhängig voneinander moduliert werden.

Das Bandpass-Übertragungssignal eines einzelnen OFDM-Symbols mit Index i ist im Zeitintervall $0 \leq t < T_S$ durch

$$s_{O,BP}(t) = \mathrm{Re}\left\{ \sum_{k=0}^{N_C-1} d_i(k) g_S(t) e^{j2\pi(f_0 - f_{C,0} + k\Delta_f)t} \right\} \tag{5.67}$$

$$= \mathrm{Re}\left\{ e^{j2\pi(f_0 - f_{C,0})t} \cdot \underbrace{\sum_{k=0}^{N_C-1} d_i(k) e^{j2\pi k\Delta_f t}}_{s_{O,TP}(t)} \right\} \tag{5.68}$$

gegeben [59]. Dabei sind f_0 die Mischfrequenz und $f_{C,0}$ die Mittenfrequenz des ersten Subträgers. In Anlehnung an Gleichung 5.3 setzt sich ein OFDM-Sendesignal gemäß

$$s_{\text{OFDM,BP}}(t) = \sum_{i=-\infty}^{\nu_S} s_{\text{O,BP}}(t)\delta(t - iT_S) \quad i \in \mathbb{N} \tag{5.69}$$

aus einer Folge von OFDM-Symbolen zusammen.

Zwei harmonische Schwingungen beliebiger verschiedener Frequenz f_1 und f_2 sind in einem Zeitintervall $0 \leq t < T_S$ orthogonal, wenn gilt

$$\int_{-\infty}^{\infty} e^{j2\pi f_1 t} e^{j2\pi f_2 t} \mathrm{d}t = 0 \quad \Leftrightarrow \quad f_1 + f_2 = \frac{k}{T_S} \; \forall k \in \mathbb{N}. \tag{5.70}$$

Der geringste mögliche Frequenzabstand Δ_f in Gleichung 5.68 ist somit $\Delta_f = \frac{1}{T_S}$ unter der Annahme $g_S(t) = g_R(t)$ (vgl. Gleichung 5.44). Setzt man diesen minimalen Frequenzabstand in Gleichung 5.68 für Δ_f und betrachtet $s_{\text{O,BP}}(t)$ in den diskreten Zeitpunkten $t = n\frac{T_S}{N_C}$ ($n = 0,1,\ldots,N_C$), so sieht man, dass die Summe

$$\sum_{k=0}^{N_C-1} d_i(k)e^{j2\pi k\Delta_f t} = \sum_{k=0}^{N_C-1} d_i(k)e^{j2\pi \frac{kn}{N_C}}$$
$$= N_C \cdot \text{IDFT}\{d_i(k)\} \tag{5.71}$$

bis auf einen konstanten Vorfaktor der Inversen Diskreten Fourier-Transformation IDFT $\{\cdot\}$ entspricht.

Mit den komplexwertigen Datensymbolen $d_i(k)$ werden also die N_C orthogonalen und damit voneinander unabhängigen Basisfunktionen

$$s_k(t) = \frac{1}{\sqrt{T_S}}e^{j2\pi\left(f_0+\frac{k}{T_S}\right)} \tag{5.72}$$

moduliert. Aus der Summe dieser dem Subträger-Index $k = 0,1,\ldots,N_C - 1$ indizierten Basisfunktionen setzt sich $s_{\text{O,BP}}(t)$ zusammen. Die Basisfunktionen sind orthonormal, wenn zur Impulsformung ein Rechteckfenster verwendet wird. Jedes der Datensymbole $d_i(k)$ entspricht einem zweidimensionalen Vektor $\mathbf{s}_m$ im Signalraum (vgl. Gleichung 5.6).

Durch die Berechnung der FFT im zugehörigen Symbolintervall erhält man mit

$$\hat{d}_m(k) = \text{DFT}\,\{\tilde{r}_{\text{O,TP}}(n)\} \tag{5.73}$$

die Grundlage für die Symbolentscheidung in Form der komplexwertigen Fourier-Koeffizienten $\hat{d}_i(k)$. Jedes der $\hat{d}_i(k)$ entspricht einem **r** in Gleichung 5.6 mit jeweils $N = 2$ Dimensionen, womit der Bezug zum Matched Filter bzw. Korrelationsempfänger hergestellt ist.

Wie Abbildung 5.3 zeigt, entsteht $\tilde{r}_{\text{O,TP}}(n)$ durch Filterung und Abtastung aus dem äquivalenten Empfangssignal im Tiefpass-Bereich $r_{\text{O,TP}}(t)$.

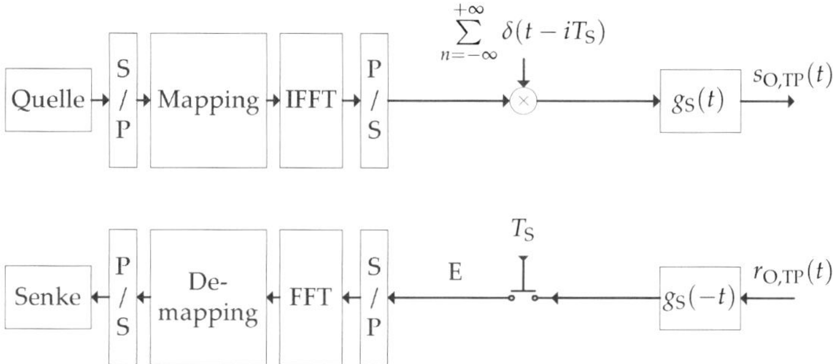

Abbildung 5.3 OFDM Sender- und Empfängerstruktur mit Impulsformung zur Erzeugung des äquivalenten Tiefpasssignals. Nicht dargestellt sind die zur Erzeugung der zeitdiskreten Signale notwendigen AD- und DA-Wandler.

Verteilung der Signalenergie in der Zeit-Frequenz-Ebene

Abbildung 5.4 zeigt, wie die wesentlichen Anteile der Signalenergie eines OFDM Symbols in der Zeit-Frequenz-Ebene verteilt sind. Die einseitige Bandbreite eines OFDM-Übertragungssignals im äquivalenten Basisband lässt sich nach [10] aufgrund der im angenommenen Fall durch eine Rechteckfensterung bedingten endlichen Symboldauer näherungsweise mit

$$W_{\text{S}} = (N_{\text{C}} + 1) \cdot \frac{1}{T_{\text{S}}} \tag{5.74}$$

abschätzen. Die Mittenfrequenzen der Subträger liegen bei

$$f_{\text{C},k} = k \cdot \frac{1}{T_{\text{S}}}\,, \tag{5.75}$$

die Bandbreite eines einzelnen Subträgers kann nach [10] mit

$$W_{\mathrm{SC}} = \frac{1}{T_{\mathrm{S}}} \tag{5.76}$$

angegeben werden.

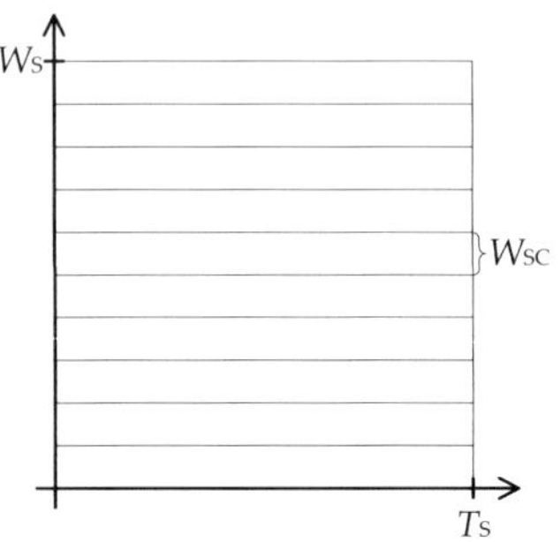

Abbildung 5.4   Aufteilung der Zeit-Frequenz-Ebene bei einem OFDM-Signal.

Zeit- und frequenzdifferentielle Phasenmodulation

In Unterabschnitt 5.2.4 wurde die inkohärente differentielle Phasenmodulation für zeitlich nacheinander auf einem einzelnen Träger übertragene Datensymbole beschrieben. Übertragen auf OFDM bedeutet dies die Differenzbildung der Phasen zweier nacheinander in verschiedenen OFDM-Symbolen empfangener komplexer Fourier-Koeffizienten desselben Subträgers mit Index k

$$\hat{d}_i(k) = \left|\hat{d}_i(k)\right| \cdot \mathrm{e}^{\mathrm{j}\hat{\varphi}_{i,k}}$$

$$\hat{d}_{i+1}(k) = \left|\hat{d}_{i+1}(k)\right| \cdot \mathrm{e}^{\mathrm{j}\hat{\varphi}_{i+1,k}}$$

gemäß

$$\Delta_\varphi^{\mathrm{T}} = \hat{\varphi}_{i,k} - \hat{\varphi}_{i+1,k} \,. \tag{5.77}$$

Die differentielle Phasenmodulation, bei der die Information über die Phasendifferenz gemäß Gleichung 5.77 codiert wird, wird im Folgenden als M-wertige zeitdifferentielle Phasenmodulation $\mathrm{D_t}$-M-PSK bezeichnet.

Im Fall von OFDM werden Datensymbole parallel auf den jeweiligen Subträgern übertragen. Daher besteht nicht nur die Möglichkeit, wie durch Gleichung 5.77 beschrieben, die Phasendifferenz zweier zeitlich aufeinander folgender Datensymbole eines Subträgers zu berechnen. Alternativ können die Binärinformationen auch über die Phasendifferenz zweier auf benachbarten Subträgern desselben OFDM-Symbols mit Index i übertragener Datensymbole codiert werden. In diesem Fall ergibt sich die Phasendifferenz aus

$$\Delta_\varphi^{\mathrm{F}} = \hat{\varphi}_{i,k} - \hat{\varphi}_{i,k+1} \, . \tag{5.78}$$

Die differentielle Phasenmodulation, bei der die Information über die Phasendifferenz gemäß Gleichung 5.78 codiert wird, wird im folgenden als M-wertige frequenzdifferentielle Phasenmodulation D_{f}-M-PSK bezeichnet.

In Abhängigkeit von den Kanaleigenschaften bzw. den Eigenschaften des Störszenarios können sich beide Möglichkeiten der differentiellen inkohärenten Phasenmodulation in ihrer Fehlerwahrscheinlichkeit unterscheiden. Ist der Übertragungskanal wenig zeitvariant, empfiehlt sich die zeitdifferentielle Phasenmodulation, bei hoher Zeitvarianz die frequenzdifferentielle [29].

Erzeugung eines reellwertigen äquivalenten Tiefpass-Signals mit komplexwertigen Fourier-Koeffizienten

Üblicherweise werden die komplexwertigen Koeffizienten $d_i(k)$ so gewählt, dass $d_i(k) = 0$ für $\frac{N_{\mathrm{FFT}}}{2} < k < N_{\mathrm{FFT}}$ Damit sind die $s_{\mathrm{O,TP}}$ komplexwertig und es muss daraus mit Hilfe eines Quadraturmischers das reellwertige Bandpasssignal erzeugt werden, wie es Gleichung 5.68 impliziert. Liegt der Frequenzbereich für die Übertragung jedoch so niedrig, dass er mit vertretbarem Aufwand im Sinne realisierbarer Abtastraten ohne Verletzung des Abtasttheorems dargestellt werden kann, kann auch direkt mit Hilfe der IFFT ein reellwertiges äquivalentes Basisbandsignal erzeugt werden. Hierzu muss lediglich die Bedingung $d_i(k) = d_i^*(k')$ für $\frac{N_{\mathrm{FFT}}}{2} < k < N_{\mathrm{FFT}}, 1 < k' \leq \frac{N_{\mathrm{FFT}}}{2}$ eingehalten werden, damit die Koeffizienten hermitesch bezüglich $k = \frac{N_{\mathrm{FFT}}}{2}$ sind.

Um den Bezug zur maximal möglichen Signalamplitude herzustellen, greift Unterabschnitt 6.1.3 die beschriebenen Zusammenhänge nochmals auf.

Zyklische Erweiterung von OFDM-Symbolen

Aufgrund der Periodizität der Basisfunktionen bei OFDM kann jedes OFDM-Symbol zyklisch erweitert werden. Die zyklische Erweiterung von OFDM-Symbolen eröffnet die Möglichkeit, Inter-Symbol-Interferenz und Inter-Carrier-Interferenz bei Übertragungskanälen mit nicht zu vernachlässigender maximaler Dauer der Kanalimpulsantwort T_{max} zu vermeiden [29]. Um eine zyklische Fortsetzung der Länge N_{CP} zu erzielen, werden jedem OFDM-Symbol der Länge N_{FFT} die letzten $N_{FFT} - N_{CP}$ Abtastwerte vorangestellt. Ist $N_{CP} \cdot f_A < T_{max}$, so treten bei der Übertragung keine durch die Kanalimpulsantwort verursachte Inter-Symbol-Interferenz und Inter-Carrier-Interferenz mehr auf. Allerdings wird durch die zyklische Fortsetzung auch die Symbolrate um den Faktor $\frac{1}{N_{FFT}+N_{CP}}$ reduziert, wodurch sich die Datenrate verringert. Dennoch stellt die Möglichkeit zur einfachen zyklischen Erweiterung der OFDM-Symbole einen großen Vorteil von OFDM dar, insbesondere gegenüber Ein-Träger-Modulationsverfahren. Im Frequenzbereich betrachtet besteht ein weiterer Vorteil von OFDM in der Aufteilung der verwendeten Bandbreite in mehrere orthogonale Subträger von jeweils relativ geringer Bandbreite. Damit können für jeden der Subträger die entsprechende Dämpfung und Störleistungsdichte angegeben werden. Auf jedem Subträger kann dann eine dem jeweiligen SNR angemessene Modulationsart verwendet werden, was die Kanalkapazität gegenüber Ein-Träger-Modulationsverfahren erhöht [50].

Pilottöne zur Kanalschätzung und Feinsynchronisation

OFDM ermöglicht das Einfügen von sogenannten Pilot-Tönen [29]. Pilot-Töne werden durch Modulation einzelner Subträger mit festgelegten komplexwertigen Symbolen in festgelegter zeitlicher Folge, also innerhalb bestimmter OFDM-Symbole, erzeugt. Die komplexen Werte der Pilot-Töne sind dem Empfänger vorab bekannt, so dass im Empfänger eine Schätzung der Kanaleinflüsse oder eine Feinsynchronisation des Symboltaktes erfolgen kann. Der Einsatz von Pilot-Tönen ist nur bei ausreichend hohem SNR sinnvoll.

Empfindlichkeit gegenüber Synchronisationfehlern und Crest-Faktor

Ein Nachteil von OFDM besteht in einer hohen Empfindlichkeit gegenüber Synchronisationsfehlern. Der Symboltakt muss empfängerseitig möglichst exakt rekonstruiert werden, da ansonsten Phasenfehler bezüglich der Datensymbole auf allen Subträgern entstehen, die schlimmstenfalls zu falschen Symbolentscheidungen auf allen Subträgern gleichzeitig führen. Es sind geeignete Methoden für die Symboltaktsynchronisation und Rahmendetektion erforderlich [9].

Ein weiterer Nachteil von OFDM besteht in dem schlechten Verhältnis der maximal möglichen Sendesignalamplitude zur im Mittel auftretenden Sendesignalamplitude, welches sich in einem hohen Crest-Faktor bzw. PAPR auswirkt. Auf diesen Zusammenhang wird in Abschnitt 7.6 genauer eingegangen.

5.3.2 Wavelet-Packet-Modulation

Im Gegensatz zu OFDM werden bei der Wavelet-Packet-Modulation (WPM) orthogonale Signalformen moduliert, die sowohl zeitlich als auch im Wesentlichen spektral lokalisiert sind. Die Wavelet-Packet-Modulation nutzt die Diskrete Wavelet-Packet-Transformation (DWPT), welche sich aus den zur Berechnung der Diskreten Wavelet Transformation verwendeten Filterbanken ableiten lässt. Die theoretische Grundlage sowohl der Wavelet-Packet-Modulation als auch der Diskreten Wavelet-Transformation bildet das Konzept der Multiskalen-Analyse (Multiresolution Analysis, MRA). Da sowohl die MRA als auch die DWT für das Verständnis der Eigenschaften der Wavelet-Packet-Modulation unerlässlich sind, werden diese im Folgenden erläutert. Darauf aufbauend wird das Konzept der Wavelet Packets dargestellt und abschließend die Wavelet-Packet-Modulation. Die Darstellung der Zusammenhänge zwischen Multiskalen-Analyse, Wavelet-Transformation und Wavelet-Packet-Transformation im vorliegenden Abschnitt 5.3.2 richtet sich im Wesentlichen nach [44], wobei die Nomenklatur in Teilen an [34] angelehnt ist. Auf mathematische Beweisführungen wird im Folgenden verzichtet; der interessierte Leser sei auf [44, 34] verwiesen. Eine sehr anschauliche Darstellung der für Wavelet Packets relevanten Zusammenhänge findet sich zudem in [66].

Grundlage der Wavelet- und der Wavelet-Packet-Transformation ist die Multiskalen-Analyse.

Multiskalen-Analyse

Ursprünglicher Zweck der Multiskalen-Analyse (Multiresolution Analysis, MRA) ist es, die Auflösung eines Signals in weitem Maße flexibel wählen zu können. Sofern eine Approximation des Signals mit geringerer Auflösung für dessen weitere Verarbeitung ausreicht, kann diese Verarbeitung aufgrund der durch die Verwendung der Approximation verringerten Datenmenge effizienter erfolgen.

Die Approximation einer Funktion $f(t)$ mit ihrer ursprünglichen Auflösung A_0 wird durch ein gleichmäßiges Raster von Stützstellen dieser Funktion festgelegt. Die Stützstellen der Approximation befinden sich in einem größeren Abstand $1/(k \cdot A_0)$, $k \in \mathbb{N}$, zueinander als die der ursprünglichen Funktion. Jede der Stützstellen stellt eine lokale Mittelung der Funktion $f(t)$ in einer Umgebung proportional zum Inversen der Auflösung dar. Eine Änderung der Auflösung bedingt folglich gleichzeitig eine veränderte Skalierung $S = 1/A = 2^j$ der Funktion $f(t)$. Betrachtet werden im Folgenden ausschließlich dyadische Veränderungen der Auflösung, $k = 2^{-j}$. Definiert wird die Approximation $f_j(t)$ mit Auflösung $A = 2^{-j}$ der Funktion $f(t)$ als eine orthogonale Projektion von $f(t)$ auf den Raum $V_j \subset L^2(\mathbb{R})$. Dabei enthält V_j alle möglichen Approximationen der Funktion mit Auflösung 2^{-j}, und $L^2(\mathbb{R})$ ist der Raum aller quadratisch integrierbaren Funktionen. Die Approximation ist im Raum V_j enthalten, $f_j(t) \in V_0$, und ist $f(t)$ maximal ähnlich, minimiert also die Norm $\|f(t) - f_j(t)\|$.

Die Gesamtheit aller abgeschlossenen Unterräume $\{V_j\}_{j \in \mathbb{Z}}$ in der Menge der quadratisch integrierbaren Funktionen $L^2(\mathbb{R})$ wird als MRA bezeichnet, wenn die folgenden Bedingungen erfüllt sind:

Translationsinvarianz der Unterräume gegenüber Verschiebungen proportional zur Skalierung 2^j

$$f(t) \in V_j \iff f\left(t - 2^j k\right) \in V_j \quad \forall (j,k) \in \mathbb{Z}^2. \tag{5.79}$$

Kausalitätseigenschaft der Räume V_j und V_{j+1}: Die Approximation mit der Auflösung 2^{-j} enthält alle Informationen, die notwendig sind, um aus ihr eine Approximation mit gröberer Auflösung $2^{-(j+1)}$ zu berechnen

$$V_{j+1} \subset V_j \quad \forall j \in \mathbb{Z}. \tag{5.80}$$

Skalierungseigenschaft: Eine Approximation mit gröberer Auflösung 2^{-j} ist durch Skalierung der in V_j enthaltenen Funktion definiert entsprechend

$$f(t) \in V_j \iff f\left(\frac{t}{2}\right) \in V_{j+1}. \tag{5.81}$$

Abwärtsvollständigkeit: Mit abnehmender Auflösung gehen die Details der Funktion $f(t)$ verloren

$$\lim_{j\to\infty} V_j = \bigcap_{j=-\infty}^{\infty} V_j = \emptyset \tag{5.82}$$

Aufwärtsvollständigkeit: Mit zunehmender Auflösung konvergiert die Approximation gegen die Funktion $f(t)$ und es gilt

$$\lim_{j\to\infty} V_j = \bigcup_{j=-\infty}^{\infty} V_j = L^2(\mathbb{R}) \tag{5.83}$$

Existenz einer Skalierungsfunktion θ , so dass die Menge der verschobenen Skalierungsfunktionen $\{\theta(t-n)\}_{n\in\mathbb{Z}}$ eine Riesz-Basis des Raums V_0 darstellen. Das bedeutet, die Funktionen $\{\theta(t-n)\}_{n\in\mathbb{Z}}$ sind linear unabhängig und stellen einen Frame im Hilbert-Raum dar. Die Energie der Innenprodukte zur Abbildung eines Vektors f in V_j ist mit

$$a\,\|f\| \leq \sum_{n=-\infty}^{\infty} |\langle f(t), \theta(t-n)\rangle|^2 \leq b\,\|f\| \tag{5.84}$$

endlich, wobei die Existenz der beiden Grenzen $0 < a \leq b,\ a,b \in \mathbb{R}$ vorausgesetzt wird.

Skalierungsfunktion Zur Berechnung der Approximation mit Auflösung 2^{-j} einer Funktion f wird eine orthogonale, idealerweise sogar orthonormale, Basis benötigt. Die Funktionen

$$\phi_{j,n}(t) = \frac{1}{\sqrt{2^j}}\phi\left(\frac{t - n\cdot 2^j}{2^j}\right) \tag{5.85}$$

stellen zusammen als $\{\phi_{j,n}\}_{n\in\mathbb{Z}}$ eine solche orthonormale Basis für den Raum V_j dar. In diesem Fall gilt $a = b$ in Gleichung 5.84, somit ist die Menge der Basisfunktionen $\{\phi(t-n)\}_{n\in\mathbb{Z}}$ ein sogenannter Tight Frame. Die Basisfunktion $\phi_{0,0}(t)$ wird als Skalierungs-Funktion bezeichnet. Durch sie wird die gesamte MRA beschrieben.

Durch Skalieren und Verschieben der Skalierungsfunktion lässt sich die Approximation von $f(t)$ in V_j mit

$$f_{V_j}(t) = \sum_{n=-\infty}^{\infty} \langle f(t), \phi_{j,n}\rangle\, \phi_{j,n}(t) \tag{5.86}$$

ausdrücken. Die Koeffizienten

$$a_j(n) = \langle f(t), \phi_{j,n}(t) \rangle \tag{5.87}$$

stellen die diskrete Approximation von $f(t)$ mit Auflösung 2^{-j} dar. Es kann gezeigt werden [44], dass die $a_j(n)$ aus einer im Abstand 2^j abgetasteten Tiefpass-Filterung der Funktion $f(t)$ entstehen.

Wavelet Zwar ist, wie aus Gleichung 5.80 hervorgeht, die Approximation mit Auflösung 2^{-j} als Teil in einer Approximation höherer Auflösung 2^{-j+1} enthalten. Allerdings kann nicht aus einer Approximation alleine die Approximation mit höherer Auflösung berechnet werden, hierfür werden zusätzliche Informationen benötigt. Diese sind im zu V_j orthogonalen Komplementärraum W_j enthalten. Die Approximation höherer Auflösung ergibt sich aus der direkten Summe $\oplus$ der Komplementärräume gemäß

$$V_{j-1} = V_j \oplus W_j \, . \tag{5.88}$$

Der Raum W_j enthält die sogenannten Details, die zwar in V_{j-1} enthalten sind, jedoch nicht in V_j.

Die orthonormale Basis des Raums W_j wird mit dem skalierten und verschobenen Wavelet $\psi(t)$

$$\psi_{j,n}(t) = \frac{1}{\sqrt{2^j}} \psi\left(\frac{t - n \cdot 2^j}{2^j} \right) \tag{5.89}$$

durch $\left\{ \psi_{j,n}(t) \right\}_{n \in \mathbb{Z}}$ gebildet. Die Gesamtheit aller verschobenen Wavelets einer bestimmten Skalierung j stellt eine orthonormale Basis von W_j dar. Hingegen ist die Gesamtheit aller skalierten und verschobenen Wavelets $\left\{ \psi_{j,n}(t) \right\}_{(j,n) \in \mathbb{Z}^2}$ eine orthonormale Basis des $L^2(\mathbb{R})$. Die Funktion $\psi_{0,0}(t)$ wird als Mutter-Wavelet bezeichnet.

Die Funktion f wird durch die orthogonale Projektion

$$f_{W_j}(t) = \sum_{n=-\infty}^{\infty} \langle f(t), \psi_{j,n}(t) \rangle \, \psi_{j,n}(t) \tag{5.90}$$

im Raum W_j dargestellt. Die Koeffizienten

$$d_j(n) = \langle f(t), \psi_{j,n}(t) \rangle \tag{5.91}$$

sind die diskreten Details von $f(t)$ mit Auflösung 2^j. Sie entstehen aus einer im Abstand 2^j abgetasteten Hochpass-Filterung der Funktion $f(t)$.

Das Signal $f(t)$ wird durch die Wavelet-Basis exakt abgebildet, wenn alle Skalierungen und Verschiebungen einbezogen werden, also

$$f(t) = \sum_{j=-\infty}^{\infty} \sum_{n=-\infty}^{\infty} d_j(n)\psi_{j,n}(t) \, .$$

Es kann gezeigt werden, dass jede beliebige Skalierungsfunktion $\phi \in L^2(\mathbb{R})$, die eine Basis für einen Raum V_0 darstellt, durch ein diskretes Tiefpass-Filter mit den Koeffizienten

$$g_{\mathrm{TP}}(n) = \left\langle \frac{1}{\sqrt{2}}\phi\left(\frac{t}{2}\right), \phi(t-n) \right\rangle \tag{5.92}$$

dargestellt wird [44]. Die Koeffizienten der Hochpass-Filter für die Details ergeben sich aus

$$g_{\mathrm{HP}}(n) = \left\langle \frac{1}{\sqrt{2}}\psi\left(\frac{t}{2}\right), \phi(t-n) \right\rangle \, . \tag{5.93}$$

Sie lassen sich unter Verwendung des Zusammenhangs

$$g_{\mathrm{HP}}(n) = (-1)^n g_{\mathrm{TP}}(1-n) \tag{5.94}$$

aus den Koeffizienten der Skalierungsfilter berechnen.

Diskrete Wavelet-Transformation

Um Approximationen $a_j(n)$ und Details $d_j(t)$ einer Funktion $f(t)$ mit Skalierung 2^j zu erhalten, muss diese Funktion über die Basis $\{\phi_{j,n}(t)\}_{n\in\mathbb{Z}}$ in den Unterraum V_j und über die Basis $\{\psi_{j,n}(t)\}_{n\in\mathbb{Z}}$ in den Unterraum W_j abgebildet werden. Die Unterräume sind geschachtelte Teilräume

$$\ldots \subset V_{-2} \subset V_{-1} \subset V_0 \subset V_1 \subset V_2 \subset L^2(\mathbb{R}) \tag{5.95}$$

des $L^2(\mathbb{R})$, die sich jeweils in orthogonale Unterräume mit

$$V_k = V_{k+1} \oplus W_{k+1}, \quad V_{k+1} \perp W_{k+1} \tag{5.96}$$

zerlegen lassen.

Die zu berechnenden Koeffizienten der jeweiligen Basis sind durch die Gleichungen 5.87 und 5.91 definiert. Sie werden effizient mit kaskadierten Faltungs- und Unterabtastungs-Operationen berechnet. Die sukzessive Dekomposition erfolgt gemäß

$$a_{j+1}(p) = \sum_{n=-\infty}^{\infty} g_{\mathrm{TP}}(n-2p)a_j(n) \qquad (5.97)$$

$$d_{j+1}(p) = \sum_{n=-\infty}^{\infty} g_{\mathrm{HP}}(n-2p)a_j(n). \qquad (5.98)$$

Man erhält also die Approximation auf der nächsthöheren Skalierungsstufe (also mit doppelter Skalierung bzw. halber Auflösung) durch Filtern der Approximation mit den als Tiefpass-Dekompositionsfilter bezeichneten Koeffizienten $g_{\mathrm{TP}}(n)$, wobei jeder zweite (ungerade) Wert des Ergebnisses der Faltung verworfen wird. Die Details der nächsthöheren Skalierungsstufe werden auf gleiche Weise aus der Approximation gewonnen, mit dem Unterschied, dass die als Hochpass-Dekompositionsfilter bezeichneten Filterkoeffizienten $g_{\mathrm{HP}}(n)$ verwendet werden.

Die Rekonstruktion erfolgt gemäß

$$a_j(p) = \sum_{n=-\infty}^{\infty} g_{\mathrm{TP}}(p-2n)a_{j+1}(n) + \sum_{n=-\infty}^{\infty} g_{\mathrm{HP}}(p-2n)d_{j+1}(n). \qquad (5.99)$$

Um die Approximation der nächstniedrigeren Skalierungsstufe (also mit halber Skalierung bzw. doppelter Auflösung) zu erhalten, werden der Approximation an ungeraden Stellen Nullen hinzugefügt, bevor sie mit der Koeffizienten-Folge $g_{\mathrm{TP}}(-n)$ bzw. mit der Koeffizienten-Folge $g_{\mathrm{HP}}(-n)$ gefaltet werden. Diese Koeffizienten-Folgen werden als Synthesefilter bezeichnet. Der Zusammenhang zwischen Dekompositions- und Synthesefiltern lautet

$$h_{\mathrm{TP}} = g_{\mathrm{TP}}^{*}(-n) \qquad (5.100)$$

$$h_{\mathrm{HP}} = g_{\mathrm{HP}}^{*}(-n) . \qquad (5.101)$$

Die sukzessive Berechnung der Gleichungen 5.97 und 5.98 bis zu einer bestimmten Stufe J (entsprechend einer Darstellung des Signals in Approximationen und Details mit Auflösung J^{-1}) wird als Diskrete Wavelet-Transformation (DWT) bezeichnet. Die Rekonstruktion eines Signals aus den Koeffizienten, welche das Signal in einer bestimmten

Auflösung J^{-1} darstellen, erfolgt mit Gleichung 5.99 und wird als Inverse Diskrete Wavelet-Transformation (IDWT) bezeichnet. Sowohl DWT als auch IDWT werden mit Hilfe einer Filterbank aus kaskadierten Tiefpass- und Bandpass-Filtern berechnet, vgl. Abbildung 5.6.

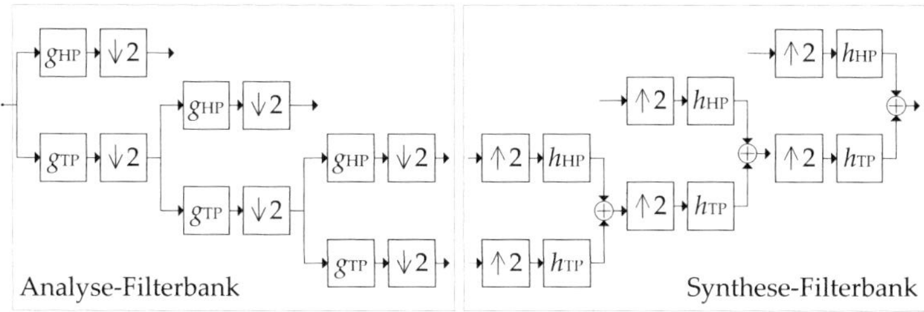

Abbildung 5.5 Exemplarische Filterbank zur Berechnung der Diskreten Wavelet-Transformation.

Eigenschaften der Tiefpass- und Hochpass-Filter Das einer zeitdiskreten Skalierungsfunktion zugeordnete Tiefpass-Filter muss im Frequenzbereich die Bedingungen

$$G_{\mathrm{TP}}(0) = \sqrt{2} \tag{5.102}$$

$$\left| G_{\mathrm{TP}}\left(\frac{\Omega}{2}\right) \right|^2 + \left| G_{\mathrm{TP}}\left(\frac{\Omega}{2} + \pi\right) \right|^2 = 2 \tag{5.103}$$

erfüllen. Das Spektrum der Skalierungsfunktion ergibt sich dann aus

$$\Phi(\Omega) = \prod_{j=1}^{\infty} \frac{1}{\sqrt{2}} G_{\mathrm{TP}}\left(\frac{\Omega}{2^j}\right). \tag{5.104}$$

Mit dem Zusammenhang in Gleichung 5.94 folgt für die Übertragungsfunktion des Bandpassfilters

$$G_{\mathrm{HP}}(\Omega) = -G_{\mathrm{TP}}^*(\Omega + \pi)\,\mathrm{e}^{-\mathrm{j}\Omega}. \tag{5.105}$$

Dabei ist Ω die normierte Kreisfrequenz mit $\Omega = \frac{2\pi f}{f_{\mathrm{A}}}$.

Die Rekonstruktion eines beliebigen Signals aus seiner Dekomposition soll wieder dem Original selbst entsprechen. Eine Filterbank, die eine solche perfekte Rekonstruktion erlaubt, wird als „Perfect Reconstruction Filterbank" bezeichnet. Die Perfect-Reconstruction-Eigenschaft (PR-Eigenschaft) wird durch sogenannte Quadrature Mirror Filter (QMF) und

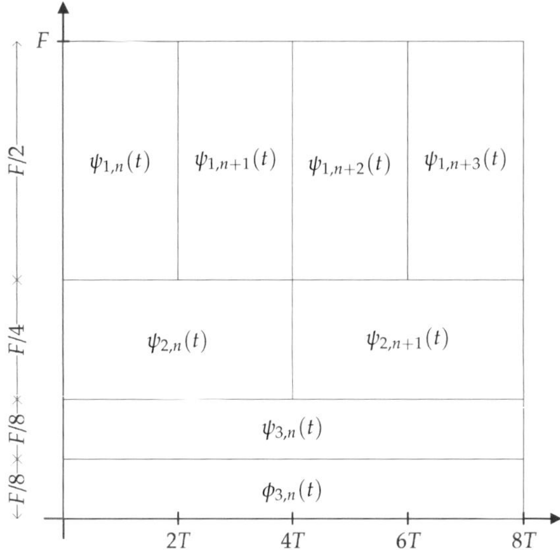

Abbildung 5.6 Aufteilung der Zeit-Frequenz-Ebene durch die Filterbank in Abbildung 5.5 und Zuordnung der Basisfunktionen zu Zeit-Frequenz-Atomen. Der Punkt F auf der Frequenzachse entspricht der normierten Kreisfrequenz $\Omega = \pi$ und $T = \frac{1}{f_A}$.

auch durch sogenannte Conjugate Mirror Filter (CMF) erfüllt. Im Folgenden liegt das Augenmerk auf den CMF, da sie im Gegensatz zu QMF endliche Filter-Impulsantworten besitzen. Mit Hilfe der DWT werden eine Funktion bzw. deren Approximationen sukzessive weiter in Approximationen und Details aufgespalten, wobei die zeitliche Auflösung in jedem Schritt halbiert wird. Erreicht wird dies durch Kaskadierung mehrerer CMF-Filterbanken [44], wie aus dem Beispiel in Abbildung 5.5 ersichtlich wird. Abbildung 5.6 veranschaulicht die aus der in Abbildung 5.5 dargestellten Filterbank resultierende Aufteilung der Zeit-Frequenz-Ebene sowie die Zuordnung zwischen den Zeit-Frequenz-Atomen und den Wavelet-Basisfunktionen.

Diskrete Wavelet-Packet-Transformation

Da das Ergebnis der Filterung mit einem CMF-Paar wieder eine orthonormale Basis des entsprechenden Raumes liefert, können auch die durch Wavelets aufgespannten Räume W_j durch CMF-Paare weiter aufgespalten werden. Die hierfür verwendeten Filter ergeben sich aus skalierten und verschobenen Wavelet-Funktionen.

Damit wird eine rekursive Aufspaltung des Signals in orthogonale Unterräume erreicht. Diese Aufspaltung lässt sich mit einem binären Baum visualisieren, dessen Knoten mit (j,p) indiziert werden. Jeder der Knoten repräsentiert einen Unterraum W_j^p mit der orthonormalen Basis $\left\{ \psi_j^p \left(t - n2^j \right) \right\}_{n \in \mathbb{Z}}$. Die Kinder eines Knotens mit Index (j,p) besitzen die orthonormalen Basen

$$\psi_{j+1}^{2p}(t) = \sum_{n=-\infty}^{\infty} g_{\mathrm{TP}}(n)\psi_j^p \left(t - n2^j \right) \qquad \text{und} \qquad (5.106)$$

$$\psi_{j+1}^{2p+1}(t) = \sum_{n=-\infty}^{\infty} g_{\mathrm{HP}}(n)\psi_j^p \left(t - n2^j \right) , \qquad (5.107)$$

woraus sich bezüglich der Unterräume der Zusammenhang

$$W_j^p = W_{j+1}^{2p+1} \oplus W_{j+1}^{2p} \qquad (5.108)$$

ergibt. Zulässig sind alle Binärbäume, deren Knoten entweder keine oder zwei Kinder haben. Die direkte Summe aller Unterräume ergibt den Raum W_j^0 des Start-Knotens des Binärbaums, und somit stellt die Gesamtheit aller Wavelet-Packet-Basen eine orthogonale Basis des Raums V_0 dar. Die Wahl einer bestimmten Basis $\mathfrak{B}$ erfolgt durch die Wahl der Knotenindizes eines zulässigen Wavelet-Packet-Baumes, so dass $\mathfrak{B} = \{ (j_n, p_n) \}$ mit $n \in \mathbb{Z}$.

Für ein zeitdiskretes Signal endlicher Länge N kann die Anzahl möglicher Wavelet-Packet-Basen B_J mit

$$2^{N/2} \le B_J \le 2^{5N/8}. \qquad (5.109)$$

abgeschätzt werden. Die maximale Anzahl möglicher Basen hängt dabei von der maximal möglichen Tiefe des Baumes $J = \mathrm{ld}(N)$ ab.

Lokalisierung von Wavelet Packets im Zeitbereich Der Begriff „Träger" wird im Folgenden äquivalent zum im Englischen üblichen Begriff des „Support" verwendet. Im Wesentlichen wird dadurch die zeitliche Ausdehnung einer Funktion beschrieben, der Begriff Träger ist also nicht zu verwechseln mit dem Begriff des Subträgers in Unterabschnitt 5.3.1. Es wird angenommen, dass das CMF-Paar $g_{\mathrm{TP}}(n)$ und $g_{\mathrm{HP}}(n)$ Impulsantworten der Länge K besitzt, womit der Träger der Skalierungsfunktion $\phi(n)$ die Länge $K-1$ hat. Damit hat der Träger der Wavelet-Funktion ψ_J^0 der Skalierungsstufe J die Länge $(K-1)2^J$. Verallgemeinert besitzt der Träger der Wavelet-Funktion ψ_j^p die Länge $(K-1)2^j$.

Lokalisierung von Wavelet Packets im Frequenzbereich Die Downsampling-Operationen in der Analyse-Filterbank bewirken eine Halbierung der Nyquist-Frequenz für die Ergebnisse der Filterung. Dadurch kann es zu einer Verschiebung der spektralen Wiederholungen des Filter-Ergebnisses kommen. Unabhängig davon werden die Ergebnisse der Filterung bei der weiteren Aufspaltung von durch Hochpass-Filterung gewonnenen Funktionenräumen in andere Frequenzbänder abgebildet, als dies die Baum-Struktur bzw. Indizierung nahelegt. Diese auch als Band Shuffling bezeichnete Umsortierung der Frequenzbänder geschieht selbst bei der Verwendung von Filtern mit idealen Übertragungsfunktionen, das heißt mit idealer Flankensteilheit.

Der Index p im Wavelet-Packet-Baum wird dadurch dem Frequenzband mit Index k zugeordnet. Die Zuordnung basiert auf einer Indizierung der Frequenzbänder mit einem Gray-Code. Hierfür werden den einzelnen Frequenzbändern Gray-codierte Bitvektoren zugewiesen und diese anschließend in ganze Dezimalzahlen umgewandelt, welche den dem jeweiligen k-ten Frequenzband zugeordneten Index p darstellen.

In [44] wird diese Zuordnung mit Hilfe des Modulo-Operators mod analytisch beschrieben mit

$$k_i = \left(\sum_{l=i}^{J} p_l \right) \bmod 2. \tag{5.110}$$

Dem liegen die durch Bitvektoren repräsentierten ganzzahligen Indizes p mit $[p_J, \ldots, p_2, p_1]$ und k mit $[k_J, \ldots, k_2, k_1]$ zugrunde mit den MSBs k_J bzw. p_J. Mit Gleichung 5.110 werden die einzelnen Bits k_i aus den p_i berechnet. Die Zuordnung wird in Tabelle 5.1 am Beispiel eines Baums der Tiefe $J=4$ exemplarisch verdeutlicht.

Werden Wavelets mit kompaktem Träger verwendet, besitzen die zugehörigen Filter endliche Impulsantworten. Dies bedeutet, dass die Tiefpass-Filter im normierten Frequenzbereich nicht nur – wie eigentlich gewünscht – im normierten Frequenzbereich $[-\pi/2, \pi/2]$ Spektralanteile besitzen, sondern eigentlich im Frequenzbereich unendlich ausgedehnt

Subband-Index k	Gray-Code zu k	Knoten-Index p
0	0000	0
1	0001	1
2	0011	3
3	0010	2
4	0110	6
5	0111	7
6	0101	5
7	0100	4
8	1100	12
9	1101	13
10	1111	15
11	1110	14
12	1010	10
13	1011	11
14	1001	9
15	1000	8

Tabelle 5.1 Zuordnung von Subband-Indizes k und Knoten-Indizes p für einen Wavelet-Packet-Baum der maximalen Tiefe $J = 4$.

sind. Ähnlich haben die Bandpass-Filter nicht nur im gewünschten Frequenzbereich $[-\pi, -\pi/2] \cup [\pi/2, \pi]$ Spektralanteile. Dennoch ist ihre jeweilige Signalenergie zum größten Teil in den gewünschten Bereichen konzentriert.

Die nicht ideale Lokalisierung im Frequenzbereich kann zu Aliasing bezüglich der Filter in einer bestimmten Basis führen. Die PR-Eigenschaft wird dadurch jedoch nicht verletzt, sofern die Koeffizienten vor der Rekonstruktion nicht verändert werden.

5.3.3 Datenübertragung mittels Wavelet Packets

Das Grundprinzip von OFDM beruht auf der Modulation von Subträgern in Gestalt orthogonaler komplexwertiger Harmonischer. Wie in Abbildung 5.4 dargestellt, ist die Auflösung in Zeitrichtung durch die Symboldauer fest vorgegeben. Mit der Symboldauer ist gleichzeitig die Frequenzauflösung festgelegt, die dem Kehrwert der Symboldauer entspricht. Die gesamte durch das OFDM-Signal belegte Bandbreite kann über die Anzahl der modulierten Subträger bestimmt werden, ist dadurch allerdings auch direkt mit der erzielbaren Datenrate verknüpft.

Auch Wavelet Packets stellen orthogonale Signalformen dar und können somit unabhängig voneinander moduliert werden. Die theoretischen Grundlagen für die sogenannte Wavelet-Packet-Modulation (WPM) wurden in [41] gelegt, teilweise aufbauend auf einer Arbeit zur Datenübertragung mittels Wavelets und digitaler Filterbanken [28]. Die in Abschnitt 5.3.2 diskutierten Eigenschaften der Wavelet Packets erlauben eine in großem Maße flexible Festlegung von Zeitauflösung und Frequenzauflösung. Nutzt man modulierte Wavelet Packets als orthogonale Träger eines Mehrträgermodulationsverfahrens, so lassen sich diese Eigenschaften zur Gestaltung des Übertragungssignals nutzen. Hieraus ergeben sich vielfältige Möglichkeiten, das insgesamt für die Übertragung genutzte Frequenzband in weitere Subbänder unterschiedlicher Breite aufzuteilen. In den jeweiligen Subbändern können Subsymbole unterschiedlicher Zeitdauern übertragen werden.

Ausgangspunkt für die mathematische Beschreibung der WPM ist die Festlegung einer Wavelet-Packet-Basis. Der Entwurf von Kriterien zur Wahl einer geeigneten Basis sind nicht Gegenstand der folgenden Betrachtungen, stattdessen sei beispielsweise auf die in [41] beschriebenen Ansätze hierfür verwiesen.

Die Grundidee sowie das dabei angewendete Grundprinzip werden dennoch in kompakter Form dargelegt: Eine flexible Gestaltung der Bandbreiten und Zeitdauern von Subsymbolen eines Mehrträgermodulationsverfahrens bietet die Möglichkeit, die Auswirkungen zeit- und frequenzvarianter Störsignale auf die Bitfehlerrate zu begrenzen. Dies geschieht, indem das WPM-Signal in der Zeit-Frequenz-Ebene durch Wahl einer geeigneten Wavelet-Packet-Basis so aufgeteilt wird, dass möglichst wenige Subbänder und Subsymbole durch Störsignale mit relativ zum Sendesignal hoher Signalenergie betroffen sind [41]. Dieses Prinzip kann als Erweiterung der im Frequenzbereich für OFDM anwendbaren Water-Filling-Methode [50] zur Maximierung der Kanalkapazität auf die Zeit-Frequenz-Ebene aufgefasst werden.

Die Modulation erfolgt, wie in Abbildung 5.7 dargestellt, in einer festgelegten Basis $\mathfrak{B} = \{(j_n, p_n)\}$ mit einem zulässigen Wavelet-Packet-Baum der maximalen Tiefe J und der maximalen Anzahl möglicher Subbänder $P = 2^J$.

Mit Hilfe der zeitverschobenen und skalierten Wavelet-Basisfunktionen lässt sich das modulierte Mehrträger-Signal der WPM schreiben als die

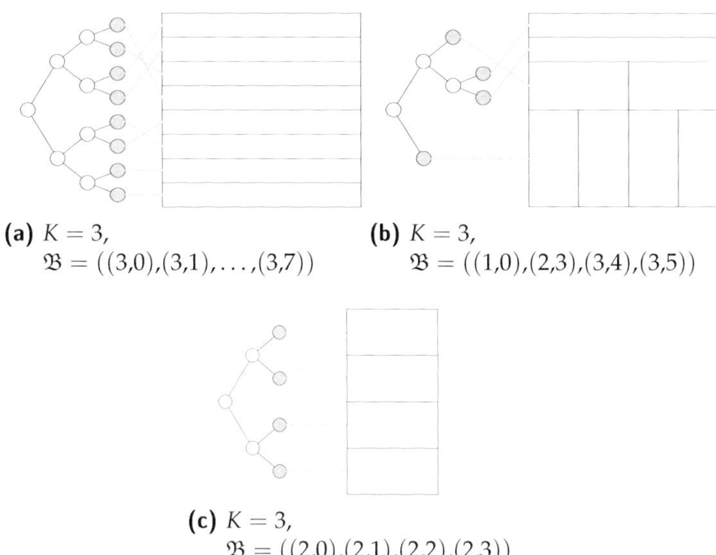

(a) $K = 3,$
$\mathfrak{B} = ((3,0),(3,1),\ldots,(3,7))$

(b) $K = 3,$
$\mathfrak{B} = ((1,0),(2,3),(3,4),(3,5))$

(c) $K = 3,$
$\mathfrak{B} = ((2,0),(2,1),(2,2),(2,3))$

Abbildung 5.7 Auswahl zulässiger Wavelet-Packet-Basen und zugehörige Aufteilungen der Zeit-Frequenz-Ebene. (c) zeigt den Unterschied in der Interpretation eines Wavelet-Packet-Baumes mit $J = 2$ im Vergleich zu einem Baumes mit $J = 3$.

Überlagerung zeitverschobener und skalierter orthogonaler Basisfunktionen

$$s_{\mathrm{W,TP}}(t) = \sum_{m=-\infty}^{+\infty} \sum_{p=1}^{P} d_{j,m}^{p}\, \psi_j^{p}\left(t - 2^j m\right). \tag{5.111}$$

Die Koeffizienten $d_{j,m}^{p}$ entsprechen Signalraum-Koeffizienten und sind im allgemeinen Fall Teil einer QAM-Konstellation im Signalraum mit den Koeffizienten in Gleichung 5.45. Gleichung 5.111 ist damit Gleichung 5.68 ähnlich: In jedem der p Subbänder wird eine Folge von Subsymbolen übertragen. Je nach Wahl der Basis $\mathfrak{B}$ ergeben sich unterschiedliche Bandbreiten für die jeweiligen Subbänder. Bedingt durch die möglicherweise unterschiedlichen Skalierungen der Basisfunktionen können sich zudem die Zeitdauern der Subsymbole verschiedener Subbänder unterscheiden. Dadurch können sich in den einzelnen Subbändern unterschiedliche Subsymbol-Raten ergeben. Grundsätzlich können allen zulässigen

Basen eines Wavelet-Packet-Baumes Datensymbole zugewiesen werden. Entscheidend dabei ist lediglich, dass dieselbe Basis zur Modulation und Demodulation verwendet wird.

Die Erzeugung des Sendesignals in Gleichung 5.111 erfolgt gemäß

$$s_{\text{WPM,TP}}(t) = \left(\sum_{i=-\infty}^{\infty} \text{IDWPT}\left\{\left\{d_{j,m}^{p}\right\}\right\} \cdot \delta\left(t - i\frac{T_{\text{S}}}{N}\right) \right) * \phi\left(\frac{T_{\text{S}}}{N}t\right)$$

(5.112)

effizient durch die Berechnung der IDWPT der QAM-Symbole mittels einer Multiraten-Filterbank, gefolgt von einer Impulsformung mit der zeitverschobenen Skalierungsfunktion.

Da die Skalierungsfunktion als Impulsformungsfilter verwendet wird, lässt sich zeigen, dass das Leistungsdichtespektrum des WPM-Signals proportional ist zum Leistungsdichtespektrum der Skalierungsfunktion [41, 29, 50].

Die Datensymbole $\left\{d_{j,m}^{p}\right\}$ werden aus dem Empfangssignal $r(t) = a \cdot s_{\text{WPM}}(t) + n(t)$ durch Umkehrung der einzelnen Operationen in Gleichung 5.112 gewonnen:

$$\left\{d_{j,m}^{p}\right\} = \text{DWPT}\left\{ \left(r(t) * \phi\left(-\frac{T_{\text{S}}}{N}t\right)\right) \cdot \sum_{-\infty}^{\infty} \delta\left(t - i\frac{T_{\text{S}}}{N}\right) \right\} \qquad (5.113)$$

Die mathematischen Operationen zur Rückgewinnung der Datensymbole in Gleichung 5.113 stellen in ihrer Gesamtheit ein Matched Filter bezüglich der Basisfunktionen $\psi_{j}^{p}\left(t - 2^{j}m\right)$ dar.

Damit die Rückgewinnung der Datensymbole aus dem Empfangssignal eindeutig möglich ist, müssen vorab die folgenden Parameter festgelegt werden:

- Wavelet-Familie bzw. Wavelet und Skalierungsfunktion,

- Maximale Tiefe J der zu verwendenden Filterbank und

- Basis $\mathfrak{B}$, in der die Datensymbole moduliert werden sollen.

5.3.4 Parametrierung der Wavelet-Packet-Modulation

Die spektrale und zeitliche Lokalisierung des WPM-Sendesignals werden maßgeblich durch die Wahl der Skalierungsfunktion bestimmt und sind

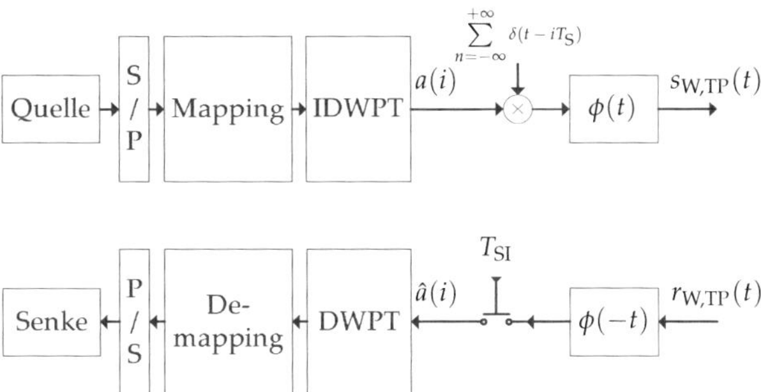

Abbildung 5.8   Wavelet Packet Modulation: Sender- und Empfängerstruktur zur Erzeugung des äquivalenten Tiefpasssignals.

damit abhängig von der Wahl der Wavelet-Familie. Auf eine umfassende Betrachtung der unterschiedlichen Eigenschaften verschiedener Wavelet-Familien wird nicht näher eingegangen. In Abschnitt 6.2 werden wesentliche Zusammenhänge am Beispiel eines bestimmten Wavelets dargelegt.

Schwerpunkt der folgenden Betrachtungen sind die Eigenschaften und Auswirkungen der Wahl von Parametern bezüglich der Basiswahl und der damit verknüpften Zusammenhänge bezüglich der Aufteilung der Zeit-Frequenz-Ebene, bezüglich der Struktur der Filterbank sowie hinsichtlich der Zeitdauern und Bandbreiten der Signalformen.

Basiswahl und maximale Tiefe des Wavelet-Packet-Baumes   Aus der Wahl der Wavelet-Packet-Basis heraus ergibt sich die Zuordnung, auf welcher Stufe und in welchem Subband ein bestimmtes Datensymbol der Filterbank übergeben wird.

Die maximale Tiefe J des sich aus der Wahl der Basis ergebenden Binärbaumes repräsentiert dabei die Basisfunktionen mit der größten Skalierung, also mit der geringsten Zeit- und der größten Frequenzauflösung. Der größtmögliche Abstand zwischen zwei aufeinander folgenden Basisfunktionen ist mit 2^J definiert und damit gleichzeitig die geringste Rate, mit der Datensymbole in Subbändern der Tiefe J übertragen werden können. Im Abstand 2^J wiederholt sich die durch die Wahl der Basis festgelegte Aufteilung der Zeit-Frequenz-Ebene in zeitlicher Richtung. Dieser Abstand wird im Folgenden als das Symbolintervall N_{SI} bezeichnet. Das Symbolintervall ist nicht zu verwechseln mit einer Symboldauer im Sinne der Dauer einer Signalform.

Mit dem Knoten der maximalen Tiefe im Wavelet-Packet-Baum sind die Wiederholrate für das Aufteilungsschema gegeben und gleichzeitig die niedrigste Symbolrate R_J bezüglich der Datensymbole d_J^p an den Knoten der IDWPT mit der Skalierung $j = J$. Der Zusammenhang zwischen N_{SI} und R_J lautet mit der Verschiebung 2^J gemessen in Abtastwerten

$$N_{SI} = \frac{2^J}{R_J}. \tag{5.114}$$

Die Bandbreite des gesamten Signals im Symbolintervall N_{SI} ist W_S.

Die diskreten Bandbreiten $W_{SC,j}$ und Zeitdauern $N_{SS,j}$ der einzelnen Atome der Zeit-Frequenz-Ebene sind durch die Tiefe j der jeweiligen Knoten im Wavelet-Packet-Baum bestimmt. Da die Bandbreiten der jeweiligen Atome für ein bestimmtes j gleich sind, werden durch die Basiswahl und die daraus folgende Aufteilung der Zeit-Frequenz-Ebene Subbänder der Bandbreite $W_{SC,j}$ definiert. Diese Bandbreiten ergeben sich gemäß

$$W_{SC,j} = \frac{W_S}{2^j} \tag{5.115}$$

relativ zur Bandbreite des gesamten Signals, die Zeitdauern der einzelnen Subsymbole zu

$$N_{SS,j} = N_{SI} \cdot 2^j. \tag{5.116}$$

Signalformdauer Die Realisierung der DWPT und IDWPT erfolgt über eine Filterbank, die zur Berechnung der Koeffizienten jeder Stufe eine Faltung der vorliegenden Koeffizienten der vorherigen Stufe mit der Impulsantwort des jeweiligen Filters ausführt. Die Berechnung des jeweiligen Faltungsergebnisses kann entweder über die zyklische Faltung erfolgen oder über die aperiodische Faltung [30]. In beiden Fällen bleibt die Orthogonalität der Basisfunktionen erhalten, allerdings werden durch die zyklische Faltung die spektralen Eigenschaften der Subbänder und des gesamten Sendesignals verfälscht. Aus diesem Grund wird zur Realisierung der Filterbänke im Folgenden immer die aperiodische Faltung verwendet. Im Gegensatz zur zyklischen Faltung verlängert sich dadurch allerdings die Länge des Ergebnisses der Filterung. Das Ergebnis der aperiodischen Filterung einer Eingangsfolge der Länge L mit einem FIR-Filter der Ordnung m ist $L + m$ [30]. Damit erhöht sich die Anzahl der Wavelet-Packet-Koeffizienten auf jeder Stufe der Rekonstruktions-Filterbank nicht nur um den Faktor zwei bedingt durch das Upsampling, sondern zusätzlich um die Länge der Impulsantwort des FIR-Filters $L_h = m + 1$.

Mit der Anzahl der Wavelet-Packet-Koeffizienten $N_{K,i}$ einer Stufe der Rekonstruktions-Filterbank ergibt sich auf der nächsthöheren Stufe $i-1$

$$N_{K,i-1} = \underbrace{2N_{K,i} - 1}_{\uparrow 2} + \underbrace{L_h - 1}_{\text{Faltung}}, \tag{5.117}$$

wobei das Upsampling durch Einfügen von Nullen an Positionen ungerader Indizes nahezu eine Verdopplung der Anzahl an Koeffizienten bewirkt und die Faltung eine Erhöhung um die Länge der Filter-Impulsantwort. Dieser rekursive Zusammenhang lässt sich mit

$$N_{K,i-I} = \left(2^I - 1\right)\left(N_{K,i} + L_h - 2\right) + N_{K,i} \tag{5.118}$$

für die I Stufen höhere Stufe der Rekonstruktions-Filterbank explizit angeben. Mit Gleichung 5.118 lässt sich die Länge einer Signalform bestimmen, die sich aus den Datensymbolen $\left\{d_{j,m}^p\right\}$ am Ausgang der Filterbank ergibt, nachdem die zugehörigen Wavelet-Packet-Koeffizienten alle der gewählten Basis entsprechenden Stufen der Filterbank durchlaufen haben.

Gleichung 5.118 legt außerdem die Grundlage dafür, die Dauer eines Signals im Symbolintervall N_{SI} angeben zu können. Die Länge einer Signalform am Ausgang der Filterbank ergibt sich durch Einsetzen der Länge der Filter-Impulsantwort L_F der Hochpass- und Tiefpass-Filter der Filterbank sowie der Anzahl der Datensymbole N_D, die den Filtern mit maximaler Filterbanktiefe J zur Modulation übergeben wurden, zu

$$N_{K,J} = \left(2^J - 1\right)\left(N_D + L_h - 2\right) + N_D. \tag{5.119}$$

Die den jeweiligen Datensymbolen entsprechenden im Intervall N_{SI} auf einander folgenden Signalformen mit der Länge, die sich aus Gleichung 5.119 ergibt, werden additiv überlagert und sukzessive der Faltung mit dem Impulsformungsfilter unterzogen, was einer weiteren Faltung mit der Impulsantwort des der Skalierungsfunktion zugeordneten Filters entspricht. Die Signalform verlängert sich dadurch erneut und besitzt schließlich eine Länge von

$$N_{WPM} = \left(2^J - 1\right)\left(N_D + L_h - 2\right) + N_D + L_h - 1. \tag{5.120}$$

6 Parametrierung der zu vergleichenden Mehrträger-Modulationsverfahren

Wie bereits aus den vorangegangenen Abschnitten ersichtlich wurde, unterscheiden sich OFDM und WPM grundlegend. Für den Entwurf eines Übertragungssystems basierend auf WPM sind deutlich mehr Parameter festzulegen als für OFDM. Diese Parameter haben mitunter großen Einfluss auf die Eigenschaften des Übertragungssignals im Zeit- und im Frequenzbereich. Einer der größten Unterschiede zwischen beiden Mehrträgermodulationsverfahren besteht allerdings in der Definition der Dauern der jeweiligen Signalformen.

Im Folgenden werden zwei Ansätze für Modulationsverfahren zur Datenübertragung über das Energieverteilnetz vorgestellt. Die Parameter des OFDM-Systems und dessen Struktur sind aus [35] übernommen und in Abschnitt 6.1 der Vollständigkeit halber im Überblick aufgeführt.

In Abschnitt 6.2 wird hingegen die Parametrierung für das Modulationsverfahren eines völlig neuen Systemansatzes für die Datenübertragung mittels PLC vorgestellt. Dabei wird die Wavelet-Packet-Modulation zur Modulation der Binärinformationen genutzt. Primäres Kriterium bei der Wahl der Parameter der WPM ist die Vergleichbarkeit – im Rahmen der Möglichkeiten – mit dem OFDM-System hinsichtlich der Bandbreite des Übertragungssignals sowie der Datenrate. Gleichzeitig dient allerdings die Wahl der Parameter auch dem Zweck, eine andere Aufteilung der Zeit-Frequenz-Ebene zu nutzen als dies beim betrachteten OFDM-System der Fall ist.

6.1 OFDM für PLC-Übertragungssysteme

Die Parameter des in Abschnitt 7.4 und Abschnitt 7.5 evaluierten OFDM-Systems sind Tabelle 6.1 zu entnehmen und gehen auf den in [35] vorgestellten Systementwurf zurück.

Die in Tabelle 6.1 aufgeführten Parameter dienen als Grundlage für die Konfiguration des Systemmodells des in Abschnitt 7.3 beschriebenen Simulationsmodells. Mit Hilfe dieses Simulationsmodells werden unter realitätsnahen Bedingungen, das heißt unter dem Einfluss realer PLC-

Parameter	Werte
Abtastrate (Basisband) / kHz	333,333
FFT-Punkte N_{FFT}	1024
Länge FFT-Fenster T_S / ms	3,072
Cyclic Prefix N_{CP} / Abtastwerte	87
Cyclic Prefix T_{CP} / ms	0,261
OFDM-Symboldauer $T_{SI} = T_S + T_{CP}$ / ms	3,333
Trägeranzahl N_C	48
Trägerindizes	244...291
$f_{C,min}$ / kHz	79,427
$f_{C,max}$ / kHz	94,726
Bandbreite / kHz	15,951
Modulationsart	(D_t-2-PSK)

Tabelle 6.1 Zur Evaluation von OFDM verwendete Parameter-Konfiguration. $f_{C,min}$ und $f_{C,max}$ sind die Mittenfrequenzen des Subträgers mit der niedrigsten beziehungsweise höchsten Frequenz.

Störszenarien, zum einen verschiedene Subträger-Modulationsarten hinsichtlich ihrer Zuverlässigkeit evaluiert (vgl. Unterabschnitt 7.4.1) und zum anderen ein Vergleich der jeweiligen Zuverlässigkeit von OFDM und WPM angestellt (vgl. Unterabschnitt 7.4.2).

Des Weiteren wird mit den Parametern in Tabelle 6.1 das Modulationsverfahren des in Abschnitt 7.2 beschriebenen integrierten Datenübertragungs- und Signalerfassungssystems konfiguriert. Mit Hilfe dieses Systems wird unter Anderem die Datenübertragung über ein reales Niederspannungsnetz untersucht, Ergebnisse hierzu finden sich in Abschnitt 7.4.

6.1.1 Konfiguration des realen Übertragungssystems

Die in [35] beschriebene Systemkonfiguration soll sinnvoll am realen Niederspannungs-Energieverteilnetz validiert werden. Um dies gewährleisten zu können, müssen außer den übertragenen Daten auch detaillierte Informationen über die Kanaleigenschaften vorliegen. Diese Informationen können im besten Fall durch eine Auswertung der realen Sende- und Empfangssignale gewonnen werden, wofür eine spezielle Systemarchitektur notwendig ist. Eine derartige Architektur wird in Abschnitt 7.2 näher beschrieben, die Ergebnisse der Validierung finden sich in Abschnitt 7.5.

Allerdings wird dabei nicht ein kontinuierlicher Datenstrom übertragen, stattdessen werden die Daten in Form der in Abbildung 2.19 dargestellten Datenrahmen übertragen. Unter Verwendung dieses Rahmenformats kann eine durchschnittliche maximale Datenrate von ca. 11,8 kbit/s erzielt werden.

Die Rahmendetektion und Symboltaktsynchronisation erfolgen mit dem in [35] beschriebenen Verfahren anhand der Nulldurchgänge der Netzwechselspannung. Daraus ergibt sich ein fester zeitlicher Bezug der Datenübertragung zur Phase der Netzwechselspannung.

6.1.2 Konfiguration des Simulationsmodells

Das in Abschnitt 7.3 beschriebene Simulationsmodell erlaubt die realitätsnahe Simulation von Übertragungssystemen anhand aufgezeichneter PLC-Störszenarien. Dabei werden Sender und Empfänger als perfekt synchronisiert angenommen, was die reine Evaluation des Modulationsverfahrens ermöglicht. Daher kann auf die Verwendung einer Zyklischen Fortsetzung bzw. eines Guard-Intervalls bei der Simulation verzichtet werden, zumal keine Einflüsse hinsichtlich Mehrwegeausbreitung zu erwarten sind. Dadurch weist diese Konfiguration in Bezug auf die Zyklische Erweiterung von der in Tabelle 6.1 beschriebenen ab. Bei kontinuierlicher Übertragung ist damit eine Datenrate von 14,4 kbit/s erreichbar.

Die Parameter, welche die Struktur des Sendesignals in der Zeit-Frequenz-Ebene festlegen – Symboldauer, Abtastrate und Anzahl der Subträger – werden aus Tabelle 6.1 übernommen. Über die dort vorgesehene Modulation mit D_t-2-PSK hinaus werden mit Hilfe des Simulationsmodells auch D_f-2-PSK, D_t-4-PSK und D_f-4-PSK untersucht, was den Vergleich der jeweiligen Bitfehlerraten ermöglicht. Bei der Simulation kommen zwei verschiedene Arten der Normierung des Sendesignals zur Anwendung: Der Vergleich zwischen WPM und OFDM in Unterabschnitt 7.4.2 und die Untersuchungen in Unterabschnitt 7.4.1 basieren auf einer experimentellen Normierung des Sendesignals, die Abschnitt 7.3 genauer ausgeführt wird. Für die weiteren Betrachtungen von OFDM in Abschnitt 7.6 kommt dagegen die durch Gleichung 6.7 beschriebene analytische Normierung zum Einsatz.

6.1.3 Leistungsdichtespektrum, mittlere Leistungsdichte und Signalenergie

Wie in Unterabschnitt 5.1.2 beschrieben, erfolgt die Detektion eines Datensymbols mit Hilfe eines Korrelationsempfängers oder Matched Filter. Die Bitfehlerwahrscheinlichkeit hängt vom SNR am Ausgang des Matched Filter ab, also von dem Verhältnis aus Bitenergie und Störleistung. Während sich die Bitenergie im Fall von Ein-Träger-Modulationsverfahren direkt aus dem Zeitsignal bestimmen lässt, sind im Fall von Mehrträgermodulationsverfahren genauere Betrachtungen bezüglich der Maximalamplituden im Zeitbereich und dem mittleren Leistungsdichtespektrum notwendig, um schließlich die Signalenergie für ein Subsymbol eines Mehrträgermodulationsverfahrens bestimmen zu können. Im Folgenden werden die notwendigen Betrachtungen für OFDM angestellt.

Zusammenhang zwischen mittlerer und maximaler OFDM-Signalleistung

Bekannt ist, dass der Crest-Faktor (vgl. Gleichung 5.65) im Fall von OFDM-Übertragungssignalen mit der Anzahl der Träger N'_C gemäß

$$\Gamma_x \approx \sqrt{N'_\mathrm{C}} \tag{6.1}$$

wächst [29]. Analog dazu gilt für das Verhältnis von Maximalleistung und mittlerer Leistung das Peak-to-Average-Power-Ratio (PAPR)

$$\Lambda_x = \frac{\max\left\{|x(t)|\right\}^2}{\mathrm{E}\left\{|x(t)|^2\right\}} \approx N'_\mathrm{C} \tag{6.2}$$

[9]. Zu beachten ist dabei allerdings, dass diese Abhängigkeit des Crest-Faktors und des PAPR von der Anzahl der Subträger für OFDM-Signale

in Bandpass-Lage gilt. Im äquivalenten Basisband, also für die hier betrachteten OFDM-Systeme, ist die doppelte Anzahl der Subträger $N_C = 2N_C'$ anzusetzen.

Maximalamplitude und Amplitudennormierung

Sämtlichen Betrachtungen in Kapitel 7 liegt die Tatsache zugrunde, dass für das Sendesignal $s(t)$ eine maximale Amplitude von $\hat{s} = \max\{|s(t)|\}$ zulässig ist. Diese Maximalamplitude ist entweder durch Normen festgelegt (vgl. EN 50065, Abschnitt 2.5), oder durch die Grenzen des linearen Aussteuerbereiches eines Leistungsverstärkers vorgegeben. Zur Verbesserung der Lesbarkeit der Gleichungen wird im Weiteren innerhalb dieses Abschnitts N_{FT} anstatt N_{FFT} verwendet.

Ausgehend von der allgemeinen Beschreibung zeitdiskreter OFDM-Signale im Basisband durch die IFFT (vgl. Gleichung 5.71) erfolgt im Folgenden die Berechnung des zeitdiskreten Signals eines OFDM-Symbols im Basisband über N_{FT} Punkte unter Verwendung der Normierung [50]

$$s_O(n) = \frac{1}{\sqrt{N}} \sum_{k=0}^{N_{FT}-1} X(k)e^{j2\pi\frac{nk}{N}} \,. \tag{6.3}$$

Die $X(k)$ stellen dabei allgemein die Folge der komplexwertigen Datensymbole dar. Soll ein reellwertiges Sendesignal erzeugt werden, so kann die Anzahl der in einem OFDM-Symbol modulierten Subträger N_C innerhalb der Grenzen $1 \leq N_C \leq \frac{N_{FT}}{2}$ frei gewählt werden. Zusätzlich zu den N_C Datensymbolen werden weitere N_C Koeffizienten $X(k)$ so erzeugt, dass

$$\begin{aligned} X(k) &= d_i(k) \\ X(N_{FT}-k+1) &= X^*(k)\,, \end{aligned} \tag{6.4}$$

wobei $1 < k_0 \leq k < k_0 + N_C - 1$ und $k_0 < \frac{N_{FT}}{2} - N_C$.

Im Folgenden erfolgt die Modulation ausschließlich mit Phasenumtastung, so dass die Datensymbole durch

$$d_i(k) = Ae^{j\varphi_{k,i}}$$

gegeben sind, wobei die $\varphi_{k,i}$ entsprechend Gleichung 5.55 gewählt werden.

Unter diesen Voraussetzungen erhält man das Zeitsignal eines zeitdiskreten OFDM-Symbols durch

$$
\begin{aligned}
s_O(n) &= \frac{1}{\sqrt{N_{FT}}} \sum_{k=0}^{N_{FT}-1} X(k) e^{j2\pi \frac{nk}{N_{FT}}} \\
&= \frac{A}{\sqrt{N_{FT}}} \sum_{k=0}^{\frac{N_{FT}}{2}} \left(e^{\left(j2\pi \frac{nk}{N_{FT}} + \varphi_k\right)} + e^{j\left(2\pi \frac{n(N_{FT}-k)}{N_{FT}} - \varphi_k\right)} \right) \\
&= \frac{2A}{\sqrt{N_{FT}}} \sum_{k=k_0}^{k_0+N_C-1} \cos\left(2\pi \frac{nk}{N_{FT}}\right).
\end{aligned}
\tag{6.5}
$$

Die maximal mögliche Amplitude, die das Zeitsignal für PSK-modulierte Subträger annehmen kann, ergibt sich daraus mit der Abschätzung

$$
s_O(n) = \frac{2A}{\sqrt{N_{FT}}} \sum_{k=k_0}^{k_0+N_C-1} \cos\left(2\pi \frac{nk}{N}\right) \leq \frac{2AN_C}{\sqrt{N_{FT}}}.
\tag{6.6}
$$

Ohne Beschränkung der Allgemeinheit wird im Folgenden $A = 1$ angenommen. Das normierte Sendesignal $s_{O,n}(n)$ erhält man folglich mit

$$
s_{O,n}(n) = s_O(n) \frac{\sqrt{N_{FT}}}{2AN_C}.
\tag{6.7}
$$

Ein Sendesignal mit einer gewünschten Maximalamplitude $\hat{s}$ erhält man aus $s_{O,n}(n)$ durch Multiplikation gemäß

$$
s_O(n) = \hat{s} \cdot s_{O,n}(n).
\tag{6.8}
$$

Für die Betrachtungen in den weiteren Abschnitten wird der Übergang vom zeitdiskreten Signal $s_O(n)$ zu einem zeitkontinuierlichen Signal $s_O(t)$ vorausgesetzt. Dieser Übergang kann gemäß Abtasttheorem einfach durch Faltung der Impulsfolge des zeitdiskreten Signals $s_O(n)$ mit einer Folge zeitlich verschobener $\frac{\sin(x)}{x}$-Funktionen geschehen, vgl. [33].

Abschätzungen für die mittlere Leistung im Zeitbereich, das Leistungsdichtespektrum und die Symbolenergie

Mit Gleichung 6.1 bzw. Gleichung 6.2 und der Maximalamplitude $\hat{s}$ des Sendesignals $s_\mathrm{O}(t)$ erhält man, unter Berücksichtigung der Symboldauer T_S, dessen mittlere Leistung

$$P_\mathrm{s} = \frac{1}{T_\mathrm{S}} \int\limits_0^{T_\mathrm{S}} |s_\mathrm{O}(t)|^2 \, \mathrm{d}t = \frac{\hat{s}^2}{2N_\mathrm{C}} \, . \tag{6.9}$$

Eine Abschätzung der mittleren Leistungsdichte des Signals ergibt sich mit dessen zweiseitiger Bandbreite B und der mittleren Leistung des Zeitsignals

$$S_\mathrm{O}(f) = \frac{P_\mathrm{s}}{B} \qquad f \in \left[-f_0 - \frac{W}{2}, -f_0 + \frac{W}{2}\right] \cup \left[f_0 - \frac{W}{2}, f_0 + \frac{W}{2}\right] , \tag{6.10}$$

unter der Annahme, dass das Signal hinreichend auf die Bandbreite B begrenzt ist.

Für OFDM-Signale kann der Verlauf des Leistungsdichtespektrums grob mit zwei Rechtecken der Breite von jeweils B (vgl. Gleichung 5.74) und der Höhe entsprechend $S_\mathrm{O}(f)$ angenähert werden, wobei die Außerbandleistung vernachlässigt wird. Betrachtungen zur Genauigkeit dieser Abschätzung finden sich in Anhang B.

Die einseitige Bandbreite eines einzelnen Subträgers W_SC entspricht, wie in Gleichung 5.76 angegeben, dem Abstand der Subträger. Damit lassen sich die Abschätzungen für die mittlere Leistung eines Subträgers

$$P_\mathrm{SC} = P_\mathrm{S}\,(f) \cdot B_\mathrm{SC} \tag{6.11}$$

und die mittlere Signalenergie eines Subträgers

$$E_\mathrm{S,SC} = T_\mathrm{S} \cdot P_\mathrm{SC} \tag{6.12}$$

angeben.

6.2 WPM für PLC-Übertragungssysteme

Als Modulationsart wird 2-ASK verwendet. Wie in Unterabschnitt 5.2.2 dargelegt, handelt es sich dabei um eine mit 2-PSK vergleichbare Modulationsart. Im Gegensatz zur Phasenumtastung, die komplexwertige Datensymbole erfordert, werden allerdings rein reellwertige Datensymbole zur Modulation verwendet.

Als Basis wird zur Modulation eine Filterbank mit $K = 3$ gewählt. Die gewählte Basis entspricht $\mathfrak{B} = \{(3{,}0), (3{,}1), (3{,}3), \ldots, (3{,}7)\}$, es werden also alle Basisfunktionen mit maximaler Frequenz- und minimaler Zeitauflösung zur Modulation verwendet. Innerhalb von $N_{\mathrm{SI}} = 2^3$ Abtastwerten werden mittels der reellwertigen Datensymbole insgesamt 8 Bits parallel auf den 2^3 Subbändern übertragen.

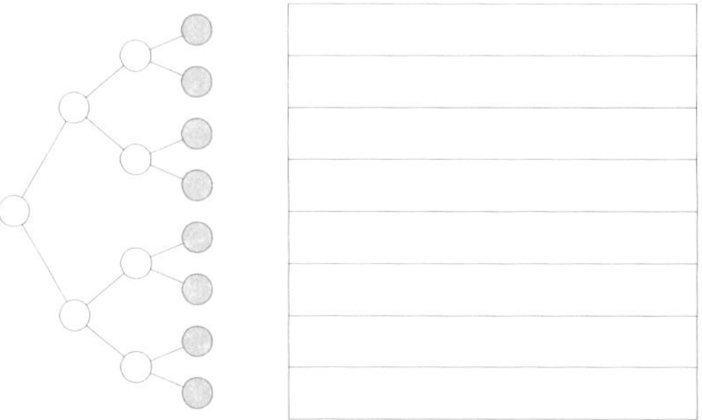

Abbildung 6.1 Für Modulation und Demodulation gewählte Basis und zugehörige Aufteilung der Zeit-Frequenz-Ebene.

6.2.1 Wahl der Wavelet-Familie

Als Wavelet-Familie werden Symmlets ausgewählt. Sie besitzen für eine bestimmte Anzahl verschwindender Momente einen Träger minimaler Länge [12]. Die Anzahl verschwindender Momente eines Wavelets bestimmt, ab welcher Ordnung von Polynomen ein Wavelet nicht mehr orthogonal zu Polynomen dieser Ordnung ist [44]. Polynome der Ordnung unterhalb der Anzahl verschwindender Momente eines Wavelets können nicht durch das Wavelet dargestellt werden und verursachen ausschließlich Koeffizienten der Skalierungsfunktion. Je größer die Anzahl verschwindender Momente, desto besser können Signale in wenigen, dafür großen Koeffizienten dargestellt werden [44]. Da Wavelet-Koeffizienten für Polynome bis zu einer bestimmten Ordnung nicht existieren, ist außerdem eine schärfere Trennung der Subbänder im Frequenzbereich zu erwarten. Die minimale zeitliche Ausdehnung bei einer bestimmten Anzahl verschwindender Momente weisen Daubeschies-Wavelets und Symmlets auf. Aufgrund ihrer Symmetrie erlauben Symmlets eine bessere Aussage über die zeitliche Lokalisierung der Komponenten eines analysierten Signals. Da für PLC-Übertragungskanäle typische Störsignale sowohl zeitlich als auch spektral lokalisiert sind, sind gute Lokalisierungseigenschaften der für die Modulation verwendeten Wavelets wünschenswert. Die Wahl fällt daher auf Symmlets. Ein weiterer Vorteil ist zudem, dass die zu Symmlets gehörenden FIR-Filter näherungsweise linearphasig sind. Als guter Kompromiss aus Länge der zugehörigen Filter-Impulsantwort und spektralen Eigenschaften haben sich die Symmlet10-Wavelets erwiesen. Die zugehörigen FIR-Filterimpulsantworten besitzen eine Länge von $L_\mathrm{h} = 20$.

Wahl der Symbolrate

Die Länge der Signalformen eines einzelnen Sendesymbols am Ausgang der IDWPT beträgt für Symmlet10-Wavelets und bei Verwendung der Basis in Abbildung 6.1 mit Gleichung 5.119 134 Abtastwerte. Da die Datenrate soweit wie möglich der des OFDM-Systems in Abschnitt 6.1 entsprechen soll, müssen innerhalb von 3,072 ms 48 Bits übertragen werden. $N_\mathrm{SI} = 8$ Abtastwerte müssen somit einem Zeitintervall von $T_\mathrm{SI} \approx 0{,}5\,\mathrm{ms}$ entsprechen. Mit der Abtastrate $f_\mathrm{A} = 333{,}\overline{3}\,\mathrm{ms}$ aus Tabelle 6.1 entspricht dies $N'_\mathrm{SI} = 166\,2/3$ Abtastwerten. Die Abtastrate des Signals am Ausgang der IDWPT muss also um den Faktor $\frac{N'_\mathrm{SI}}{N_\mathrm{SI}} \approx \frac{64}{3}$ erhöht werden, was durch sechsmalig wiederholtes zweifaches Upsampling, Faltung mit der Skalierungsfunktion und anschließendes Downsampling um den Faktor drei erreicht wird.

Die zweiseitige Bandbreite der Symmlet-10-Skalierungsfunktion entspricht mit $B_\mathrm{S} \approx 15\,\mathrm{kHz}$ in etwa der des OFDM-Systems mit 48 Subträgern. Das Sendesignal muss zusätzlich mit Hilfe eines Quadraturmischers in das Frequenzband des OFDM-Systems verschoben werden. Die Mittenfrequenz wird zu $f_0 = 87{,}5\,\mathrm{kHz}$ gewählt. Abbildung 6.3 zeigt, dargestellt für das äquivalente Tiefpass-Signal, die Aufteilung der Bandbreite B_S in die einzelnen Subbänder.

Abbildung 6.2 zeigt die gesamte Struktur des WPM-Systems einschließlich der Quadraturmischer.

6.3 Signaldetektion und Synchronisation für OFDM

Vor der Diskussion verschiedener Modulationsverfahren und -arten in Kapitel 7 wird im Folgenden auf die Synchronisation von Sender und Empfänger unter dem Einfluss PLC-typischer Störszenarien eingegangen.

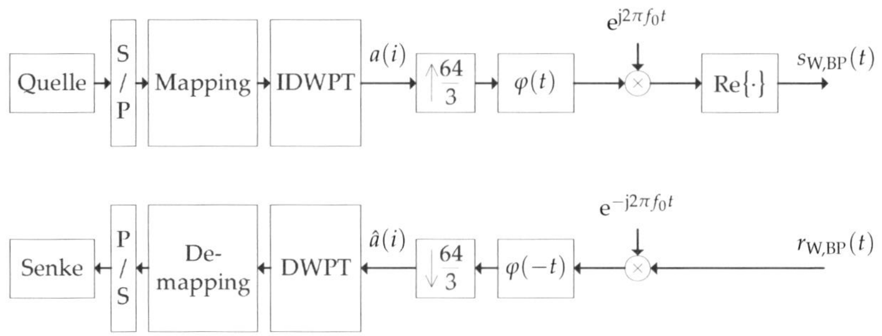

Abbildung 6.2 Sender- und Empfängerstruktur zur Erzeugung des WPM-Bandpasssignals.

Allgemein muss davon ausgegangen werden, dass Sender und Empfänger asynchrone Systeme sind, die sich an verschiedenen Orten befinden. Somit hat ein Empfänger keine Kenntnis darüber, zu welchem Zeitpunkt ein Sender die Übertragung einer P-PDU startet. Des Weiteren können die Taktfrequenzen des jeweiligen lokalen Oszillators von Sender und Empfänger voneinander abweichen. Dies führt zu Frequenzabweichungen bei der Erzeugung von Signalen, was insbesondere eine Abweichung von der ursprünglich gewünschten Mischfrequenz zur Folge haben kann und damit eine spektrale Verschiebung des Sendesignals. Im Falle von OFDM kann dadurch unter Umständen die Orthogonalität der Subträger beeinträchtigt werden.

Zur Vermeidung von Übertragungsfehlern bei paketorientierter Übertragung muss der Empfänger den durch den Sender festgelegten Beginn eines Datenrahmens sowie das durch den Sender bestimmte Zeitraster der gesendeten Symbole rekonstruieren, was auf Grund der räumlichen Trennung von Sender und Empfänger nur anhand der dem Empfänger vorliegenden Empfangssignale geschehen kann. Es werden drei grundsätzliche Synchronisationsarten unterschieden [46, 19]:

Trägersynchronisation Im Falle der Ein-Träger-Modulation dient die Trägersynchronisation der Schätzung von Frequenz und Phase des Trägersignals. Bei der Mehrträger-Modulation dient sie in erster Linie der Schätzung der Mischfrequenz.

Symboltaktsynchronisation Mit Hilfe der Symboltaktsynchronisation werden Modulationssymbole im Zeitbereich lokalisiert. Daraus ergeben sich die Zeitpunkte, zu denen das Signal am Ausgang des

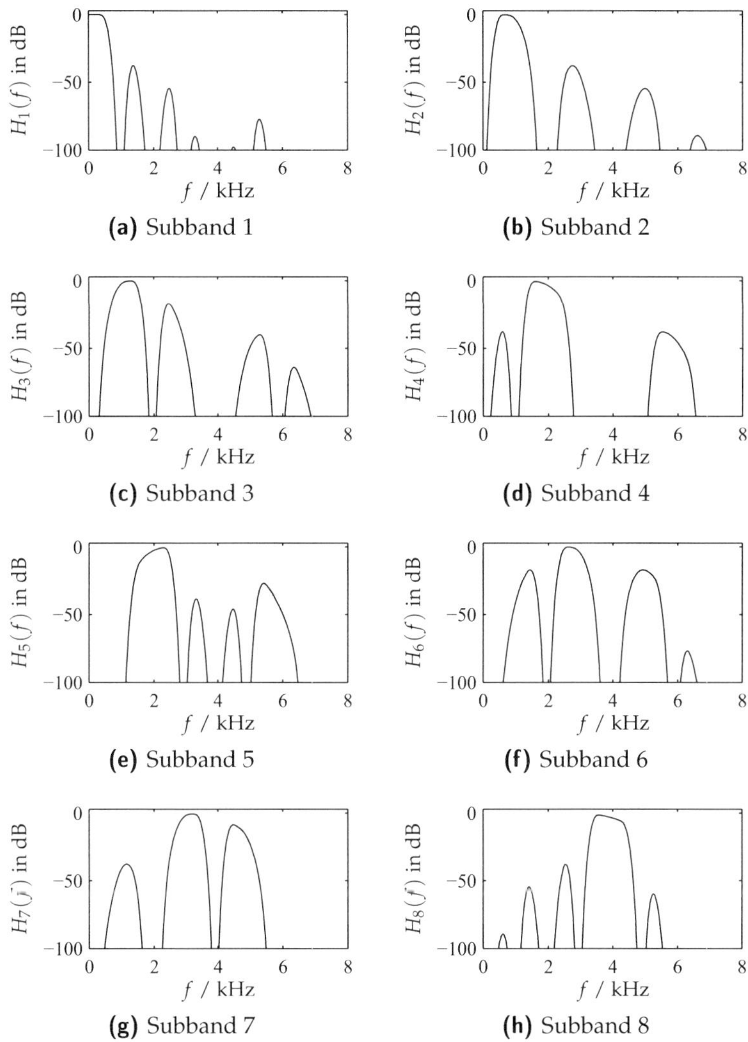

Abbildung 6.3 Filter-Übertragungsfunktionen $H_i(f)$ der Subbänder mit Indizes $i = 1, \ldots, 8$ der parametrierten Wavelet-Packet-Modulation im äquivalenten Basisband. Die Übertragungsfunktion des Skalierungsfilters ist in grau dargestellt.

Matched-Filters bzw. Korrelators vom Detektor ausgewertet wird. Neben dem Symboltakt muss dem Empfänger auch bekannt sein, zu welchen Zeitpunkten die Abtastung des Empfangssignals zu erfolgen hat.

Rahmensynchronisation Aufgabe der Rahmensynchronisation ist es, Datenrahmen im Zeitbereich zu lokalisieren. Hierzu muss zuallererst eine Signaldetektion erfolgen. Klassische Verfahren zur Synchronisation von Sender und Empfänger basieren entweder auf eigens für diese Zwecke übertragenen Signalen (Präambeln) oder auf mit speziell für die Synchronisation optimierten Bit-Sequenzen (z.B. Barker-Codes), die mittels des modulierten Übertragungssignals an den Empfänger übertragen werden.

Gegenstand der folgenden Betrachtungen ist die Rahmensynchronisation für ein Basisband-OFDM-System. Dazu werden drei Verfahren betrachtet. Zwei dieser Verfahren basieren auf der Berechnung einer Korrelation, wobei im einen Fall das Empfangssignal mit einer festen Präambel-Signalform korreliert wird.

Im anderen Fall erfolgt die Übertragung zweier direkt aufeinander folgender identischer Signalformen durch den Sender. Zur Detektion dieser Signalfolge erfolgt im Empfänger die Korrelation zweier zeitversetzter Beobachtungsfenster des Empfangssignals [42]. Der zeitliche Versatz zwischen beiden Beobachtungsfenstern entspricht dabei dem zeitlichen Abstand, in dem die Signalformen gesendet wurden.

Das dritte betrachtete Verfahren basiert auf der Auswertung der Spektralanteile des Empfangssignals mittels der FFT. Es wurde in [35] vorgeschlagen und wird in Kombination mit einem Verfahren zur Symboltaktsynchronisation auf Basis der Nulldurchgänge der Netzspannung [35, 78] verwendet. Auf ein Verfahren zur Trägersynchronisation wird unter der Annahme, dass die Signalübertragung im Basisband erfolgt, verzichtet.

Das Letztgenannte der drei Synchronisationverfahren wird in Abschnitt 7.5 mit dem in Abschnitt 7.2 beschriebenen integrierten Datenübertragungs- und Signalerfassungssystem an realen Übertragungsnetzen beim Einsatz in einem realen Niederspannungsnetz evaluiert.

Die Untersuchungen in diesem Abschnitt zielen darauf ab, festzustellen, inwiefern Signalformen oder Verfahren zur Rahmendetektion für Basisband-OFDM-Systeme unter dem Einfluss von PLC-Störszenarien geeignet sind.

6.3.1 Rahmensynchronisation mittels Präambeln

Aufgabe der auf Präambeln basierenden Rahmensynchronisation ist es, den Beginn eines Datenrahmens durch Detektion der Präambel im gestörten Empfangssignal zeitlich möglichst genau zu lokalisieren. Um eine erfolgreiche Synchronisation zu gewährleisten, sind also zweierlei Informationen wesentlich: Zum einen muss korrekt entschieden werden, ob überhaupt ein Datenrahmen vorliegt. Zum anderen muss der Zeitpunkt, zu dem diese Entscheidung getroffen wird, möglichst gut mit dem tatsächlichen Sendezeitpunkt übereinstimmen. Sind die Abweichungen von diesem idealen Zeitpunkt zu groß, führt dies zwangsläufig zu Fehlern bei der Demodulation des Empfangssignals, sofern nicht weitere Verfahren zur Symboltaktsynchronisation eingesetzt werden.

Die Rahmendetektion entspricht einem Hypothesentest. Die nachfolgende Beschreibung der Vorgehensweise ist eng an [27] angelehnt.

Gegenstand der Rahmendetektion ist es, das Empfangssignal auf die folgenden Hypothesen hin zu überprüfen:

H_{F}: Es ist ein Datenrahmen vorhanden.

$H_{\overline{\mathrm{F}}}$: Es ist kein Datenrahmen vorhanden.

Die Entscheidung für eine der beiden Hypothesen basiert auf den beiden möglichen Ereignissen

E_{P}: Das Empfangssignal enthält ein Präambel-Signal zum Beobachtungszeitpunkt $t = t_B$.

$E_{\overline{\mathrm{P}}}$: Das Empfangssignal enthält zum Beobachtungszeitpunkt $t = t_B$ kein Präambel-Signal, besteht also lediglich aus Störsignalen oder anderweitigen Übertragungssignalen.

Wird eines der beiden Ereignisse E_{P}, $E_{\overline{\mathrm{P}}}$ detektiert, so können in beiden Fällen jeweils entweder Hypothese H_{F} oder Hypothese $H_{\overline{\mathrm{F}}}$ vorliegen. Neben den korrekten Entscheidungen $E_{\mathrm{P}}|H_{\mathrm{F}}$ und $E_{\overline{\mathrm{P}}}|H_{\overline{\mathrm{F}}}$ besteht somit die Möglichkeit, dass eine Präambel nicht detektiert wird, obwohl ein Datenrahmen vorliegt ($E_{\overline{\mathrm{P}}}|H_{\mathrm{F}}$, Fehler 1. Art). Des Weiteren ist es möglich, dass eine Präambel detektiert wird, obwohl kein Datenrahmen vorliegt ($E_{\mathrm{P}}|H_{\overline{\mathrm{F}}}$, Fehler 2. Art). Zu diesen Ereignissen lassen sich entsprechende Wahrscheinlichkeiten formulieren, wobei $P\left(E_{\mathrm{P}}|H_{\mathrm{F}}\right)$ die Entdeckungswahrscheinlichkeit ausdrückt und $P\left(E_{\mathrm{P}}|H_{\overline{\mathrm{F}}}\right)$ die Falschalarm-Wahrscheinlichkeit. Die Nicht-Entdeckungswahrscheinlichkeit ist $P\left(E_{\overline{\mathrm{P}}}|H_{\mathrm{F}}\right) = 1 - P\left(E_{\mathrm{P}}|H_{\mathrm{F}}\right)$.

Die Entscheidung, ob H_F oder $H_{\overline{\mathrm{F}}}$ wahr ist, erfolgt anhand einer Beobachtung y. Der Wertebereich von y wird mittels einer Entscheidungsschwelle y_th in zwei disjunkte Bereiche I_1 und I_2 aufgeteilt, von denen einer E_P zugewiesen ist und der andere $E_{\overline{\mathrm{P}}}$. Liegt also y in I_1, wird auf E_P geschlossen, falls y in I_2 liegt, wird auf $E_{\overline{\mathrm{P}}}$ geschlossen.

Sind die Wahrscheinlichkeitsdichten $p_y\left(y|H_\mathrm{F}\right)$ und $p_y\left(y|H_{\overline{\mathrm{F}}}\right)$ bekannt, so können daraus die Entdeckungswahrscheinlichkeit

$$Pp_{E_\mathrm{P}}\left(E_\mathrm{P}|H_\mathrm{F}\right) = \int\limits_{I_1} p_y\left(y|H_\mathrm{F}\right)\mathrm{d}y \tag{6.13}$$

und die Falschalarm-Wahrscheinlichkeit

$$P_{E_\mathrm{P}}\left(E_\mathrm{P}|H_{\overline{\mathrm{F}}}\right) = \int\limits_{I_2} p_y\left(y|H_{\overline{\mathrm{F}}}\right)\mathrm{d}y \tag{6.14}$$

bestimmt werden. Mit Hilfe des sogenannten Neyman-Pearson-Verfahrens [26] kann auf Grundlage des Likelihood-Verhältnisses

$$L = \frac{p_y\left(y|H_\mathrm{F}\right)}{p_y\left(y|H_{\overline{\mathrm{F}}}\right)} \tag{6.15}$$

aus beiden Wahrscheinlichkeitsdichten die Entscheidungsschwelle y_th so bestimmt werden, dass unter Vorgabe einer festen Falschalarmwahrscheinlichkeit die Nicht-Entdeckungswahrscheinlichkeit $P_{E_{\overline{\mathrm{P}}}}\left(E_{\overline{\mathrm{P}}}|H_\mathrm{F}\right) = 1 - P_{E_\mathrm{P}}\left(E_\mathrm{P}|H_\mathrm{F}\right)$ minimal ist.

In realen Kommunikationssystemen ist es schwierig, die Warscheinlichkeitsdichten $p_y\left(y|H_\mathrm{F}\right)$ und $p_y\left(y|H_{\overline{\mathrm{F}}}\right)$ experimentell zu bestimmen, da hierzu die exakten Sendezeitpunkte benötigt würden.

6.3.2 Präambel-Signalform und Detektionsverfahren

Signalformen, die als Präambeln verwendet werden sollen, müssen die folgenden Eigenschaften hinsichtlich ihrer Autokorrelationsfolge [30]

$$r_{pp}\left(|\kappa|\right) = \frac{1}{P - |\kappa|} \sum_{k=0}^{P-1-|\kappa|} s_\mathrm{P}(k)s_\mathrm{P}(k + |\kappa|)$$

aufweisen:

- Das Hauptmaximum der Autokorrelationsfolge bei $r_{pp}(0)$ soll einen möglichst großen Unterschied zu allen Nebenmaxima aufweisen.

- Die Autokorrelationsfolge soll in einer möglichst kleinen Umgebung um $\kappa = 0$ möglichst schnell gegen Null gehen.

Chirp-Signal als Präambel

Für die im Folgenden ausgeführten Betrachtungen werden Chirp-Signale als Präambel gewählt. Die Signalform eines zeitkontinuierlichen Chirp-Signals mit der von der Frequenz f_0 an linear über der Zeit zunehmender Frequenz ist

$$s_{\text{Chirp}}(t) = \sin\left(2\pi\left(f_0 + k\right)t\right),$$

wobei

$$k = \left(\frac{f_1 - f_0}{T_{\text{P}}}\right) \cdot t$$

aus der Startfrequenz f_0, der Endfrequenz f_1 und der Zeitdauer T_{P} bestimmt wird. Diese Parameter werden zu $f_0 = 9\,\text{kHz}$, $f_1 = 95\,\text{kHz}$ und $T_{\text{P}} = 3{,}072\,\text{ms}$ gewählt.

Abbildung 6.4 zeigt den Zeitverlauf des Chirp-Signals $x_{\text{c}}(t)$ sowie dessen Autokorrelationsfolge $r_{x_{\text{c}}x_{\text{c}}}(\tau)$. Offensichtlich ist das Chirp-Signal hinsichtlich seiner Korrelationseigenschaften sehr gut als Präambel geeignet.

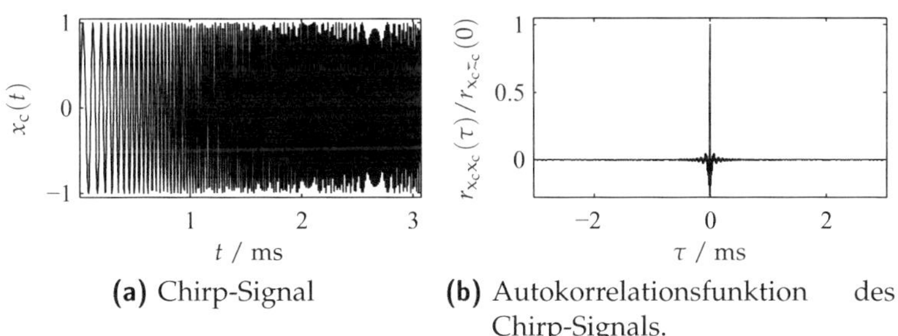

(a) Chirp-Signal

(b) Autokorrelationsfunktion des Chirp-Signals.

Abbildung 6.4   Chirp-Signal als Präambel.

Rahmensynchronisation durch Korrelation mit festem Referenzsignal

Für die Präambeldetektion mittels Korrelation mit einem festen Referenz-signal wird das zeitdiskrete Empfangssignal $r(kT_A) = r(k)$ mit einem zeitverschobenen Rechteckfenster $r_P(k)$ der Länge P gefenstert und mit der ebenfalls zeitdiskreten Referenz des Präambel-Signals $s_\mathrm{p}(k)$ der Län-ge P korreliert. Zu jedem diskreten Zeitpunkt k wird somit das normierte Innenprodukt

$$y_\mathrm{K}(k) = \frac{1}{\sqrt{E_r(k) \cdot E_s}} \sum_{i=0}^{P-1} r(k - i) \cdot s_\mathrm{p}(i) \qquad (6.16)$$

berechnet, wobei

$$E_r(k) = \sum_{i=0}^{P-1} |r(k - i)|^2 \qquad (6.17)$$

$$E_s = \sum_{i=0}^{P-1} |s_\mathrm{p}(i)|^2 \qquad (6.18)$$

Das Korrelationsergebnis $y_\mathrm{K}(k)$ liefert also in jedem Abtastschritt eine Stichprobe dafür, ob ein Präambel-Signal vorliegt oder nicht, und ist so-mit als zeitvariante Zufallsvariable aufzufassen.

Abbildung 6.5 zeigt exemplarisch den Ausgang des Korrelators $y_\mathrm{K}(k)$ in den diskreten Zeitpunkten kT_A. Gut erkennbar ist die zeitliche Lokali-sierbarkeit der idealen Synchronisationszeitpunkte anhand des Korrela-tionsergebnisses. Eine korrekte Detektion wird allerdings durch die stark unterschiedlichen Werte des Korrelationsergebnisses zu diesen Zeitpunk-ten erschwert. Diese Schwankungen sind direkte Auswirkungen von im Störsignal enthaltenen periodischen Impulsstörern.

Rahmensynchronisation durch Korrelation zweier Beobachtungsfenster des Empfangssignals

Der Vergleich des Empfangssignals mit einer festen Referenz des Sen-designals kann unter dem Einfluss einer stark verzerrenden Kanal-Impulsantwort möglicherweise zu niedrigen Detektionsraten führen.

Um diese Problematik zu umgehen, wurde in [58] speziell für OFDM-Systeme ein Verfahren entworfen, das gegenüber der ansonsten für auf Korrelationsfolgen basierenden Verfahren benötigten Korrelator-Bank

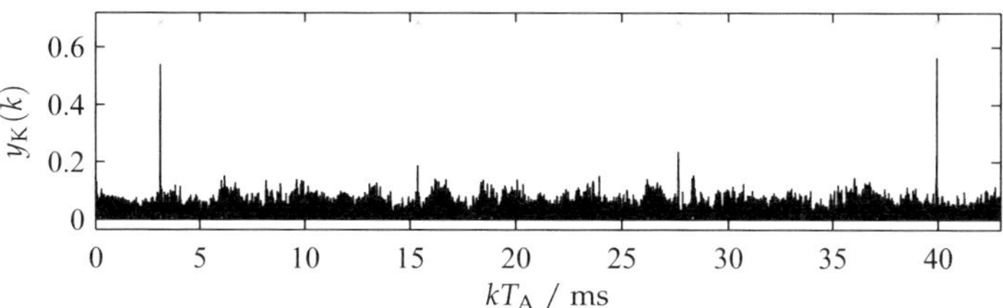

Abbildung 6.5 Beispiel für den Zeitverlauf des Korrelationsergebnisses $y_K(kT_A)$ für Störszenario PLC_A bei $a_{dB} = -60\,\text{dB}$. Die idealen Synchronisationszeitpunkte sind in grau dargestellt.

äußerst effizient zu implementieren ist. Anstatt der Korrelation mit einem festen Referenzsignal wird bei diesem Verfahren das in zwei gegeneinander zeitverschobenen Beobachtungsfenstern der Länge $2P$ enthaltene zeitdiskrete Empfangssignal $r(k)$ korreliert. Die Berechnung der Korrelation erfolgt gemäß

$$y_X(k) = \sum_{i=0}^{P-1} r(k-i) \cdot r(k-P-i).\qquad(6.19)$$

Das Ergebnis der Korrelation ergibt sich auch durch die rekursive Gleichung

$$y_X(k) = y_X(k-1) + r(k) \cdot r(k-P) - r(k-2P) \cdot r(k-P).\qquad(6.20)$$

Die sogenannte „Timing Metrik" $m(k)$ erhält man schließlich durch Normieren auf die Energie des zweiten Teils des Signals

$$\widetilde{m}(k) = \frac{y_X^2(k)}{E_{r2}^2}\qquad(6.21)$$

mit

$$E_{r2} = \sum_{i=0}^{P-1} \left(r(k-P-i)\right)^2.$$

Die Präambel-Signalform, die für dieses Verfahren ursprünglich entworfen wurde, besteht aus einem OFDM-Symbol. Die Länge dieses Symbols ist $2P$, und das zugehörige Zeitsignal erfüllt durch die Modulation ausgewählter Subträger mit Pseudozufallsfolgen einer 4-PSK-Konstellation die Eigenschaft $s_{\text{synch}}(k) = s_{\text{synch}}(k-P)$.

Untersucht wird im Folgenden eine modifizierte Form des beschriebenen Verfahrens. Anstatt eines OFDM-Symbols werden zwei aufeinander folgende Chirp-Signalformen (vgl. Unterabschnitt 6.3.2) als Präambel verwendet und die Länge $2P$ der Beobachtungsfenster so gewählt, dass sie bei $f_A = 333{,}\overline{3}\,\text{kHz}$ genau $2T_P$ entsprechen. Da die PLC-Störszenarien impulsbehaftete Störungen aufweisen, würde die Metrik $\widetilde{m}(k)$ verzerrt, sobald ein Impuls im ersten Teil des Signals enthalten ist und der zweite Teil des Signals keinen Störimpuls enthält. Aus diesem Grund wird die Timing Metrik modifiziert und entsprechend

$$m(k) = \frac{y_X(k)}{\sqrt{E_{r1} E_{r2}}} \tag{6.22}$$

normiert, wobei

$$E_{r1} = \sum_{i=0}^{P-1} r\left(k - i\right),\, E_{r2} = \sum_{i=0}^{P-1} r\left(k - P - i\right).$$

Abbildung 6.6 zeigt exemplarisch den Ausgang des Korrelators $y_X(k)$ in den diskreten Zeitpunkten kT_A. Es liegt das identische Störsignal zugrunde wie für das Beispiel in Abbildung 6.5. Das Korrelationsergebnis lässt weder eindeutig auf das Vorhandensein der Präambel schließen, noch auf den idealen Synchronisationszeitpunkt.

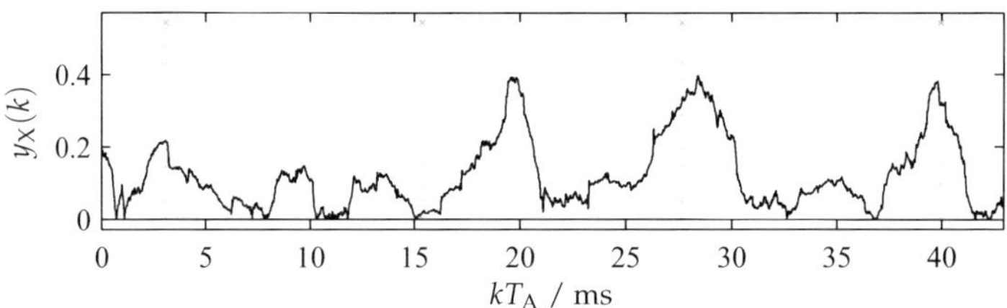

Abbildung 6.6   Beispiel für den Zeitverlauf des Korrelationsergebnisses $y_X(kTA)$ für Störszenario PLC_A bei $a_{dB} = -60\,\text{dB}$. Die idealen Synchronisationszeitpunkte sind in grau dargestellt.

Rahmensynchronisation durch Detektion im Frequenzbereich

Die Rahmendetektion des in [35] entworfenen OFDM-Systems basiert auf der Detektion dreier Subträger eines OFDM-Symbols. Als Präambel werden dabei OFDM-Symbole der Dauer T_P verwendet, bei denen lediglich drei Subträger mit den Mittenfrequenzen 82,677 kHz, 83,328 kHz und 86,583 kHz mit festgelegten Koeffizienten c_1, c_2 und c_3 belegt werden. Da die möglichen Zeiträume, in denen diese Präambeln auftreten können, durch die Auswertung der Nulldurchgänge der Netzwechselspannung bekannt sind, erfolgt die Detektion der drei Subträger durch Auswertung eines FFT-Fensters im relevanten Zeitintervall und anschließender Entscheidung bezüglich der Beträge der entsprechenden DFT-Koeffizienten $|\hat{c}_1(k)| = y_1(k)$, $|\hat{c}_2(k)| = y_2(k)$ und $|\hat{c}_3(k)| = y_3(k)$ gegen die jeweiligen Entscheidungsschwellen $y_{\text{th},1}$, $y_{\text{th},2}$ $y_{\text{th},3}$.

Im Folgenden wird für alle betrachteten Subträger dieselbe Entscheidungsschwelle bestimmt, $y_{\text{th},1} = y_{\text{th},2} = y_{\text{th},3} = y_{\text{th}}$. Die letztendliche Entscheidung erfolgt nach einer einfachen Mehrheitsentscheidung: Liegen in einem Beobachtungsfenster mindestens zwei der drei Subträger oberhalb von y_{th}, so wird auf das Vorhandensein der Präambel geschlossen.

Wie Abbildung 6.7 erkennen lässt, zeigen die Verläufe der $y_i(k)$ erkennbare Maxima im idealen Synchronisationszeitpunkt. Allerdings fallen die $y_i(k)$ vor und nach ihrem Maximum im idealen Synchronisationszeitpunkt nur langsam ab.

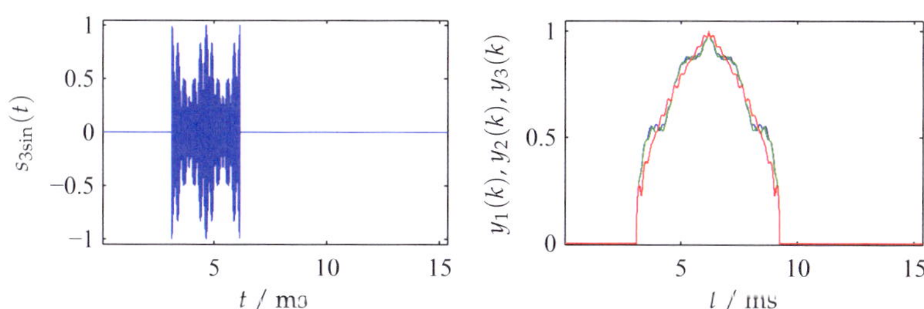

(a) Zeitverlauf der aus drei Harmonischen bestehenden Präambel.

(b) Zeitverläufe der Beträge der Fourier-Koeffizienten.

Abbildung 6.7 Zeitsignal und zugehörige zeitliche Verläufe der Beträge der Fourier-Koeffizienten ohne Störeinflüsse.

Wie der Verlauf der $y_i(k)$ in Abbildung 6.8 zeigt, bleibt der prinzipielle Verlauf im Vergleich zu dem in Abbildung 6.7 auch unter dem Einfluss von Störungen erhalten. Es liegt dasselbe Störsignal zugrunde wie in Abbildungen 6.5 und 6.6.

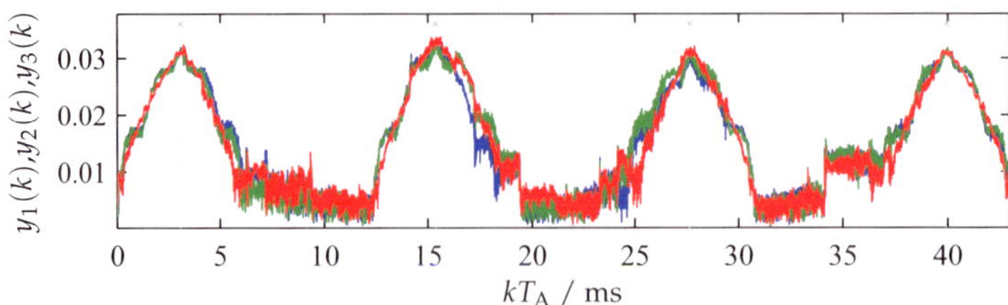

Abbildung 6.8 Beispiel für die Zeitverläufe der $y_1(k)$, $y_2(k)$ und $y_3(k)$ für Störszenario $\mathrm{PLC_A}$ bei $a_{\mathrm{dB}} = -60\,\mathrm{dB}$.

6.3.3 Vergleich der Verfahren zur Rahmensynchronisation

Die in Abschnitten 6.3.2, 6.3.2 und 6.3.2 beschriebenen Verfahren sollen nun anhand der PLC-Störszenarien aus Unterabschnitt 7.3.1 validiert werden. Hierzu wird das Simulationsmodell aus Abbildung 7.4 verwendet.

Die Validierung dient dabei weniger dazu, Aussagen über die Entdeckungs- und Falschalarm-Wahrscheinlichkeiten der betrachteten Verfahren zu erzielen. Ziel der Analyse ist es vielmehr, festzustellen, inwiefern die Entscheidungsschwelle für die jeweiligen Verfahren so bestimmt werden kann, dass die Detektionswahrscheinlichkeit maximiert wird.

In Bezug auf die Eigenschaften des PLC-Störszenarios sollte für ein gegebenes Verfahren zur Rahmendetektion mit zunehmender Nutzsignalamplitude bei maximaler Detektionswahrscheinlichkeit die Falschalarm-Wahrscheinlichkeit abnehmen. Ist dies für ein Verfahren nicht der Fall, nimmt also die Falschalarm-Wahrscheinlichkeit nicht mit zunehmendem Verstärkungsfaktor a (also mit abnehmender Signaldämpfung) bis auf null oder zumindest sehr kleine Werte ab, so ist das betrachtete Verfahren zur Rahmendetektion unter den durch das Verfahren selbst, durch die Präambel-Signalform und durch die Kanaleigenschaften gegebenen Bedingungen nicht geeignet.

Zur Maximierung der Detektionswahrscheinlichkeit wird zunächst die Entscheidungssschwelle y_{th} für jedes der Verfahren unter den gegebenen Kanaleigenschaften bestimmt. Hierzu werden für jedes Verfahren 100 Präambeln in einem Abstand von $2T_{\mathrm{P}}$ übertragen und die jeweiligen Werte für $y(k)$ gespeichert. Für die Auswertung werden die idealen Synchronisationszeitpunkte k_{id} bestimmt. Die Kanaleigenschaften sind dabei festgelegt durch den die Signaldämpfung repräsentierenden Faktor a und die Wahl des Störszenarios PLC_A oder PLC_B. Die Maximierung der Entdeckungswahrscheinlichkeit erfolgt durch Betrachtung der Wahrscheinlichkeitsdichten $f(y|H_F)$ und $f(y|H_{\overline{F}})$ der sich für jedes der Verfahren ergebenden Folgen $y(k)$ im Intervall I_1. Die Entscheidungsschwelle y_{th} wird gemäß

$$y_{th} = \underset{y}{\mathrm{argmax}} \left\{ \frac{\int\limits_{I_1} p_y(y|H_F)\,\mathrm{d}y}{\int\limits_{I_1} p_y(y|H_{\overline{F}})\,\mathrm{d}y} \right\} \tag{6.23}$$

bestimmt. Dies liefert eine maximale Entdeckungswahrscheinlichkeit bei minimaler Falschalarm-Wahrscheinlichkeit unter der Annahme, dass in I_1 die Falschalarm-Wahrscheinlichkeit mit steigendem y monoton abnimmt und die Entdeckungswahrscheinlichkeit monoton zunimmt.

Sind die Entscheidungsschwellen auf diese Weise festgelegt, werden für jedes der Verfahren die Folge von 100 Präambeln erneut unter identischen Bedingungen wie zur Festlegung der Schwellwerte übertragen und die Entdeckungsrate sowie der Anteil der falsch detektierten Datenrahmen festgestellt. Voraussetzung für die korrekte Rahmendetektion ist dabei, dass die Präambel innerhalb der Dauer des Guard-Intervalls eines OFDM-Symbols detektiert wird. Ansonsten wäre das in [35] beschriebene Konzept der Symboltaktsynchronisation obsolet und es müssten stattdessen komplexere Verfahren angewendet werden. Eine Detektion kann daher nur in einem Zeitfenster $K_{id} \pm \frac{T_G \cdot f_A}{2}$ als korrekt gewertet werden. Alle Detektionen außerhalb dieses Zeitraums werden als Fehldetektion gewertet.

Wie Abbildungen 6.9 und 6.10 zeigen, eignen sich sowohl das auf Korrelation mit einer festen Referenz basierende Verfahren als auch das auf der Detektion dreier modulierter Subträger mittels FFT basierende Verfahren für die zuverlässige Rahmendetektion. Das auf der Korrelation zweier Beobachtungsfenster des Empfangssignals basierende Verfahren erweist sich allerdings unter den betrachteten Bedingungen als nicht brauchbar. Enthält das Empfangssignal hohe Nutzsignalanteile, wie dies für $a > -55\,\mathrm{dB}$ bzw. $a > -50\,\mathrm{dB}$ der Fall ist, so verursacht die breite Timing Metrik Detektionen außerhalb des durch die Dauer des Guard-Intervalls bestimmten Zeitfensters.

Somit ist gezeigt, dass anhand der Auswertung einzelner Fourier-Koeffizienten einer Präambel bestehend aus wenigen Subträgern eines OFDM-Symbols prinzipiell eine Rahmendetektion erfolgen kann. Ebenfalls geeignet ist die Korrelation mit einer festen Referenz bei Verwendung eines Chirp-Signals als Präambel-Signalform. Die Rahmendetektion anhand der Korrelation des Empfangssignals in zwei zeitlich verschobenen Beobachtungsfenstern hingegen ist – zumindest für den betrachteten Fall einer Chirp-Signalform als Präambel – in dieser Form nicht geeignet. Bei hohem Signal-Stör-Verhältnis lässt sich keine Entscheidungsschwelle so bestimmen, dass eine Detektion der Präambel innerhalb des vorgegebenen Zeitraums erfolgt.

Unter realen Bedingungen verbleibt allerdings selbst für die beiden anwendbaren Verfahren die Problematik, geeignete Entscheidungsschwellen festzulegen. Die beiden Wahrscheinlichkeitsdichten $p_y\left(y|H_\mathrm{F}\right)$ und $p_y\left(y|H_{\overline{\mathrm{F}}}\right)$ sind unter realen Bedingungen mit vertretbarem Aufwand kaum zu ermitteln, zumal unter dem Einfluss von Störsignalen bei hohen Signaldämpfungen.

Des Weiteren ist zu berücksichtigen, dass die Symbolsynchronisation auf Grundlage der Nulldurchgänge der Netzwechselspannung anfällig ist gegenüber systematischen Abweichungen der Netzfrequenz von ihrem nominalen Wert von 50 Hz. Wie Abbildung 7.9 zeigt, sind solche Abweichungen zumindest unter Einbeziehung möglicher Abweichungen der Taktrate des lokalen Oszillators durchaus gegeben.

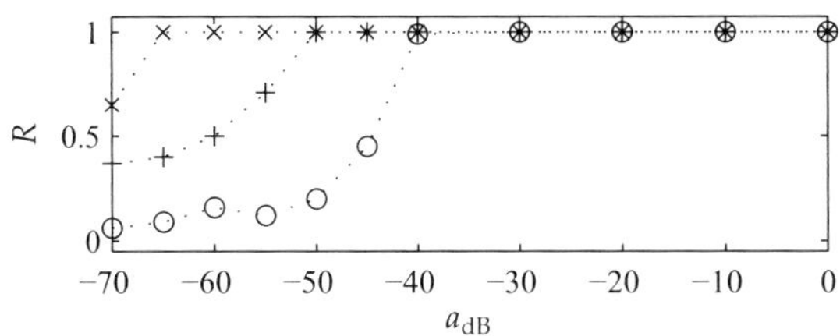

(a) Entdeckungsraten R_F für Rahmendetektion basierend auf $y_K(k)$ (+), $y_X(k)$ (∘) und $\{y_1(k), y_2(k), y_3(k)\}$ (×)

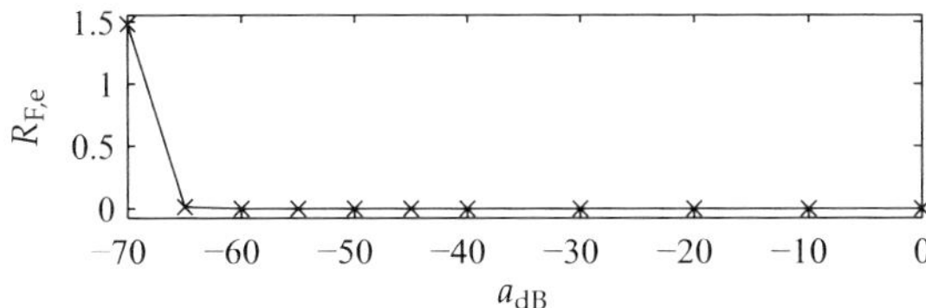

(b) Fehlerraten der Detektion mittels Fourier-Koeffizienten.

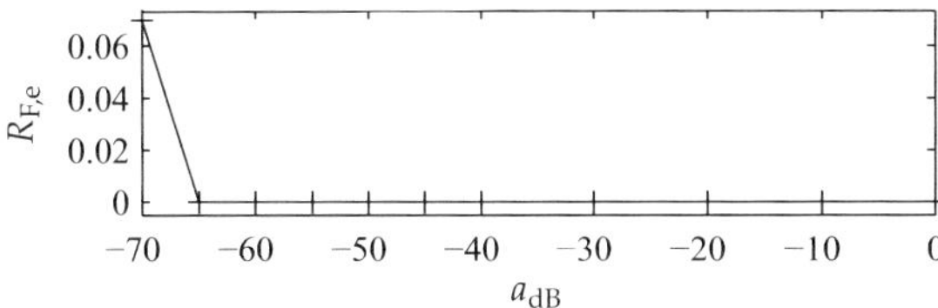

(c) Fehlerraten der Detektion mittels Korrelation mit fester Referenz.

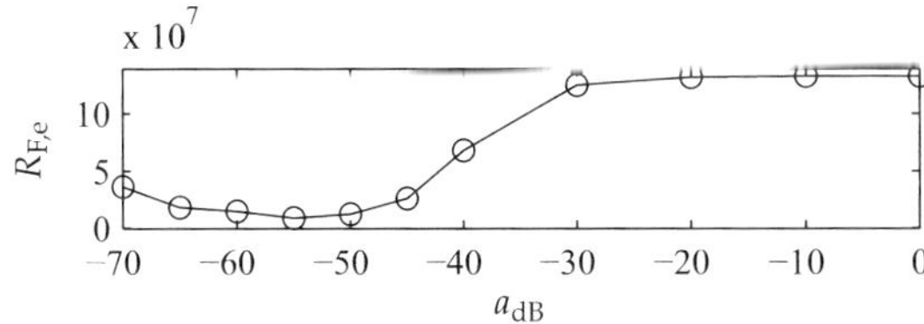

(d) Fehlerraten der Detektion mittels Korrelation des Empfangssignals.

Abbildung 6.9 Entdeckungs- und Fehlerraten der drei Verfahren für Störszenario PLC$_A$.

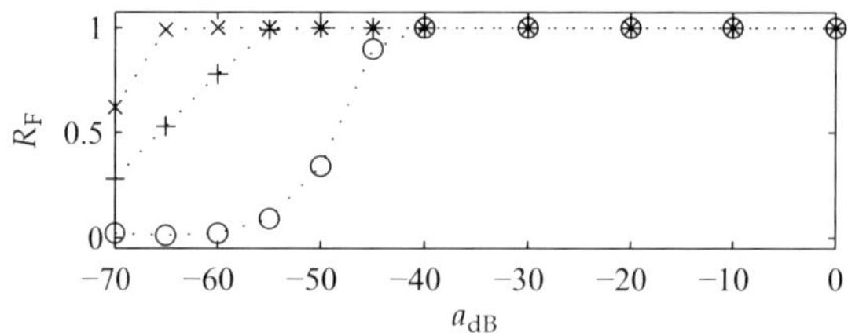

(a) Entdeckungsraten R_F für Rahmendetektion basierend auf $y_\mathrm{K}(k)$ (+), $y_\mathrm{X}(k)$ (○) und $\{y_1(k),y_2(k),y_3(k)\}$ (×)

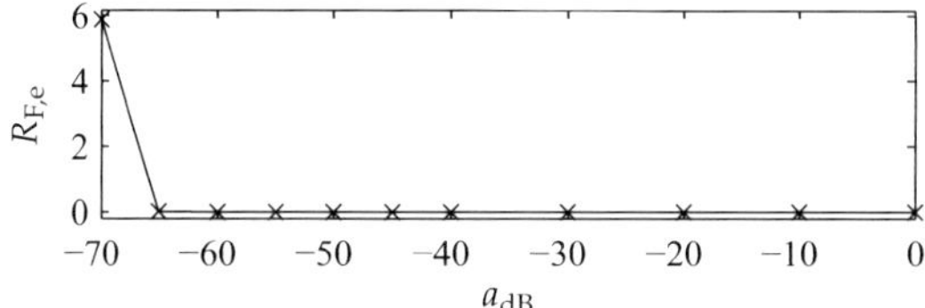

(b) Fehlerraten der Detektion mittels Fourier-Koeffizienten.

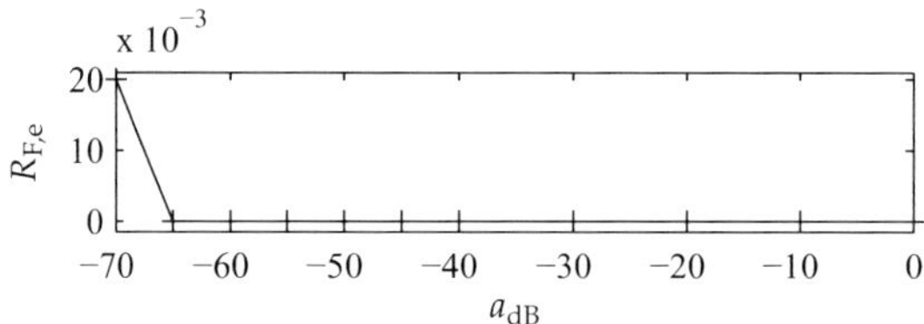

(c) Fehlerraten der Detektion mittels Korrelation mit fester Referenz.

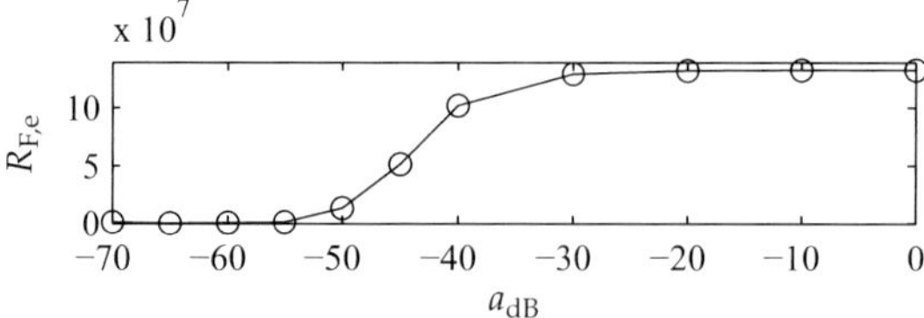

(d) Fehlerraten der Detektion mittels Korrelation des Empfangssignals.

Abbildung 6.10 Entdeckungs- und Fehlerraten der drei Verfahren für Störszenario PLC$_\mathrm{B}$.

7 Evaluation von Übertragungssystemen bei der Datenübertragung über PLC-Kanäle

Das Niederspannungsnetz stellt aufgrund seiner Kanaleigenschaften ein anspruchsvolles Übertragungsmedium dar. Wie in Kapitel 3 und Kapitel 4 beschrieben, ist das Störszenario zeitveränderlich, und zwar sowohl innerhalb von Zeitspannen in der Größenordnung von Millisekunden als auch über Zeitspannen, die mehrere Stunden umfassen können. Zudem ist das Leistungsdichtespektrum des Störszenarios frequenzabhängig: Zusätzlich zu der Tatsache, dass die Leistungsdichte generell im mittleren Bereich des A-Bandes nach EN 50065 höher ist als bei Frequenzen oberhalb von etwa 100 kHz, treten Schmalbandstörer mit relativ hoher Leistung mit verschiedensten Mittenfrequenzen auf. Hinzu kommt, dass die Charakteristik des Störszenarios ortsabhängig ist. Gleichzeitig werden Übertragungssignale aufgrund der physikalischen Eigenschaften des Niederspannungsnetzes unter Umständen sehr stark gedämpft, wodurch das Störszenario umso größeren Einfluss auf die Datenübertragung hat.

Aufgrund der Komplexität des Störszenarios und der physikalischen Zusammenhänge zur Beschreibung der Signalausbreitung existieren keine tragfähigen, analytischen Modelle, welche die Eigenschaften des PLC-Kanals hinreichend genau beschreiben. Eine Ähnlichkeit mit dem Modell des AWGN-Kanals ist, wie in Abschnitt 3.3 beschrieben, im Allgemeinen nicht gegeben. Somit ist dieses weit verbreitete Modell auch nicht geeignet, um allgemeine Aussagen über die Eigenschaften von PLC-Kommunikationssystemen im Frequenzbereich nach EN 50065 unter realen Bedingungen abzuleiten. Aus diesen Gründen gestaltet sich die Evaluation von PLC-Kommunikationssystemen ausgesprochen schwierig und weist zu gewissen Anteilen immer experimentellen Charakter auf.

Ziel der folgenden Betrachtungen ist es, unter definierten Randbedingungen Aussagen über die Leistungsfähigkeit verschiedener Modulationsverfahren unter dem Einfluss realer PLC-Störszenarien zu erreichen. Im Rahmen der Betrachtungen in den Abschnitten 7.4 und 7.5 werden darüber hinaus Zusammenhänge deutlich, die zusammen mit den Betrachtungen in Abschnitt 7.6 Anhaltspunkte dafür liefern, wie die Zuverlässigkeit der Datenübertragung über das Niederspannungsnetz gesteigert werden kann.

7.1 Randbedingungen für die Evaluation und Vorgehensweise

Gegenstand der folgenden Betrachtungen ist die Evaluation der Bitübertragungsschicht von PL-Kommunikationssystemen für die Datenübertragung im Frequenzbereich nach EN 50065. Im Mittelpunkt der Betrachtungen stehen mögliche Modulationsverfahren, da diese sowohl für die Übertragungsgeschwindigkeit als auch für die Zuverlässigkeit bei der Übertragung maßgebend sind. Grundlage der Evaluation von Modulationsverfahren sind insbesondere die in Abschnitt 2.3.1 beschriebenen Kenngrößen Datenrate und Bitfehlerwahrscheinlichkeit.

Im Hinblick auf die in Unterabschnitt 2.3.1 beschriebenen qualitativen Anforderungen hinsichtlich Datenrate und Zuverlässigkeit ist das Ziel der Evaluation zunächst, die in Kapitel 6 beschriebenen Parameterkonfigurationen unter festen Randbedingungen zu vergleichen. Aufbauend auf die daraus zu ziehenden Erkenntnisse können anschließend Parameterkonfigurationen identifiziert werden, die unter denselben Randbedingungen eine möglichst zuverlässige Datenübertragung mit möglichst hoher Datenrate ermöglichen. Die Randbedingungen bestehen bei der Evaluation in den Vorgaben bzw. physikalischen Grenzen bezüglich der Sendesignale und den jeweils genauer zu spezifizierenden Kanaleigenschaften. Allerdings können mangels konkret formulierbarer Systemanforderungen (vgl. Unterabschnitt 2.1.4) weder für die Datenrate noch für die Zuverlässigkeit der Datenübertragung absolute Vorgaben zugrunde gelegt werden, so dass lediglich ein relativer Vergleich möglich ist.

Über die Datenrate und die Bitfehlerrate hinaus wird in die Betrachtungen in Abschnitt 7.5 auch die Rahmenverlustrate in die Evaluation einbezogen.

7.1.1 Mögliche Ansätze für die Evaluation von PLC-Systemen

Eine Möglichkeit zur Evaluation von PLC-Übertragungssystemen ist die Verwendung von Kanalemulatoren, welche die Eigenschaften von Übertragungskanälen nachbilden, vgl. [5, 20, 35] und [74]. Damit können konfigurierbare und reproduzierbare Referenz-Störszenarien geschaffen werden, die einen objektiven Vergleich verschiedener Übertragungssysteme unter denselben Störeinflüssen ermöglichen. Um eine realitätsnahe Parametrierung der Störszenarien vornehmen zu können, sind dabei Informationen über die Eigenschaften realer Übertragungskanäle erforderlich. Diese Informationen müssen im Vorfeld der Evaluation an Kanalemulatoren durch Messung an realen Niederspannungsnetzen mit Hilfe geeigneter Messgeräte gewonnen werden. Aus den Messdaten müssen Parameter extrahiert werden, welche die realitätsnahe Nachbildung der Kanaleigenschaften durch den Kanalemulator ermöglichen.

Alternativ dazu besteht die Möglichkeit der Evaluation von Übertragungssystemen am realen Niederspannungsnetz, wobei Binärdaten zwischen verschiedenen Knoten eines Netzwerkes übertragen und anschließend ausgewertet werden. Erfolgt dies mit gewöhnlichen Übertragungssystemen, so ist es kaum möglich, die Ursachen für aufgetretene Fehler genau festzustellen. Die Schwierigkeit besteht hierbei darin, dass die Eigenschaften des Übertragungskanals zum Zeitpunkt der Übertragung nicht exakt bekannt sind.

Voraussetzung für die genaue Benennung der Ursachen für Bit- und Rahmenfehler an realen Niederspannungsnetzen ist, dass zusätzlich zu den gesendeten und empfangenen Binärdaten auch die zugehörigen physikalischen Signale verfügbar sind. Da die Sendesignale eindeutig durch die gesendeten Binärdaten festgelegt sind, müssen insbesondere die Empfangssignale sowie deren Zuordnung zu den ursprünglich gesendeten Daten bekannt sein. Daraus ergibt sich für eine aussagekräftige Evaluation von PLC-Übertragungssystemen an realen Niederspannungsnetzen die Notwendigkeit, parallel zur Datenübertragung die gesendeten und empfangenen Signale messtechnisch zu erfassen [76].

Aus diesem Grund wurde die im folgenden Abschnitt 7.2 beschriebene Plattform für ein konfigurierbares System zur Datenübertragung und Signalerfassung entworfen. Sie wird im Weiteren als „integriertes Datenübertragungs- und Signalerfassungssystem" bezeichnet.

Zur detaillierten Analyse der in Kapitel 6 beschriebenen Modulationsverfahren wurde des Weiteren ein realitätsnahes Simulationsmodell entwickelt. Dieses Modell basiert im Wesentlichen auf kontinuierlich über die Zeitdauer von rund zehn Minuten hinweg mit dem Signalerfassungssystem aufgezeichneten realen Störszenarien und der Simulation der durch den Übertragungskanal verursachten Signaldämpfung. Zudem werden wesentliche, für die Signalverarbeitung relevante Systemkomponenten realer Kommunikationssysteme im Modell nachgebildet.

Mit Hilfe dieses Simulationsmodells können Parameterkonfigurationen für verschiedenste Modulationsverfahren evaluiert und anhand der jeweiligen Bitfehlerraten verglichen werden.

7.2 Integriertes Datenübertragungs- und Signalerfassungs-System

In Kapitel 2 wurden verschiedene Ansätze für PLC-Übertragungssysteme für Smart Metering beschrieben. Die meisten der beschriebenen Systeme verwenden OFDM als Modulationsverfahren, unterscheiden sich allerdings hinsichtlich der jeweiligen Wahl der Parameter für OFDM, insbesondere in der Anzahl der verwendeten Subträger und der OFDM-Symboldauer. Es stellt sich die Frage, welche Parameter am besten geeignet sind, um die Zuverlässigkeit der Datenübertragung zu gewährleisten und gleichzeitig eine möglichst hohe Datenrate.

Über die in Abschnitt 7.4 beschriebene Evaluation anhand eines Simulationsmodells hinaus ist festzustellen, welchen Einflüssen die Datenübertragung mit auf OFDM basierenden PLC-Übertragungssystemen über reale Niederspannungsnetze unterworfen ist. Aus diesem Grund soll die Evaluation eines Basisband-OFDM-Übertragungssystems mit den in [35] vorgeschlagenen Parametern (vgl. Abschnitt 6.1) an realen Niederspannungsnetzen erfolgen.

Für diese Aufgabe wurde im Rahmen dieser Arbeit ein Datenübertragungs- und Signalerfassungssystem entworfen. Abbildung 7.1 zeigt ein Prinzipschaubild dieses Systems. Die Vorgehensweise bei der Evaluation sowie die Ergebnisse sind in Abschnitt 7.5 dargelegt.

Über die Evaluation der Datenübertragung hinaus kann mit Hilfe des im Folgenden beschriebenen Systems das Störszenario an einem Messort über längere Zeiträume lückenlos aufgezeichnet werden. Auf diese Weise gewonnene Messdaten bilden die Grundlage für die in den Abschnitten 3.3 und 4 beschriebene Analyse der Störszenarien.

Des Weiteren wurden Störszenarien aufgezeichnet, anhand derer der realitätsnahe Vergleich der in Kapitel 6 beschriebenen Mehrträger-Modulationsverfahren erfolgt. Die Ergebnisse dieses Vergleichs finden sich in Abschnitt 7.4.

Das Datenübertragungs- und Signalerfassungs-System besitzt zwei unabhängige Signalpfade, die jeweils über einen Koppler mit dem Niederspannungsnetz verbunden sind. Die oberen der in Abbildung 7.1 dargestellten Analog-Komponenten umfassen einen kapazitiven Koppler, ein analoges Bandpass-Filter und ein mit „Transceiver-IC" bezeichnetes integriertes Mixed-Signal Frontend, das für den Empfangspfad eine Verstärker-Kaskade und einen Analog-Digital-Wandler mit 12 bit Auflösung bereitstellt. Zusätzlich enthält der Empfangspfad eine mit ND bezeichnete Schaltung zur Erfassung der Nulldurchgänge der Netzwechselspannung. Diese Schaltung ist in [35] näher beschrieben. Die unteren der Analog-Komponenten sind dem Sendepfad zugeordnet und schließen einen Digital-Analog-Wandler mit ebenfalls 12 bit Auflösung sowie einen Vorverstärker ein, die beide Bestandteil des Transceiver-ICs sind, sowie einen Leistungsverstärker und einen weiteren kapazitiven Koppler. Die

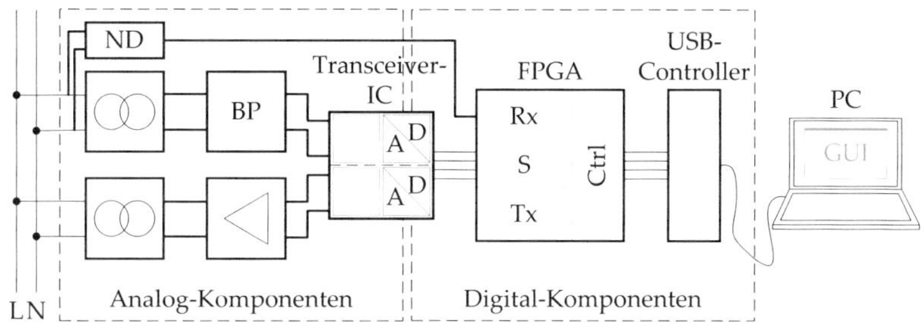

Abbildung 7.1 Integriertes System zur Datenübertragung und Signalerfassung.

Digital-Komponenten umfassen ein FPGA sowie einen USB-Controller. Für die Datenübertragung stellt das FPGA eine logische Systemkomponente zur Demodulation von Datensignalen (Rx) und eine Systemkomponente zur Modulation (Tx) bereit. Zusätzlich zur Steuerungslogik (Ctrl) wurde die Komponente S implementiert, welche unabhängig von den Komponenten Rx und Tx die Erzeugung und Aufzeichnung von Signalen erlaubt. Der USB-Controller stellt eine USB-2.0-Schnittstelle im High-Speed-Modus zur Verfügung, die die Anbindung des Systems an einen PC ermöglicht. Über eine grafische Benutzeroberfläche (GUI) wird der Zugriff auf die Betriebsmodi des Systems ermöglicht. Darüber hinaus wird durch die Benutzeroberfläche die Aufzeichnung der von den Komponenten S und Rx bereitgestellten Daten sowie die Bereitstellung der zu übertragenden Binärdaten verwaltet. Neben der Übertragung der Binärdaten für die mittels der Komponenten Rx und Tx realisierte Datenübertragung über PLC und der Übertragung von Steuerungssignalen zwischen GUI und Ctrl erfolgt über die USB-2.0-Schnittstelle auch die

Übertragung von durch die Komponente S bereitgestellten Abtastwerten in Echtzeit. Das in Abbildung 7.1 dargestellte System ermöglicht somit nicht nur die Datenübertragung über Niederspannungsnetze, sondern auch die Aufzeichnung von Signalen am Ausgang des Empfangspfads mit ausreichend hoher Abtastrate über längere Zeiträume, die im Idealfall nur durch das durch den PC bereitgestellte Speichervolumen begrenzt werden.

Abbildung 7.2 zeigt den Empfangspfad mit den für die Signalverarbeitung relevanten Komponenten. Das vom Empfangskoppler gelieferte Signal $u(t)$ wird einer Bandpass-Filterung unterzogen und mit dem Faktor k vorverstärkt, um eine Anpassung an den Eingangsspannungsbereich des AD-Wandlers zu erreichen. Dieser erzeugt aus dem verstärkten Eingangssignal durch Abtastung mit der Abtastrate f'_A und Quantisierung das zeit- und amplitudendiskrete Signal $u_*(t)$. Dieses Signal wird der Komponente S (vgl. Abbildung 7.1) zugeführt und steht schlussendlich für die weitere Analyse mit dem PC zur Verfügung.

Aufgrund der in Abschnitt 2.5 beschriebenen internationalen Vorschriften zur Nutzung des Niederspannungsnetzes für die Datenübertragung ist über die in EN 50065 festgelegten Frequenzbänder hinaus durchaus auch der Frequenzbereich bis etwa 500 kHz von Interesse. Die Abtastrate für die Signalerfassung wird aus diesem Grund zu $f'_A = 1,\overline{3}$ MHz gewählt. Die Abtastrate des OFDM-Übertragungssystems in Tabelle 6.1 beträgt allerdings $f_A = 333,\overline{3}$ kHz. Die Komponente Rx, mit der die Demodulation von Empfangssignalen zur Realisierung einer PLC-Datenübertragung erfolgt, benötigt die Signale daher nicht mit derselben hohen Zeitauflösung. Um für die Komponente Rx das gleiche Signal mit niedrigerer Abtastrate zur Verfügung zu stellen, muss daher $u_*(t)$ einem Downsampling um den Faktor vier unterzogen werden. Zur Vermeidung von Aliasing erfolgt zuvor eine Tiefpass-Filterung des ursprünglichen Signals.

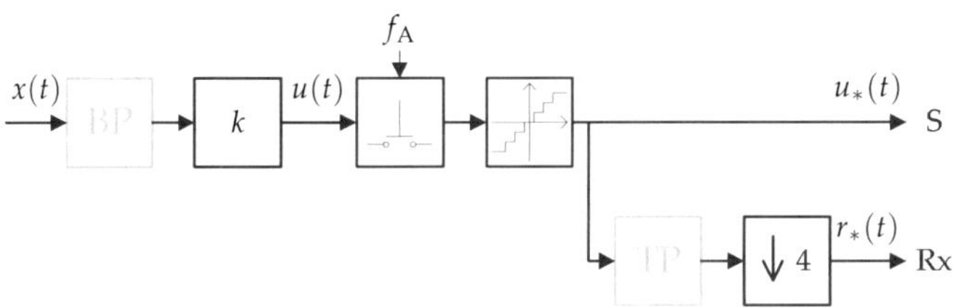

Abbildung 7.2 Signalflussdiagramm des Empfangspfads.

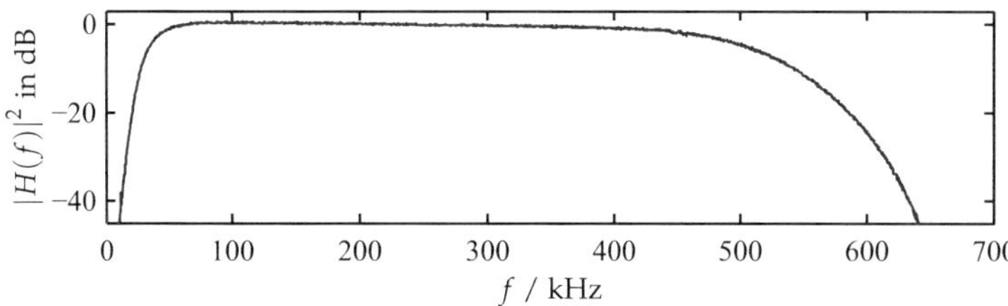

Abbildung 7.3 Übertragungsfunktion des Empfangspfads.

Das analoge Bandpass-Filter sowie das digitale Tiefpass-Filter vor dem Downsampling-Operator in Abbildung 7.2 müssen so dimensioniert werden, dass die Signalanteile im jeweils relevanten Frequenzbereich unverzerrt erhalten bleiben. Dass dies im vorliegenden Fall gewährleistet ist, zeigt die in Abbildung 7.3 dargestellte Übertragungsfunktion des gesamten Empfangspfades $H(f) = \frac{\mathcal{F}\{u_*(t)\}}{\mathcal{F}\{x(t)\}}$.

7.2.1 Quantisierungsrauschen

Wie in Kapitel 3 beschrieben, sind bei der Datenübertragung im Frequenzbereich nach EN 50065 hohe Dämpfungen der Übertragungssignale zu erwarten. Vor diesem Hintergrund muss zusätzlich zu den durch das Störszenario des Übertragungskanals verursachten Störsignalen auch die Störung der Empfangssignale durch die bei der AD-Wandlung unvermeidliche Quantisierung der Amplitudenwerte beachtet werden. Hierzu empfiehlt sich die im Folgenden dargelegte Modellierung des Quantisierungsrauschens aus [47] unter Einbeziehung der Signale $u(t)$ und $u_*(t)$ aus Abbildung 7.2.

Der AD-Wandler stellt die Amplitudenwerte im Bereich $-U_{\max} \leq u(t) < U_{\max}$ als ganzzahlige Binärzahlen mit N_B Bits dar. Damit ergibt sich die Breite einer einzelnen Quantisierungsstufe zu

$$q = \frac{2U_{\max}}{2^{N_\mathrm{B}}}. \tag{7.1}$$

Solange der Maximalwert $\hat{u}(t)$ des Eingangssignals $u(t)$ die Bedingung

$$|\hat{u}(t)| = k \cdot \hat{x}(t) < U_{\max}$$

erfüllt, gilt für den Quantisierungsfehler $e(t) = u(t) - u_*(t)$

$$-\frac{q}{2} \leq e(t) \leq \frac{q}{2}. \tag{7.2}$$

Der Quantisierungsfehler $e(t)$ wird als Störsignal aufgefasst, welches das ursprüngliche Signal mit

$$u_*(t) = u(t) + e(t)$$

additv überlagert. Es wird angenommen, dass das Signal $e(t)$ eine Realisierung eines stationären Zufallsprozesses ist und sowohl mit sich selbst als auch mit $u(t)$ unkorreliert ist. Unter diesen Annahmen kann der Zufallsprozess des Quantisierungsfehlers mit weißem gaußschem Rauschen modelliert werden. Wird weiter angenommen, dass der Quantisierungsfehler im Intervall aus Gleichung 7.2 gleichverteilt ist, so ergibt sich dessen Varianz zu

$$\sigma_e^2 = \frac{q^2}{12}, \tag{7.3}$$

was zugleich die mittlere Leistung des Störsignals $e(t)$ darstellt. Durch Einsetzen von Gleichung 7.1 und mit der mittleren Leistung bzw. Varianz σ_u des Signals $u(t)$ erhält man die allgemeine Formulierung des SNR im Zeitbereich

$$\mathrm{SNR_{Q,dB}} = 10\log\left(\frac{\sigma_u^2}{\sigma_e^2}\right) = 6{,}02 N_\mathrm{B} + 10{,}8 - 10\log\left(\frac{U_\mathrm{max}^2}{\sigma_u^2}\right) \tag{7.4}$$

Nimmt man für das PAPR (vgl. Gleichung 5.66) des Eingangssignals $u(t)$ $\Lambda_\mathrm{u} = \frac{U_\mathrm{max}^2}{\sigma_u^2} = 4$ an, so ergibt sich aus Gleichung 7.4 der vereinfachte Zusammenhang

$$\mathrm{SNR_{Q,dB}} = 10\log\left(\frac{\sigma_u^2}{\sigma_e^2}\right) = 6{,}02 N_\mathrm{B} + 1{,}76.$$

Das zugehörige Leistungsdichtespektrum des Quantisierungsrauschens ergibt sich aus der mittleren Leistung des Quantisierungsrauschens bezogen auf die Systembandbreite f_A' [67]

$$S_{ee}(f) = \frac{1}{f_\mathrm{A}'}\sigma_e^2. \tag{7.5}$$

Sowohl für das System in Abbildung 7.1 als auch für das in Abschnitt 7.3 vorgestellte Simulationsmodell wird jeweils ein AD-Wandler mit $N_\mathrm{B} = 12$ verwendet. Damit ergibt sich die mittlere Leistung des Quantisierungsrauschens bei $f_\mathrm{A}' = 1{,}\overline{3}\,\mathrm{MHz}$ zu $\sigma_e^2 = 1{,}987 \cdot 10^{-8}\,\mathrm{V}^2$. Für ein mittleres SNR von $0\,\mathrm{dB}$ muss das Leistungsdichtespektrum des

Signals $u(t)$ unter der Annahme $U_{\max} = 1\,\mathrm{V}$ mindestens $S_{uu,\min}(f) = -138{,}27\,\mathrm{dBV}^2/\mathrm{Hz}$ betragen.

Die Leistungsdichte des ungestörten Nutzsignals eines Systems gemäß Tabelle 6.1 ist im betreffenden Frequenzband selbst bei einer Signaldämpfung von $70\,\mathrm{dB}$ $-117{,}9\,\mathrm{dBV}^2/\mathrm{Hz}$. Legt man diese Leistungsdichte für das Nutzsignal zugrunde, so lässt sich für diesen Fall das SNR je Subträger bezüglich des Quantisierungsrauschens zu immerhin noch $20{,}37\,\mathrm{dB}$ abschätzen. Auf dieser Grundlage wird angenommen, dass das Quantisierungsrauschen gegenüber dem PLC-Störszenario einen geringen Einfluss auf die Bitfehlerrate hat.

7.3 Beschreibung des Simulationsmodells zur realitätsnahen Evaluation

Der Vergleich der in Kapitel 6 vorgestellten alternativen Mehrträger-Modulationsverfahren soll so realitätsnah wie möglich erfolgen. Die Untersuchung in Unterabschnitt 7.4.2 zielt darauf ab, eine belastbare Aussage darüber zu erhalten, ob OFDM oder WPM unter dem Einfluss realer PLC-Störszenarien bei identischer Datenrate eine höhere Zuverlässigkeit aufweisen. Über den Vergleich von WPM und OFDM hinaus werden in Unterabschnitt 7.4.1 auch verschiedene Modulationsarten für OFDM evaluiert, wobei die OFDM-Parameter bis auf die Modulationsart denen aus Tabelle 6.1 entsprechen.

Mit Hilfe des im vorliegenden Abschnitt vorgestellten Simulationsmodells werden des Weiteren Untersuchungen zur Wahl der OFDM-Symboldauer und der Anzahl der Subträger durchgeführt. Die Ergebnisse dazu finden sich in Unterabschnitt 7.6.3.

Grundlage für die Evaluation ist das Simulationsmodell, dessen Struktur in Abbildung 7.4 dargestellt ist. Es bildet im Wesentlichen das in Gleichung 3.3 beschriebene Modell

$$r(t) = a \cdot s(t) + n(t)$$

ab, wobei $n(t)$ als Realisierung des stochastischen Prozesses des PLC-Störszenarios $N_{\mathrm{PLC}}(t)$ zu verstehen ist.

Für eine realitätsnahe Evaluation wird, neben der hauptsächlichen Störquelle in Form des PLC-Störszenarios, die Quantisierung der Störsignale und der Empfangssignale einbezogen. Neben dem eigentlichen Kanalmodell werden somit auch Teile des Übertragungssystems modelliert, die einen Einfluss auf das SNR bezüglich der Demodulation haben.

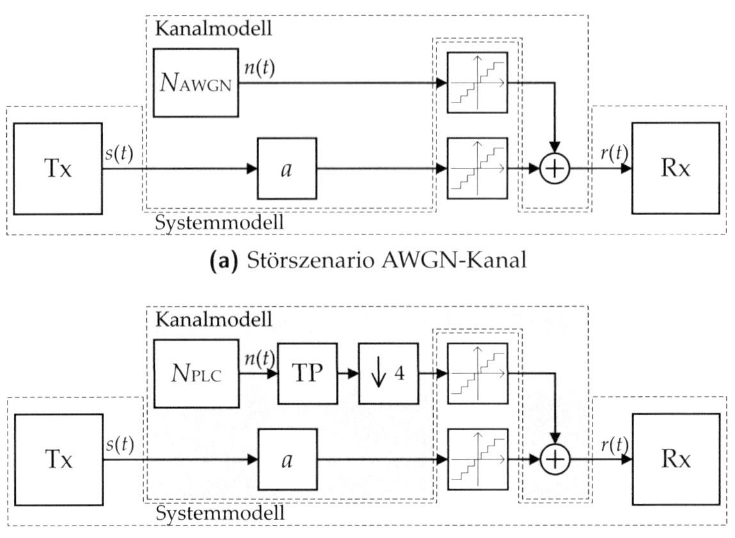

(a) Störszenario AWGN-Kanal

(b) Störszenario PLC-Kanal

Abbildung 7.4 Simulationsmodell zur Evaluation von Modulationsverfahren unter dem Einfluss verschiedener Störszenarien.

Beschreibung des im Simulationsmodell integrierten Systemmodells

Der Sender, in Abbildung 7.4 mit Tx bezeichnet, erzeugt aus Binärdaten mit Hilfe der in Abbildung 5.3 für den Sender beschriebenen Struktur reellwertige Sendesignale im äquivalenten Basisband. Diese Signale werden über das Modell eines realen PLC-Übertragungskanals übertragen. Es umfasst, analog zu Gleichung 3.3, den Verstärkungsfaktor a, der die Signaldämpfung bei der Übertragung durch das Niederspannungsnetz repräsentiert, sowie einen stochastischen Prozess N, dessen Realisierungen $n(t)$ mit dem gedämpften Übertragungssignal überlagert werden. Das gedämpfte und mit additiven Störungen überlagerte Signal stellt das Empfangssignal dar, aus welchem durch Demodulation im mit Rx bezeichneten Empfänger die empfangenen Binärdaten gewonnen werden.

Insgesamt werden in jeder der beschriebenen Konfigurationen des Simulationsmodells ca. $4 \cdot 10^6$ Bits an Zufallsdaten übertragen, wobei die Auftrittswahrscheinlichkeiten für '1' und '0' identisch 0,5 sind. Diese Datenmenge erlaubt zuverlässige Aussagen bis zu Bitfehlerraten in der Größenordnung 10^{-4} [25]. Die Übertragung der Datenmenge erfolgt durch das OFDM-System innerhalb einer gesamten Übertragungsdauer von 254,67 s und durch das WPM-System innerhalb von 252,66 s.

Dabei werden die Amplituden beider Sender so normiert, dass die für jedes der Systeme während der Übertragung beobachtete Maximalamplitude 5 V beträgt, was vor dem Hintergrund der Betrachtungen in Unterabschnitt 3.2.3 für reale Systeme trotz niedriger Zugangsimpedanzen durchaus als realisierbar anzunehmen ist. Diese Art der Normierung bewirkt, dass die mittlere Signalleistung für das WPM-Signal um 0,22 dB größer ist als die des OFDM-Signals.

Dies erscheint bei der Betrachtung der PAPR-Werte der jeweiligen Signale zunächst erstaunlich: Über Beobachtungsabschnitte von ca. 3 ms Dauer ergeben sich die in Tabelle 7.1 aufgelisteten Werte für die jeweiligen globalen Maximalwerte des PAPR $\widehat{\Lambda}$ und für die über die Beobachtungsintervalle gemittelten Werte des PAPR $\overline{\Lambda}$. Das beobachtete maxima-

	WPM	OFDM
$\widehat{\Lambda}$ in dB	22,3	15,74
$\overline{\Lambda}$ in dB	13,94	9,36

Tabelle 7.1   Bei der Simulation beobachtete PAPR-Werte für WPM und OFDM

le PAPR für OFDM liegt dabei ca. 4 dB unter dem theoretischen Maximalwert von $\widehat{\Lambda} = 10\log(2 \cdot 48) = 19{,}82$ dB (vgl. Gleichung 6.2). Zu erklären ist dies damit, dass die Wahrscheinlichkeit für das Auftreten der Bitfolge, die den Maximalwert des PAPR verursacht, bei 48 modulierten Subträgern mit $2^{-48} \approx 3{,}6 \cdot 10^{-15}$ so gering ist, dass diese Bitfolge in der Menge der übertragenen Bits nicht auftritt, obwohl diese Menge eine große Anzahl Bits umfasst.

Das beobachtete maximale PAPR für WPM liegt deutlich über dem für OFDM, ebenso ist das mittlere PAPR deutlich größer. Dass die mittlere Signalleistung bei gleicher Maximalamplitude für WPM dennoch höher ist als für OFDM, liegt darin begründet, dass hohe Amplitudenwerte deutlich häufiger auftreten, wie Abbildung 7.5 zeigt. Auch dieser Zusammenhang ist plausibel: Bei der Übertragung mittels WPM werden acht Subkanäle verwendet, somit tritt die Bitfolge, die das maximale PAPR verursacht, mit einer deutlich größeren Wahrscheinlichkeit von $2^{-8} \approx 4 \cdot 10^{-3}$ auf.

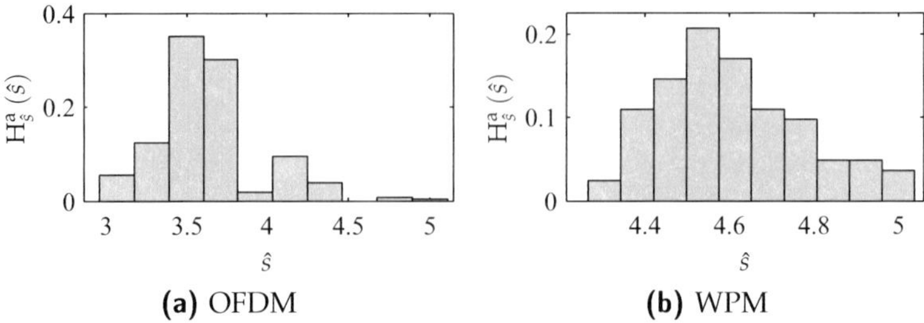

(a) OFDM   (b) WPM

Abbildung 7.5   Relative Auftrittshäufigkeiten $H_{\hat{s}}^{a}(\hat{s})$ maximaler Amplitudenwerte $\hat{s}$ innerhalb von Beobachtungsfenstern von 3 ms Dauer

Da die WPM im Gegensatz zu OFDM nicht die Möglichkeit zur zyklischen Fortsetzung einzelner Symbole bietet und auch die Definition der Zeitdauer einzelner Symbole bzw. Subsymbole stark von der für OFDM abweicht, wird keine Synchronisation der Übertragung mit der Periode der Netzwechselspannung vorgenommen. Des Weiteren wird für beide Modulationsverfahren angenommen, dass die Symbolsynchronisation für Sender und Empfänger ideal ist.

Beschreibung des im Simulationsmodell integrierten Kanalmodells

Wie in Abbildung 7.4 dargestellt, kann die Erzeugung von Störsignalen mit Hilfe zweier verschiedener stochastischer Prozesse erfolgen. Im ersten Schritt wird die Korrektheit des Modells mit Hilfe von synthetisiertem weißem Rauschen verifiziert, wofür die in Abbildung 7.4 (a) dargestellte Struktur verwendet wird. Zur Verifikation werden dabei die mit Hilfe des Simulationsmodells für verschiedene Modulationsarten und -verfahren erzielten Bitfehlerraten mit analytisch bestimmten Bitfehlerwahrscheinlichkeiten verglichen.

Anschließend werden die Sendesignale statt mit weißem Rauschen mit Realisierungen des stochastischen Prozesses N_{PLC} überlagert, vgl. Abbildung 7.4 (b). Für die Evaluation werden zwei verschiedene Realisierungen des Störszenarios herangezogen, die zuvor mit Hilfe des in Abschnitt 7.2 beschriebenen integrierten Datenübertragungs- und Signalerfassungssystem aufgezeichnet worden sind. Die jeweiligen Eigenschaften dieser Störsignale werden in Unterabschnitt 7.3.1 analysiert.

Aufgezeichnete Störszenarien liegen, wie in Abbildung 7.2 dargestellt, in Form von wert- und zeitdiskreten Signalen vor, die in Abbildung 7.2

mit $u_*(t)$ bezeichnet wurden. Durch eine Tiefpass-Filterung mit einem FIR-Filter 30. Ordnung und Downsampling um den Faktor vier, gefolgt von einer erneuten Quantisierung, können diese Signale so umgeformt werden, dass sie den in Abbildung 7.2 mit $r_*(t)$ bezeichneten entsprechen. Die so aus den aufgezeichneten Realisierungen des stochastischen Prozesses gewonnenen Signale werden dem gedämpften und ebenfalls quantisierten Sendesignal überlagert.

Von primärem Interesse ist bei der Evaluation der Vergleich der Zuverlässigkeit von OFDM und WPM unter dem Einfluss der beiden PLC-Störszenarien. Um auch einen Vergleich der Auswirkungen der PLC-Störszenarien mit denen vergleichbarer AWGN-Kanäle anstellen zu können, wird die Evaluation mit weißem Rauschen zwei Mal durchgeführt, wobei jeweils die Varianz des weißen Rauschens an die für die PLC-Störszenarien ermittelte Varianz angepasst wird. Die Evaluation erfolgt also mit den folgenden vier unterschiedlichen Störszenarien:

1. AWGN mit der Varianz des Störsignals von PLC-Störszenario A, im Weiteren bezeichnet als AWGN_A,

2. AWGN mit der Varianz des Störsignals von PLC-Störszenario B, bezeichnet als AWGN_B,

3. PLC-Störszenario A (PLC_A) und

4. PLC-Störszenario B (PLC_B)

Somit sind durch das Simulationsmodell beide in Kapitel 6 beschriebenen Mehrträger-Modulationsverfahren denselben Voraussetzungen unterworfen, womit ein valider Vergleich gewährleistet ist.

7.3.1 Eigenschaften der betrachteten Störszenarien

Grundlage für die Evaluation sämtlicher in den Abschnitten 7.4 und 7.6.3 betrachteter Modulationsverfahren und Parameter-Konfigurationen sind zwei aufgezeichnete Störszenarien.

Für die Aussagekraft der Evaluation ist es daher unabdingbar, die Eigenschaften der aufgezeichneten Störszenarien jeweils im gesamten für die Datenübertragung benötigten Zeitraum so genau wie möglich zu kennen. Daher werden vor der Evaluation die Eigenschaften der Störungen über einen Zeitraum von 280 s charakterisiert. Die Aufzeichnung der Messdaten wurde, wie in Abschnitt 7.2 beschrieben, mit einer Abtastrate von $f'_\text{A} = 1{,}\overline{3}\,\text{MHz}$ vorgenommen. Da die beiden Übertragungssysteme jedoch für eine Abtastrate von $f_A = 333\,\text{kHz}$ entworfen wurden, erfolgt die Auswertung der aufgezeichneten Messdaten ebenfalls bei f_A.

Störszenario A wurde in der Nähe eines Hausanschlusses innerhalb des in Abbildung 4.4 beschriebenen Netzes aufgezeichnet, Störszenario B an der Sammelschiene der zugehörigen Trafo-Station. Abbildungen 7.6 und 7.7 zeigen Ausschnitte der jeweiligen Zeitverläufe sowie die Short-Time-Fourier-Transformierten (STFT) dieser Signalausschnitte.

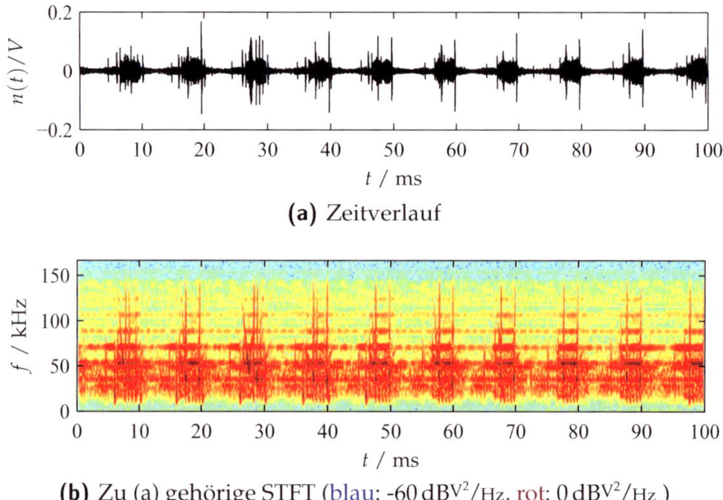

(a) Zeitverlauf

(b) Zu (a) gehörige STFT (blau: -60 dBV²/Hz, rot: 0 dBV²/Hz)

Abbildung 7.6 Störszenario A: Ausschnitt des Zeitverlaufs und zugehörige Verteilung der Störsignalleistung in der Zeit-Frequenz-Ebene

Beide Störszenarien unterscheiden sich zum einen hinsichtlich der Maximalamplituden der jeweiligen Zeitverläufe, die bei Störszenario B deutlich niedriger ausfallen als bei Störszenario A. Zum anderen sind Unterschiede in der Verteilung der Störsignalleistung in der Zeit-Frequenz-Ebene erkennbar. Im Fall von Störszenario A ist die Störsignalleistung auf mehrere deutlich voneinander abgegrenzte Frequenzbänder konzentriert. Relevant ist insbesondere die relativ schmalbandige Störung zwischen ca. 85 und 92 kHz. Zu den Frequenzbändern mit permanent hoher Störleistung kommt hinzu, dass das Störsignal in deutlich voneinander abgegrenzten Zeitbereichen relativ breitbandige Impulse enthält, deren Leistung zu höheren Frequenzen hin abnimmt. Das Spektrum dieser

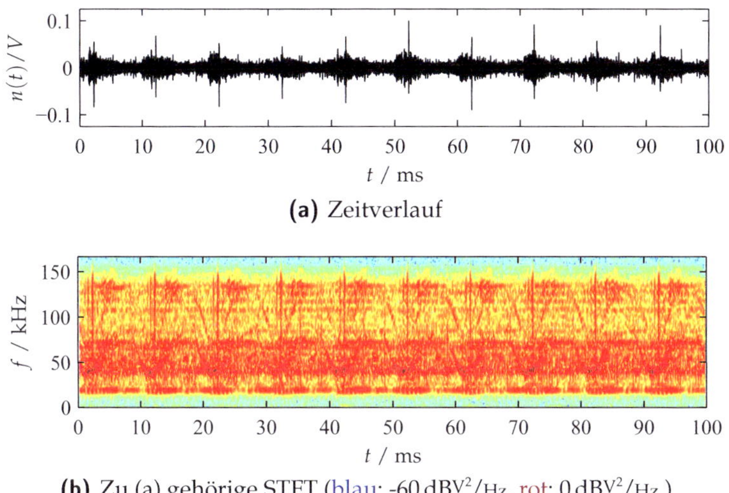

(a) Zeitverlauf

(b) Zu (a) gehörige STFT (blau: -60 dBV^2/Hz, rot: 0 dBV^2/Hz)

Abbildung 7.7 Störszenario B: Ausschnitt des Zeitverlaufs und zugehörige Verteilung der Störsignalleistung in der Zeit-Frequenz-Ebene

Impulse liegt selten und nur kurzzeitig oberhalb von 120 kHz. Oberhalb von 145 kHz befinden sich kaum mehr nennenswerte Signalanteile. Ebenso besitzt Störszenario B kaum nennenswerte Signalanteile oberhalb von 145 kHz. Obwohl auch die Störsignalleistung von Störszenario B eine systematische Struktur über der Zeit und der Frequenz aufweist, ist sie weniger deutlich in einzelnen Frequenzbändern oder erkennbaren Impulsen konzentriert.

Abgesehen von den genannten Unterschieden ist die Periodizität der Störungen in Zeitrichtung deutlich erkennbar. Die jeweils über Verschiebungen bis zu $|\tau_{\mathrm{max}}| = 50 T_{\mathrm{AC}}$ berechneten und ausschnittsweise in Abbildung 7.8 gezeigten Autokorrelationsfunktionen (AKF) belegen, dass die Signale beider Störszenarien periodische bzw. zyklostationäre Anteile enthalten. Diese periodischen Anteile sind bei Störszenario A deutlicher ausgeprägt als bei Störszenario B. Die zyklostationären Anteile schlagen sich in Nebenmaxima der AKF nieder, die periodisch bei Vielfachen von T_{AC} bzw. $T_{\mathrm{AC}}/2$ auftreten. Bei genauerer Betrachtung der AKF wird deutlich, dass die Nebenmaxima zerfließen, statt scharf lokalisierte Spitzen bei Vielfachen von T_{AC} bzw. $T_{\mathrm{AC}}/2$ zu zeigen. Grund hierfür sind geringfügige Abweichungen in der Frequenz der Netzwechselspannung, was

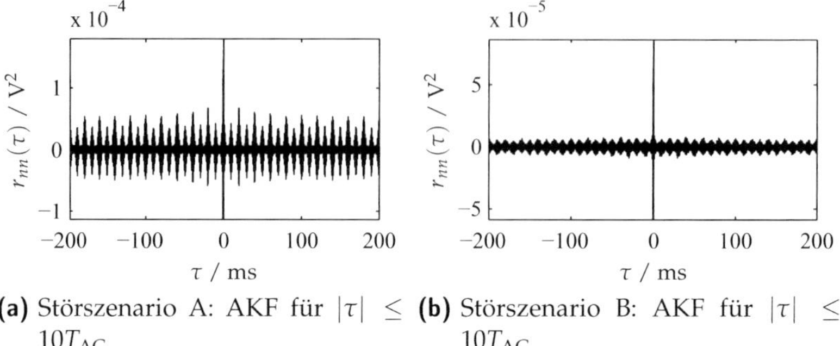

(a) Störszenario A: AKF für $|\tau| \leq 10T_{\mathrm{AC}}$

(b) Störszenario B: AKF für $|\tau| \leq 10T_{\mathrm{AC}}$

Abbildung 7.8   Autokorrelationsfunktionen von Realisierungen beider Störszenarien

durch die Anwendung des in Abschnitt 4.2 beschriebenen Analyseverfahrens weiter verdeutlicht werden kann:

Statt mit Hilfe der Netznulldurchgänge netzsynchron positionierter Beobachtungsfenster der Länge T_{AC} werden die Beobachtungsfenster bei der vorliegenden Analyse sukzessive aneinander gereiht. Die den Störszenarien zugrunde liegenden Signale wurden für diese Analyse in 280 Abschnitte von jeweils $100T_{\mathrm{AC}} = 2\,\mathrm{s}$ Dauer unterteilt, wobei der zeitliche Abstand zwischen zwei Abschnitten ebenfalls 2 s beträgt. Diese Abschnitte werden, ausgehend vom Startzeitpunkt der Messung T_0, über den Index $n_{\mathrm{B}} = 1,2,\ldots,139$ indiziert. Der Bezug zwischen dem Beginn eines Beobachtungsfensters mit Index n_{B} und der realen Zeit t ab dem Beginn der Aufzeichnung T_0 ist mit

$$t = T_0 + t_{0,i} \qquad i = n_{\mathrm{B}}$$

gegeben, wobei die Startzeitpunkte $t_{0,i}$ gemäß

$$t_{0,i} = \frac{(2n_{\mathrm{B}} - 1)}{280} 280\,\mathrm{s}$$

bestimmt werden. Jeder der Abschnitte wird in 100 Fenster der Länge T_{AC} unterteilt. Innerhalb dieser Fenster werden jeweils die zeitlichen Positionen der Impulsmaxima bestimmt und über alle 100 Netzperioden gemittelt. Die Variable t^* quantisiert dabei jedes der Fenster der Länge T_{AC} gemäß $0 \leq t^*\Delta_t \leq T_{\mathrm{AC}}$ mit $\Delta_t = 0{,}2\,\mathrm{ms}$, vgl. Tabelle 4.3.

Außerdem findet innerhalb jedes der Fenster die Analyse des Signals innerhalb von $T_{AC}/20 = 1$ ms langen Intervallen statt, über die jeweils das Leistungsdichtespektrum und die mittlere Signalleistung im Zeitbereich berechnet werden.

Bei der Betrachtung der in Abbildung 7.8 dargestellten AKF wurde bereits festgestellt, dass die Periodendauer der zyklostationären Signalanteile offenbar nicht immer exakt T_{AC} oder $T_{AC}/2$ beträgt. Hierzu wird die über alle Beobachtungsabschnitte gemittelte Anzahl der Auftrittszeitpunkte von Impulsen innerhalb von T_{AC} betrachtet, welche für das jeweilige Störszenario in Abbildung 7.9 dargestellt ist. Die zeitlichen Positionen der Impulsmaxima bezüglich der Netzperiode weisen innerhalb eines Beobachtungsabschnitts ein charakteristisches Muster auf. Dieses Muster wiederholt sich in aufeinander folgenden Beobachtungsabschnitten, wird dabei jedoch näherungsweise zyklisch verschoben. Daraus ergeben sich offensichtlich deutliche Verschiebungen der mittleren Positionen der einzelnen Impulsmaxima über T_{AC} innerhalb verschiedener Beobachtungsintervalle n_B. Diese Verschiebungen kommen dadurch zustande, dass zum Zeitpunkt der Messung die tatsächliche Periodendauer der Netzwechselspannung – und somit auch die relativen zeitlichen Abstände von Impulsmaxima – von der zu T_{AC} gewählten Fensterlänge abweicht.

Verdeutlicht wird dies durch Abbildung 7.9, welche die mit dem in Abschnitt 4.1 beschriebenen Verfahren extrahierten Positionen der Impulsmaxima zeigt. Aus Abbildung 7.9 (a) lässt sich auf Grundlage der Abwei-

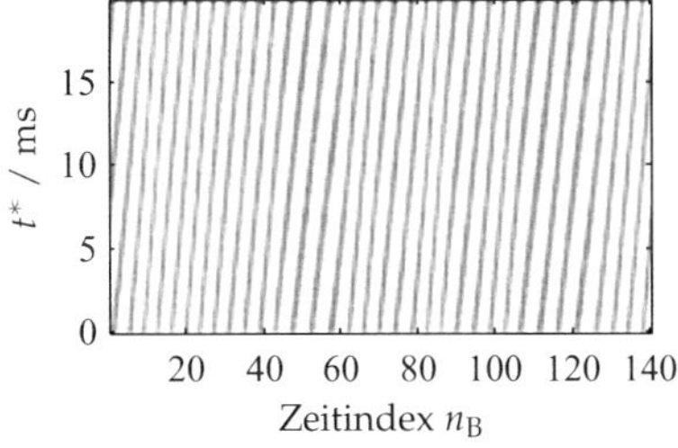

(a) Störszenario A: Mittlere Auftrittszeitpunkte von Impulsmaxima $H^a_{\hat{t}^{Imp}_i} (n_B, t^*)$

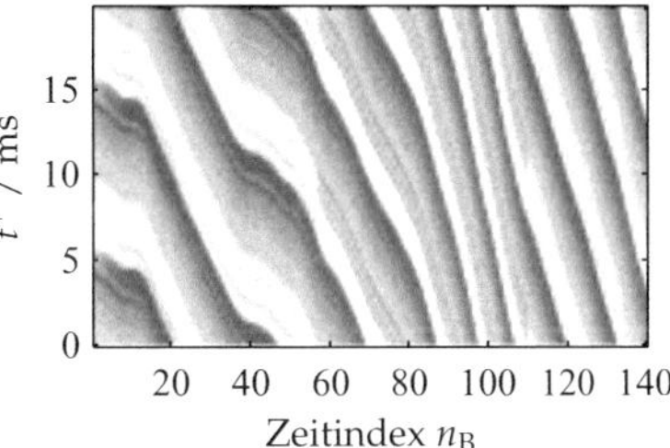

(b) Störszenario B: Mittlere Auftrittszeitpunkte von Impulsmaxima $H^a_{\hat{t}^{Imp}_i} (n_B, t^*)$

Abbildung 7.9 Über T_{AC} gemittelte Anzahl der Auftrittszeitpunkte von Impulsmaxima für beide Störszenarien

chungen der Auftrittszeitpunkte desselben Impulsmaximums zwischen zwei Beobachtungsintervallen die Abweichung der Frequenz der Netzwechselspannung von ihrem Nennwert bestimmen. Dazu wird die zeitliche Abweichung zwischen einem Maximum der Verteilung der Auftrittszeitpunkte und seiner zeitlich versetzten Version

$$\Delta_{T_{\mathrm{AC}},i} = \underset{t^*}{\mathrm{argmax}} \left\{ \left(\mathrm{H}^{\mathrm{a}}_{\tilde{t}\mathrm{Imp}} \left(n_{\mathrm{B}} + 1, t^* \right) \right) \right\} - \underset{t^*}{\mathrm{argmax}} \left\{ \left(\mathrm{H}^{\mathrm{a}}_{\tilde{t}\mathrm{Imp}} \left(n_{\mathrm{B}}, t^* \right) \right) \right\}$$

betrachtet. Beispielsweise ergibt sich für Störszenario A bei $n_{\mathrm{B}} = 70$ eine Abweichung von $\Delta_{T_{\mathrm{AC}},70} \approx 2{,}6\,\mathrm{ms}$. Diese Abweichung ist innerhalb von $2\,\mathrm{s}$ bzw. 100 Netzperioden entstanden, was im Mittel einer Abweichung der Zeitdauer einer Netzperiode gegenüber der zeitlichen Verschiebung der Beobachtungsfenster entsprechend $\tilde{T}_{\mathrm{AC}} = T_{\mathrm{AC}} + 2{,}6\,\mathrm{ms}/100 = 20{,}026\,\mathrm{ms}$ ergibt. Die auf diese Weise geschätzte Frequenz der Netzwechselspannung ist $49{,}935\,\mathrm{Hz}$. Wie sich aus dem Muster in Abbildung (a) erkennen lässt, ist die Netzwechselspannung für Störszenario A innerhalb des gesamten Messzeitraums nur geringfügigen Änderungen unterworfen. Im Gegensatz dazu sind für Störszenario B deutlich erkennbare Schwankungen zu verzeichnen. Als Beispiel sei hier $\Delta_{T_{\mathrm{AC}},98} \approx -1{,}2\,\mathrm{ms}$ betrachtet. Mit $\tilde{T}_{\mathrm{AC}} = 19{,}988\,\mathrm{ms}$ entspricht dies einer Netzfrequenz von $50{,}03\,\mathrm{Hz}$. Sofern sie über den Zeitraum mehrerer Sekunden näherungsweise konstant vorhanden sind, wirken sich folglich selbst geringfügige Abweichungen in der Periodendauer der Netzwechselspannung deutlich erkennbar auf den zeitlichen Bezug zwischen Beobachtungsfenster und Netzperiode aus. Die Analyse der periodisch mit der Netzfrequenz wiederkehrenden Anteile des Störsignals mit Bezug zur Periodendauer der Netzwechselspannung wie in Anhang A ist somit ohne Einbeziehung der Netznulldurchgänge unmöglich, da sich keine systematische Struktur wie beispielsweise in Abbildung A.1 ergibt.

Dennoch können mit dem in Abschnitt 4.1 vorgestellten Verfahren immerhin die Wertebereiche ermittelt werden, in denen sich die aufgetretenen Leistungsdichtespektren und Signalleistungen befinden. Abbildungen 7.10 und 7.11 zeigen dies für die beiden betrachteten Störszenarien. Diese Abbildungen zeigen jeweils den Median aller Leistungsdichtespektren sowie den gesamten Wertebereich aller aufgetretenen Leistungsdichtespektren und den Median-Wert aller Leistungsverläufe über T_{AC} zusammen mit dem gesamten Wertebereich aller Leistungsverläufe. Die Leistungsdichtespektren werden lediglich im für die Übertragung relevanten Frequenzbereich betrachtet.

Der Median-Wert der Störsignalleistung im Zeitbereich für Störszenario B liegt etwa 3 dB unter dem von Störszenario A. Die Median-Werte beider Störszenarien weisen einen konstanten Verlauf über dem Beobachtungsintervall auf, was auf die nicht vorhandene Synchronität der Beobachtungsfenster zurückzuführen ist. Während die Median-Werte beider Störszenarien in einer ähnlichen Größenordnung liegen, weisen die gesamten Wertebereiche deutliche Unterschiede auf. Die Signalleistung nimmt in Störszenario A Werte zwischen ca. -52 und -14 dBV^2 an, während der Wertebereich für Störszenario B etwa zwischen -47 und -32 dBV^2 liegt. In einzelnen Fällen werden bis zu -23 dBV^2 erreicht. Die Median-Werte liegen bei -48,2 dBV^2 (Störszenario A) und bei -44,6 dBV^2 (Störszenario B).

Der Median der Leistungsdichtespektren von Störszenario A liegt etwa 3 dB unter dem von Störszenario B. Einzige Ausnahme stellt eine relativ schmalbandige Störung zwischen ca. 87 und 90 kHz mit einem Maximum von -100 dBV^2/Hz bei etwa 89 kHz dar. Die maximal erreichten Werte der Leistungsdichtespektren beider Störszenarien liegen bei ca. -75 dBV^2/Hz.

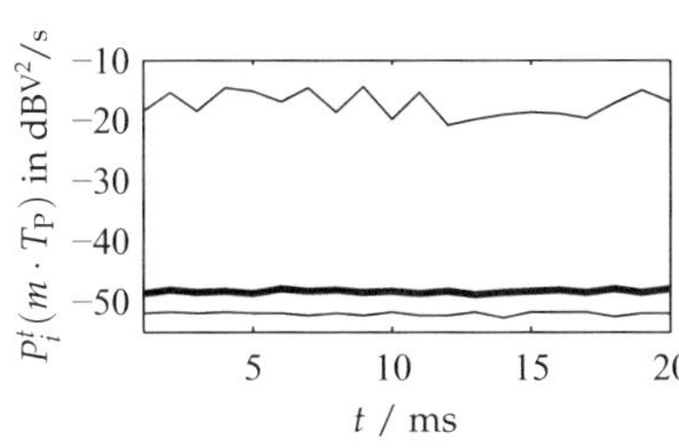

(a) Median und Wertebereich der Signalleistung von Signalausschnitten mit 1 ms Dauer

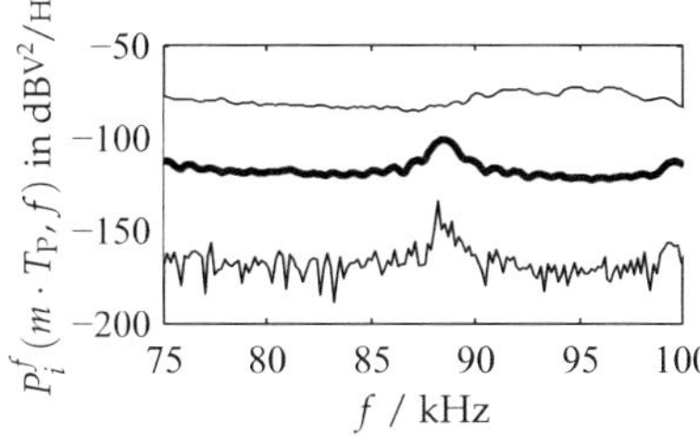

(b) Median und Wertebereich der Leistungsdichtespektren von Signalausschnitten mit 1 ms Dauer

Abbildung 7.10 Signalleistung im Zeitbereich und Leistungsdichtespektrum des Störszenarios A

Für die beschriebene Analyse des Störszenarios wurde davon ausgegangen, dass die beschriebenen Abweichungen der Netzwechselspannung von ihrem nominellen Wert tatsächlich existieren. Dies geschieht unter den Annahmen, dass die bei der Datenaufzeichnung verwendete Abtastrate tatsächlich der nominellen Abtastrate entspricht und dass das Zeitverhalten des Störszenarios synchron ist mit der Netzperiode. Unter realen Bedingungen kann dies nicht zwangsläufig vorausgesetzt wer-

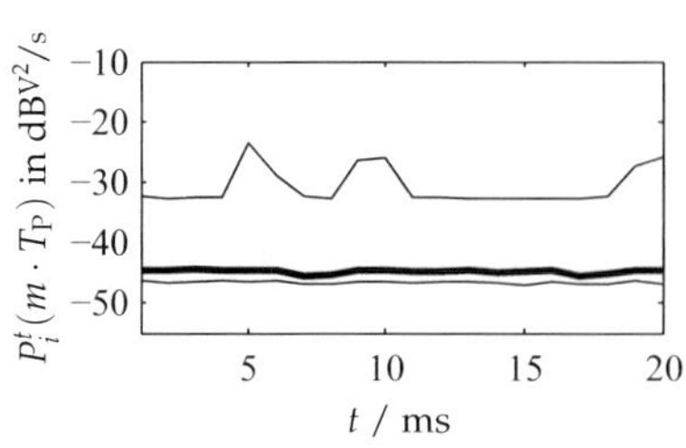

(a) Median und Wertebereich der Signalleistung von Signalausschnitten mit 1 ms Dauer

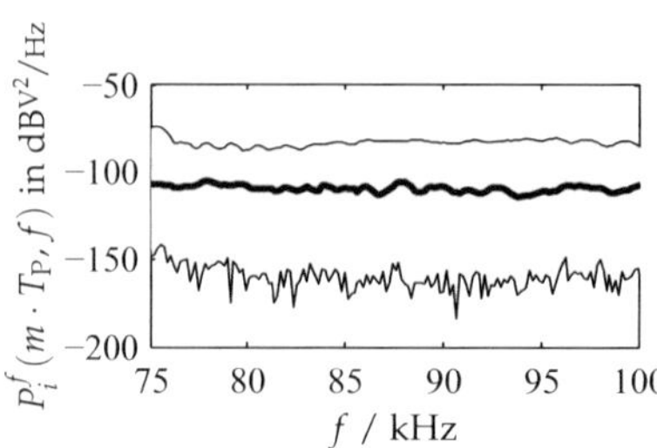

(b) Median und Wertebereich der Leistungsdichtespektren von Signalausschnitten mit 1 ms Dauer

Abbildung 7.11   Mittlere Signalleistung des Störszenarios B im Zeitbereich und im Frequenzbereich

den. Eine Aussage darüber, inwiefern die beobachteten Abweichungen der Netzfrequenz real vorhanden sind oder in Zusammenhang mit möglichen Abweichungen der Abtastrate stehen, bedarf weiterer detaillierter Untersuchungen und kann daher an dieser Stelle nicht getroffen werden.

Abbildung 7.12 zeigt, dass sich beide Störszenarien hinsichtlich der relativen Auftrittshäufigkeiten von Amplitudenwerten deutlich unterscheiden. Zudem unterscheiden sich beide Störszenarien deutlich von der bei weißem gaußschem Rauschen mit entsprechender Varianz zu erwartenden Normalverteilung. Berechnet über einen Beobachtungszeitraum von $4\,\mathrm{s}$ ist die Varianz $\sigma_\mathrm{A}^2 = 1{,}7997 \cdot 10^{-4}\,\mathrm{V}^2$ für Störszenario A und $\sigma_\mathrm{B}^2 = 8{,}675 \cdot 10^{-5}\,\mathrm{V}^2$ für Störszenario B. Die mittleren Signalleistungen der betrachteten Störszenarien unterscheiden sich also um den Faktor $\frac{\sigma_\mathrm{A}^2}{\sigma_\mathrm{B}^2} \approx 2$, was mit den Verläufen der Median-Werte in den Abbildungen 7.10(a) und 7.11(a) konsistent ist.

7.4 Ergebnisse der Evaluation durch Simulation

Im Folgenden werden die Ergebnisse der Evaluation mit Hilfe des in Abschnitt 7.3 vorgestellten Simulationsmodells diskutiert.

Betrachtet werden hierzu die Verläufe der Bitfehlerrate, die sich mit dem Simulationsmodell in Abbildung 7.4 und mit dem jeweiligen Mehrträger-Modulationsverfahren für das jeweilige Störszenario erge-

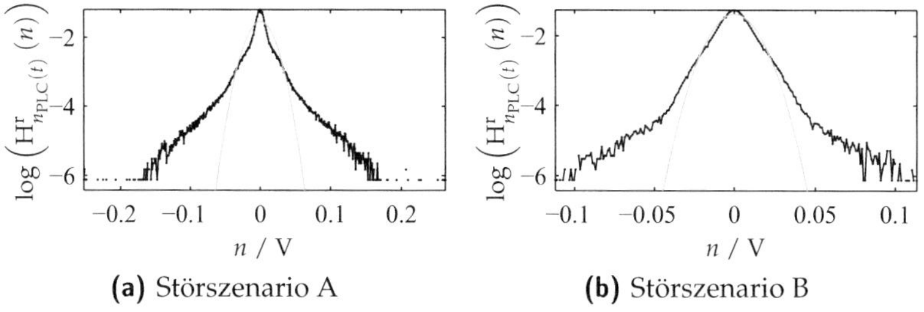

(a) Störszenario A   **(b)** Störszenario B

Abbildung 7.12 Relative Auftrittshäufigkeit von Amplitudenwerten innerhalb einer Beobachtungszeitdauer von 4 s

ben. Die zugehörige Bitfehlerrate (vgl. Gleichung 2.1), aus Darstellungsgründen im Folgenden mit

$$\beta = R_{\mathrm{b,e}}$$

bezeichnet, wird über dem Faktor

$$a_{\mathrm{dB}} = 20 \log (a)$$

aufgetragen, der die Dämpfung durch den Übertragungskanal repräsentiert.

In der Literatur (z.B. in [50], [29] oder [46]) wird üblicherweise zum Vergleich verschiedener Modulationsarten- und Verfahren das Verhältnis $\frac{E_{\mathrm{b}}}{N_0}$ vorgegeben. Hierzu wird die mittlere Leistung der Störsignale σ^2_{AWGN} angepasst an die Signalenergie des Übertragungssignals im Zeitbereich und die Eigenschaften des jeweiligen Modulationsverfahrens. Die Störsignale sind dabei Realisierungen eines weißen gaußschen Rauschprozesses (AWGN-Kanal).

Für Mehrträger-Modulationsverfahren wird hierzu der in Anhang B.3 hergeleitete Zusammenhang unter Einbeziehung der Bandbreite B_{SC} eines einzelnen Subträgers verwendet, sodass gilt

$$\frac{E_{\mathrm{b}}}{N_0} = \frac{\frac{E_{\mathrm{S}}}{\mathrm{ld}(M)}}{\sigma^2_{\mathrm{AWGN}} B_{\mathrm{SC}}}.$$

Im Gegensatz hierzu bleibt im Folgenden die Störsignal-Leistung für jedes der betrachteten Szenarien konstant, während die Verstärkung bzw.

Dämpfung des Übertragungssignals verändert wird. Dies entspricht exakt der Situation, die in der Realität anzutreffen ist: Ein Übertragungskanal wird durch die Signaldämpfung und das jeweilige Störszenario charakterisiert. Sowohl Dämpfung als auch Störszenario lassen sich messtechnisch erfassen und mittels des Simulationsmodells (vgl. Abschnitt 7.3) reproduzieren.

Die Zuverlässigkeit der Modulationsverfahren und der jeweiligen Subträger-Modulationsarten werden im Folgenden zunächst unter dem Einfluss von AWGN mit fester mittlerer Leistung untersucht, wobei für AWGN der Verlauf der Bitfehlerrate über a_{dB} dem der theoretischen Bitfehlerwahrscheinlichkeit (s. Abbildung 5.2), verschoben um einen konstanten Faktor, entsprechen muss. Dieser Zusammenhang lässt sich zeigen, indem das für die Bitfehlerwahrscheinlichkeit ausschlaggebende $\frac{E_{\mathrm{b}}}{N_0}$ mit dem gedämpften Sendesignal $a \cdot s(t)$ formuliert wird. Hierzu setzt man in den in Gleichung 5.23 beschriebenen Zusammenhang statt der Symbolenergie die Signalenergie des gedämpften Sendesignals ein:

$$E_{\mathrm{b}}' = \frac{E_{\mathrm{S}}'}{\mathrm{ld}(M)} = \frac{1}{\mathrm{ld}(M)} \cdot \int\limits_0^{T_{\mathrm{S}}} |a \cdot s(t)|^2 \, \mathrm{d}t.$$

Die für das jeweilige Störszenario vorgegebene Störleistungsdichte N_0' bleibt konstant, während sich der Faktor a ändert und man erhält in logarithmischer Form

$$\frac{E_{\mathrm{b}}'}{N_0'} \, [\mathrm{dB}] = 10 \log\left(\frac{E_{\mathrm{b}}'}{N_0'}\right) = 20 \log(a) + 10 \log\left(\frac{E_{\mathrm{b}}}{N_0}\right). \tag{7.6}$$

Im Gegensatz dazu hängen die jeweiligen Kurvenverläufe der Bitfehlerrate für die beiden betrachteten PLC-Störszenarien neben der Dämpfung auch noch von den Charakteristika des jeweiligen Störszenarios ab. Unter dem Einfluss von PLC-Störszenarien ergeben sich Verläufe für die jeweiligen Bitfehlerraten, die mitunter deutliche Abweichungen gegenüber den Verläufen unter dem Einfluss von AWGN-Störszenarien aufweisen.

7.4.1 Vergleich verschiedener Subträger-Modulationsarten für OFDM

Zunächst wird der Einfluss der Störszenarien $\mathrm{AWGN_A}$ und $\mathrm{AWGN_B}$ auf die Bitfehlerraten von kohärenter 2-PSK, $\mathrm{D_t}$-2-PSK, $\mathrm{D_f}$-2-PSK, kohärenter 4-PSK, $\mathrm{D_t}$-4-PSK und $\mathrm{D_f}$-4-PSK, betrachtet. Dabei wird das in Abschnitt 6.1 beschriebene OFDM-System zugrunde gelegt. Die kohärenten

Modulationsarten 2-PSK und 4-PSK sind im Rahmen der folgenden Betrachtungen als Referenz gegenüber den differentiellen Modulationsarten aufzufassen. Da sie das Vorhandensein einer möglichst genauen Schätzung des Symboltakts im Empfänger voraussetzen, sind sie für reale PLC-Übertragungssysteme weniger relevant.

Wie Abbildung 7.13 zeigt, stimmen die sich aus dem Simulationsmodell in Abschnitt 7.3 mit Störszenario $AWGN_A$ ergebenden Bitfehlerraten mit verschobenen Verläufen der zugehörigen Bitfehlerwahrscheinlichkeiten überein. Bei den differentiellen PSK-Modulationsarten ist kein Unterschied zwischen trägerdifferentieller und symboldifferentieller Modulation zu erkennen. Die Gründe hierfür sind, dass die Subträger für AWGN voneinander unabhängige Übertragungskanäle darstellen, die Störung unkorreliert ist und ein konstantes Leistungsdichtespektrum besitzt.

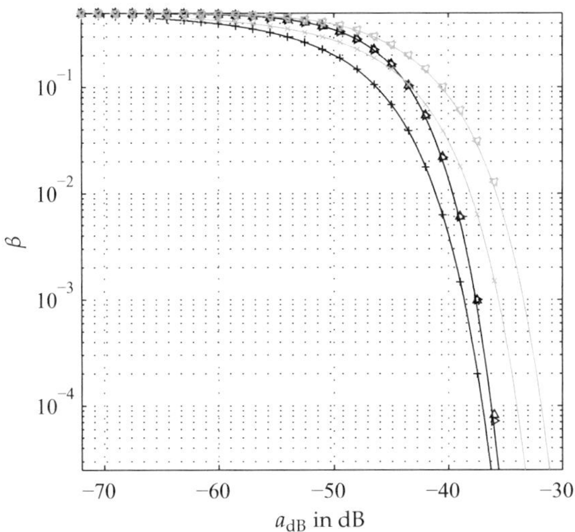

Abbildung 7.13 Simulierte Bitfehlerraten des OFDM-Systems aus Abschnitt 6.1 für Störszenario $AWGN_A$. Dargestellt sind die Bitfehlerraten für die zweiwertigen Modulationsarten 2-PSK ($+$), D_t-2-PSK ($\triangle$) und D_f-2-PSK ($\triangleright$) in schwarz, sowie die vierwertigen Modulationsarten 4-PSK ($\times$), D_t-4-PSK ($\triangledown$) und D_f-4-PSK ($\triangleleft$) in grau

Da sich $AWGN_A$ und $AWGN_B$ lediglich in der mittleren Leistung des Rausch-Prozesses unterscheiden, sind die Verläufe ähnlich zu denen in Abbildung 7.13. Auf eine explizite Betrachtung der Bitfehlerraten, die sich unter $AWGN_B$ einstellen, wird daher an dieser Stelle verzichtet.

Für die PLC-Störszenarien PLC$_A$ und PLC$_B$ ergeben sich mit dem OFDM-System die in Abbildung 7.14 und Abbildung 7.15 dargestellten Bitfehlerraten. Die Abweichungen der Kurvenverläufe von denen für AWGN sind offensichtlich. Sie sind unter anderem darauf zurückzuführen, dass die Störszenarien im Gegensatz zu AWGN nicht unkorreliert sind, sondern zyklostationäre Komponenten beinhalten. Da die Störsignalleistung, bedingt durch die Pausen zwischen den periodisch auftretenden Störimpulsen, über längere Zeiträume niedriger ist als die mittlere Störsignalleistung, ist auch die Bitfehlerrate niedriger als bei AWGN-Störszenarien vergleichbarer Varianz.

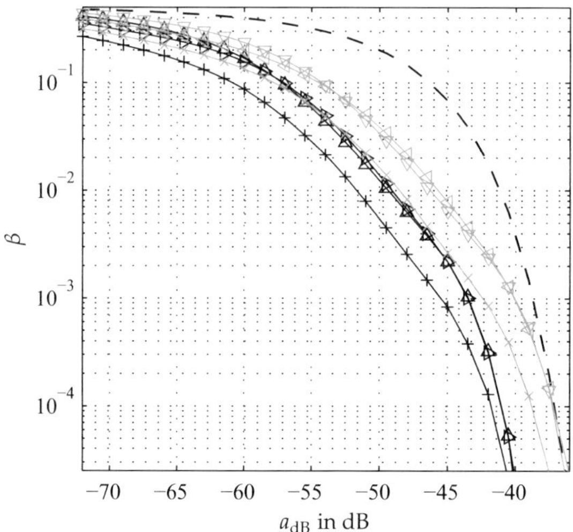

Abbildung 7.14 Bitfehlerraten des OFDM-Systems für Störszenario PLC$_A$: 2-PSK ($+$), D$_t$-2-PSK ($\triangle$) und D$_f$-2-PSK ($\triangleright$) in schwarz, 4-PSK ($\times$), D$_t$-4-PSK ($\triangledown$) und D$_f$-4-PSK ($\triangleleft$) in grau. Zum Vergleich ist der Verlauf für 2-PSK unter AWGN$_A$ eingezeichnet (gestrichelte Kurve).

Vergleicht man die in Abbildung 7.14 und Abbildung 7.15 jeweils als Referenz eingezeichneten Bitfehlerraten für 2-PSK $\beta_2^{\mathrm{AWGN_A}}$ unter dem Einfluss von AWGN$_A$ bzw. $\beta_2^{\mathrm{AWGN_B}}$ unter AWGN$_B$, wird deutlich, dass sich beide um ca. 3 dB unterscheiden. Dies stimmt damit überein, dass sich wegen $\sigma_A^2 \approx 2\sigma_B^2$ (vgl. Unterabschnitt 7.3.1) die Störszenarien ebenfalls um 3 dB unterscheiden. Beim Vergleich der jeweiligen Bitfehlerraten einer Modulationsart für die Szenarien PLC_A und PLC_B stellt sich diese Systematik nicht ein.

Unter Störszenario PLC_A, das ausgeprägte periodische Impulse im Frequenzband des Übertragungssignals aufweist, verhalten sich zeit- und frequenzdifferentielle Modulation geringfügig unterschiedlich: Im Bereich $a_{dB} < -58\,\text{dB}$ wird mit D_f-2-PSK im besten Fall eine Bitfehlerrate erreicht, die nur 84% der mit D_t-2-PSK erreichten beträgt. Ebenso beträgt im Bereich $a_{dB} < -54\,\text{dB}$ die Bitfehlerrate für D_f-4-PSK bestenfalls etwa 83% der mit D_t-4-PSK erreichten. Bemerkenswerterweise weist D_f-4-PSK im Bereich $a_{dB} < -64\,\text{dB}$ eine um 6% niedrigere Bitfehlerrate auf als D_t-2-PSK. Zwar sind die Übertragungsverfahren in diesem Bereich mit Bitfehlerraten von schlimmstenfalls $35 \cdot 10^{-2}$ bis $44 \cdot 10^{-2}$ weit davon entfernt, eine zuverlässige Datenübertragung zu gewährleisten. Dennoch zeigen diese Zusammenhänge, dass es unter dem Einfluss von Impulsstörungen, die bei niedrigen Nutzsignalpegeln die hauptsächliche Fehlerursache darstellen, günstiger ist, statt der Phasendifferenz zeitlich aufeinander folgender Modulationssymbole die Phasendifferenz spektral benachbarter Modulationssymbole auszuwerten. Voraussetzung dafür ist allerdings, dass zeitlich betrachtet höchstens jedes zweite OFDM-Symbol von Impulsstörern betroffen ist. Im Bereich $-57 < a_{dB} < -45\,\text{dB}$ ergeben sich umgekehrt bei der Übertragung mit D_t-2-PSK 12% weniger Bitfehler als mit D_f-2-PSK. Ähnlich sind die Verhältnisse hinsichlicht D-4-PSK im Bereich $-52{,}5\,\text{dB} < a_{dB} < -42\,\text{dB}$. Dort ist die Bitfehlerrate für D_t-4-PSK um 81% niedriger als für D_f-4-PSK.

Die Bitfehlerraten für Störszenario PLC_B ähneln in ihrem jeweiligen prinzipiellen Verlauf denen von AWGN. Dies ist dadurch zu erklären, dass das Störszenario weniger stark ausgeprägte Impulse enthält als PLC_A und das Leistungsdichtespektrum größtenteils konstant über der Frequenz ist. Ein Unterschied zum Verlauf der theoretischen Bitfehlerwahrscheinnlichkeit ist jedoch, dass die Bitfehlerraten mit abnehmender Dämpfung $a_{dB} \to 0$ etwas weniger schnell abnehmen als dies unter AWGN-Bedingungen der Fall wäre. Insgesamt sind die beobachteten Bitfehlerraten im Vergleich zu AWGN_B niedriger, was auf die Zeitintervalle niedrigerer Störsignalleistung zwischen Impulsen zurückzuführen ist. Zwischen zeit- und frequenzdifferentiellen Modulationsarten bestehen unter dem Einfluss von Störszenario PLC_B über große Bereiche kaum nennenswerte Unterschiede. Bei niedrigen Dämpfungen verursachen frequenzdifferentielle Modulationsarten allerdings geringfügig weniger Bitfehler als zeitdifferentielle Modulationsarten.

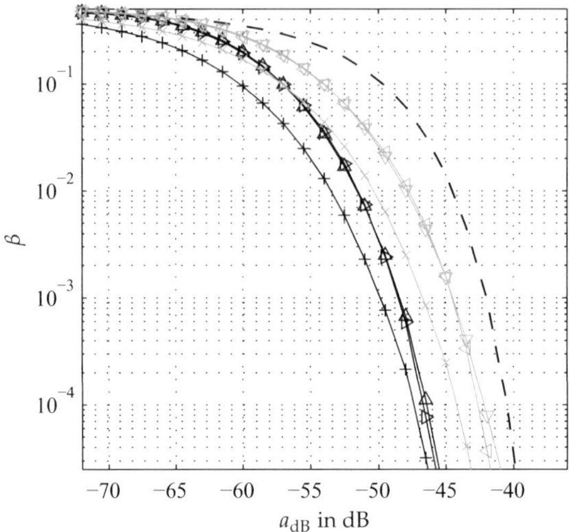

Abbildung 7.15 Bitfehlerraten des OFDM-Systems für Störszenario PLC_B: 2-PSK ($+$), D_t-2-PSK ($\triangle$) und D_f-2-PSK ($\triangleright$) in schwarz, 4-PSK ($\times$), D_t-4-PSK ($\triangledown$) und D_f-4-PSK ($\triangleleft$) in grau. Zusätzlich ist der Verlauf für 2-PSK unter AWGN_B eingezeichnet (gestrichelte Kurve).

Schlussfolgerungen aus dem Vergleich verschiedener Modulationsarten für OFDM

Die Verläufe der Bitfehlerraten unter dem Einfluss von Störszenario AWGN_A in Abbildung 7.13 zeigen, dass die mit dem Modell simulierten Bitfehlerraten mit den theoretischen Verläufen der Bitfehlerwahrscheinlichkeit übereinstimmen. Das Modell funktioniert somit korrekt und die simulierten Bitfehlerraten sind aussagekräftig.

Für beide Störszenarien PLC_A und PLC_B sind die Bitfehlerraten deutlich niedriger als für AWGN_A und AWGN_B.

Unter dem Einfluss von Störszenario PLC_A weichen die Verläufe der Bitfehlerraten über dem die Signaldämpfung repräsentierenden Faktor a_dB deutlich von der Kurvenform der Bitfehlerwahrscheinlichkeit für AWGN ab. In weiten Bereichen verhalten sich die Bitfehlerraten für die jeweiligen Modulationsarten unter dem Einfluss des PLC-Störszenarios PLC_A in Relation zueinander ähnlich wie unter AWGN-Störungen. Über fast alle Werte von a_dB werden bei der Übertragung mit D-4-PSK deutlich mehr Bitfehler verursacht als bei der Übertragung mit D-2-PSK. Ist die Signaldämpfung so hoch, dass sich Impulsstörungen dominant auf die Bitfehlerrate auswirken, so werden jedoch bei Verwendung von D_f-4-PSK weniger Bitfehler verursacht als bei Verwendung von D_t-2-PSK.

Festzuhalten ist, dass sich unter dem Einfluss der betrachteten Störszenarien für etwa $a_{dB} < -50\,\mathrm{dB}$ Bitfehlerraten im Prozent-Bereich einstellen. Dies gilt unter Einfluss von $\mathrm{PLC_A}$ sogar für 2-PSK als die robusteste der betrachteten Modulationsarten.

Mit der betrachteten Konfiguration von OFDM-Parametern kann somit in einem Bereich, in dem die Kanaleigenschaften realen Szenarien entsprechen, keine zuverlässige Datenübertragung realisiert werden.

7.4.2 Vergleich von OFDM und WPM

Für die Modulation mit Wavelet Packets wurde in Abschnitt 6.2 ASK vorgesehen und damit eine kohärente, bipolare Modulationsart. Um die Vergleichbarkeit zu gewährleisten, muss für das OFDM-System eine Modulationsart mit vergleichbaren Eigenschaften gewählt werden. Daher wird im Folgenden das WPM-System mit ASK-modulierten Subsymbolen mit einem OFDM-System mit BPSK-modulierten Subträgern verglichen.

Die Vorgehensweise ist dabei ähnlich zu der in Unterabschnitt 7.4.1. Zunächst werden das OFDM-System mit 2-PSK-modulierten Subträgern und das WPM-System mit 2-ASK-modulierten Subsymbolen anhand des Störszenarios $\mathrm{AWGN_A}$ verglichen. Als Resultat dieses Vergleiches müssen die Verläufe der Bitfehlerraten wieder mit den Verläufen der entsprechenden Bitfehlerwahrscheinlichkeiten übereinstimmen. Dass dies tatsächlich der Fall ist, zeigt Abbildung 7.16. Der geringfügige Abstand von 0,23 dB zwischen beiden Kurven bezüglich der a_{dB}-Achse liegt zum einen an der Normierung der Ausgangssignale bezüglich der maximalen Amplitude und zum anderen am geringfügigen Unterschied in den jeweiligen Bandbreiten der beiden Systeme. Zu erwarten wäre, dass die Bitfehlerrate für WPM β^{WPM} bei gleicher Dämpfung a_{dB} geringfügig größer ist gegenüber der für OFDM, da die Bandbreite des WPM-Systems geringfügig größer ist. Wie Abbildung 7.16 zeigt, ist dieser Zusammenhang nicht erkennbar. Ursache hierfür ist die in Abschnitt 7.3 beschriebene Amplituden-Normierung der jeweiligen Sendesignale. Nichtsdestotrotz stimmen die Verläufe der Bitfehlerraten für WPM und, wie bereits vorher gezeigt, auch für OFDM mit den theoretischen Bitfehlerwahrscheinlichkeiten für ASK und 2-PSK überein. Die Verläufe der Bitfehlerraten für das Störszenario $\mathrm{AWGN_B}$ zeigen dieselben Zusammenhänge und werden daher nicht im Detail diskutiert.

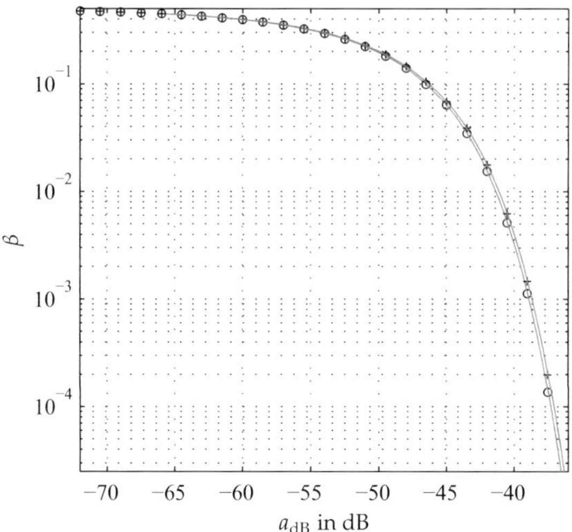

Abbildung 7.16 Bitfehlerraten für WPM (o) und OFDM (+) sowie die zugehörigen theoretischen Bitfehlerwahrscheinlichkeiten (graue Linien) unter dem Einfluss des Störszenarios AWGN$_\mathrm{A}$

Der Vergleich beider Mehrträger-Modulationsverfahren unter dem Einfluss von Störszenario PLC$_\mathrm{A}$ ist in Abbildung 7.17 dargestellt. Wie bei den Vergleichen des OFDM-Systems mit unterschiedlichen Subträger-Modulationsarten in Unterabschnitt 7.4.1 auch sind die Bitfehlerraten bei gegebener Dämpfung a_dB wesentlich niedriger im Vergleich zu denen für AWGN$_\mathrm{A}$. Grund ist auch in diesem Fall die Tatsache, dass zwischen Störimpulsen immer auch Abschnitte von mehreren Millisekunden Dauer liegen, in denen die Störsignalleistung niedriger ist als in Zeitintervallen, in denen Störimpulse auftreten. Unter den Einflüssen von Störszenario PLC$_\mathrm{A}$ führt die Datenübertragung mit WPM in den Bereichen $a_\mathrm{dB} < -54\,\mathrm{dB}$ und $a_\mathrm{dB} > -52{,}5\,\mathrm{dB}$ zu einer niedrigeren Bitfehlerrate β_A^W als die Übertragung derselben Daten mit OFDM β_A^O.

Abbildung 7.18 verdeutlicht die Unterschiede der beiden Bitfehlerraten in Form der prozentualen Abweichung

$$\Delta_A = \frac{\beta_A^\mathrm{W} - \beta_A^\mathrm{O}}{\beta_A^\mathrm{O}} \quad \text{bzw.} \tag{7.7}$$

für Störszenario PLC$_\mathrm{A}$.

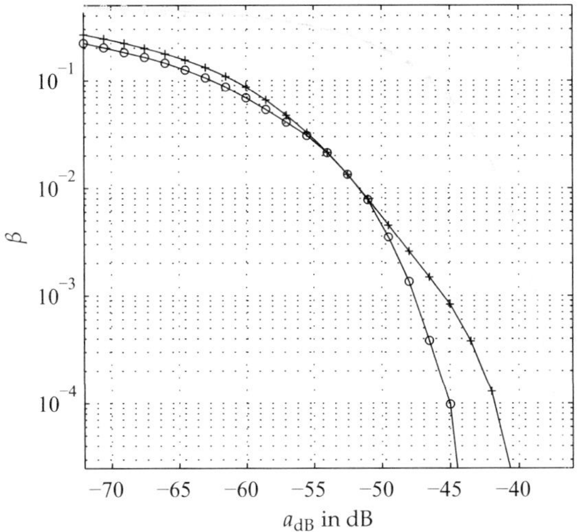

Abbildung 7.17 Bitfehlerraten unter dem Einfluss des Störszenarios $\mathrm{PLC_A}$ für WPM ($\circ$, schwarz) und OFDM ($+$, schwarz). Ebenfalls dargestellt sind die Bitfehlerraten unter $\mathrm{AWGN_A}$ für WPM ($\circ$, grau) und OFDM ($+$, grau).

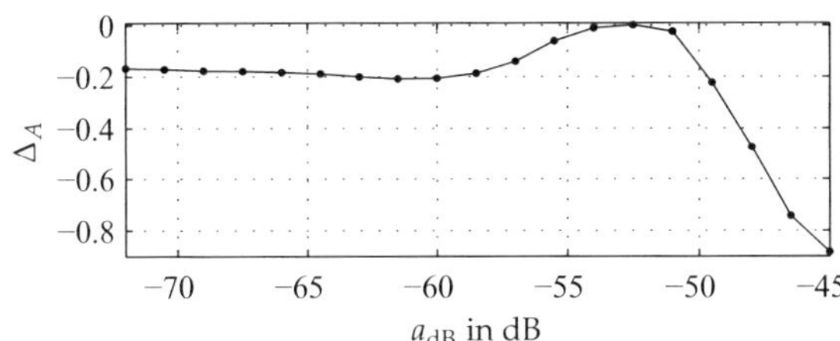

Abbildung 7.18 Relative Abweichung der Bitfehlerrate für WPM bezogen auf β_A^O

Da die Bitfehlerraten beider Modulationsverfahren unter dem Einfluss von $\mathrm{AWGN_A}$ nahezu identisches Verhalten aufweisen, können die Gründe für eine geringere Bitfehlerrate bei der Übertragung mit WPM einzig in den Unterschieden liegen, welche das Störszenario $\mathrm{PLC_A}$ gegenüber $\mathrm{AWGN_A}$ aufweist. Die Analyse des Störszenarios in Unterabschnitt 7.3.1 hat bereits gezeigt, dass in $\mathrm{PLC_A}$ sowohl periodische Impulsstörer vorhanden sind als auch eine schmalbandige Störung bei 88,5 kHz. Die Eigenschaften der periodischen Störungen schlagen sich zum einen in einer periodischen Autokorrelationsfunktion des Störsignals nieder (vgl. Abbildung 7.8) und zum anderen in den mittleren Leistungsdichtespektren (vgl. Abbildung 7.10).

Als Folge schmalbandiger Störungen müssen in den vom Störsignal betroffenen Subbändern gehäuft Bitfehler auftreten. Periodische Störsignale bzw. Störimpulse müssen hingegen in den Subsymbolen der Subbänder, in denen sich wesentliche Anteile des Störsignals befinden, periodisch auftretende Bitfehler verursachen. Zum Nachweis dieser Zusammenhänge werden die für jeden Subkanal zu berechnenden Bitfehler-Folgen $e_p\,(m_\mathrm{S})$ herangezogen. Diese bestehen jeweils aus einer mit m_S indizierten Folge von Symbolen ($m_\mathrm{S} = 1,2,\ldots,N_\mathrm{S}$), die in einem der Subbänder mit Index $p = 1\ldots N_\mathrm{C}$ übertragen worden sind. Die jeweilige Bitfehler-Folge ergibt sich gemäß

$$e_p\,(m_\mathrm{S}) = \begin{cases} 1, & \text{falls Datensymbol } d_p\,(m_\mathrm{S}) \text{ fehlerhaft empfangen} \\ 0 & \text{sonst}. \end{cases}$$

$$(7.8)$$

Für das in Abschnitt 6.1 beschriebene OFDM-System ergeben sich mit $N_\mathrm{S}^\mathrm{O} = 82900$ und $N_\mathrm{C}^\mathrm{O} = 48$ die Bitfehler-Folgen $e_p^\mathrm{O}\,(m_\mathrm{S}^\mathrm{O})$, für das WPM-System in Abschnitt 6.2 ergibt sich $e_p^\mathrm{W}\,(m_\mathrm{S}^\mathrm{W})$ mit $N_\mathrm{S}^\mathrm{W} = 492000$ und $N_\mathrm{C}^\mathrm{W} = 8$.

Für den Vergleich werden die Bitfehler-Folgen herangezogen, für die sich in Abbildung 7.18 die maximale Abweichung der Bitfehlerraten ergeben unter der Voraussetzung, dass diese ausreichend viele Bitfehler enthalten. Unter diesen Gesichtspunkten werden für Störszenario $\mathrm{PLC_A}$ die Punkte $a_{\mathrm{dB},1} = -61{,}5$ und $a_{\mathrm{dB},2} = -48$ ausgewählt.

In diesen Punkten wird zunächst die Anzahl der Bitfehler verglichen, die sich insgesamt in den jeweiligen Subträgern bzw. Subbändern ergeben. Hierfür werden die Kenngrößen

$$E^\mathrm{O}(p_\mathrm{O}) = \sum_{m_\mathrm{S}^\mathrm{O}=1}^{N_\mathrm{S}^\mathrm{O}} e_{p_\mathrm{O}}^\mathrm{O}\left(m_\mathrm{S}^\mathrm{O}\right), \qquad (7.9)$$

$$E^\mathrm{W}(p_\mathrm{W}) = \sum_{m_\mathrm{S}^\mathrm{W}=1}^{N_\mathrm{S}^\mathrm{W}} e_{p_\mathrm{W}}^\mathrm{W}\left(m_\mathrm{S}^\mathrm{W}\right) \qquad (7.10)$$

berechnet, welche die gesamte Anzahl der Bitfehler je Subband bzw. Subträger repräsentieren. Dabei ist $p_\mathrm{O} = 1,2,\ldots,48$ und $p_\mathrm{W} = 1,2,\ldots,8$.

Die Unterscheidung je nach betrachtetem Störszenario erfolgt zusätzlich durch Indizierung mit A bzw. B. Abbildung 7.19 zeigt die Ergebnisse für alle Subträger bzw. Subbänder in den betrachteten Punkten $a_{\mathrm{dB},1}$ und $a_{\mathrm{dB},2}$. Offensichtlich spiegelt die Anzahl der Bitfehler in den jeweili-

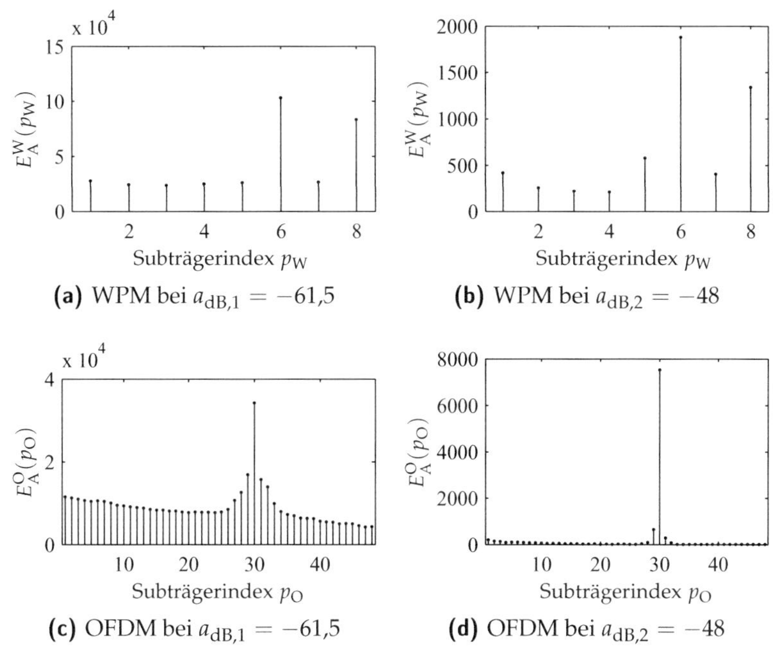

(a) WPM bei $a_{\mathrm{dB},1} = -61{,}5$

(b) WPM bei $a_{\mathrm{dB},2} = -48$

(c) OFDM bei $a_{\mathrm{dB},1} = -61{,}5$

(d) OFDM bei $a_{\mathrm{dB},2} = -48$

Abbildung 7.19 Anzahl der Bitfehler in den Subbändern bzw. Subträgern für Störszenario $\mathrm{PLC_A}$

gen Subbändern bzw. Subträgern die mittlere Leistungsdichte aus Abbildung 7.10 wider. Setzt man für OFDM die Anzahl der in den Subträgern 27 bis 33 aufgetretenen Bitfehler in Relation zu den insgesamt aufgetretenen Bitfehlern, so stellt man fest, dass in $a_{\mathrm{dB},1}$ nur etwa 26% der Bitfehler durch die Träger im Frequenzbereich der schmalbandigen Störung verursacht werden. Der restliche Anteil entfällt auf alle anderen Subträger und ist zum größten Teil auf Impulsstörer zurückzuführen. Für $a_{\mathrm{dB},2}$ kehrt sich das Verhältnis um, hier entstehen 85% der Bitfehler in den Subträgern 27 bis 33. Auffällig bei der Betrachtung der $E^{\mathrm{W}}(p)$ ist, dass hier zwei Subbänder eine gegenüber den anderen Subbändern besonders hohe Bitfehleranzahl aufweisen. Für $a_{\mathrm{dB},1}$ ist Subband 6 von derselben schmalbandigen Störung betroffen wie die OFDM-Subträger 27 bis 33. Subband 8 hingegen ist von einer zusätzlichen schmalbandigen Störung mit einer Mittenfrequenz von 99,63 kHz betroffen. Diese Schmalbandstörung befindet sich am äußersten Rand der WPM-Signalbandbreite. Obwohl die genannten Subbänder gegenüber den anderen Subbändern deutlich mehr Bitfehler aufweisen, entfallen lediglich 55% der Bitfehler auf diese beiden Subbänder. Für $a_{\mathrm{dB},2}$ liegen hingegen 61% der Bitfehler in den von Schmalbandstörern beeinflussten Subbändern.

Um die aufgetretenen Bitfehlerfolgen auf eventuelle Periodizitäten zu untersuchen, werden deren diskrete Autokovarianzfolgen [30] betrachtet:

$$r_{e_{\mathrm{p}}e_{\mathrm{p}}}^{\mathrm{O}}\left(\left|\Delta_{m_{\mathrm{S}}^{\mathrm{O}}}\right|\right) = \frac{1}{N_{\mathrm{S}}^{\mathrm{O}} - \left|\Delta_{m_{\mathrm{S}}^{\mathrm{O}}}\right|} \sum_{m_{\mathrm{S}}^{\mathrm{O}}=0}^{N_{\mathrm{S}}^{\mathrm{O}}-1-\left|\Delta_{m_{\mathrm{S}}^{\mathrm{O}}}\right|} e_p^{\mathrm{O}}\left(m_{\mathrm{S}}^{\mathrm{O}}\right) \cdot e_p^{\mathrm{O}}\left(m_{\mathrm{S}}^{\mathrm{O}} + \left|\Delta_{m_{\mathrm{S}}^{\mathrm{O}}}\right|\right)$$

$$(7.11)$$

$$r_{e_{\mathrm{p}}e_{\mathrm{p}}}^{\mathrm{W}}\left(\left|\Delta_{m_{\mathrm{S}}^{\mathrm{W}}}\right|\right) = \frac{1}{N_{\mathrm{S}}^{\mathrm{W}} - \left|\Delta_{m_{\mathrm{S}}^{\mathrm{W}}}\right|} \sum_{m_{\mathrm{S}}^{\mathrm{W}}=0}^{N_{\mathrm{S}}^{\mathrm{W}}-1-\left|\Delta_{m_{\mathrm{S}}^{\mathrm{W}}}\right|} e_p^{\mathrm{W}}\left(m_{\mathrm{S}}^{\mathrm{W}}\right) \cdot e_p^{\mathrm{W}}\left(m_{\mathrm{S}}^{\mathrm{W}} + \left|\Delta_{m_{\mathrm{S}}^{\mathrm{W}}}\right|\right)$$

$$(7.12)$$

Die jeweiligen Autokovarianzfolgen sind in Abbildung 7.20 dargestellt. Sowohl für $r_{e_{\mathrm{p}}e_{\mathrm{p}}}^{\mathrm{O}}\left(\left|\Delta_{m_{\mathrm{S}}^{\mathrm{O}}}\right|\right)$ als auch für $r_{e_{\mathrm{p}}e_{\mathrm{p}}}^{\mathrm{W}}\left(\left|\Delta_{m_{\mathrm{S}}^{\mathrm{W}}}\right|\right)$ sind bei $a_{\mathrm{dB},1}$ die Korrelationsmaxima deutlich ausgeprägter als für $a_{\mathrm{dB},2}$. Dies verdeutlicht, dass der Einfluss der periodischen Störsignalanteile im Bereich $a_{\mathrm{dB}} < -54\,\mathrm{dB}$ die hauptsächliche Ursache für Bitfehler ist. Im Gegensatz dazu geht der größte Teil der Bitfehler im Bereich $a_{\mathrm{dB}} > -54\,\mathrm{dB}$ auf schmalbandige Störungen zurück, wie Abbildung 7.19 zeigt.

In Abbildung 7.20 sind die $r_{e_{\mathrm{p}}e_{\mathrm{p}}}^{\mathrm{W}}\left(\left|\Delta_{m_{\mathrm{S}}^{\mathrm{W}}}\right|\right)$ für alle acht Subbänder dargestellt, die $r_{e_{\mathrm{p}}e_{\mathrm{p}}}^{\mathrm{O}}\left(\left|\Delta_{m_{\mathrm{S}}^{\mathrm{O}}}\right|\right)$ hingegen aus Gründen der Übersichtlichkeit lediglich für den Subträger mit niedrigster Mittenfrequenz. Für $a_{\mathrm{dB},1}$ treten die beiden durch Schmalbandstörer betroffenen Subbänder besonders deutlich hervor. Ansonsten ergeben sich Nebenmaxima der Autokovarianzfolge bei $\Delta_{m_{\mathrm{S}}^{\mathrm{W}}} = k \cdot 20$. Dies ist plausibel, da die Periodendauer der zyklo-stationären Störsignalanteile nach Abbildung 7.8 10 ms beträgt und der Abstand zwischen zwei WPM-Symbolen $T_{\mathrm{SI}}^{\mathrm{W}} = 0{,}5\,\mathrm{ms}$ ist. Für OFDM hingegen ergeben sich mit $T_{\mathrm{SI}}^{\mathrm{O}} = 3{,}072\,\mathrm{ms}$ Nebenmaxima bei $\Delta_{m_{\mathrm{S}}^{\mathrm{O}}} = k \cdot 3$.

Dies erklärt, warum im Bereich $a_{\mathrm{dB}} < -54\,\mathrm{dB}$ die Übertragung mit WPM weniger Bitfehler aufweist als mit OFDM: Während bei WPM durchschnittlich jedes 20. Symbol durch einen Impuls betroffen ist, der schlimmstenfalls in 8 Subbändern gleichzeitig Bitfehler verursacht, ist bei OFDM im Durchschnitt jedes dritte Symbol von einem Impuls betroffen, mit schlimmstenfalls 48 Bitfehlern in einem Symbol.

Im Bereich $a_{\mathrm{dB}} > -54\,\mathrm{dB}$ weist WPM ebenfalls weniger Bitfehler auf als OFDM. Der Grund hierfür ist, dass die einzelnen Subbänder eine größere Bandbreite aufweisen als einzelne OFDM-Träger. Sinkt die Störsignalenergie im Verhältnis zur Nutzsignalenergie unter eine kritische Schwelle (vgl. $d_{\min}$ in Gleichung 5.35), so verursacht sie mit einer geringeren Wahrscheinlichkeit Bitfehler. Aufgrund der größeren Bandbreite ist die Signalenergie eines WPM-Subsymbols in Relation zur Leistungsdichte des Schmalbandstörers größer, als dies für einen OFDM-Träger der Fall ist. Zudem ist nur einer von acht Subkanälen der WPM von der Schmalbandstörung betroffen, während im Fall von OFDM acht von 48 Subträgern betroffen sind. Der in $\mathrm{PLC_A}$ vorhandene Schmalbandstörer verursacht daher mit einer geringeren Wahrscheinlichkeit Bitfehler.

Während unter dem Einfluss des Störszenarios $\mathrm{PLC_A}$ bei der Übertragung mit WPM weniger Bitfehler auftreten als bei der Übertragung mit OFDM, ist für $\mathrm{PLC_B}$ das Gegenteil der Fall. Wie Abbildung 7.21 zeigt, sind auch hier die Bitfehlerraten im Vergleich zum entsprechenden Störszenario $\mathrm{AWGN_B}$ deutlich niedriger. Die relative Abweichung Δ_B wird aus β_B^{W} und β_B^{O} analog zu Gleichung 7.7 gemäß

$$\Delta_B = \frac{\beta_B^{\mathrm{W}} - \beta_B^{\mathrm{O}}}{\beta_B^{\mathrm{O}}} \tag{7.13}$$

bestimmt und ist in Abbildung 7.22 dargestellt. Im Bereich $a_{\mathrm{dB}} < -61{,}5\,\mathrm{dB}$ sind die Bitfehlerraten für OFDM und WPM im wesentlichen identisch. Für $a_{\mathrm{dB}} > -61{,}5\,\mathrm{dB}$ steigt jedoch Δ_B über a_{dB} deutlich an.

Darin zeigt sich, dass bei diesem Störszenario die Symboldauer von WPM nachteilig ist, da sie kürzer ist im Vergleich zur Symboldauer von OFDM.

Wie die Abbildungen 7.7 und 7.11 zeigen, besitzt das Störszenario ein über der Frequenz nahezu konstantes Leistungsdichtespektrum, das schmalbandige Störsignalanteile mit Mittenfrequenzen bei $85\,\mathrm{kHz}$, $88\,\mathrm{kHz}$ und $90\,\mathrm{kHz}$ enthält. Die Leistungsdichtespektren dieser Schmalbandstörer liegen allerdings nur geringfügig über der mittleren Leis-

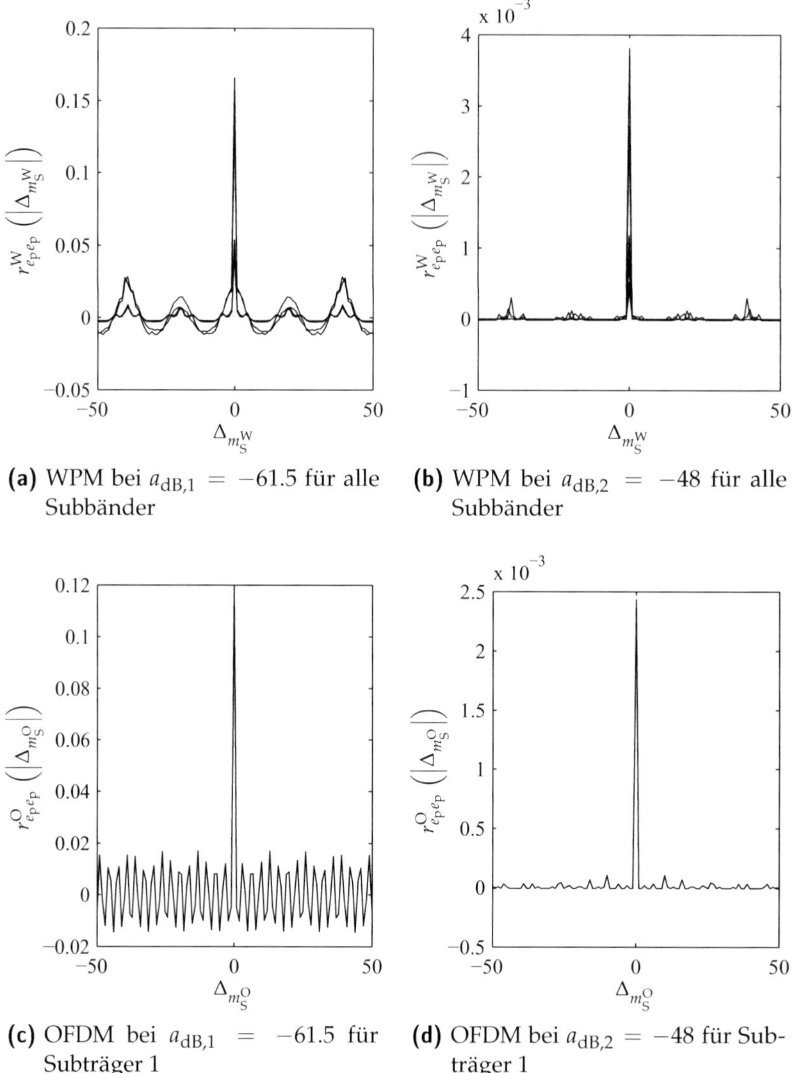

(a) WPM bei $a_{\mathrm{dB},1} = -61.5$ für alle Subbänder

(b) WPM bei $a_{\mathrm{dB},2} = -48$ für alle Subbänder

(c) OFDM bei $a_{\mathrm{dB},1} = -61.5$ für Subträger 1

(d) OFDM bei $a_{\mathrm{dB},2} = -48$ für Subträger 1

Abbildung 7.20 Autokovarianzfolgen der Bitfehler-Folgen einzelner Subbänder bzw. Subträger für Störszenario $\mathrm{PLC_A}$

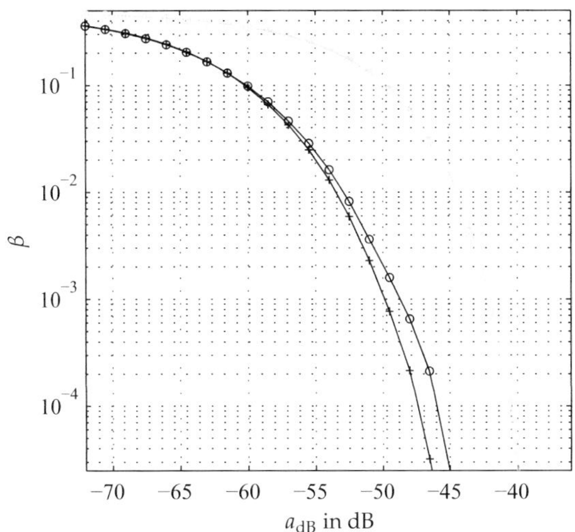

Abbildung 7.21 Vergleich der Bitfehlerraten unter dem Einfluss des Störszenarios $\mathrm{PLC_B}$ für WPM ($\circ$, schwarz) und OFDM ($+$, schwarz). Die grauen Kurven stellen die Bitfehlerraten unter $\mathrm{AWGN_B}$ für WPM und OFDM dar.

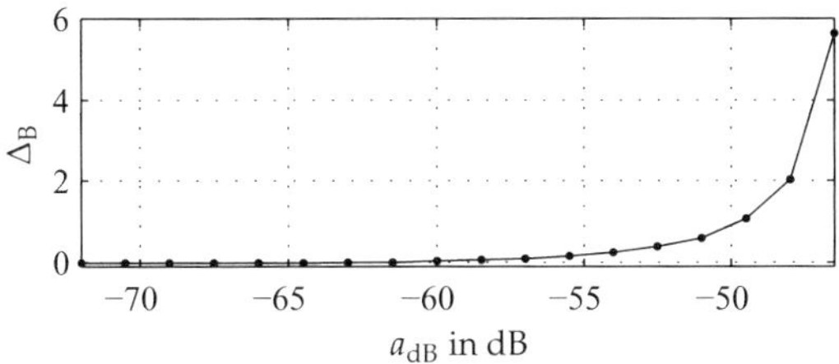

Abbildung 7.22 Relative Abweichung der Bitfehlerrate für WPM bezogen auf β_B^O

tungsdichte der sonstigen Störsignale. Periodische Störimpulse treten zwar auf, allerdings liegt deren Leistungsdichtespektrum ebenfalls kaum über dem mittleren Leistungsdichtespektrum der sonstigen Störsignale, weshalb auch die periodischen Nebenmaxima der Autokorrelationsfunktion in Abbildung 7.7 wenig ausgeprägt sind.

Zur Verdeutlichung der Zusammenhänge werden die Bitfehler-Folgen für OFDM und WPM unter dem Einfluss von $\mathrm{PLC_B}$ bei $a_{\mathrm{dB}} = -51\,\mathrm{dB}$ untersucht. Wie in Abbildung 7.23 dargestellt, zeigt die Anzahl der Bitfehler in den einzelnen Subbändern der WPM keine deutlich erkennbaren Häufungen in einzelnen Subbändern, lediglich Subband 5 weist eine gegenüber den anderen Subbändern erhöhte Bitfehleranzahl auf. Im Gegensatz dazu zeigen sich bei OFDM deutlich erkennbare Häufungen in den Subträgern 18, 28 und 34, die damit 60% aller aufgetretenen Bitfehler beinhalten. Daraus ist zu schließen, dass sich bei WPM die kurzen, breitbandigen Impulsstörungen in der Anzahl der Bitfehler niederschlagen, während sie bei OFDM kaum Auswirkungen auf die Bitfehler haben. In den Bitfehler-Folgen für OFDM sind lediglich die Auswirkungen von Schmalbandstörern festzustellen. Die Betrachtung der in Abbildung 7.24 darge-

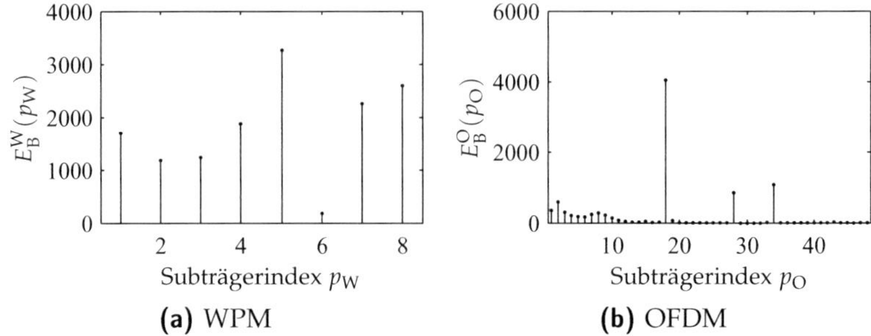

(a) WPM (b) OFDM

Abbildung 7.23 Anzahl der Bitfehler in den Subbändern bzw. Subträgern für Störszenario PLC_B bei $a = -51\,\text{dB}$.

stellten Autokovarianzfolgen bestätigt diese Schlussfolgerung: Während bei WPM Bitfehler auftreten, die in zeitlichem Bezug zu den periodischen Störimpulsen stehen, ist die Periodizität in den Bitfehler-Folgen für OFDM kaum ausgeprägt.

Schlussfolgerungen aus dem Vergleich von WPM und OFDM

Der Vergleich der mit OFDM und WPM erzielten Bitfehlerraten unter dem Einfluss von Störszenario PLC_A ergibt, dass die Datenübertragung mit WPM eine geringere Bitfehlerrate aufweist als die Datenübertragung mit OFDM. Das Störszenario enthält ausgeprägte periodische Impulsstörer und einen Schmalbandstörer. Die bei WPM gegenüber OFDM höhere Symbolrate resultiert in einem geringeren Anteil an von Impulsstörern betroffenen Subsymbolen. Da die Daten bei WPM in einer geringeren Anzahl von Subkanälen übertragen werden als bei OFDM, ist zudem die ma-

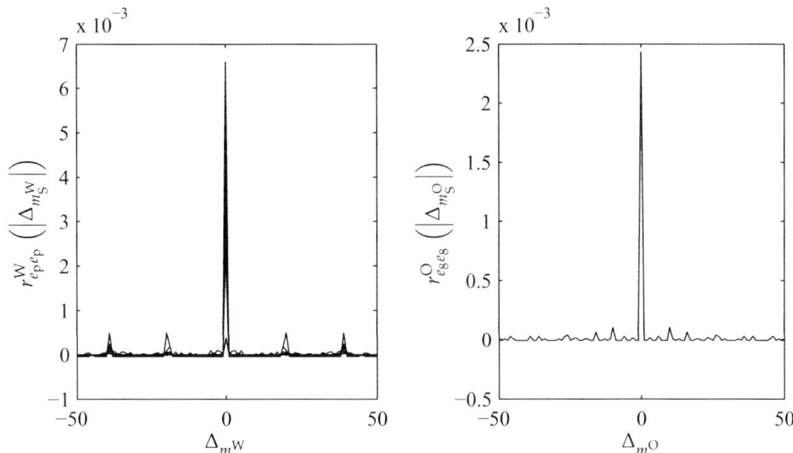

(a) WPM (Autokovarianzfolgen für alle Subbänder überlagert dargestellt)

(b) OFDM (Autokovarianzfolge für Subträger 8).

Abbildung 7.24 Autokovarianzfolgen der Bitfehler-Folgen einzelner Subbänder bzw. Subträger für Störszenario PLC_B bei $a_\text{dB} = -51\,\text{dB}$

ximale Anzahl der durch einen breitbandigen Impulsstörer beeinträchtigten Bits geringer. Die größere Bandbreite der WPM-Subkanäle trägt auch dazu bei, dass sich bei niedrigerer Signaldämpfung der Schmalbandstörer weniger stark auf die Bitfehlerrate auswirkt. Für hohe Signaldämpfungen von mehr als $60\,\text{dB}$ kann aufgrund der beschriebenen Zusammenhänge die Bitfehlerrate gegenüber der von OFDM um 20% verringert werden. Bei niedrigerer Signaldämpfung verringert sich die Bitfehlerrate um über 80%.

Unter dem Einfluss von Störszenario PLC_B sind die Bitfehlerraten von WPM und OFDM für hohe Signaldämpfungen bis etwa $60\,\text{dB}$ nahezu gleich. Für niedrigere Signaldämpfungen erhöht sich die Bitfehlerrate für WPM gegenüber der für OFDM allerdings beträchtlich und steigt bis auf nahezu das Sechsfache an. Ursache hierfür ist die geringere Symboldauer der WPM, die sich unter dem Einfluss des Störszenarios mit über der Frequenz nahezu konstanter Störleistungsdichte und nur gering ausgeprägten periodischen Impulsstörern nachteilig auswirkt.

Eine eindeutige Entscheidung zugunsten eines der Mehrträgermodulationsverfahren kann auf Grundlage der Ergebnisse nicht getroffen werden. Je nach Charakteristik des Störszenarios können durch Verwendung der WPM gegenüber OFDM bei vergleichbarer Datenrate und Bandbreite zwar Verbesserungen der Bitfehlerrate erzielt werden, die allerdings moderat ausfallen und dem Risiko gegenüber stehen, dass für ein Störszenario mit anderer Charakteristik eine Verschlechterung der Bitfehlerrate eintritt.

Grundsätzlich zeigen die Untersuchungen jedoch, dass bei geeigneter Wahl der Parameter eines Mehrträgermodulationsverfahrens die Bitfehlerrate reduziert werden kann, ohne dass eine Vergrößerung der Bandbreite des Übertragungssignals oder eine Verringerung der Datenrate in Kauf genommen werden müssen. Dadurch besteht die Möglichkeit, die Parametrierung eines Mehrträgermodulationsverfahrens oder die Wahl eines bestimmten Modulationsverfahrens an der Charakteristik des PLC-Störszenarios auszurichten, um die Zuverlässigkeit bei der Datenübertragung zu steigern. In diesem Zusammenhang relevante Parameter des Mehrträgermodulationsverfahrens sind beispielsweise die Symbol- oder auch Subsymboldauer bzw. -rate sowie die Bandbreite des gesamten Signals und der Subkanäle bzw. Subträger.

Entwurf und Parametrierung der WPM verursachen gegenüber dem Entwurf und der Parametrierung von OFDM einen erhöhten Aufwand. Unter diesem Gesichtspunkt erscheint es im ersten Schritt zur Steigerung der Zuverlässigkeit bei der Datenübertragung eher lohnend, eine Anpassung der Parameter von OFDM vorzunehmen. In Abschnitt 7.6 erfolgen dazu weitere Analysen.

7.5 Ergebnisse der System-Evaluation an realen Übertragungskanälen

Gegenstand der folgenden Betrachtungen ist die Verifikation des in Abschnitt 6.1 beschriebenen Übertragungssystems unter realen Bedingungen. Aufgrund der Tatsache, dass die gesendeten Daten a priori bekannt sind, können bei der Übertragung aufgetretene Bitfehlerraten, die Anzahl der empfängerseitig nicht detektierten Datenrahmen sowie die Anzahl der empfängerseitig fehlerhaft detektierten Datenrahmen ermittelt werden. Diese Art der Verifikation kann mit beliebigen herkömmlichen Übertragungssystemen durchgeführt werden, sofern der Zugriff auf den Datenstrom der physikalischen Schicht möglich ist.

Die Besonderheit bei der Verifikation mittels des in Abschnitt 7.2 beschriebenen Übertragungssystems ist, dass dessen Architektur es ermöglicht, gleichzeitig mit der Übertragung die den Daten entsprechenden Sendesignale und die zugehörigen Empfangssignale aufzuzeichnen. Damit stehen neben den gesendeten und empfangenen Binärdaten auch alle Informationen zur Verfügung, die eine Analyse der Kanaleigenschaften zum Zeitpunkt der Übertragung ermöglichen. Die Aufzeichnung und anschließende Auswertung aller Sende- und Empfangssignale erlaubt es, die Ursachen für etwaige Bitfehler festzustellen. Somit kann der Bezug zwischen Kanaleigenschaften und Zuverlässigkeit des Übertragungssystems hergestellt werden, was einen unschätzbaren Vorteil für die Optimierung des Übertragungssystems darstellt.

7.5.1 Vorgehensweise zur Systemverifikation am realen Netz

Zur Evaluation der Zuverlässigkeit der Datenübertragung über das reale Niederspannungsnetz werden, wie in Abbildung 7.25 schematisch dargestellt, Daten zwischen drei Knoten übertragen. Die Datenübertragung findet im selben Netz statt, in dem auch die Störsignale zur Analyse der Kanaleigenschaften in Abschnitt 4.2 und für das in Abschnitt 7.3 beschriebene Simulationsmodell aufgezeichnet worden sind. Die drei Knoten senden jeweils nacheinander Daten, die von den jeweiligen anderen Knoten empfangen werden. Dabei beträgt die maximale Sendeamplitude 4 V.

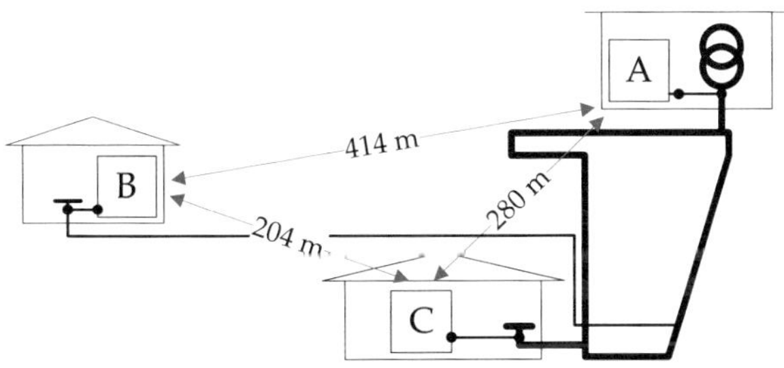

Abbildung 7.25 Topologie des zur Übetragung genutzten Niederspannungsnetzes. Die Entfernungsangaben sind Abschätzungen für die Längen der kürzesten Kabelwege zwischen den einzelnen Knoten.

Grundsätzlich könnte die Analyse der Eigenschaften des Übertragungskanals auch auf Grundlage der übertragenen Datensignale erfolgen. Hierfür müsste jedoch entweder das Übertragungssignal selbst genau bekannt sein oder die jeweilige Realisierung des Störszenarios. Beides wäre nur mit erheblichem Aufwand zu berechnen. Im Folgenden wird daher stattdessen davon ausgegangen, dass die Parameter des Übertragungskanals – abgesehen von der in Kapitel 4 beschriebenen Kurzzeitvarianz des Störszenarios über der Netzperiode – keinen hochdynamischen Veränderungen unterworfen sind. Unter dieser Annahme können Analyse und Datenübertragung auch nacheinander erfolgen.

Außer der Übertragung unkorrelierter Testdaten soll jeder Knoten für bestimmte Zeit das Störszenario aufzeichnen. Außerdem werden Sequenzen von Test-Signalen übertragen, welche eine Abschätzung der Signaldämpfung durch den Übertragungskanal erlauben. Jede dieser Funktionen erfordert einen eigenen Betriebsmodus der Geräte. Die Koordination der drei Knoten erfolgt über eine zeitgesteuerte Abfolge der jeweiligen Betriebsmodi: Jedes der Geräte befindet sich für einen festen Zeitraum in einem der Betriebsmodi. Den Betriebsmodi sind somit auch Zeitfenster fester Länge zugeordnet. Die Fenster zur Aufzeichnung von Störungen werden mit r_N bezeichnet, die Fenster zur Aufzeichnung der Testsequenz mit r_T und die Zeitfenster, innerhalb dener der eigentliche Datenempfang möglich ist, mit r_D. Das Senden der Test-Sequenz erfolgt in den Fenstern s_T, das Senden der eigentlichen Daten in den Fenstern s_D. Das Schema der Abfolge von Beobachtungsfenstern ist Abbildung 7.26 zu entnehmen. Dieses Schema wird jeweils nach Ablauf von $600\,s$ zu den Startzeitpunk-

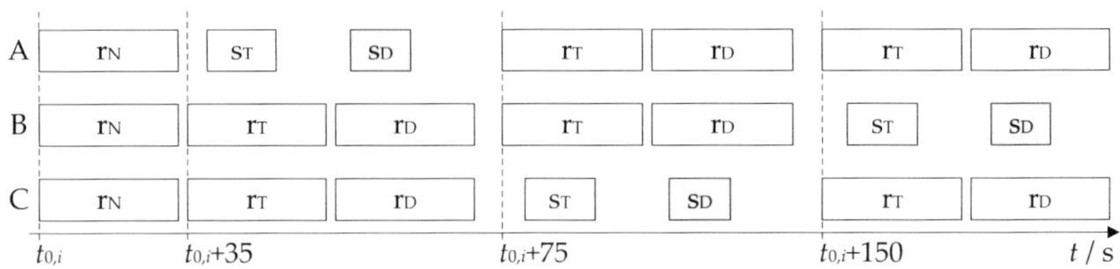

Abbildung 7.26 Ausschnittsweise veranschaulichte Abfolge der Zeitfenster der Verifikationssequenz für die drei Knoten A, B und C.

ten $t_{0,i}$ wiederholt, wobei die so wiederholten Zyklen jeweils mit dem Zeitindex i kenntlich gemacht werden. Die gesamte Zeitdauer der Verifikation beträgt $2\,h$. Insgesamt werden von jedem Knoten 200 Datenrahmen je Zyklus gesendet und damit insgesamt etwa 1 Mbit je Knoten. Einzelne Datenrahmen werden immer gleichzeitig mit dem Beginn einer Netzperiode gesendet, wobei der zeitliche Abstand zwischen zwei aufeinander folgende Datenrahmen durchschnittlich $2T_{AC}$ ist.

7.5.2 Eigenschaften der bei der Datenübertragung über reale Niederspannungsnetze angetroffenen Störszenarien

Die Analyse des Störszenarios erfolgt auf Grundlage der jeweils ersten 4 s der Zeitfenster r_N. Von Interesse ist die Verteilung der Störleistung über der Zeit und über der Frequenz. Die Verteilung der Störleistung kann anschließend in Bezug gesetzt werden zur Verteilung von Bitfehlern über den Trägern der OFDM-Symbole sowie über den jeweiligen OFDM-Symbolen einzelner Datenrahmen.

Die Analyse des Störszenarios erfolgt auf prinzipiell ähnliche Weise wie in Abschnitt 4.1 beschrieben. Von Interesse ist in diesem Zusammenhang allerdings lediglich die Verteilung der Störsignalleistung über der Zeit und der Frequenz, wobei bei der Analyse die OFDM-Systemparameter einbezogen werden können. Mit der OFDM-Symboldauer sind die Zeitabschnitte, innerhalb derer die mittlere Signalleistung von Interesse ist, vorgegeben. Der relevante Frequenzbereich ist durch die Belegung der einzelnen OFDM-Träger festgelegt und die Anzahl der FFT-Punkte des OFDM-Systems bestimmt zusammen mit der verwendeten Abtastrate die Frequenzauflösung.

Mit den entsprechenden OFDM-Parametern aus Tabelle 6.1 ergibt sich somit, dass die Verteilung der Störsignalleistung über der Netzperiode innerhalb von 3,333 ms langen Zeitfenstern ermittelt werden sollte, um die Analyseergebnisse möglichst gut mit der Verteilung eventuell auftretender Bitfehler über den Symbolen eines Datenrahmens vergleichen zu können. Die einzelnen Abschnitte einer Netzperiode werden im Folgenden mit n_{AC} indiziert, die Relation zur Zeit innerhalb einer Netzperiode ist über $t_{AC} = n_{AC} \frac{T_{AC}}{6}$ gegeben.

Über alle Zeitabschnitte der Dauer 3,333 ms werden die zugehörigen Spektren berechnet und die Verteilung aller Spektren betrachtet. Eine mit der des OFDM-Systems vergleichbare Frequenzauflösung wird bei einer Abtastrate von 1,333 MHz mit 4096 FFT-Punkten erreicht. Als Spektralschätzer wird das Periodogramm verwendet, das zwar keinen konsistenten Schätzer für das tatsächliche Leistungsdichtespektrum darstellt [30], dafür allerdings in seinen Eigenschaften der für das OFDM-System verwendeten ungefensterten FFT am nächsten kommt.

Wie Abbildung 7.27 für Knoten A zu entnehmen ist, besitzt dort die Verteilung der Störleistung über der Netzperiode relative Maxima bei $n_{AC} = 2$ und $n_{AC} = 5$. Die Verteilung der über die Zeitintervalle berechneten Spektren ist über einen weiten Bereich gestreut. Die breitbandigen

Spektren lassen auf kurze Impulse schließen. Auffällig sind schmalbandige Störungen bei 90,84 kHz und 92,96 kHz.

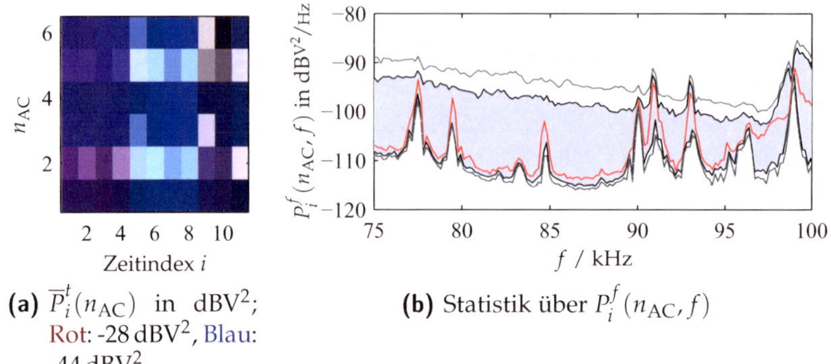

(a) $\overline{P}_i^t(n_{\mathrm{AC}})$ in dBV²;
Rot: -28 dBV², Blau: -44 dBV²

(b) Statistik über $P_i^f(n_{\mathrm{AC}}, f)$

Abbildung 7.27 Ort A: Verteilung der Störsignalleistung über der Zeit und der Frequenz

Die relativen Maxima der Störleistung für Knoten B liegen, wie Abbildung 7.28(a) zeigt, ebenfalls bei $n_{\mathrm{AC}} = 2$ und $n_{\mathrm{AC}} = 5$. Allerdings ist die Störsignalleistung auch bei $n_{\mathrm{AC}} = 1$ und $n_{\mathrm{AC}} = 4$ höher als das lokale Minimum. Im Frequenzbereich ist die Streuung der Spektren geringer, vgl. Abbildung 7.28(b). Allerdings liegt der Median deutlich höher als der Median der Spektren bei Knoten A in Abbildung 7.27(b). Bei 90,35 kHz zeigen sich zeitweise auftretende, relativ schmalbandige Störsignalanteile.

Das in Abbildung 7.29 dargestellte Störszenario bei Knoten C weist, betrachtet über der Netzperiode, eine ähnliche Lage der relativen Maxima auf wie bei den Knoten A und B. Allerdings ist das relative Maximum bei $n_{\mathrm{AC}} = 5$ weniger stark ausgeprägt als bei $n_{\mathrm{AC}} = 2$. Zusätzliche relative Maxima können auch bei $n_{\mathrm{AC}} = 3$ und $n_{\mathrm{AC}} = 4$ auftreten. Insgesamt ist der Verlauf der Störleistung über der Netzperiode nicht so deutlich strukturiert wie bei den Knoten A und B. Die Leistungsdichten der Störsignalspektren liegen im Vergleich zu den anderen Messorten relativ niedrig und weisen eine vergleichsweise geringe Streuung auf. Deutlich erkennbar ist eine schmalbandige Störung bei 88,6 kHz.

Um die Plausibilität eventuell aufgetretener Übertragungsfehler bewerten zu können, sind neben der Kenntnis über die Charakteristik des Störszenarios an jedem Ort auch die Signaldämpfungen zwischen den

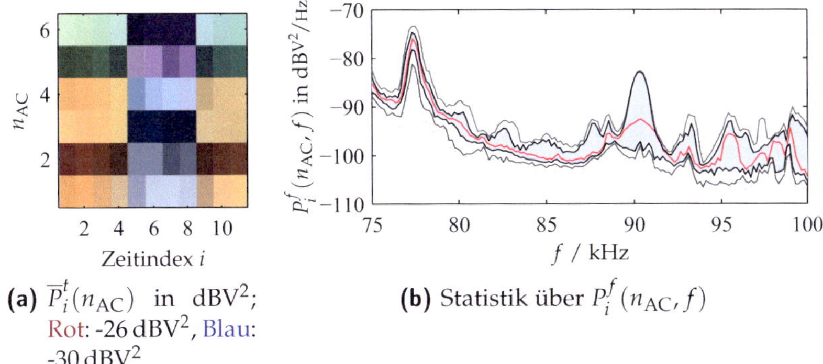

(a) $\overline{P}_i^t(n_{\mathrm{AC}})$ in dBV^2; Rot: -26 dBV^2, Blau: -30 dBV^2

(b) Statistik über $P_i^f(n_{\mathrm{AC}}, f)$

Abbildung 7.28 Ort B: Verteilung der Störsignalleistung über der Zeit und der Frequenz

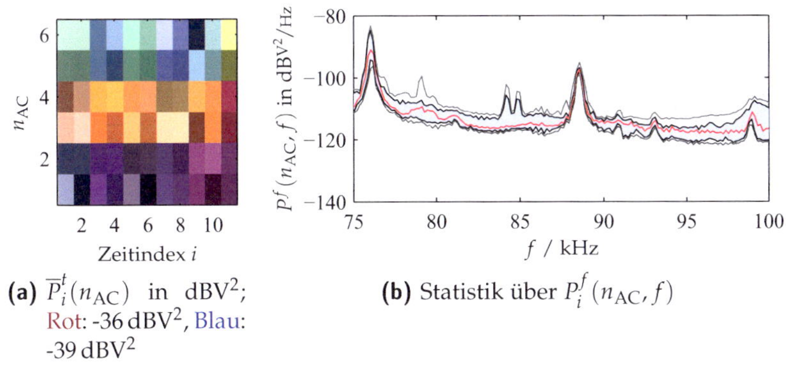

(a) $\overline{P}_i^t(n_{\mathrm{AC}})$ in dBV^2; Rot: -36 dBV^2, Blau: -39 dBV^2

(b) Statistik über $P_i^f(n_{\mathrm{AC}}, f)$

Abbildung 7.29 Ort C: Verteilung der Störsignalleistung über der Zeit und der Frequenz

Orten zu berücksichtigen. Die durch das Niederspannungsnetz verursachten Dämpfungen der Übertragungssignale sind Tabelle 7.2 zu entnehmen.

7.5.3 Bitfehler und falsch detektierte Datenrahmen

Die bei der Datenübertragung aufgetretenen Bitfehlerraten liegen überwiegend im Prozent-Bereich. Über die Mehrzahl der Verbindungen kön-

	Knoten A	Knoten B	Knoten C
Knoten A	–	47 dB	60 dB
Knoten B	52 dB	–	48 dB
Knoten C	56 dB	39 dB	–

Tabelle 7.2 Signaldämpfung $-a_{\mathrm{dB}}$ entlang der Übertragungsstrecken zwischen den Knoten. Die Beschriftungen der Zeilen bezeichnen den jeweils sendenden Knoten, die Beschriftungen der Spalten den entsprechenden empfangenden Knoten.

nen somit Daten nicht zuverlässig übertragen werden. Tabelle 7.3 listet die im Mittel über alle Zeitfenster auftgetretenen Bitfehlerraten der einzelnen Verbindungen zwischen den Knoten im Überblick auf.

	Knoten A	Knoten B	Knoten C
Knoten A	–	$2{,}6 \cdot 10^{-2}$	$1{,}9 \cdot 10^{-2}$
Knoten B	$2 \cdot 10^{-2}$	–	$2{,}5 \cdot 10^{-3}$
Knoten C	$4{,}2 \cdot 10^{-2}$	$2{,}2 \cdot 10^{-3}$	–

Tabelle 7.3 Mittlere Bitfehlerraten für die Übertragung zwischen drei Knoten im Niederspannungs-Netz aus Abbildung 7.25 in Prozent. Die Beschriftungen der Zeilen bezeichnen den jeweils sendenden Knoten, die Beschriftungen der Spalten den entsprechenden empfangenden Knoten.

Neben Bitfehlern sind bei der Übertragung außerdem Fehler bei der Detektion von Datenrahmen aufgetreten. Der Anteil verlorener Datenrahmen, also der Anteil an gesendeten Datenrahmen, die durch den Empfänger nicht als solche erkannt wurden, ist in Tabelle 7.4 dargestellt. Die Rahmendetektion erweist sich vor dem Hintergrund der schwierigen Bedingungen aufgrund hoher Dämpfung und hoher Störsignaleistung mit Fehlerraten überwiegend im niedrigen Prozent-Bereich als vergleichsweise robust. Einzig die Verbindung von Knoten C zu Knoten B sticht mit einer Rahmenverlustrate von über 27% heraus. Ein möglicher Grund hierfür könnte die Schmalbandstörung mit relativ hoher Leistungsdichte im Bereich um 90,35 kHz sein.

	Knoten A	Knoten B	Knoten C
Knoten A	–	$1{,}2 \cdot 10^{-2}$	$8{,}6 \cdot 10^{-3}$
Knoten B	$2{,}2 \cdot 10^{-2}$	–	$2{,}5 \cdot 10^{-3}$
Knoten C	$4{,}6 \cdot 10^{-2}$	$2{,}7 \cdot 10^{-1}$	–

Tabelle 7.4 Mittlerer Prozentsatz nicht detektierter Datenrahmen für die Übertragung zwischen drei Knoten im Niederspannungsnetz aus Abbildung 7.25 in Prozent

Ebenfalls zu betrachten ist das empfängerseitige Generieren zusätzlicher Datenrahmen bedingt durch Fehldetektionen. Wie Tabelle 7.5 zeigt, treten Fehldetektionen in begrenztem Maß auf.

	Knoten A	Knoten B	Knoten C
Knoten A	–	0,33	0,7
Knoten B	5,7	–	0,5
Knoten C	12,8	7,5	–

Tabelle 7.5 Über alle Übertragungen gemittelte Anzahl fehlerhaft detektierter Datenrahmen bei der Datenübertragung zwischen drei Knoten im Niederspannungsnetz aus Abbildung 7.25

Regelmäßigkeiten beim Auftreten von Bitfehlern und Bezug zur Leistung des Störsignals

Jedes empfangene Bit ist genau einem Subträger eines OFDM-Symbols in einem Datenrahmen zugeordnet. Zudem werden die Datenrahmen synchron zur Netzperiode T_{AC} übertragen. Das Vorhandensein eines Bitfehlers kann somit als binärer Klassifikator dafür bezeichnet werden, ob das SNR für einen Subträger im Moment der Übertragung eines bestimmten OFDM-Symbols für eine fehlerfreie Datenübertragung ausreichend war oder nicht.

Die Signaldämpfung und das lokale Störszenario haben dominierenden Einfluss auf die Anzahl der Bitfehler und auf ihre Verteilung innerhalb von OFDM-Symbolen sowie zwischen aufeinander folgenden OFDM-Symbolen.

Dies kann gezeigt werden, indem die Verteilung der Bitfehler auf die Symbole und Subträger innerhalb von Datenrahmen betrachtet wird. Dazu werden, ähnlich wie in Gleichung 7.8, die Bitfehler-Folgen

$$e_p\left(m_\mathrm{S}, m_\mathrm{F}\right)$$

herangezogen, die allerdings neben dem Subträger-Index p noch von zwei weiteren Parametern abhängen: Der Symbol-Index m_S mit $m_\mathrm{S} = 1,2,\dots,9$ zeigt an, aus welchen OFDM-Symbolen $m_\mathrm{S} - 1$ und m_S eines Datenrahmens die Phasendifferenz des Subträgers p bestimmt wird, aus der mittels Minimum-Distanz-Entscheidung auf das empfangene Datensymbol entschieden wird. Dabei bezeichnet $m_\mathrm{S} = 0$ das den mit Nutzdaten modulierten OFDM-Symbolen vorangestellte Referenz-Symbol. Die Datenrahmen werden mit $m_\mathrm{F} = 1,2,\dots,N_\mathrm{F}$ indiziert, wobei N_F die Anzahl der korrekt empfangenen Datenrahmen ist.

Sämtliche Datenrahmen werden aufgrund der Symbol-Synchronisation mit den Netznulldurchgängen synchron zur Phase der Netzwechselspannung übertragen. Zudem beginnt die Übertragung eines Datenrahmens immer im selben Zeitpunkt bezüglich der Netzperiode. Zur Analyse der Ursachen für Bitfehler können somit die Summation der Bitfehler-Folge eines Subträgers $p = 1,2,\dots,48$ über alle OFDM-Symbole aller Datenrahmen

$$E^\mathrm{C}(p) = \sum_{m_\mathrm{F}=1}^{N_\mathrm{F}} \sum_{m_\mathrm{S}=1}^{9} e_p\left(m_\mathrm{S}, m_\mathrm{F}\right) \tag{7.14}$$

herangezogen werden und auch die Summation der Bitfehler-Folge über alle OFDM-Symbole mit identischem Index

$$E^\mathrm{S}(m_\mathrm{S}) = \sum_{m_\mathrm{F}=1}^{N_\mathrm{F}} \sum_{p=1}^{48} e_p\left(m_\mathrm{S}, m_\mathrm{F}\right). \tag{7.15}$$

Die gesamte Anzahl der während aller Zeitfenster r_D aufgetretenen Bitfehler erhält man aus

$$N_\mathrm{b,e} = \sum_{m_\mathrm{F}=1}^{N_\mathrm{F}} \sum_{m_\mathrm{S}=1}^{9} \sum_{p=1}^{48} e_p\left(m_\mathrm{S}, m_\mathrm{F}\right). \tag{7.16}$$

Auf dieser Grundlage werden im Weiteren die Kenngrößen

$$R_{b,e}^{f}(p) = \frac{E^{C}(p)}{N_{b,e}} \tag{7.17}$$

$$R_{b,e}^{t}(m_{S}) = \frac{E^{S}(m_{S})}{N_{b,e}} \tag{7.18}$$

betrachtet. $R_{b,e}^{f}(p)$ gibt Aufschluss darüber, wie sich die Bitfehler anteilsmäßig auf die einzelnen Subträger verteilen. $R_{b,e}^{t}(m_{S})$ zeigt, zu welchem Anteil die Bitfehler auf bestimmte OFDM-Symbole eines Datenrahmens entfallen. Da die Datenrahmen synchron zur Netzperiode übertragen werden, können dadurch die zeitlichen Regelmäßigkeiten in Bezug zur Phase der Netzwechselspannung gebracht werden.

Wie die Abbildungen 7.30 und 7.31 zeigen, stimmen die Verläufe der Kenngrößen in Gleichung 7.17 und Gleichung 7.18 für die jeweiligen Knoten mit den in Unterabschnitt 7.5.2 gezeigten Verläufen der Störsignalleistung am jeweiligen Empfängerknoten überein.

Die Periodizität der Verläufe der Störleistung über der Netzperiode ist auch in der relativen Anzahl der Bitfehler in den OFDM-Symbolen eines Datenrahmens erkennbar. Die Zeitintervalle, in denen die Leistung des Störsignals maximal ist, finden sich im Wesentlichen auch in den relativen Maxima von $R_{b,e}^{t}(m_{S})$ wieder. Aufgrund der zeitdifferentiellen Phasenmodulation ergeben sich allerdings mitunter Verschiebungen bezüglich des realen Auftrittszeitpunkts des Maximums und dem Symbolindex m_{S}, zu dem das Maximum auftritt. Für die Verbindungen C $\longrightarrow$ B und B $\longrightarrow$ C ist das zweite Maximum im Zeitverlauf der Störleistung offenbar so niedrig, dass dadurch relativ selten Bitfehler verursacht werden.

Die Charakteristika der Störleistungsdichten schlagen sich deutlich in der Anzahl der Bitfehler für die einzelnen Subträger nieder, wobei insbesondere die schmalbandigen Störungen gut erkennbar sind. Die Zuordnung der Indizes besonders betroffener Subträger zu deren Mittenfrequenzen ist in Tabelle 7.6 aufgelistet. Besonders dominant wirken sich

Subträger-Index n_C	28	32	35	42
Mittenfrequenz / kHz	88,53	89,83	90,81	93,09

Tabelle 7.6 Mittenfrequenzen der besonders von schmalbandigen Störungen betroffenen Subträger

die Schmalbandstörer an Knoten C aus. Selbst bei einer Signaldämpfung von 60 dB, bei der sich in anderen Störszenarien die Impulsstörer dominant auf die Bitfehlerrate auswirken, wird der hauptsächliche Anteil der Bitfehler durch einen Schmalbandstörer verursacht.

Schlussfolgerungen aus der System-Evaluation am Niederspannungsnetz

Unter Verwendung des integrierten Datenübertragungs- und Signalerfassungssystems (vgl. Abschnitt 7.2) wurden Daten zwischen drei Knoten innerhalb eines Niederspannungsnetzes übertragen und gleichzeitig die relevanten Eigenschaften des PLC-Störszenarios erfasst.

Die Bitfehlerrate hängt, wie in Unterabschnitt 3.2.5 angenommen, in erster Linie von der Dämpfung und dem am Empfangsort gegebenen Störszenario ab. Es wurde nachgewiesen, dass die charakteristischen Eigenschaften des PLC-Störszenarios sich in Regelmäßigkeiten hinsichtlich des Auftretens von Bitfehlern in OFDM-Symbolen und Datenrahmen niederschlagen.

Die Bitfehlerraten liegen in den betrachteten Fällen überwiegend im unteren Prozent-Bereich, bestenfalls in der Größenordnung 10^{-3}. Auch die relative Anzahl nicht detektierter Datenrahmen liegt überwiegend im Prozent-Bereich.

Damit ist fraglich, ob die bei der Evaluation verwendete Parametrierung für OFDM für den tatsächlichen Einsatz in PL-Kommunikationssystemen für Smart Grids geeignet ist.

Die Größenordnungen der Bitfehlerraten, die sich unter realen Bedingungen für bestimmte Signaldämpfungen ergeben haben, stimmen gut mit den Bitfehlerraten überein, die mit Hilfe des in Abschnitt 7.3 beschriebenen Simulationsmodells ermittelt wurden. Das Modell bildet somit die realen Bedingungen hinreichend genau nach und ist geeignet, eine realitätsnahe Abschätzung der Zuverlässigkeit eines Modulationsverfahrens zu liefern.

7.6 Parameterwahl für OFDM-Systeme zur Steigerung der Zuverlässigkeit

Wie die Evaluation der Parameterkonfiguration eines OFDM-Systems am realen Niederspannungsnetz gezeigt hat, liegen die Bitfehlerraten bei

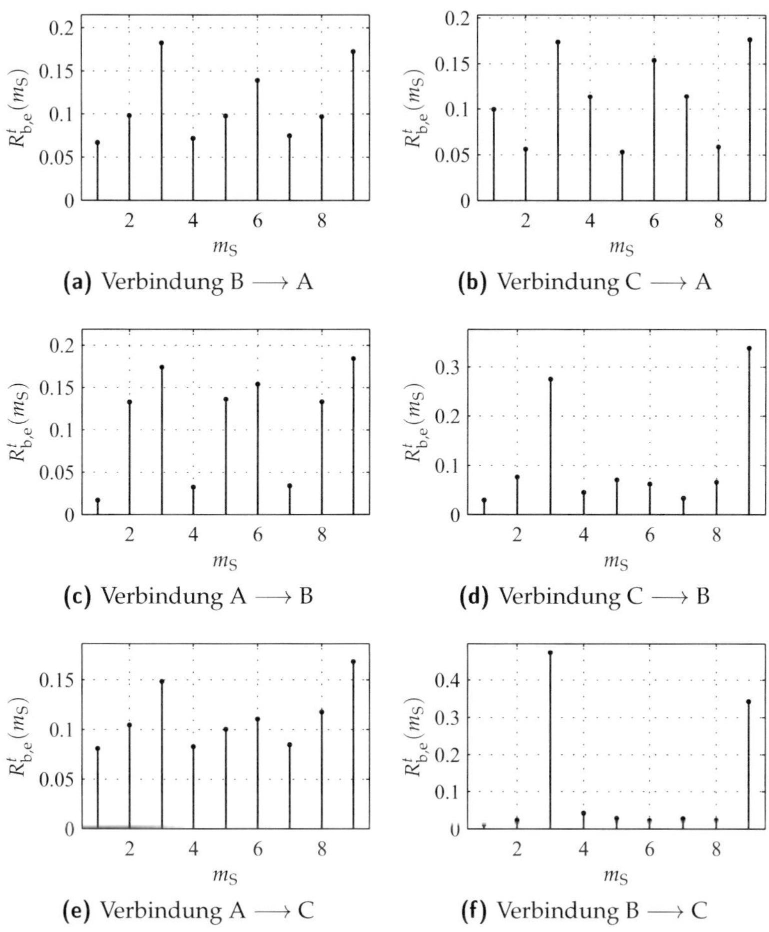

Abbildung 7.30 Beiträge der einzelnen Symbole eines Datenrahmens zur Gesamtanzahl der bei der Übertragung zwischen den einzelnen Knoten aufgetretenen Bitfehler

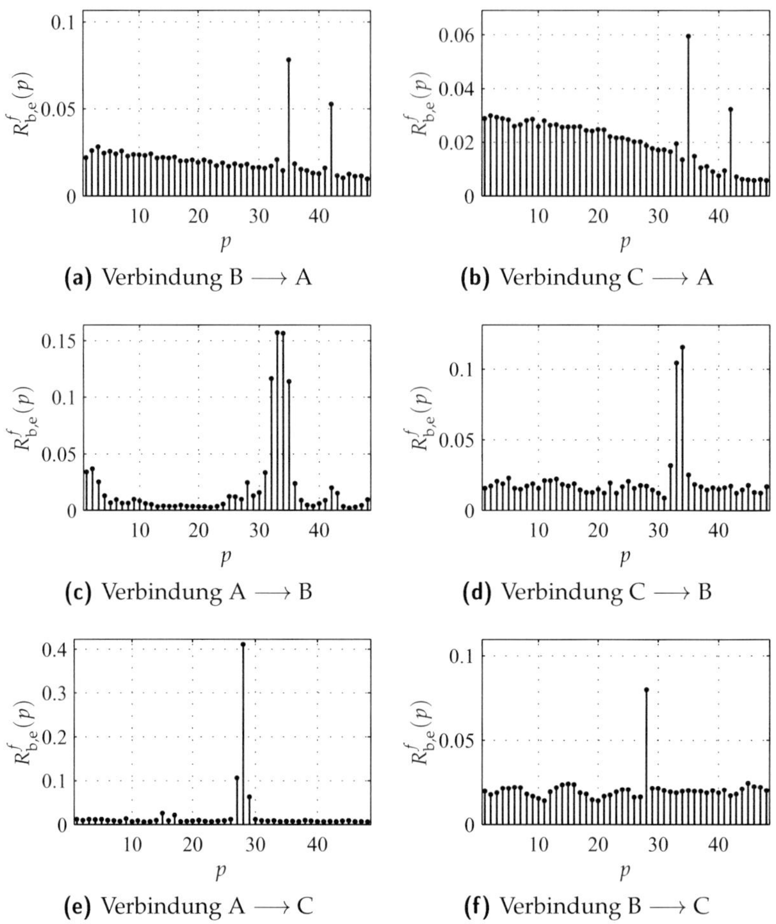

(a) Verbindung B $\longrightarrow$ A

(b) Verbindung C $\longrightarrow$ A

(c) Verbindung A $\longrightarrow$ B

(d) Verbindung C $\longrightarrow$ B

(e) Verbindung A $\longrightarrow$ C

(f) Verbindung B $\longrightarrow$ C

Abbildung 7.31 Beiträge der Subträger aller OFDM-Symbole zur Gesamtanzahl der bei der Übertragung zwischen den einzelnen Knoten aufgetretenen Bitfehler

der Datenübertragung über reale Niederspannungsnetze überwiegend im Prozent-Bereich.

Die folgende Betrachtung dient dazu, Parameter für ein OFDM-System zu finden, das unter den durch den PLC-Übertragungskanal gegebenen Randbedingungen eine möglichst hohe Zuverlässigkeit bei möglichst hoher Datenrate aufweist. Grundlage hierfür ist die Betrachtung der Kanalkapazität. Dabei wird angenommen, dass die durch Quantisierungsrauschen bedingte Störleistungsdichte so niedrig ist, dass sie nicht weiter beachtet werden muss.

7.6.1 Kanalkapazität in Abhängigkeit von OFDM-Systemparametern

Unter Verwendung des durch Gleichung 3.3 beschriebenen Kanalmodells kann die mittlere Leistung des Empfangssignals im Zeitbereich berechnet werden. Diese Leistung ergibt sich, zunächst unter Vernachlässigung des Störsignals, zu

$$P_\text{r} = \frac{1}{T_\text{S}} \int\limits_0^{T_\text{S}} |r(t)|^2 \, \mathrm{d}t = a^2 P_\text{s} \,. \tag{7.19}$$

Mit Hilfe der durch Gleichung 6.9 und Gleichung 6.10 beschriebenen Zusammenhänge kann eine Abschätzung für die Kanalkapazität aus Gleichung 5.27 in Abhängigkeit von den Parametern N_C, T_S und der maximal zulässigen Signalamplitude $\hat{s}$ eines OFDM-Systems sowie von den Parametern des PLC-Übertragungskanals a (die Dämpfung repräsentierender Verstärkungsfaktor) und $N_\text{PLC}(f)$ (Störleistungsdichte) angegeben werden. Unter der Annahme einer vereinfachend als konstant angenommenen Störleistungsdichte $N_\text{PLC}(f) = N_\text{PLC}$ erhält man mit Gleichung 5.27

$$C = \frac{N_\text{C}}{T_\text{S}} \log_2 \left(1 + \frac{(a\hat{s})^2 \, T_\text{S}}{2 N_\text{C} \, (N_\text{C} + 1) \, N_\text{PLC}} \right) \,. \tag{7.20}$$

Ausführliche Erläuterung zur Herleitung von Gleichung 7.20 finden sich in Gleichung B.11.

Anhand von Gleichung 7.20 ist es nun möglich, unter Einbeziehung der Eigenschaften des Übertragungskanals passende OFDM-Parameter zu wählen: Die am besten geeigneten Parameter maximieren die Kanalkapazität.

7.6.2 Kanalkapazität unter dem Einfluss von PLC-Störszenarien

Bei den folgenden Betrachtungen wird, wie in Gleichung 7.20 auch, angenommen, dass die Störleistungsdichte konstant über der Frequenz und zeitinvariant ist. Wie die Messungen in Abschnitt 4.2 gezeigt haben, ist dies zwar in der Realität bei Weitem nicht der Fall, im Interesse einer einfachen quantitativen Abschätzung der Zusammenhänge ist diese vereinfachende Annahme allerdings gerechtfertigt.

Um Aussagen über eine möglichst geeignete Wahl von OFDM-Systemparametern treffen zu können, werden die aus der Analyse in Unterabschnitt 4.2.2 gewonnenen Erkenntnisse eingebracht. In Zeitabschnitten, in denen Impulse vorliegen, nimmt das Leistungsdichtespektrum wesentlich höhere Werte an im Vergleich zum Leistungsdichtespektrum der Zeitabschnitte, in denen lediglich Hintergrundstörungen vorliegen.

Nach Tabelle 4.5 liegt die während der Zeitdauer von Impulsen beobachtete Leistungsdichte schlimmstenfalls bei etwa -63 dBV^2/Hz. Während der Zeitintervalle, in denen lediglich Hintergrundstörungen vorliegen, beträgt das Maximum der Leistungsdichte etwa -80 dBV^2/Hz. Die Leistungsdichte des Hintergrundrauschens liegt im Bereich zwischen 80 und 100 kHz je nach Mess-Ort etwa zwischen -90 und -110 dBV^2/Hz.

Die Kanalkapazität aus Gleichung 7.20 wird daher im Folgenden bei Störleistungsdichten von -60, -80, -100 und -120 dBV^2/Hz ausgewertet, wobei die Störleistungsdichte als konstant über der Frequenz angenommen wird. Daraus ergibt sich eine Abschätzung der Kanalkapazität, die – ohne Berücksichtigung von Schmalbandstörern – für verschiedene Kombinationen von OFDM-Systemparametern in bestimmten Zeitintervallen zu erreichen ist. Eine Störleistungsdichte von -60 dBV^2/Hz kann für die Zeitintervalle angenommen werden, in denen Impulsstörer vorherrschen.

Als Maximalamplitude werden $\hat{s} = 5\,\mathrm{V}$ und für die Signaldämpfung $a_{\mathrm{dB}} = -60\,\mathrm{dB}$ angenommen.

Wie aus den Graphen in Abbildung 7.32 deutlich wird, ist die Kanalkapazität für $N_{\mathrm{PLC}} = -60\,\mathrm{dBV}^2$/Hz insgesamt sehr niedrig. Das Maximum von 9 bit/s wird bei genau einem Subträger erreicht und ist nahezu konstant über der Symboldauer. Daraus lässt sich folgern, dass bei schlechtem SNR (im Sinne des Vergleichs der Leistungsdichtespektren von Nutzsignal und Störung) die Leistungsdichte des Übertragungssignals maximiert werden muss, um eine Maximierung der Kanalkapazität zu erreichen. Die Maximierung der Nutzsignal-Leistungsdichte kann bei be-

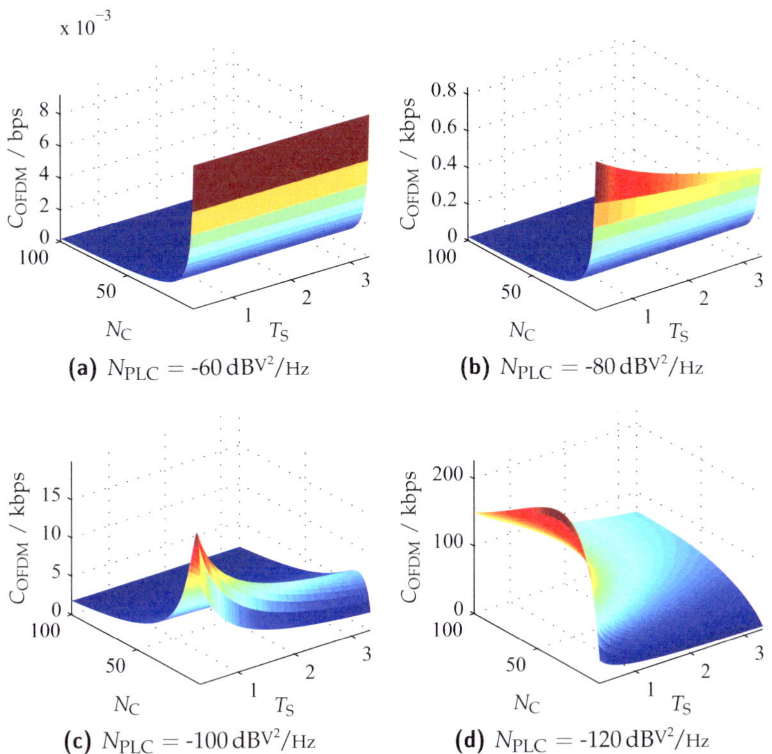

Abbildung 7.32 Kanalkapazität für OFDM in Abhängigkeit der Subträger-Anzahl und Symboldauer bei einer Signaldämpfung von 60 dB

grenzter Signalleistung nur durch Reduzieren der Bandbreite des Nutzsignals erzielt werden.

Für N_{PLC} = -80 dBV²/Hz ist die Situation ähnlich, allerdings können auf Grund des größeren SNR höhere Kanalkapazitäten erreicht werden. Das Maximum liegt hier bei ca. 0,82 kbit/s. Die Kanalkapazität nimmt dabei mit zunehmender Symboldauer T_S auf ca. 0,49 kbit/s ab. Vergleichbare Zusammenhänge hinsichtlich der Kanalkapaziät gelten für den Fall N_{PLC} = -100 dBV²/Hz. Hier erlaubt das SNR jedoch eine größere Bandbreite, das Maximum von etwa 19,5 kbit/s wird mit N_C = 4 Subträgern erreicht.

Erst bei einer Störleistungsdichte von N_{PLC} = -120 dBV²/Hz wird die Kanalkapazität neben der Verringerung der Symboldauer auch durch die Nutzung vieler Subträger vergrößert. Das Maximum 221,4 kbit/s wird mit $N_C = 32$ Subträgern erreicht. Ein weiteres Absenken der Störsignal-Leistungsdichte würde die Kanalkapazität mit zunehmender Subträger-Anzahl immer weiter anwachsen lassen.

Diese Untersuchung zeigt, dass die Verwendung einer hohen Anzahl von Subträgern unter den bei den im Rahmen dieser Arbeit beobachteten Eigenschaften des PLC-Störszenarios nicht sinnvoll ist. Des Weiteren legen die Untersuchungen der Kanalkapazität nahe, dass dieselbe durch möglichst kurze Symboldauern maximiert werden kann.

Im folgenden Unterabschnitt 7.6.3 wird untersucht, inwiefern eine Reduzierung der Anzahl der OFDM-Subträger und der OFDM-Symboldauer auch unter realen Bedingungen zu einer Steigerung der Datenrate bei gleichzeitig sinkender Bitfehlerrate führt.

7.6.3 OFDM-Parameterkonfigurationen zur Steigerung der Zuverlässigkeit der Datenübertragung

Untersucht werden im Folgenden die in Tabelle 7.7 aufgeführten Konfigurationen eines OFDM-Systems. Konfiguration K_0 entspricht hinsichtlich der Symboldauer der in Abschnitt 6.1 vorgestellten und in Abschnitt 7.5 am realen Niederspannnungsnetz evaluierten Konfiguration, verwendet allerdings nur ein Viertel der Subträger-Anzahl. Entsprechend reduzieren sich die Bandbreite des Übertragungssignals und die Datenrate. In der Tat ist die Bandbreite dieser Konfiguration so niedrig, dass sie nach EN 50065 als schmalbandiges System zu klassifizieren wäre und somit einen niedrigeren Sende-Signalpegel aufweisen müsste. Nichtsdestotrotz wird auch für diese Konfiguration eine Sendeamplitude von 5 V angenommen.

Die Konfigurationen K_1 und K_2 verwenden ebenfalls 12 Subträger, allerdings zusätzlich mit der Hälfte bzw. einem Viertel der Symboldauer des Systems in Abschnitt 6.1. Die Datenrate wird somit gegenüber der ursprünglichen Konfiguration halbiert bzw. bleibt gleich.

Darüber hinaus wird Konfiguration K_4 untersucht, die zwar dieselbe Datenrate wie das in Abschnitt 6.1 vorgestellte System aufweist, allerdings bei einem Achtel der Symboldauer und einem Achtel der Subträger-Anzahl.

Die Ergebnisse werden mit der bereits in den Abschnitten 7.4.1 und 7.5 ausführlich untersuchten Konfiguration, im Folgenden als K_{48} bezeichnet, verglichen.

	K_0	K_1	K_2	K_3
Abtastrate (Basisband) / kHz		$333,\overline{3}$		
FFT-Punkte N_{FFT}	1024	512	256	128
Cyclic Prefix T_{CP} / ms		0		
OFDM-Symboldauer T_S / ms	3,072	1,536	0,768	0,384
Trägeranzahl N_C	12	12	12	6
PAPR Λ in dB	13,8	13,8	13,8	10.79
Trägerindizes	268…279	133…144	60…71	30…35
$f_{C,min}$ / kHz	87,240	86,589	78,125	78,125
$f_{C,max}$ / kHz	90,820	93,75	92,448	91,146
B_{SC} / kHz	0,651	1,302	2,604	5,208
Bandbreite B / kHz	4,232	8,464	16,927	18,229
Datenrate / kbit/s	3,906	7,813	15,625	15,625
Modulationsart		D_t-2-PSK		

Tabelle 7.7 Untersuchte Konfigurationen von OFDM-Parametern. $f_{C,min}$ und $f_{C,max}$ sind die Mittenfrequenzen des Subträgers mit der niedrigsten beziehungsweise höchsten Frequenz.

Die Analyse der Bitfehlerraten erfolgt mittels des in Abschnitt 7.3 vorgestellten Simulationsmodells: Die Amplituden der Sendesignale werden auf $\hat{s} = 5\,$V normiert, auf die Verwendung einer zyklischen Fortsetzung der OFDM-Symbole wird dabei ebenso verzichtet wie auf eine Synchronisation der Datenübertragung mit der Netzwechselspannung.

Abbildung 7.33 zeigt die Bitfehlerraten unter dem Einfluss von Störszenario $AWGN_A$. Aus Abbildung 7.33 wird erkennbar, wie sich die Anzahl der Subträger N_C in Kombination mit der Symboldauer T_S und Bandbreite B auf die Bitfehlerrate auswirken. Die der jeweiligen Bitfehlerrate zugrunde liegende Symbolenergie je Subträger lässt sich mit der in Unterabschnitt 6.1.3 beschriebenen Vorgehensweise abschätzen. Tabel-

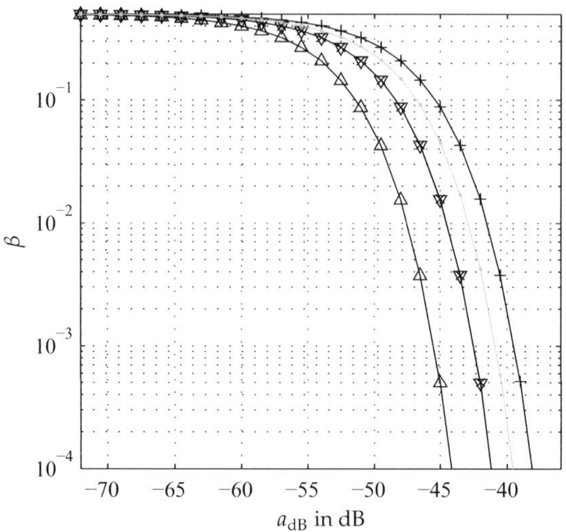

Abbildung 7.33 Bitfehlerraten für OFDM-Systeme K_0 ($\triangle$), K_1 ($\times$), K_2 (+) und K_3 ($\triangledown$) unter dem Einfluss von Störszenario $AWGN_A$. Zum Vergleich die Bitfehlerrate aus Abbildung 7.13 für K_{48} ($-\cdot-$) mit adaptierter Amplitudennormierung.

le 7.8 führt die Signalenergie je auf einem Subträger übertragenem Symbol für $\hat{s} = 5\,V$ für die im Folgenden weiter untersuchten Parameter-Konfigurationen auf. Da für alle Konfigurationen D_t-2-PSK als Modulationsart verwendet wird, entsprechen die Symbolenergien $E_{S,SC}$ der jeweiligen Bitenergie E_b. Da die Störleistungsdichte für Störszenario $AWGN_A$

	K_{48}	K_0	K_1	K_2	K_3
$E_{S,C} = E_b$ in dBV^2s	$-47{,}9$	$-36{,}09$	$-39{,}1$	$-42{,}1$	$-36{,}41$

Tabelle 7.8 Mittlere Symbolenergie je Subträger für die vier untersuchten OFDM-Konfigurationen bei maximaler Sendeamplitude $\hat{s} = 5\,V$

konstant ist, müssen die Bitfehlerraten auf der a_{dB}-Achse um die Unterschiede der jeweiligen Subträger-Signalenergien gegeneinander verschoben sein. Die in Abbildung 7.33 dargestellten Verläufe weisen in der Tat diese Systematik auf.

Die Verläufe der Bitfehlerraten verschiedener OFDM-Parameterkonfigurationen unter dem Einfluss von Störszenario PLC_A sind in Abbildung 7.34 dargestellt. Deutlich erkennbar ist, dass die Kon-

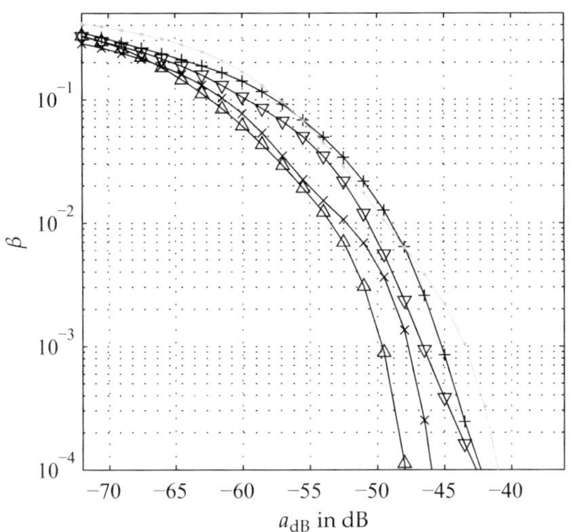

a_{dB} in dB

Abbildung 7.34 Bitfehlerraten für OFDM-Systeme K_0 ($\triangle$), K_1 ($\times$), K_2 (+) und K_3 ($\triangledown$) unter dem Einfluss von Störszenario PLC_A. Außerdem die Bitfehlerrate für K_{48} ($-\cdot-$).

figurationen K_0, K_1 und K_2 eine niedrigere Bitfehlerrate und damit eine höhere Zuverlässigkeit aufweisen als die in den Abschnitten 7.4 und 7.5 untersuchte Parameter-Konfiguration. Auch K_4 ist über weite Bereiche zuverlässiger, weist allerdings für $-56\,\mathrm{dB} < a_{\mathrm{dB}} < -48{,}5\,\mathrm{dB}$ eine Verschlechterung um nahezu 25% auf. Um die relative Verbesserung der Zuverlässigkeit genauer quantifizieren zu können, werden, ebenso wie bereits in Unterabschnitt 7.4.2, die relativen Abweichungen der Bitfehlerraten bezogen auf die der Konfiguration mit $N_C = 48$

$$\Delta_A = \frac{\beta_A^{K_i} - \beta_A^{K_{48}}}{\beta_A^{K_{48}}}, \quad i = 0,1,2,3 \tag{7.21}$$

betrachtet.

Die größte Verbesserung ist offensichtlich mit K_0 zu erzielen, was darauf zurückzuführen ist, dass die Signalenergie je Subträger dort am größten ist, bedingt durch eine hohe Leistungsdichte und durch die lange

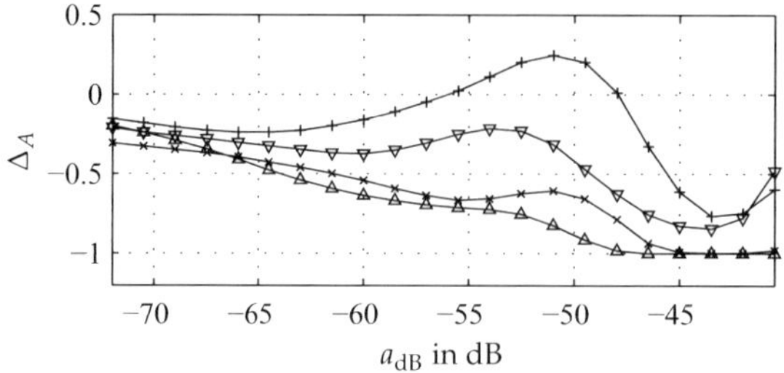

Abbildung 7.35 Relative Abweichungen der Bitfehlerraten bezogen auf K_{48} für K_0 ($\triangle$), K_1 ($\times$), K_2 (+) und K_3 ($\triangledown$) unter dem Einfluss von Störszenario PLC_A

Symboldauer. Lediglich im Bereich $a_{dB} < -67{,}5\,dB$ wirken sich Impulsstörer stärker aus als für K_1, welche in diesem Bereich die höchste Zuverlässigkeit aufweist und eine Verringerung der Bitfehlerrate um mehr als 30% ermöglicht. Dabei ist allerdings auch die Datenrate am niedrigsten. Obwohl K_1 und K_3 eine nahezu identische Signalenergie aufweisen und die Bitfehlerraten unter $AWGN_A$ fast identisch verlaufen, sind die Verläufe unter dem Einfluss von PLC_A deutlich unterschiedlich; K_1 verringert die Bitfehlerrate deutlich stärker. Für PLC_A stellt K_1 den besten Kompromiss aus Datenrate und Zuverlässigkeit dar.

Bemerkenswert ist an dieser Stelle, dass K_3 bei gleicher Datenrate zu einer Verbesserung der Zuverlässigkeit führt. Diese Verbesserung der Zuverlässigkeit fällt zwar nicht so deutlich aus wie für K_1, liegt aber dennoch selbst im schlechtesten Falle bei fast 22%.

Die Verläufe der Bitfehlerraten unter dem Einfluss von PLC_B zeigen sich aufgrund der in diesem Störszenario weniger ausgeprägten Impulse und Schmalbandstörer in großen Teilen ähnlich zu denen für AWGN, vgl. Abbildung 7.36. Folglich bringt K_0 uneingeschränkt die größte Verbesserung gegenüber K_{48}. Trotz der zu AWGN ähnlicheren Eigenschaften des Störszenarios unterscheiden sich die Verläufe für K_1 und K_3 stark, wie die Verläufe der Δ_B in Abbildung 7.37 zeigen, wobei

$$\Delta_B = \frac{\beta_B^{K_i} - \beta_B^{K_{48}}}{\beta_B^{K_{48}}}, \quad i = 0,1,2,3\,. \tag{7.22}$$

Eine möglichst hohe Zuverlässigkeit wäre unter dem Einfluss des Störszenarios PLC_B nur durch eine Erhöhung der Symboldauer um den Preis der Reduzierung der Datenrate zu erreichen. Auch hier stellt

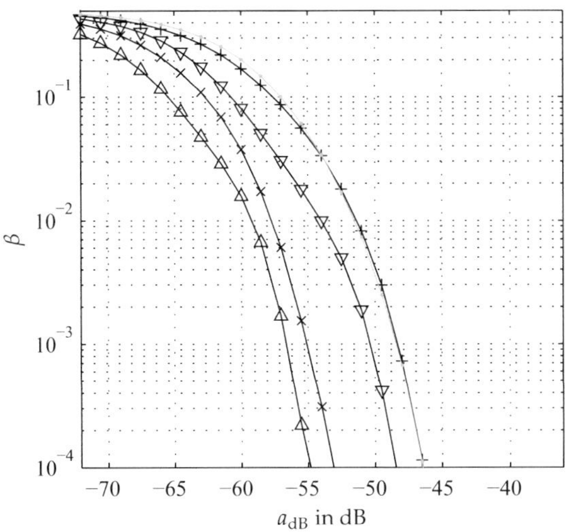

Abbildung 7.36 Bitfehlerraten für OFDM-Systeme K_0 ($\triangle$), K_1 ($\times$), K_2 (+) und K_3 ($\triangledown$) unter dem Einfluss von Störszenario PLC_B und die Bitfehlerrate für K_{48} ($- \cdot -$)

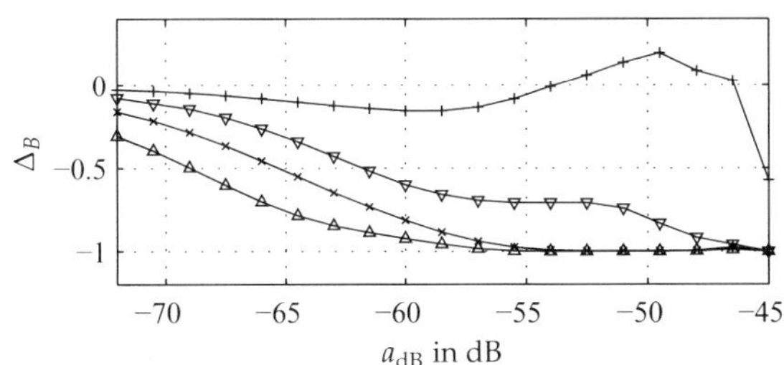

Abbildung 7.37 Relative Abweichungen der Bitfehlerraten bezogen auf K_{48} für K_0 ($\triangle$), K_1 ($\times$), K_2 (+) und K_3 ($\triangledown$) unter dem Einfluss von Störszenario PLC_B

K_1 einen guten Kompromiss aus Zuverlässigkeit und Übertragungsgeschwindigkeit dar.

Schlussfolgerungen zur Untersuchung von OFDM mit verschiedenen Parametern

Mit Hilfe des in Abschnitt 7.3 vorgestellten Simulationsmodells wurde eine Auswahl von OFDM-Parameter-Konfigurationen hinsichtlich ihrer Zuverlässigkeit unter dem Einfluss zweier verschiedener PLC-Störszenarien untersucht. Die Verläufe der Bitfehlerraten zeigen deutlich, dass das Verringern der Anzahl der Subträger eine signifikante Steigerung der Zuverlässigkeit bedingt, solange eine ausreichend große Symboldauer gewählt wird. Die maximal beobachtete Zuverlässigkeit wurde mit K_0 für die geringste Anzahl an Subträgern und die längste Symboldauer erreicht.

Allerdings führt eine große Symboldauer nicht zwangsläufig zur niedrigsten Bitfehlerrate. In der Tat können sich kürzere Symboldauern als sinnvoll erweisen, sofern das Störszenario ausgeprägte Impulse enthält und die Dämpfung sehr hoch ist. In diesem Bereich ist die Datenübertragung aufgrund der Bitfehlerrate im Prozentbereich allerdings nicht als zuverlässig zu bezeichnen.

Nimmt man eine über weite Bereiche gegenüber K_0 geringere Verbesserung der Zuverlässigkeit in Kauf, so bietet sich die Konfiguration K_1 als Alternative zu der in Tabelle 6.1 beschriebenen an. Dabei muss allerdings eine Halbierung der Datenrate in Kauf genommen werden.

Festzustellen ist, dass mit fast allen betrachteten Parameter-Konfigurationen die Bitfehlerrate gegenüber dem in Abschnitt 6.1 beschriebenen System gesenkt werden konnte. Allerdings fällt die Verbesserung moderat aus, es wird keine Senkung der Bitfehlerrate um Größenordnungen erreicht.

8 Verallgemeinertes Kriterium zur Auswahl geeigneter Modulationsverfahren

Die in den Abschnitten 7.4 und 7.5 vorgestellten Ergebnisse basieren im Wesentlichen auf einer experimentellen Evaluation verschiedener Modulationsverfahren an zufällig ausgewählten PLC-Störszenarien.

Die numerische Analyse der analytischen Zusammenhänge zwischen Kanalkapazität und Wahl der OFDM-Parameter in Unterabschnitt 7.6.2 zeigt, dass es unter den durch die Begrenzung der Sendeleistung und die Eigenschaften der Störleistungsdichte gegebenen Bedingungen günstig ist, die Anzahl der OFDM-Subträger gering zu halten. Die Maximierung der Kanalkapazität erfolgt in Abhängigkeit vom Verhältnis aus der Leistungsdichte des Nutzsignals und der Leistungsdichte des Störsignals. Ist dieses Verhältnis maximal, so kann mit möglichst kurzer Symboldauer eine maximale Datenrate erreicht werden. Die Formulierung der Kanalkapazität hat ihren Ursprung in der Informationstheorie. Für das Erreichen der Kanalkapazität werden daher immer auch Kanalcodierungsverfahren vorausgesetzt.

Wie die Analysen in Unterabschnitt 7.6.3 zeigen, hängt die Bitfehlerrate, je nach Eigenschaften des Störszenarios, neben der Verteilung der Leistungsdichte über der Frequenz auch von der Symboldauer ab. Es kann folglich, auch ohne Betrachtung von Methoden der Kanalcodierung, durch Wahl der Parameter des Modulationsverfahrens und die damit verbundene Beeinflussung der Eigenschaften des Sendesignals unter einem gegebenen Störszenario eine minimale Bitfehlerwahrscheinlichkeit erreicht werden. Im Folgenden wird, ausgehend von der Herleitung des Matched Filter, das SNR am Ausgang eines Matched Filter für den allgemeinen Fall eines beliebigen Leistungsdichespektrums der Störung formuliert. Daraus lässt sich ein Kriterium formulieren, das für eine beliebige gegebene Störleistungsdichte die Maximierung des SNR ermöglicht und dadurch die Minimierung der Bitfehlerwahrscheinlichkeit. Da das Leistungsdichtespektrum eines PLC-Störszenarios, wie beispielsweise in Unterabschnitt 4.2.1 gezeigt, messtechnisch erfassbar ist, kann mit Hilfe dieses Kriteriums die Wahl der Parameter des Modulationsverfahrens derart erfolgen, dass unter den durch das Störszenario gegebenen Umständen die maximale Zuverlässigkeit bei möglichst hoher Datenrate erfolgen kann.

8.1 Formulierung des Matched-Filter-Empfängers für AWGN

Die folgende Herleitung ist an die Herleitungen des Matched Filter in [50, 29] angelehnt. Ausgangspunkt ist das Empfangssignal

$$r(t) = s(t) + n(t) \,, \tag{8.1}$$

welches das mit der Realisierung $n(t) = n_0(t)$ eines weißen gaußschen Rauschprozesses $N_0(t)$ mit Varianz $\sigma^2 = \frac{N_0}{2}$ überlagerte Sendesignal $s(t)$ darstellt. Das Empfangssignal $r(t)$ wird durch ein Filter mit der zunächst beliebigen Impulsantwort $h(t)$ gefiltert und das Ergebnis der Filterung im Zeitpunkt T_S abgetastet

$$y(T_S) = \int_{-\infty}^{\infty} r(\tau) h(T_S - \tau) \mathrm{d}\tau \,. \tag{8.2}$$

Das SNR am Ausgang des Filters $h(t)$ ergibt sich aus

$$\frac{S}{N} = \frac{\mathrm{E}\left\{y_S^2(T_S)\right\}}{\mathrm{E}\left\{y_N^2(T_S)\right\}} \tag{8.3}$$

mit

$$y_S^2(T_S) = \left(\int_{-\infty}^{\infty} s(\tau) h(T_S - \tau) \mathrm{d}\tau\right)^2 \tag{8.4}$$

und

$$\mathrm{E}\left\{y_{N_0}^2(T_S)\right\} = \frac{N_0}{2} \int_{-\infty}^{\infty} h^2(\tau) \mathrm{d}\tau \,, \tag{8.5}$$

Letzteres gilt aufgrund der Tatsache, dass die Autokorrelationsfunktion des stochastischen Prozesses

$$r_{N_0 N_0}(\tau) = \frac{N_0}{2} \delta(\tau) \tag{8.6}$$

ist. Unter Verwendung der Cauchy-Schwarz'schen Ungleichung [6] lässt sich der Zähler in Gleichung 8.3 mit

$$\left(\int\limits_{-\infty}^{\infty} s(\tau)h(T_S - \tau)\mathrm{d}\tau\right)^2 \leq \left(\int\limits_{-\infty}^{\infty} s^2(\tau)\mathrm{d}\tau\right) \cdot \left(\int\limits_{-\infty}^{\infty} h^2(T_S - \tau)\mathrm{d}\tau\right) \quad (8.7)$$

abschätzen. Des Weiteren gilt

$$\int\limits_{-\infty}^{\infty} h^2(T_S - \tau)\mathrm{d}\tau = \int\limits_{-\infty}^{\infty} h^2(\tau)\mathrm{d}\tau \, , \quad (8.8)$$

womit Gleichung 8.3 zu

$$\frac{S}{N} \leq \frac{E_S}{N_0/2} \quad (8.9)$$

wird mit $E_S = \int\limits_{-\infty}^{\infty} h^2(\tau)\mathrm{d}\tau$. Wird die Impulsantwort des Filters so gewählt, dass $h(t) = c \cdot s(T_S - t)$ mit einer beliebigen reellwertigen Konstante c, so gilt für die Abschätzung in Gleichung 8.7 das Gleichheitszeichen und Gleichung 8.9 wird maximal.

8.2 Formulierung des Matched-Filter-Empfängers für beliebige Störleistungsdichten

Die Formulierung des SNR $\frac{S}{N}$ in Gleichung 8.9 gilt für den Fall, dass die additiven Störsignale die Eigenschaften weißen gaußschen Rauschens besitzen. Die Analyse von PLC-Störszenarien in Unterabschnitt 3.3.2 zeigt allerdings, dass PLC-Störszenarien diese Eigenschaften im Allgemeinen nicht erfüllen.

Um dennoch einen analytischen Ausdruck für das SNR am Ausgang des Empfangsfilters zu erhalten, wird angenommen, dass die additive Störung $n(t)$ in Gleichung 8.1 durch den stochastischen Prozess eines PLC-Störszenarios $N_P(t)$ gegeben ist.

Des Weiteren wird angenommen, dass der Empfänger zur Signaldetektion ein Matched Filter nutzt, dass also die Bedingung $h(t) = c \cdot s(T_S - t)$ eingehalten ist. Ohne Beschränkung der Allgemeinheit wird im Folgenden $c = 1$ angenommen.

Für einen beliebigen schwach stationären und mittelwertfreien stochastischen Prozess $U(t)$ gilt der Zusammenhang

$$\mathrm{E}\left\{U(t) \cdot U(t+\tau)\right\} = r_{UU}(\tau)\,. \tag{8.10}$$

Außerdem gilt für den stochastischen Prozess y_U am Ausgang eines beliebigen linearen Systems mit Filter-Impulsantwort $g(t)$ die Wiener-Lee-Beziehung [29]

$$r_{y_U y_U}(\tau) = r_{UU}(\tau) * r_{gg}(\tau)\,.$$

Nimmt man an, dass das PLC-Störszenario schwach stationär und mittelwertfrei ist, so erhält man am Ausgang des Matched Filter mit Impulsantwort $s(T_\mathrm{S} - t)$

$$\mathrm{E}\left\{y_{N_\mathrm{P}}^2(T_\mathrm{S})\right\} = r_{N_\mathrm{P}N_\mathrm{P}}(\tau) * r_{ss}(\tau)\Big|_{\tau=0}\,. \tag{8.11}$$

Unter Berücksichtigung der Tatsache, dass für ein Energiesignal $g(t)$ allgemein gilt

$$r_{gg}(0) = E_g = \int\limits_{-\infty}^{\infty} |G(f)|^2 \,\mathrm{d}f\,,$$

und dass dessen Energiedichtespektrum $S(f)$ als im Wesentlichen bandbegrenzt angenommen werden kann, ergibt sich aus Gleichung 8.11 unter Verwendung des Wiener-Khinchin-Theorems [29]

$$\mathrm{E}\left\{y_{N_\mathrm{P}}^2(T_\mathrm{S})\right\} = \int\limits_{-\infty}^{\infty} S_{N_\mathrm{P}N_\mathrm{P}}(f)\,|S(f)|^2 \,\mathrm{d}f\,. \tag{8.12}$$

Gleichung 8.12 ist die Beschreibung der am Ausgang des Matched Filter zu beobachtenden Störsignalleistung und stellt den Nenner in Gleichung 8.3 dar.

Für den vom Nutzsignal abhängigen Zähler in Gleichung 8.3 gilt mit

$$s(T_\mathrm{S} - t) \circ\!\!-\!\!\bullet\, S^*(f)\mathrm{e}^{-\mathrm{j}2\pi f T_\mathrm{S}}$$

der Zusammenhang [50]

$$y_S^2(T_S) = \left(\int_{-\infty}^{\infty} S(f)S^*(f)e^{-j2\pi f T_S}e^{j2\pi f T_S}\,df \right)^2$$

$$= \left(\int_{-\infty}^{\infty} |S(f)|^2\,df \right)^2$$

$$= E_S^2. \tag{8.13}$$

In Gleichung 8.3 eingesetzt erhält man aus Gleichungen 8.12 und 8.13

$$\frac{S}{N} = \frac{\left(\int_{-\infty}^{\infty} |S(f)|^2\,df \right)^2}{\int_{-\infty}^{\infty} S_{N_P N_P}(f)\,|S(f)|^2\,df} = \frac{E_S^2}{\int_{-\infty}^{\infty} S_{N_P N_P}(f)\,|S(f)|^2\,df}. \tag{8.14}$$

Um die Bitfehlerwahrscheinlichkeit zu minimieren, muss der Ausdruck in Gleichung 8.14 maximiert werden:

$$\frac{E_S^2}{\int_{-\infty}^{\infty} S_{N_P N_P}(f)\,|S(f)|^2\,df} \longrightarrow \max \tag{8.15}$$

Das Leistungsdichtespektrum $S_{N_P N_P}(f)$ des stochastischen Prozesses $N_P(t)$, welches das PLC-Störszenario beschreibt, ist beispielsweise mit dem in Abschnitt 7.2 beschriebenen integrierten Datenübertragungs- und Signalerfassungssystem messtechnisch erfassbar und damit eine bekannte Größe. Die Energiedichte des Sendesignals $|S(f)|^2$ wird durch die Parameter, die seine Zeitdauer T_S und Bandbreite B_S bestimmen, festgelegt.

Die Suche der Parameter des Sendesignals, die das Gütemaß in Gleichung 8.15 für ein gegebenes Stör-Leistungsdichtespektrum $S_{N_P N_P}(f)$ unter der Randbedingung maximaler Datenrate maximieren, stellt ein Optimierungsproblem dar. Gleichung 8.15 ist folglich die Grundlage für eine analytische Vorgehensweise bei der Parametrierung von Modulationsverfahren. Der im folgenden Unterabschnitt 8.2.1 untersuchte Ansatz zielt auf eine Maximierung des Gütemaßes ab. Die Maximierung des Gütemaßes erfolgt dabei durch die Gestaltung der Sendesignalform, so dass diese eine möglichst hohe Signalenergie aufweist, die in einem möglichst schmalen Frequenzband konzentriert ist.

8.2.1 Ansatz zur Optimierung des SNR

Die Charakteristik der Energiedichte des Sendesignals $|S(f)|^2$ hängt ab von der Energie des Sendesignals E_S und der Bandbreite W, in der die Wesentlichen Anteile des Sendesignals konzentriert sind. Da es sich bei $s(t)$ um ein Energiesignal handelt, wird der Zusammenhang zwischen Signalenergie, Energiedichtespektrum und Bandbreite im Frequenzbereich durch

$$E_S = \int_{-\infty}^{\infty} |S(f)|^2 \, \mathrm{d}f = 2 \int_{-\frac{W}{2}}^{\frac{W}{2}} |S(f)|^2 \, \mathrm{d}f \qquad (8.16)$$

beschrieben.

Wegen des Parseval'schen Theorems [33]

$$E_S = \int_{-\infty}^{\infty} |S(f)|^2 \, \mathrm{d}f = \int_{-\infty}^{\infty} |s(t)|^2 \, \mathrm{d}t$$

entspricht die Signalenergie im Zeitbereich der im Frequenzbereich, und wegen Gleichung 5.26 hängt die Symbolenergie bei gegebener Signalleistung von der Symboldauer T_S ab. Folglich wird der Ausdruck in Gleichung 8.15 maximiert, wenn die Symboldauer möglichst lang und die Bandbreite des Signals möglichst gering gewählt wird. Der Einfluss der Störleistungsdichte kann folglich bei begrenzter Sendeleistung minimiert werden, indem für die zu übertragende Signalform ein möglichst schmalbandiges Sendesignal möglichst langer Dauer gewählt wird. Allerdings stellt diese Regel zur Wahl der Parameter nicht zwangsläufig auch eine optimale Wahl dar, da eine längere Symboldauer bei gleicher Modulationsart zwangsläufig zu einer niedrigeren Datenrate führt.

Die Betrachtung gilt in dieser Weise zunächst nur für Ein-Träger-Modulationsverfahren. Für Mehrträgermodulationsverfahren ist die mittlere Sendesignalleistung – unter der Voraussetzung einer begrenzten maximalen Sendeleistung – durch das PAPR des Sendesignals bestimmt. Die mittlere Sendeleistung im Frequenzbereich entspricht dann der auf die Bandbreite des gesamten Mehrträger-Symbols bezogenen Sendeleistung, weshalb für jeden Subträger bzw. Subkanal nur mehr ein Teil der Sendeleistung entsprechend seiner Bandbreite verbleibt. Wie die Betrachtungen zur Kanalkapazität für verschiedene OFDM-Parameter-Konfigurationen in Unterabschnitt 7.6.2 gezeigt haben, können unter dem

Einfluss der für PLC-Störszenarien üblichen Leistungsdichten nur sehr wenige Subträger verwendet werden.

Aufgrund der Regelungen in EN 50065 steht für die Datenübertragung mittels PLC ein genügend großes Frequenzband zur Verfügung. Die Sendesignalleistung ist allerdings aufgrund der niedrigen Zugangsimpedanzen, bestenfalls jedoch durch die Vorgabe EN 50065 hinsichtlich der Maximal-Amplitude im Zeitbereich, begrenzt. Im Sinne der in diesem Abschnitt angestellten Betrachtungen und unter Einbeziehung der Betrachtungen in Unterabschnitt 5.1.4 folgt, dass eine M-wertige Frequenzumtastung (Frequency Shift Keying, FSK) eine Alternative zu OFDM mit wenigen Subträgern darstellt.

Die Untersuchung im folgenden Abschnitt 8.3 zeigt anhand einer Betrachtung für AWGN, dass mit Frequenzumtastung eine Verringerung der Bitfehlerrate gegenüber AWGN zu erwarten ist.

8.3 Alternativer Systementwurf mit Frequenzumtastung

Der Vergleich verschiedener Parameter-Konfigurationen für OFDM in Unterabschnitt 7.6.3 hat gezeigt, dass Konfiguration K_0 im Vergleich mit allen anderen betrachteten Konfigurationen für alle betrachteten Störszenarien die niedrigste Bitfehlerrate aufweist. Die einzige Ausnahme stellt der Bereich $a_{dB} < -67{,}5\,dB$ unter dem Einfluss von Störszenario PLC_A dar. Die Tatsache, dass mit K_0 die niedrigste Bitfehlerrate erzielt werden kann, ist ganz im Sinne des Gütekriteriums in Gleichung 8.15: Im Vergleich zu den anderen betrachteten Konfigurationen ist die Bitenergie für K_0 am größten (vgl. Tabelle 7.8).

Obwohl mit K_0 eine deutliche Reduzierung der Bitfehlerrate gegenüber K_{48} erreicht wird, liegt die Bitfehlerrate bei einer Signaldämpfung von -60 dB dennoch in der Größenordnung 10^{-1}. Des Weiteren beträgt die Bandbreite des Gesamtsignals 4,232 kHz. Damit gilt das Übertragungssignal im Sinne der Norm EN 50065 als schmalbandig, weshalb für diese Konfiguration eine wesentlich niedrigere Maximalamplitude der Sendespannung (vgl. Abbildung 2.25) zulässig ist als für die anderen Konfigurationen. Für die Implementierung in realen Systemen ist diese Konfiguration daher nicht empfehlenswert.

Soll bei gleicher Datenrate eine niedrigere Bitfehlerrate erzielt werden, muss die Bitenergie gegenüber K_0 weiter gesteigert werden. Nachfolgende Betrachtung zeigt, dass eine solche Steigerung der Bitenergie durch die Verwendung der inkohärenten Frequenzumtastung an Stelle von OFDM als Modulationsverfahren erreicht werden kann. Wird dabei in Kauf genommen, dass das Übertragungssignal ein wesentlich größeres Spektrum belegt, so kann trotz der Steigerung der Symbolenergie dieselbe Datenrate erzielt werden.

8.3.1 Signalformen und Bitfehlerwahrscheinlichkeit für inkohärente Frequenzumtastung

Zur Realisierung der Frequenzumtastung werden M Signalformen gemäß

$$s_{m,\mathrm{TP}} = g(t)\mathrm{e}^{\mathrm{j}2\pi(m-1)\Delta ft} \qquad m = 1,2,\ldots,M \qquad (8.17)$$

verwendet, denen jeweils eine Bitfolge der Länge $\mathrm{ld}(M)$ zugeordnet ist. Im durch Gleichung 8.17 beschriebenen Fall der inkohärenten Frequenzumtastung entspricht $g(t)$ einem Rechteckfenster der Dauer T_S und die Mittenfrequenzen der Signalformen müssen minimal $\Delta f = \frac{1}{T_\mathrm{S}}$ erfüllen. Für große M kann daher auch die FFT genutzt werden, wobei zur Symbolentscheidung der Betrag der Fourier-Koeffizienten herangezogen wird. Die nachfolgende Beschreibung erfolgt unter der Annahme, dass Erzeugung und Detektion der Signalformen mit Hilfe der FFT erfolgen.

Die Bitfehlerwahrscheinlichkeit P_e für Frequenzumtastung für AWGN ist [50]

$$P_{\mathrm{b,e}} = \frac{2^{k-1}}{2^k - 1} \sum_{i=1}^{M-1} \frac{(-1)^{i+1}}{i+1} \binom{M-1}{i} \mathrm{e}^{-\frac{ik}{n+1}\frac{E_\mathrm{b}}{N_0}} \qquad (8.18)$$

mit $k = \mathrm{ld}(M)$. Mit zunehmendem M wird zum Erreichen einer bestimmten Bitfehlerwahrscheinlichkeit eine geringere Bitenergie benötigt.

8.3.2 Parameterwahl und Vergleich mit OFDM

Im Gegensatz zu OFDM besteht ein Symbol aus lediglich einer der durch Gleichung 8.17 beschriebenen Signalformen. Dadurch gilt für das PAPR (vgl. Gleichung 5.66)

$$\Lambda_{\mathrm{FSK}} = 2 \qquad (8.19)$$

und die Bandbreite einer einzelnen Signalform ist äquivalent zur Bandbreite eines OFDM-Subträgers (vgl. Gleichung 5.76).

Um eine zu K_0 äquivalente Datenrate zu erzielen, werden die in Tabelle 8.1 unter K_{FSK} aufgeführten Parameter zur Realisierung der Frequenzumtastung gewählt.

	K_0	K_{FSK}
Abtastrate (Basisband) / kHz	$333,\overline{3}$	
FFT-Punkte N_{FFT}	1024	512
Cyclic Prefix T_{CP} / ms	0	–
Symboldauer T_S / ms	3,072	1,536
Trägeranzahl N_C	12	–
PAPR Λ in dB	13,8	3,01
Trägerindizes	268…279	81…144
$f_{C,min}$ / kHz	87,240	52,734
$f_{C,max}$ / kHz	90,820	93,75
B_{SC} / kHz	0,651	1,302
Bandbreite B / kHz	4,232	42,318
Datenrate / kbit/s	3,906	3,906
Modulationsart	D_t-2-PSK	64-FSK

Tabelle 8.1 Gegenüberstellung von K_0 und K_{FSK}. $f_{C,min}$ und $f_{C,max}$ sind die Mittenfrequenzen des OFDM-Subträgers mit der niedrigsten bzw. höchsten Frequenz bzw. die Mittenfrequenzen der FSK-Signalformen mit niedrigster bzw. höchster Frequenz.

Nimmt man, wie für die Berechnung der Bitenergien der verschiedenen OFDM-Parameterkonfigurationen in Tabelle 7.7 auch, eine Maximalamplitude von $\hat{s} = 5\,\mathrm{V}$ an, so erhält man die in Tabelle 8.2 aufgelisteten Werte für die Bitenergie E_b.

Mit Hilfe der jeweiligen Bitenergie aus Tabelle 8.2 lassen sich die Bitfehlerwahrscheinlichkeiten für K_0 und K_{FSK} für AWGN berechnen und vergleichen. Die Bitfehlerwahrscheinlichkeiten ergeben sich für die zu N_0 angenommene Störleistungsdichte aus Gleichung 5.61 für D-2-PSK und aus Gleichung 8.18 für M-FSK. Um zu untersuchen, wie sich die unter-

	K_0	K_{FSK}
E_b in dBV^{2}s	$-36{,}09$	-25

Tabelle 8.2 Mittlere Bitenergie je auf einem Subträger übertragenem Symbol K_0 und mittlere Bitenergie für K_{FSK}.

schiedlichen Bitfehlerraten für die verschiedenen Bitenergien verhalten, wird die Störleistungsdichte für AWGN$_A$ zugrunde gelegt.

Die mit Hilfe des Simulationsmodells in Abschnitt 7.3 ermittelte Bitfehlerrate für K_0 wurde bereits ausführlich in Unterabschnitt 7.6.3 diskutiert. Unter Nutzung des Zusammenhangs in Gleichung 7.6 und der Bitenergie in Tabelle 8.2 kann die zugehörige Bitfehlerwahrscheinlichkeit für D-2-PSK in Abhängigkeit von a_{dB} durch numerische Auswertung von Gleichung 5.61 berechnet werden.

Die Verläufe der Bitfehlerwahrscheinlichkeit für Frequenzumtastung mit $M \in \{8,16,32,64\}$ können dann mit dem Verlauf der Bitfehlerwahrscheinlichkeit für D-2-PSK verglichen werden. Die Bitfehlerwahrscheinlichkeiten für Frequenzumtastung werden durch numerische Auswertung von Gleichung 8.18 bestimmt. Abbildung 8.1 zeigt die Verläufe der jeweiligen Bitfehlerwahrscheinlichkeiten sowie der simulierten Bitfehlerrate. Für $M > 32$ ist die Auswertung von Gleichung 8.18 für niedrige Werte von $\frac{E_b}{N_0}$ numerisch instabil, weshalb der Verlauf der Bitfehlerwahrscheinlichkeit für $M = 64$ und somit für K_{FSK} nur teilweise dargestellt ist.

Abbildung 8.1 veranschaulicht den deutlichen Unterschied der Bitfehlerwahrscheinlichkeiten für die Datenübertragung mittels OFDM und mittels FSK unter identischen Bedingungen, das heißt unter dem Einfluss desselben Störszenarios. Die Verläufe der Bitfehlerwahrscheinlichkeiten zeigen für AWGN den folgenden Zusammenhang: Bei einer festen Maximalamplitude der jeweiligen Sendesignale ist bei einer bestimmten Signaldämpfung die Bitfehlerwahrscheinlichkeit unter Verwendung von inkohärenter Frequenzumtastung geringer als unter Verwendung von OFDM mit D-2-PSK. Dies gilt für alle betrachteten Werte für M, wobei sich die Bitfehlerwahrscheinlichkeit mit zunehmendem M weiter verringert.

Aufgrund der um ca. 8 dB höheren Symbolenergie wird also mit K_{FSK} bei gleicher Datenrate unter AWGN eine wesentlich höhere Zuverlässigkeit erreicht als mit K_0.

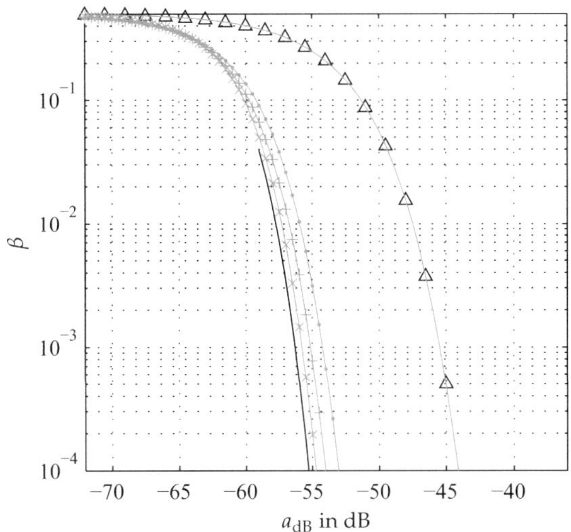

Abbildung 8.1 Bitfehlerrate für K_0 ($\triangle$), analytisch bestimmte Bitfehlerwahrscheinlichkeit für K_0 (—) und analytisch bestimmte Bitfehlerwahrscheinlichkeiten für M-FSK mit $M = 8$ (–··–), $M = 16$ (–+–), $M = 32$ (–×–) und $M = 64$ (—) unter Einfluss von $\mathrm{AWGN_A}$.

Wie in den vorherigen Abschnitten festgestellt, unterscheiden sich die Eigenschaften der PLC-Störszenarien grundlegend von den Eigenschaften des AWGN-Kanals. In welchem Maße sich die Steigerung der Symbolenergie durch die Verwendung von Frequenzumtastung anstelle von OFDM auch unter dem Einfluss von PLC-Störszenarien in einer Verringerung der Bitfehlerrate niederschlägt, müssen weiterführende Untersuchungen zeigen.

Für reale PLC-Systeme gelten die folgenden Randbedingungen

- Leistungsbegrenzung des Sendesignals

- Hohe Signaldämpfung durch den Übertragungskanal

- Im Verhältnis zur Signalleistungsdichte hohe, zeit- und frequenzvariante Störleistungsdichte des PLC-Kanals

Die für AWGN angestellten Betrachtungen lassen die Schlussfolgerung zu, dass auch unter durch reale PLC-Übertragungskanäle gestellte Bedingungen, bei Verwendung von K_{FSK} anstelle von K_0 eine deutliche Verringerung der Bitfehlerrate erreicht werden kann. Die gezeigten Zusammenhänge stellen damit eine deutliche Steigerung der Zuverlässigkeit in Aussicht.

9 Zusammenfassung

Smart Grids umfassen Dienste zur messtechnischen Erfassung des Energieverbrauchs sowie zur Steuerung von Energieerzeugung und Energieverbrauch. Grundlage für die Realisierung solcher Dienste ist der – im besten Falle bidirektionale – Informationsaustausch zwischen oftmals örtlich voneinander getrennten Energieverbrauchern und Einrichtungen zur Energieerzeugung. Der erste Schritt zur Realisierung intelligenter Energieversorgungsnetze ist die Verbrauchsdatenerfassung im Rahmen des sogenannten Smart Metering beziehungsweise Automated Meter Reading. Die dafür benötigte Kommunikations-Infrastruktur soll möglichst ökonomisch realisiert werden, weshalb in diesem Zusammenhang besonders an die Powerline-Kommunikation hohe Erwartungen gestellt werden.

Es existieren verschiedene Ansätze zur technischen Umsetzung der Kommunikation über das Energieverteilnetz, die jedoch erst nach und nach im Rahmen von Feldversuchen auf ihre Praxistauglichkeit im großflächigen Einsatz hin untersucht werden. Für Entscheidungsträger stellt sich daher im Rahmen einer strategischen Positionierung derzeit häufig die Frage, inwiefern Angaben zur Leistungsfähigkeit solcher PLC-Kommunikationssysteme tatsächlich zutreffen.

In der vorliegenden Arbeit werden Zusammenhänge beleuchtet, die eine bessere Einschätzung der Zuverlässigkeit von PLC-Übertragungssystemen im Frequenzbereich nach EN 50065 ermöglichen.

Darstellung der Vorgehensweise und der Ergebnisse

Im Anschluss an Ausführungen zu möglichen Anwendungen für PLC-Kommunikationssysteme in Energieverteilnetzen werden in Kapitel 2 aktuell verfügbare Übertragungstechnologien beschrieben und hinsichtlich ihrer nominellen Kenngrößen analysiert.

Darauf folgt in Kapitel 3 eine Analyse der Eigenschaften des PLC-Übertragungskanals anhand von Messungen im Niederspannungsnetz, die mit einem eigens entwickelten Analyseverfahren in Kapitel 4 ausgewertet werden. Diese Analyse liefert zum einen Erkenntnisse darüber, inwiefern sich der PLC-Kanal vom Modell des AWGN-Kanals unterscheidet. Zum anderen werden die Eigenschaften der Störszenarien mit gleichzeitigem Bezug zu zeitlichen und spektralen Kenngrößen quantifiziert.

Eigenschaften des PLC-Übertragungskanals

Die Betrachtungen in Kapitel 3 zeigen, dass die stochastischen Eigenschaften der additiven Störungen des PLC-Übertragungskanals im Vergleich zum Modell des AWGN-Kanals signifikante Unterschiede aufweisen.

- Die betrachteten PLC-Störszenarien enthalten ausgeprägt periodische Signalanteile, deren Periodendauer überwiegend bei 10 ms liegt. Die stochastischen Eigenschaften des PLC-Übertragungskanals lassen sich abschnittsweise durch einen zyklostationären Prozess beschreiben.

- Das Leistungsdichtespektrum des PLC-Störszenarios ist neben der Zeitabhängigkeit stark frequenzvariant, und es kommen schmalbandige Störsignale hoher Leistungsdichte vor. Bei Betrachtung der Leistungsdichte über der Zeit weist das Störszenario charakteristische, periodisch wiederholte Muster auf.

Diese Erkenntnisse sind für den Frequenzbereich zwischen 20 und 500 kHz gültig, wobei das Leistungsdichtespektrum der Störsignale mit zunehmender Frequenz abnimmt.

Auswirkungen der Eigenschaften des PLC-Übertragungskanals auf die Zuverlässigkeit der Datenübertragung

Die aktuellen technologischen Entwicklungen setzen auf Mehrträgermodulationsverfahren, um die Datenrate gegenüber älteren Übertragungstechnologien zu steigern. Daher werden die Auswirkungen der Eigenschaften des PLC-Übertragungskanals auf Mehrträgermodulationsverfahren untersucht. Exemplarisch werden Orthogonal Frequency Division Multiplexing (OFDM) wegen seiner weitläufigen Verbreitung und die Wavelet-Packet-Modulation (WPM) als bislang kaum genutzte Alternative zu OFDM betrachtet. In Anlehnung an einen bereits existierenden Systementwurf für OFDM wird eine Systemkonfiguration für WPM so entworfen, dass die Eigenschaften der Übertragungssignale der jeweiligen Systemkonfigurationen vergleichbar sind. Anhand einer vergleichenden Untersuchung wird gezeigt, dass die Wavelet-Packet-Modulation keine höhere Störresistenz gegenüber PLC-Störszenarien aufweist als OFDM und darüber hinaus auch keine weiteren Vorteile erkennen lässt.

Analyse und Vergleich der Zuverlässigkeit von Mehrträgermodulationsverfahren

Grundlage für die Untersuchungen ist das in Abschnitt 7.3 vorgestellte und eigens entwickelte Simulationsmodell, das auf Grundlage gemessener Störszenarien reproduzierbar und realitätsnah die Analyse verschiedener Modulationsverfahren, Modulationsarten und verschiedener Verfahren zur Rahmendetektion ermöglicht. Aus diesen Analysen ergeben sich die folgenden Ergebnisse:

- Wird OFDM verwendet, so bietet eine frequenzdifferentielle Phasenmodulation bei hohen Signaldämpfungen geringfügige Vorteile gegenüber zeitdifferentieller Phasenmodulation.

- Bei Verwendung von OFDM liegt die Bitfehlerrate sowohl bei frequenzdifferentieller als auch bei zeitdifferentieller Phasenmodulation für D-4-PSK weit über der für D-2-PSK. Eine zweiwertige Phasenmodulation ist daher höherwertigen Modulationsarten vorzuziehen.

- Sowohl WPM als auch OFDM weisen im direkten Vergleich je nach Eigenschaften des PLC-Störszenarios Vor- und Nachteile auf, eine eindeutige Entscheidung zugunsten eines der Verfahren kann nicht getroffen werden.

- Unter dem Einfluss von Impulsstörern erweist sich eine kürzere Subsymbol- bzw. Symboldauer als vorteilhaft.

- Sofern die Signalenergie gegenüber schmalbandigen Störungen groß genug ist, ist eine größere Bandbreite der Subträger bzw. -kanäle vorteilhaft.

- Allgemein werden bei hoher Signaldämpfung Bitfehler hauptsächlich durch Impulsstörer verursacht. Bei niedriger Signaldämpfung resultieren Bitfehler überwiegend aus schmalbandigen Störungen.

Zuverlässigkeit der Datenübertragung eines realen OFDM-Kommunikationssystems

Mit Hilfe eines eigens entworfenen integrierten Datenübertragungs- und Signalerfassungssystems werden Daten über ein reales Niederspannungsnetz übertragen. Die Analyse der aufgetretenen Bitfehler und der jeweiligen Störszenarien liefert die folgenden Erkenntnisse:

- Betrachtet über der Folge von OFDM-Symbolen und Subträgern ergeben sich charakteristische Häufungen von Bitfehlern. Diese Häufungen sind eindeutig auf die charakteristischen Eigenschaften des PLC-Störszenarios zurückzuführen.

- Mit den verwendeten OFDM-Systemparametern liegen die beobachteten Bitfehlerraten überwiegend in der Größenordnung 10^{-2}. Der Anteil nicht detektierter Datenrahmen liegt in vergleichbarer Größenordnung.

Die Betrachtungen zeigen, dass Mehrträger-Übertragungssysteme mit diesen oder vergleichbaren Systemparametern in Bezug auf die Robustheit deutliche Schwächen aufweisen. Dies liefert Hinweise darauf, dass Mehrträger-Übertragungssysteme für den flächendeckenden Einsatz in Smart Grids ungeeignet sind.

Daraus ergibt sich die Notwendigkeit, Auswahlkriterien für Modulationsverfahren bzw. Modulationsarten zu finden, die eine zuverlässige Datenübertragung im Frequenzband von 9 bis 95 kHz bei möglichst hoher Datenrate erlauben.

Entwurfskriterien zur Steigerung der Zuverlässigkeit

Die Untersuchung der Kanalkapazität, näherungsweise formuliert mit OFDM-Systemparametern und mit Parametern, welche die Eigenschaften des PLC-Übertragungskanals beschreiben, liefert folgende Erkenntnisse:

- Ist das Leistungsdichtespektrum des Störsignals groß im Vergleich zum Leistungsdichtespektrum des Sendesignals, wird die Kanalkapazität bei geringer Anzahl an OFDM-Subträgern maximal.

- Ist das Leistungsdichtespektrum des Störsignals sehr niedrig im Vergleich zum Leistungsdichtespektrum des Sendesignals, kann die Kanalkapazität mit einer zunehmenden Anzahl an Subträgern maximiert werden.

- Allgemein nimmt die Kanalkapazität mit abnehmender OFDM-Symboldauer zu.

Für reale PLC-Übertragungskanäle ist die Leistungsdichte des Störsignals groß im Vergleich zum Leistungsdichtespektrum des Sendesignals, weshalb die Anzahl an OFDM-Subträgern so niedrig wie möglich zu wählen ist.

Eine Untersuchung verschieden gewählter OFDM-Symboldauern und Subträger-Anzahlen ergibt, dass die Bitfehlerraten für die untersuchten PLC-Störszenarien nicht nennenswert gesenkt werden können.

Die verallgemeinerte Herleitung des Signal-Stör-Verhältnisses am Ausgang eines Matched Filters führt zur Formulierung der Parameterwahl von Modulationsverfahren als Optimierungsproblem. Eine abschließende qualitative Abschätzung dieses allgemein formulierten Signal-Stör-Verhältnisses zeigt, dass sich die mehrstufige Frequenzumtastung (*M*-FSK) im Hinblick auf eine Steigerung der Zuverlässigkeit bei vergleichsweise hoher Datenrate als vielversprechende Alternative zu OFDM erweist.

Fazit und Ausblick

Mit der Verwendung von OFDM für die Datenübertragung über Niederspannungsnetze im Frequenzbereich nach EN 50065 sind oftmals Erwartungen an eine Steigerung der Datenrate gegenüber PLC-Kommunikationssystemen gemäß IEC 61334-5-1 verknüpft. Im Rahmen dieser Arbeit wurden Untersuchungen zu den Eigenschaften des PLC-Übertragungskanals und zum Einsatz von Mehrträgermodulationsverfahren unter den durch PLC-Übertragungskanäle gegebenen Rahmenbedingungen angestellt. Die Ergebnisse dieser Untersuchungen führen zu der Schlussfolgerung, dass Erwartungen an eine Steigerung der nutzbaren Datenrate durch Verwendung von OFDM kaum zu erfüllen sind.

Bei der Planung und Auslegung künftiger Dienste und Anwendungen für Smart Grids ist diese Tatsache einzubeziehen, wenn die Powerline-Kommunikation wesentlicher Bestandteil der Kommunikations-Infrastruktur sein soll.

Gleichzeitig zeigen die Ergebnisse der umfangreichen Analysen, dass mehrstufiges Frequency Shift Keying (*M*-FSK) eine vielversprechende Alternative zu Mehrträgermodulationsverfahren darstellt. Nachdem im Rahmen der vorliegenden Arbeit die grundlegenden Zusammenhänge für PLC-Übertragungskanäle detailliert dargestellt und quantifiziert worden sind, sind nun allerdings geeignete Parameter für FSK-Übertragungssysteme systematisch auszuwählen und unter realen Bedingungen zu validieren. Die für die Parameterwahl erforderlichen Zusammenhänge sind ausführlich dargelegt worden. Um künftig das Potenzial der Powerline-Kommunikation für Anwendungen in Smart Grids vollständig erschließen zu können, sind somit weitere Forschungsarbeiten notwendig.

A Detaillierte Auswertung zur Analyse des Störszenarios

Die statistische Auswertung der Analyseergebnisse ergibt, wie in Abschnitt 4.2 beschrieben, eine makroskopische Struktur aus Abschnitten und Ereignissen.

Diese Struktur wird im Folgenden für jeden Mess-Ort zunächst tabellarisch aufgeführt. Aufbauend darauf werden anschließend die Statistiken der einzelnen Parameter sowie die betreffenden Zeitverläufe im Detail erläutert und in Grafiken visualisiert.

Da das Störszenario in den Bereichen $0 \leq t \leq \frac{T_{AC}}{2}$ und $\frac{T_{AC}}{2} \leq t \leq T_{AC}$ an allen betrachteten Mess-Orten identisches Verhalten aufweist, erfolgt die Beschreibung der jeweiligen Zusammenhänge immer nur für die erste Halbperiode. Diese Beschreibungen gelten analog für alle Bereiche in der zweiten Halbperiode, deren Grenzen man durch Addition von 10 ms zu den jeweils für die erste Halbperiode angegebenen Intervallgrenzen erhält.

A.1 Analyse des Störszenarios für Mess-Ort A

Tabelle A.1 zeigt die für Mess-Ort A identifizierten Abschnitte und Ereignisse. Auffällig sind drei im Abstand von jeweils etwa drei Stunden auftretende lokale Maxima des Verlaufes der mittleren Leistung je Netzperiode. Diese Maxima treten um 03:50 h (-34 dBV^2), 07:10 h (-33 dBV^2) und 10:20 h (ebenfalls 33 dBV^2) auf.

Abschnitt A1 Die in Abbildung A.1(a) dargestellten Maxima im gemittelten Verlauf der Störleistung über der Netzperiode liegen mit einer Leistung von -26 dBV^2 bei 9 ms. Bei 2 ms sowie zwischen 4 und 5 ms beträgt die Leistung etwa -38 dBV^2. Unmittelbar vor den Maxima steigt die Leistung auf etwa -40 dBV^2. Die Minima der Leistungsdichte liegen bei -42 dBV^2 und liegen jeweils am Ende einer Halbperiode.

Die mittlere Anzahl der Auftrittszeitpunkte von Impuls-Maxima über der Netzperiode in Abbildung A.1(b) spiegelt die Struktur der Leistungsverteilung wider. Die Maxima der Impulse treten über die Dauer des ge-

Bezeichnung und Index	Zeitraum (Uhrzeit) Beginn	Ende
Abschnitte		
A1	18:50	07:00
A2	07:10	12:00
A3	12:10	18:40
Ereignisse		
E1	18:50	19:20
E2	08:00	08:30
E3	14:20	15:10

Tabelle A.1 Mess-Ort A: Intervalle ähnlicher Störsignalleistung

samten Abschnitts hinweg gehäuft um 1 ms herum auf, außerdem bei 4,4 ms, 7,8 ms, 8,2 ms und 8,8 ms. In den Bereichen 2,2 bis 4,6 ms, 4,8 bis 5,4 ms und 6,2 bis 8,8 ms treten sie zudem sporadisch auf. Die Anzahl der Impulse ist mit durchschnittlich ca. 12 Impulsen je Netzperiode in diesem Abschnitt minimal.

Die Abbildung A.3(a) zu entnehmenden Impulsdauern sind im Bereich bis maximal 180 μs verteilt, wobei die am häufigsten auftretende Zeitdauer 60 μs beträgt. Im Gegensatz dazu zeigt die Verteilung der Maximalamplituden in Abbildung A.1(b) zu allen Zeitpunkten innerhalb des Abschnitts zwei lokale Maxima. Am häufigsten treten Maximalamplituden zwischen 30 und 80 mV auf. Des Weiteren treten Maximalamplituden in einem etwa 60 mV breiten Bereich auf, der sich zu Beginn des Abschnitts zwischen 380 und 440 mV befindet und dessen Grenzen sich mit der Zeit den Aussteuergrenzen des AD-Wandlers nähern. Ab 20:30 h werden diese Grenzen erreicht und möglicherweise überschritten, so dass, wie in Abbildung A.1(c) dargestellt, ab diesem Zeitpunkt auch Impulse mit Übersteuern auftreten. Diese treten periodisch zwischen 8,4 und 8,8 ms einer Netzperiode auf und besitzen Zeitdauern zwischen 30 und 160 μs. Durchschnittlich wird je Netzperiode mindestens ein solcher Impuls registriert, zeitweise sind es bis zu zwei.

Die mittlere Störleistung verhält sich innerhalb des Abschnitts in gleicher Weise wie die Maximalamplituden der Impulse, s. Abbildung A.2(a). Sie steigt von nahezu -37 dBV^2 zu Beginn bis auf -35 dBV^2 am Ende des Abschnitts.

Der Median der Leistungsdichtespektren von Impulsen ohne Übersteuern besitzt, wie aus Abbildung A.4(a) ersichtlich, verschiedene Verläufe, die von der Zugehörigkeit zu den beiden bezüglich der Maximalamplitude zu unterscheidenden Gruppen abhängt: Impulse mit Maximalamplituden zwischen 30 und 80 mV besitzen nennenswerte Spektralanteile bis ca. 200 kHz, wobei das Maximum mit -79 dBV^2/Hz bei 45 kHz liegt. In den Abschnitten, in denen Impulse mit größeren Maximalamplituden mit genügend großer Zeitdauer häufig auftreten, wirken diese sich dominant auf den Verlauf des dargestellten Medians der Spektren aus. Es zeigt sich, dass der Median des Leistungsdichtespektrums unter diesen Umständen nennenswerte Anteile durchaus bis über 500 kHz besitzt, wobei das Maximum (-64,5 dBV^2/Hz) bei 75 kHz liegt. Dieser Verlauf des Leistungsdichtespektrums tritt lediglich viermal auf. Des Weiteren sind Spektren zu beobachten, die neben ihrem Maximum bei 45 kHz ein weiteres lokales Maximum bei 100 kHz besitzen, deren wesentliche Spektralanteile jedoch lediglich ebenfalls bis etwa 200 kHz reichen.

Die Abbildung A.4(c) zu entnehmenden Leistungsdichten der Impulse, deren Amplituden die maximal möglichen Spannungswerte des AD-Wandlers erreichen, sind hauptsächlich im Frequenzbereich bis 185 kHz konzentriert mit maximal -64 dBV^2/Hz bei 78 kHz. Weitere Nebenmaxima finden sich bei 231 kHz (-97 dBV^2/Hz) und bei etwa 400 kHz.

Das Leistungsdichtespektrum der Hintergrundsegmente in Abbildung A.4(e) zeigt einen vergleichsweise homogenen Verlauf über der Zeit. Deutlich erkennbar ist anhand der äquidistanten Linien im Spektrum, dass auch in diesen Segmenten Signalkomponenten vorhanden sein müssen, deren Spektrum mit Anteilen bis 500 kHz breitbandig ist, die jedoch mit einer Wiederholrate von 10 kHz periodisch auftreten. Die Leistungsdichte dieser periodischen Anteile ist so hoch, dass sonstige Schmalbandstörer nur schwer lokalisierbar sind. Das Maximum des Leistungsdichtespektrums liegt bei 35 kHz, der wesentliche Teil der Leistungsdichte ist im Bereich bis 200 kHz konzentriert, wobei die periodischen Störungen eben durchaus noch bei höheren Frequenzen Spektralanteile besitzen.

Die in Abbildung A.3(b) gezeigten Verteilungen der Zeitdauern der Hintergrund-Segmente weisen eine deutlich erkennbare, wenn auch komplexe Struktur auf. Neben mehreren lokalen Maxima im Bereich bis 0,5 ms sind über den gesamten Abschnitt hinweg lokale Maxima der Verteilung in den Bereichen um 1,2 ms und 1,5 ms erkennbar. In der ersten Hälfte des Abschnitts treten des weiteren lokale Maxima um 6,2 ms und 6,6 ms, sowie in den Bereichen 2,7 bis 2,9 ms, 3,1 bis 3,3 ms und 3,5 bis

3,8 ms auf. Des weiteren sind drei lokale Maxima bei anfangs 0,6 ms, 1 ms und 2,2 ms zu erkennen, die im Laufe der Zeit ihren Wert ändern.

Abschnitt A2 Während die Zeitpunkte der Maxima des mittleren Verlaufs der Leistung über der Netzperiode gegenüber A1 unverändert bleiben, tritt mit ca. -34 dBV^2 ein zusätzliches lokales Maximum bei 5 ms auf. Insgesamt ist die Leistung zu allen Zeitpunkten innerhalb der Netzperiode höher als in A1. Der Verlauf der Leistung innerhalb einer Netzperiode nimmt zu Beginn und am Ende jeder Halbperiode Minima von -40 dBV^2 an.

Die Intervalle, in denen es bezüglich der mittleren Anzahl der Impulsmaxima je Zeitabschnitt der Netzperiode zu Häufungen kommt, entsprechen im Wesentlichen denen in A1. Allerdings treten im Bereich zwischen 3,8 und 4,4 ms mehr Impulsmaxima auf. Darüber hinaus sind in diesem Abschnitt Impulsmaxima über jeweils nahezu die gesamte Halbperiode verteilt, wobei sie am Anfang und Ende einer Halbperiode nur vereinzelt auftreten.

Die Anzahl der Impulse je Netzperiode nimmt im betrachteten Abschnitt auf bis zu 30 zu und verdoppelt bis verdreifacht sich damit gegenüber A1.

Die Verteilung der Maximalamplituden der Impulse verändert sich gegenüber dem vorherigen Abschnitt. Nach wie vor treten kleinere Maximalamplituden häufiger auf, sind jedoch nun überwiegend im Bereich zwischen 40 und 90 mV verteilt, wobei das lokale Maximum in dieser Gruppe bei 45 bis 50 mV liegt. Nach einem kurzzeitigen Einbruch zu Beginn dieses Abschnitts bewegt sich die Gruppe der größeren Maximalamplituden wieder in einem Wertebereich, der mit dem zu Beginn von A1 vergleichbar ist. Nach wie vor sind Impulse mit Maximalamplituden vorhanden, bei denen Übersteuern auftritt. Die Zeitdauern dieser Impulse befinden sich in einem gegenüber dem Wertebereich im vorherigen Abschnitt geringfügig verringerten Bereich mit einem Maximum bei 60 μs.

Die mittlere Leistung bewegt sich mit bis zu beinahe -34 dBV^2 auf geringfügig höherem Niveau als zum Ende des vorangegangenen Abschnitts.

Der Verlauf der mittleren Leistungsdichtespektren der Impulse ist dem in A1 ähnlich. Lediglich niedrige Frequenzen bis 20 kHz weisen im Vergleich zu A1 eine geringere Leistung auf. Der Verlauf der Leistungsdichtespektren der Impulse mit Übersteuern entspricht nahezu unverändert dem in A1.

Hingegen enthält das mittlere Leistungsdichtespektrum der Hintergrund-Segmente im Bereich 53 bis 130 kHz gegenüber A1 mehr Leistung. Neben dem Maximum bei 35 kHz existiert nun ein weiteres Maximum bei 55 kHz. Dabei treten die äquidistanten Linienspektren der periodisch wiederholten breitbandigen Signalanteile weniger deutlich hervor. Abgesehen davon ist der Verlauf des Leistungsdichtespektrums im Wesentlichen mit dem in A1 vergleichbar.

Die Zeitdauern der Hintergrundsegmente erreichen maximal 5,5 ms, wobei Zeitdauern kürzer als 0,5 ms am häufigsten auftreten. Erneut zeigen sich lokale Maxima, die ihren Wert über der Beobachtungszeit verändern.

Abschnitt A3 Der gemittelte Verlauf der Störleistung über der Netzperiode ähnelt im Wesentlichen dem in Abschnitt A2. Allerdings sind die Maxima bei 9 ms mit ca. -29 dBV^2 gegenüber denen aus A2 um bis zu 4 dB niedriger. Ebenso ist die Leistung im Bereich zwischen 4 bis 6 ms um ca. 1 dB verringert.

Die Impulsmaxima sind über die gleichen Bereiche verteilt wie in A2, zwischen 2 und 8 ms treten sie jedoch in höherer Dichte auf. Die Maximalamplituden der Impulse sind immer noch in zwei Gruppen unterteilt, wobei die kleineren Maximalamplituden zwischen 30 und 100 mV verteilt sind. Am häufigsten treten hierbei Werte zwischen 30 und 40 mV auf. Die Gruppe der größeren Maximalamplituden ist, wie in A1, über ca. 60 mV breite Amplitudenbereiche verteilt. Die Grenzen dieser Bereiche verschieben sich im Laufe der Beobachtungsdauer, größtenteils liegen sie jedoch um 400 mV. Die Maximalamplituden erreichen nicht mehr die Grenzen des Spannungsbereiches des AD-Wandlers. Somit treten keine Impulse mit Übersteuern auf.

Die mittlere Anzahl der Impulse je Netzperiode beträgt im Durchschnitt etwa 50 und ist damit in diesem Abschnitt am höchsten. Gleichwohl liegt die mittlere Leistung geringfügig unterhalb der aus A1.

Zu Beginn des Abschnitts entspricht der Verlauf des mittleren Leistungsdichtespektrums dem in A2. Ab 15:30h nimmt auch die Störleistung im Bereich bis 20 kHz wieder Werte an, die mit denen in A1 vergleichbar sind. Ebenso entspricht der Verlauf des mittleren Leistungsdichtespektrums der Hintergrund-Segmente dem in A2, bis ab 15:30h die Leistungsdichte im Bereich zwischen 105 und 130 kHz gegenüber der in A2 um etwa 5 dB abnimmt. Erhalten bleibt dabei jedoch eine schmalbandige Störung zwischen 126 und 127 kHz.

Die Zeitdauern der Hintergrund-Segmente erreichen maximal Werte von 3,7 ms, in Ausnahmefällen und insbesondere gegen Ende des Abschnitts auch darüber. Am häufigsten treten Zeitdauern von unter 0,8 ms auf. Ein durchgängig vorhandenes lokales Maximum befindet sich bei 1,5 ms. Weitere lokale Maxima sind zu Beginn des Abschnitts bei 1,2 ms und 2,4 ms zu finden. Sie verändern ihren Wert im Laufe der Beobachtungszeit, der Abstand zwischen diesen Maxima bezüglich der Zeitdauern bleibt dabei aber erhalten.

Ereignisse E1 und E3 Die Ereignisse E1 und E3 weisen über der Beobachtungszeit einen ähnlichen Verlauf auf: Jeweils zu Beginn und am Ende ist die mittlere Signalleistung je Netzperiode stark erhöht, am Ende von E1 wird sogar mit -32,5 dBV^2 der maximale Wert erreicht. Diese Maxima sind auf das vermehrte Auftreten von Impulsen zurückzuführen. Dabei sind die Auftrittszeitpunkte der Maxima über die gesamte Netzperiode verteilt. Die Leistungsdichte über der Netzperiode zeigt zusätzliche Maxima jeweils ab der Mitte einer Halbperiode. Sowohl Impulsdauern als auch die Maximalamplituden der Impulse nehmen größere Werte an. Allerdings sind die Werte der Impulse mit größeren Maximalamplituden deutlich unter den Amplitudengrenzen des AD-Wandlers, sodass kein Übersteuern auftritt. Die Leistungsdichten der Impulse zeigen ähnliche Verläufe wie in A1 und A2 für die Gruppe der kleinen Maximalamplituden, die Leistungsdicht der Hintergrund-Segmente ist eher auf den Bereich unterhalb von 100 kHz konzentriert.

In den Zeiträumen zwischen den lokalen Maxima der mittleren Leistung ist genau das Gegenteil zu beobachten. Die mittlere Leistung sinkt auf geringere Werte ab, als dies im betreffenden Abschnitt (A1 bzw. A3) ansonsten der Fall ist. In E1 wird das Minimum der mittleren Leistung erreicht, das bei unter -39 dBV^2 liegt. In den Zeiträumen zwischen den lokalen Maxima innerhalb von E1 und E2 werden mehr Impulse gezählt, als dies sonst im betreffenden Abschnitt der Fall wäre. Diese sind ebenfalls über die gesamte Netzperiode verteilt. Die Maximalamplituden bewegen sich, was die Gruppe mit niedrigeren Maximalamplituden anbelangt, in einem ähnlichen Wertebereich wie im gesamten betreffenden Abschnitt. Die Maximalamplituden der Gruppe mit höheren Maximalamplituden bewegen sich etwa in der Mitte des Aussteuerungsbereichs des AD-Wandlers, es tritt kein Übersteuern auf. Die Zeitdauern der Impulse sind zu niedrigeren Zeitdauern unter 90 μs hin konzentriert. Die Leistungsdichtespektren der Impulse zeigen keine nennenswerten Abweichungen von denen zu Beginn von A1. Das Spektrum der Hintergrund-Segmente stimmt im Wesentlichen ebenfalls mit dem Verlauf der Spektren im benachbarten Segment überein. Während die Zeitdauern der Hintergrund-Segmente in E1 noch Werte bis maximal 2,5 ms erreichen, treten in E3 hauptsächlich Zeitdauern von unter 1,5 ms auf.

Ereignis E2 In E2 ist das ansonsten bei 9 bzw. 19 ms auftretende Maximum der Leistungsdichte über der Netzperiode jeweils auf das Ende der betreffenden Halbperiode verzögert. Auch in E2 bricht die mittlere Leistung gegenüber den angrenzenden Abschnitten ein, erreicht jedoch nicht ganz so niedrige Werte wie in E1 und E3. Dennoch ist die mittlere Anzahl der Impulse je Netzperiode vergleichsweise hoch. Die Maxima der Impulse sind wie zu Beginn von A3 auf die gesamte Netzperiode verteilt. Die Gruppe der Maximalamplituden mit den größeren Werten ist deutlich niedriger als in den angrenzenden Abschnitten. Gleiches gilt für die Zeitdauern der Impulse. Auch ist die maximale Zeitdauer der Hintergrund-Segmente mit unter 2,5 ms und einer hohen Häufigkeit von Werten unter 1 ms niedriger.

Auffällig sind die bereits eingangs erwähnten lokalen Maxima der mittleren Leistung je Mess-Intervall, die durch ein sprunghaftes Ansteigen der Anzahl von Impulsen je Netzperiode, eine weitläufigere Verteilung der Impulsmaxima über der Netzperiode und höheren Zeitdauern sowie Maximalamplituden gekennzeichnet sind.

Von den in Tabelle 3.2 aufgeführten Langwellen-Sendern sind in den Spektren der Hintergrund-Segmente am deutlichsten die in Tabelle A.2 aufgelisteten Sender zu identifizieren.

Mittenfrequenz (kHz)	Leistungsdichte $(\mathrm{dBV^2/Hz})$
153	-108,6
183	-113,7
207	-114,5
216	-115,2
234	-107,3
252	-115,2
576	-121,6

Tabelle A.2 Langwellensender in den Spektren der Hintergrund-Segmente – Mess-Ort A

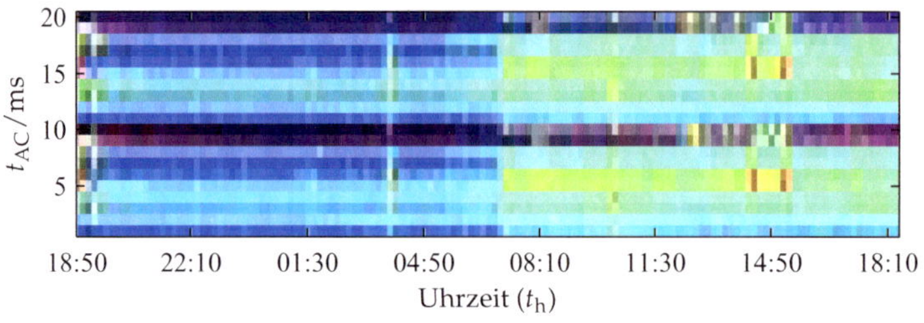

(a) Mittlere Leistung $\overline{P}^t(m,t_h)$; Wertebereich: -46 ... -26 dBV^2

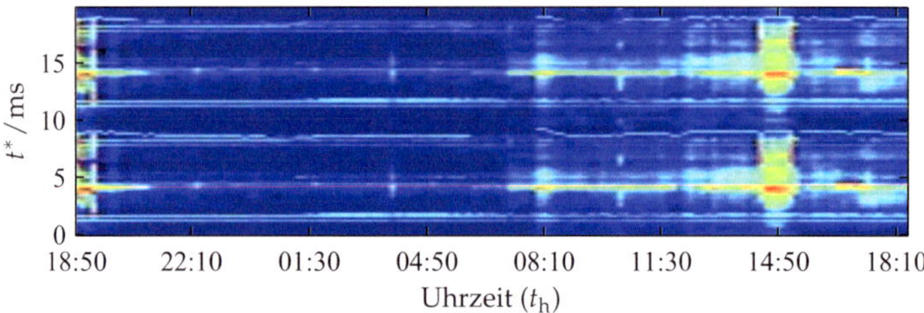

(b) Häufigkeitsverteilung $\overline{H}^a_{\hat{t}_{k_i}\text{Imp}}(t_h,t^*)$; Wertebereich: 0 ... 3,4

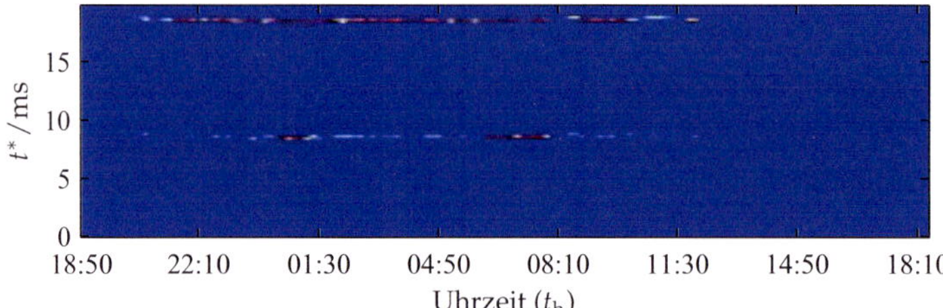

(c) Häufigkeitsverteilung $\overline{H}^a_{\hat{t}_{k_i}\text{Imp}}(t_h,t^*)$; Wertebereich: 0 ... 1

Abbildung A.1   Mess-Ort A: Mittlere Störleistung über der Netzperiode und Auftrittszeitpunkte der Impuls-Maxima.

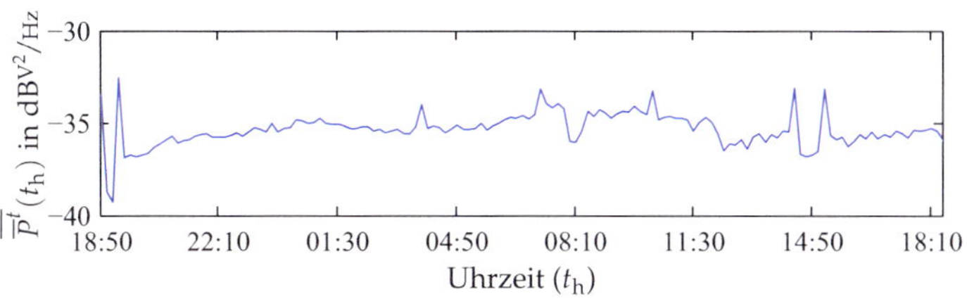

(a) Mittlere Störleistung je Mess-Intervall

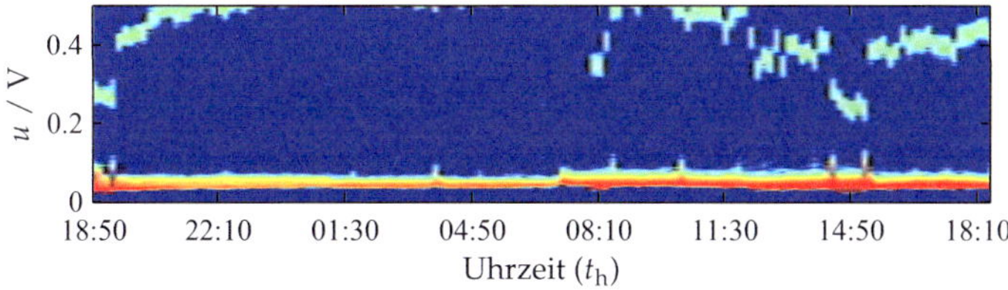

(b) Häufigkeitsverteilung $\log \mathrm{H}^{\mathrm{a}}_{\hat{n}_{k_i}^{\mathrm{Imp}}}(t_\mathrm{h},u)$; Wertebereich: $0\ldots3{,}5$

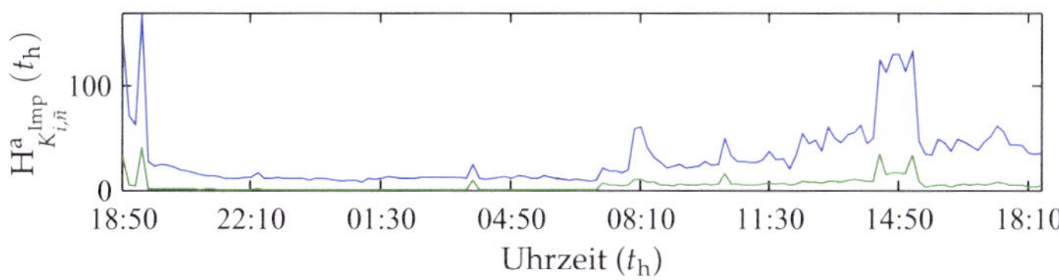

(c) Impulsanzahl $\mathrm{H}^{\mathrm{a}}_{K_{i,\bar{n}}^{\mathrm{Imp}}}(t_\mathrm{h})$ für $T_{k_i}^{\mathrm{Imp}} < T_{\min}$ (—) und $T^{\mathrm{Imp}} \geq T_{\min}$ (—)

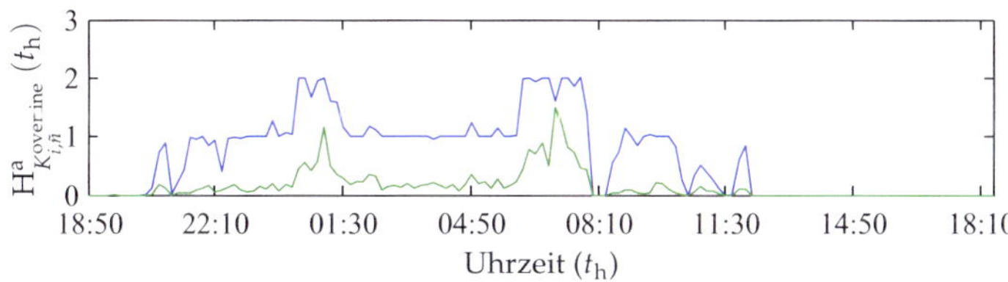

(d) Impulsanzahl $\mathrm{H}^{\mathrm{a}}_{K_{i,\bar{n}}^{\mathrm{Imp}}}(t_\mathrm{h})$ für $T_{k_i}^{\mathrm{Imp}} < T_{\min}$ (—) und $T^{\mathrm{Imp}} \geq T_{\min}$ (—)

Abbildung A.2 Mess-Ort A: Mittlere Störleistung, absolute Häufigkeit der Maximalamplituden von Impulsen sowie mittlere Anzahl detektierter Impulse je Netzperiode.

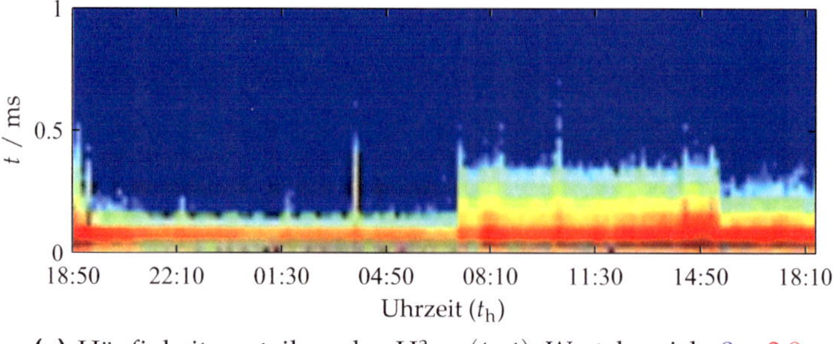

(a) Häufigkeitsverteilung $\log \mathrm{H}^{\mathrm{a}}_{T^{\mathrm{Imp}}_{k_i}}(t_{\mathrm{h}},t)$; Wertebereich: $0\ldots 3{,}9$

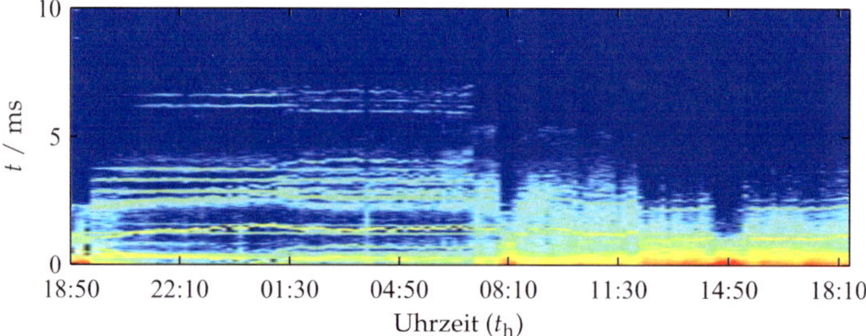

(b) Häufigkeitsverteilung $\log \mathrm{H}^{\mathrm{a}}_{T^{\mathrm{BGN}}_{k_i}}(t_{\mathrm{h}})$; Wertebereich: $0\ldots 3{,}95$

Abbildung A.3   Mess-Ort A: Zeit- und amplitudenbezogene Parameter.

A.2 Analyse des Störszenarios für Mess-Ort B

Auch bei dieser Messreihe korrespondiert der gemittelte Verlauf der mittleren Leistungsdichte für beide Halbperioden mit der durchschnittlichen Anzahl an Auftrittszeitpunkten von Impulsmaxima bezüglich der Netzperiode. Zusammen mit der über die Mess-Intervalle gemittelten Störsignalleistung ergibt sich damit die in Tabelle A.3 beschriebene Einteilung in Zeitabschnitte.

Abschnitt A1   Abbildung A.5(a) zeigt den mittleren Verlauf der Störleistung über der Netzperiode. Dieser besitzt lokale Maxima bei 1,4 und 8 ms mit -35 dBV^2. Ein größeres lokales Maximum mit -32 dBV^2 befindet sich bei 9 ms. Die Leistung fällt auf minimal -41 dBV^2 bei 6 ms ab.

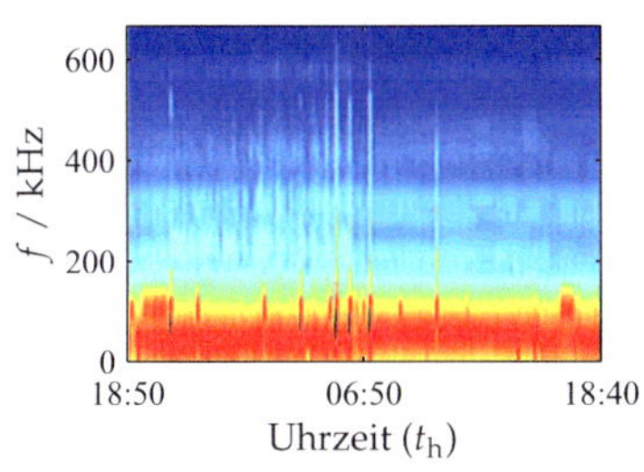

(a) Spektren $\widetilde{N}^{\mathrm{Imp}}(f,t_\mathrm{h})$; Wertebereich: -146,37 ... -64,5 dBV^2/Hz

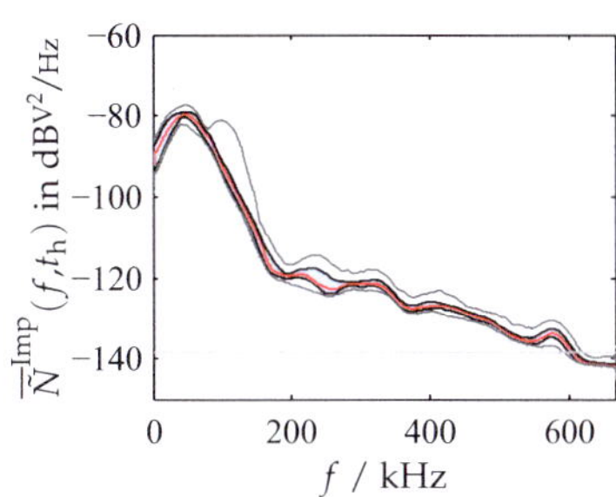

(b) Statistik der mittleren Spektren der Impulse ohne Übersteuern

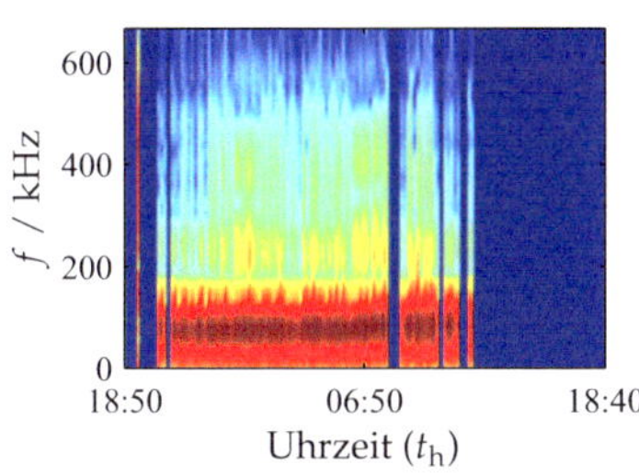

(c) Spektren $\overline{\overline{N}}^{\mathrm{Imp}}(f,t_\mathrm{h})$; Wertebereich: -142,6 ... -62 dBV^2/Hz

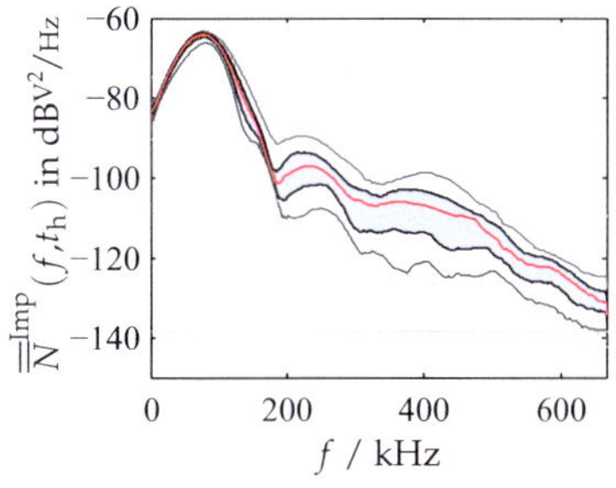

(d) Statistik der mittleren Spektren der Impulse mit Übersteuern

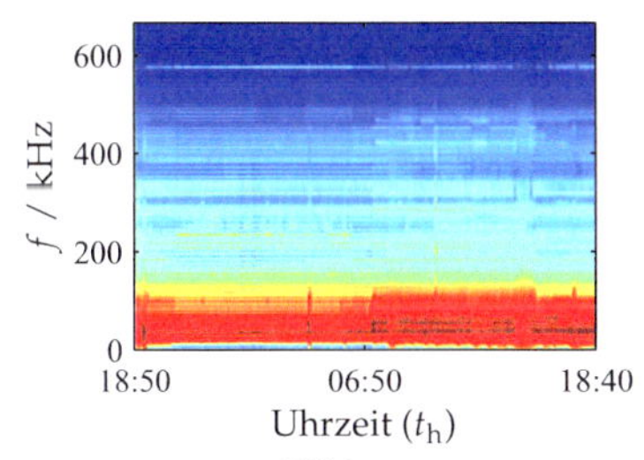

(e) Spektren $\widetilde{N}^{\mathrm{BGN}}(f,t_\mathrm{h})$; Wertebereich: -151,2 ... -85,6 dBV^2/Hz

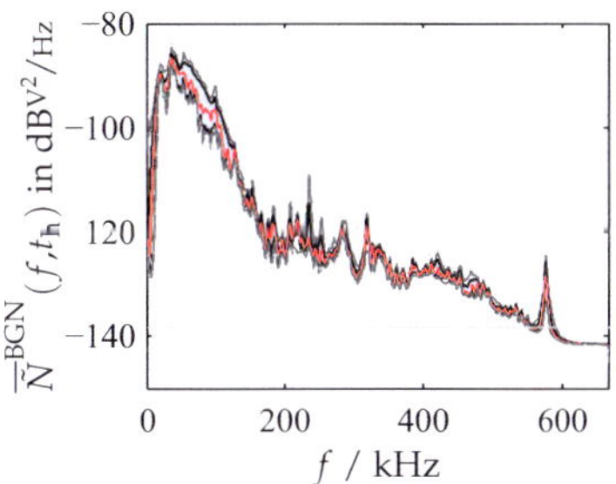

(f) Statistik der mittleren Spektren der Hintergrundstörung

Abbildung A.4 Mess-Ort A: Mittlere Leistungsdichtespektren der Impuls- und Hintergrund-Segmente.

Bezeichnung und Index	Zeitraum (Uhrzeit) Beginn	Ende
Abschnitte		
A1	18:50	19:20
A2	19:30	08:10
A3	08:20	18:40
Ereignisse		
E1	06:10	07:00
E2	10:50	11:00
E3	11:30	12:30
E4	15:10	15:40
E5	16:20	

Tabelle A.3 Mess-Ort B: Intervalle ähnlicher Leistungsverteilung über der Netzperiode

Impulsmaxima treten, wie Abbildung A.5(b) zeigt, nahezu über die gesamte Netzperiode hinweg auf, lediglich zu Beginn und Ende einer Halbperiode treten für 0,2 bzw. 0,4 ms keine Impulsmaxima auf. Häufungen finden sich im Bereich zwischen 0,8 und 4,2 ms in mehreren voneinander abgesetzten lokalen Maxima sowie zwischen 6,5 und 7,8 ms. Die aus Abbildung A.6(c) ersichtliche mittlere Anzahl der Impulse je Netzperiode ist in diesem Abschnitt mit 191 maximal.

In diesem Abschnitt nimmt die in Abbildung A.6(a) dargestellte mittlere Leistung ihren minimalen Wert an und liegt bei durchschnittlich -36 dBV^2.

Wie aus Abbildung A.6(b) hervorgeht, erreichen die Maximalamplituden – von Ausreißern abgesehen – maximal 120 mV, wobei sie zum überwiegenden Anteil auf einen Bereich zwischen 17 und 76 mV konzentriert sind. Dabei erreichen die Zeitdauern der Impulse maximal 0,5 ms, am häufigsten treten Zeitdauern von 30-90 μs auf (Abbildung A.7(a)).

Die mittlere spektrale Leistungsdichte der Impulse, dargestellt in Abbildung A.8(a), ist im Wesentlichen im Bereich bis 120 kHz konzentriert mit einem Maximum von -79,5 dBV^2/Hz bei 37 kHz.

Das mittlere Leistungsdichtespektrum der Hintergrund-Segmente in Abbildung A.8(e) besitzt hauptsächlich Anteile im Frequenzband 5-105 kHz, mit einem Maximum von -89 dBV^2/Hz bei 45 kHz. Neben periodischen Signalanteilen geringer Leistung mit 15 kHz Wiederholrate und wesentlichen Spektralanteilen bis ca. 200 kHz zeigen sich Schmalbandstörer bei 153, 410, 433 und 576 kHz.

Die Zeitdauern der Hintergrund-Segmente sind in Abbildung A.7(b) dargestellt und erreichen maximal 2,3 ms. Dabei treten am häufigsten Werte im Bereich unter 50 μs auf. Zusätzlich sind Häufungen bei 225, 400 und 680 μs zu erkennen.

Abschnitt A2 Der gemittelte Verlauf der Störsignalleistung über der Netzperiode erreicht lokale Maxima von etwa -31 dBV^2 bei 4 und 8 ms. Jeweils am Ende einer Halbperiode befinden sich Minima, deren Zeitdauer sich im Laufe der Beobachtungszeit ändert. In den Bereichen zwischen 5 und 6 ms, die in A1 jeweils eher geringe Leistung enthalten, treten nun in unregelmäßigen Abständen hohe Werte mit bis zu -25 dBV^2 auf.

Die Impulsmaxima sind weiterhin in den bereits für A1 beschriebenen Abschnitten konzentriert. Zusätzlich treten sporadisch Häufungen in der ersten Halbperiode zwischen 4,2 und 6,5 ms auf. Die Zeitabschnitte am Ende einer Halbperiode, welche keine oder wenige Impulsmaxima enthalten, nehmen in der Zeitdauer zur Mitte des Abschnitts A2 hin zu und gegen Ende wieder ab, sind jedoch meistens länger als in A1. Konstant bleibt allerdings die impulsfreie Zeitdauer zu Beginn einer Halbperiode. Deutlicher als in A1 sind in diesem Abschnitt klar voneinander abgesetzte Häufungen von Impuls-Maxima in den Bereichen 1,4 bis 4,2 ms und 6,6 bis 9 ms zu erkennen. Diese Häufungen entsprechen den Bereichen, in denen auch der mittlere Verlauf der Leistung über der Netzperiode höhere Werte (im Vergleich zu anderen Zeitabschnitten innerhalb der Netzperiode) annimmt.

Die Anzahl der Impulse nimmt von durchschnittlich ca. 143 je Netzperiode zu Beginn und Ende des Abschnitts auf rund 90 zur Mitte des Abschnitts hin ab.

Im Gegensatz dazu nimmt die Anzahl der Impulse, deren Maximalamplituden die Aussteuergrenzen des AD-Wandlers tatsächlich erreichen und möglicherweise überschreiten, zur Mitte des Abschnitts hin zu. Die Auftrittszeitpunkte ihrer Maxima liegen, ebenso wie die sporadisch auftretenden Leistungssprünge, in den Bereichen zwischen 4,5 und 6,5 ms einer Netzperiode. In der zweiten Halbperiode treten derartige Maxima geringfügig häufiger auf.

Die Zeitdauern der Impuls-Segmente reichen in diesem Abschnitt bis hin zu 2,2 ms. Zeitdauern unter 0,5 ms treten am häufigsten auf, größere Zeitdauern sind gleichmäßig im Intervall 0,5 - 2,2 ms verteilt.

Die Verteilung der Maximalamplituden zeigt ein ähnliches Verhalten: Die am häufigsten auftretenden Maximalamplituden liegen im Bereich 13 - 114 mV mit einem Maximum bei 33 mV. Größere Amplitudenwerte bis hin zu den Aussteuergrenzen des AD-Wandlers sind gleichmäßig im Bereich 115 - 250 mV verteilt.

Die mittlere Leistung beträgt durchschnittlich etwa -33,5 dBV^2. Bedingt durch die sporadisch auftretenden Leistungssprünge ergeben sich Schwankungen um $\pm$ 2 dBV^2.

Das mittlere Leistungsdichtespektrum der Impulse mit Amplituden unterhalb der Aussteuergrenzen des AD-Wandlers reicht bis ca. 115 kHz mit einem Maximum bei 35 kHz und besitzt ansonsten einen mit dem in A1 vergleichbaren Verlauf.

Hingegen besitzen die mittleren Leistungsdichtespektren der Impulse, welche die Aussteuergrenzen des AD-Wandlers erreichen, zwei mögliche Verläufe. Dabei besteht ein Zusammenhang zwischen den im Wesentlichen zwei möglichen Zeitdauern, zum einen 60 bis 500 μs und zum anderen im 1,7 - 2,5 ms, wobei die kürzeren Zeitdauern wesentlich häufiger auftreten. Impulse mit kürzerer Zeitdauer besitzen ein Spektrum mit nennenswerten Anteilen, die ausgehend vom Maximum bei 48 kHz mit -64 dBV^2/Hz abfallen und bis über 500 kHz hinaus reichen. Die Impulse mit langer Zeitdauer haben Maxima bei 53 kHz (-55 dBV^2/Hz) und Nebenmaxima bei 161 und 270 kHz, was auf periodische Signalanteile mit Wiederholrate 110 kHz hindeutet. Treten beide Arten von Impulsen auf, so schlagen sich die Spektren der Impulse mit kürzeren Zeitdauern auf Grund der höheren Anzahl dominant in der Statistik nieder.

Das mittlere Leistungsdichtespektrum der Hintergrund-Segmente ist im Bereich 9 - 93 kHz konzentriert, periodisch wiederholte Signalanteile sind nicht erkennbar. Ansonsten ist der Verlauf vergleichbar mit dem in A1.

Die Zeitdauern der Hintergrund-Segmente erreichen bis zu 10 ms. Derartige Spitzenwerte treten allerdings vergleichsweise selten auf und sind zurückzuführen auf eine Verschiebung der Entscheidungsgrenze $u_{\mathrm{Th},1}$ im Falle des Auftretens von Impulsen mit Maximalamplituden in der Nähe der Aussteuergrenzen des AD-Wandlers. Dadurch werden im Einzelfall kleinere Impulse nicht detektiert. Zeitdauern über 4 ms sind daher wenig aussagekräftig, da sie lediglich den Zeitabstand zwischen zwei Impuls-Segmenten mit Übersteuern oder von einem solchen Impuls-Segment zu den Grenzen des Beobachtungsfensters wiedergeben. Neben den am häufigsten auftretenden Zeitdauern von 25 μs und kürzer sind mehrere Häufungen zu beobachten. Für die Dauer des gesamten Abschnitts liegen diese bei 450 - 700 μs, 1,35 - 1,7 ms und 2,2 - 2,3 ms. Darüber hinaus treten zeitveränderliche Häufungen im Abstand von 600 μs paarweise auf. Diese stehen in Zusammenhang mit den impulsfreien Zeitabschnitten am Ende einer Halbperiode.

Abschnitt A3 Die Verteilung der Störleistung über Netzperiode ist ähnlich zu der aus A2, größere Leistungssprünge im Intervall zwischen 5 und 6 ms bleiben jedoch aus. Ebenso wie die Verteilung der Auftrittszeitpunkte der Impulsmaxima über der Netzperiode sind auch alle weiteren Parameter von Impulsen einschließlich der Spektren identisch zu den entsprechenden in A2. Bezüglich der Hintergrund-Segmente ist ebenso eine Ähnlichkeit zu A2 gegeben. Eine signifikante Abweichung davon besteht zwischen 12:30h und 16:50h im zeitlich begrenzte Auftreten einer schmalbandigen Störung mit 140 kHz.

Im Beobachtungsabschnitt um 16:50h tritt ein aperiodischer Störimpuls auf, dessen Zeitdauer 2,3 ms beträgt und dessen Leistungsdichtespektrum dem in A2 für diesen Bereich der Zeitdauer beschriebenen entspricht.

Ereignis E1 Während E1 ändern sich sowohl die Verteilung der Störleistung über der Netzperiode als auch die Verteilung der Auftrittszeitpunkte der Impulsmaxima geringfügig. Die Störleistung nimmt bei 9 bis 10 ms der Netzperiode auf -43 dBV^2 zu, was für den Bereich 19 bis 20 ms allerdings nicht erkennbar ist. Für die übrigen Zeitpunkte der Netzperiode ist keine signifikante Änderung erkennbar. Die Dichte der Auftrittszeitpunkte der Impulsmaxima nimmt ebenfalls im Bereich 8 bis 9,6 ms zu. Diese Zunahme fällt im entsprechenden Bereich der zweiten Halbperiode deutlich geringer aus. Im Bereich 4 bis 6,4 ms nimmt die Dichte der Auftrittszeitpunkte geringfügig ab, wohingegen sie zwischen 14 und 16,4 ms geringfügig zunimmt. Die mittlere Anzahl an Impulsen je Netzperiode ist mit 138 um die Hälfte höher als in A2. Gleichzeitig treten Maximalamplituden zwischen 65 und 110 mV weniger häufig auf als in A2, und auch die Zeitdauern der Impuls-Segmente verdichten sich mehr bei geringfügig geringeren Zeitdauern als in A2. Dies führt zu einer an sich geringeren mittleren Leistung als in A2, wobei allerdings die Impulse mit Übersteuern zu deutlichen Schwankungen führen.

Die Breite des Frequenzbereichs, in dem die Leistungsdichte am höchsten ist, erhöht sich geringfügig und reicht nun bis etwa 130 kHz. Ebenso reicht der Bereich des Leistungsdichtespektrums der Hintergrund-

Segmente mit der höchsten Dichte nun bis über 100 kHz. Die Lage des jeweiligen Maximums bleibt dabei erhalten.

Überraschend ist, dass die Veränderungen der Verteilung der Störleistung über der Netzperiode und der Verteilung der Auftrittszeitpunkte bereits ab 05:00h erkennbar sind, jedoch die Veränderungen bezüglich der anderen Parameter erst ca. 1 h später festzustellen sind.

Ereignisse E2 und E3   Diese beiden Ereignisse weisen ein sehr ähnliches Verhalten auf. Die Störleistung über der Netzperiode nimmt im Vergleich zu A3 zwischen 2 bis 4 ms und bei 7 ms um 3 dB ab, bei 8 ms sogar um 6 dB.

Die mittlere Anzahl der Auftrittszeitpunkte von Impulsmaxima dehnt sich in den Bereich zwischen 9 und 10 ms aus, sodass nun Impulsmaxima zu allen Zeitpunkten der Netzperiode auftreten. Die mittlere Anzahl der Impulse je Netzperiode wächst gegenüber der aus A3 um ein Viertel auf mehr als 140 an. Dabei entsprechen die Verteilungen der Impulsmaxima und der Impulsdauern denen aus A1.

Ähnlich wie in E1 erhöht sich der Frequenzbereich, in dem der Hauptanteil der spektralen Leistungsdichte konzentriert ist, jedoch in geringerem Maße, auf bis zu 120 kHz. Hinsichtlich der Leistungsdichtespektren der Hintergrund-Segmente erhöht sich lediglich die Leistungsdichte, ihr Verlauf über der Frequenz bleibt gegenüber dem in A3 weitgehend unverändert.

Ereignisse E4 und E5   Ähnlich wie E1 und E2 weisen auch E4 und E5 ein ähnliches Verhalten auf.

Der Verlauf der Störleistung über der Netzperiode entspricht bis 6 ms dem in A3. Zwischen 7 und 9 ms erreicht sie ein Maximum von etwa -31 dBV^2. Bei 10 ms wird mit -35 dBV^2 ein Wert erreicht, der um 13 dB über dem in A3 zu diesem Zeitpunkt vorherrschenden Wert liegt. Im Bereich zwischen 9 und 10 ms häufen sich die Auftrittszeitpunkte von Impulsmaxima.

Hinsichtlich der Zeitdauern der Impulse sind keine Veränderung gegenüber A3 erkennbar. Hingegen treten bei den Impulsmaxima mit bis zu 110 mV (E4) bzw. 127 mV (E5) signifikant höhere Werte auf. Dies führt zu Spitzen bei der mittleren Leistung für diese Ereignisse. Lediglich zu Beginn von E4 bricht die mittlere Leistung signifikant ein, was seine Ursache hat in einer geringeren Anzahl von Impulsen, einer geringeren Dichte derer Auftrittszeitpunkte gegen Ende einer Halbperiode und einer geringeren Häufigkeit längerer Zeitdauern.

Die Leistungsdichtespektren der Impulse werden in ihrem Hauptanteil geringfügig breiter, wodurch sich dieser Bereich bis auf 110 kHz ausdehnt. Der Maximalwert der Leistungsdichte wird nun auch im Bereich zwischen 50 und 75 kHz erreicht.

Auch die Leistungsdichte der Hintergrund-Segmente nimmt im Bereich von 50 bis 90 kHz deutlich höhere Werte an als in anderen Abschnitten.

Die Zeitdauern der Hintergrund-Segmente bleiben von den Änderungen der sonstigen Parameter weitgehend unberührt und verhalten sich identisch zu denen in A3.

Mittenfrequenz (kHz)	Leistungsdichte (dBV^2/Hz)
153	-120,5
183	-128,6
576	-133

Tabelle A.4 Langwellensender in den Spektren der Hintergrund-Segmente – Mess-Ort B

Allgemein ist der Unterschied zwischen Tag und Nacht wenig ausgeprägt. Die Störleistung ist bis 19:20h relativ niedrig und fällt bis auf das Minimum von ca. -36 dBV^2 ab. Ab 19:30h erfolgt ein Sprung auf ca. -33,5 dBV^2, ab 00:10h nimmt der mittlere Pegel der Störleistung weiter zu, bis er um 04:00h das Maximum von fast -31,5 dBV^2 erreicht. Ab 05:00h bis zum Ende der Messung bleibt die mittlere Störsignal-Leistung bei ca. -34 dBV^2, mit Ausnahme der Intervalle von 07:10h bis 08:40h (etwa -32,5 dBV^2) und von 11:30h bis 12:50h mit ca. -36 dBV^2.

A.3 Analyse des Störszenarios für Mess-Ort C

Von den drei betrachteten Messungen ist das Störszenario an Ort C am deutlichsten strukturiert. Gleichzeitig ist die Gesamtanzahl an Abschnitten hier am größten.

Die Maxima des Verlaufes der mittleren Störleistung über der Netzperiode liegen für sämtliche Abschnitte etwa in der Mitte einer Halbperiode. Innerhalb der zweiten Hälfte einer Halbperiode ist die mittlere Leistung

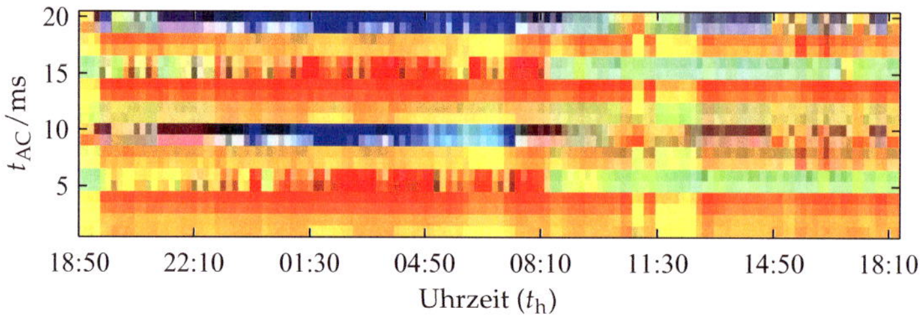

(a) Mittlere Leistung $\overline{P}^t(m,t_\mathrm{h})$; Wertebereich: -53,7…-25,4 dBV^2

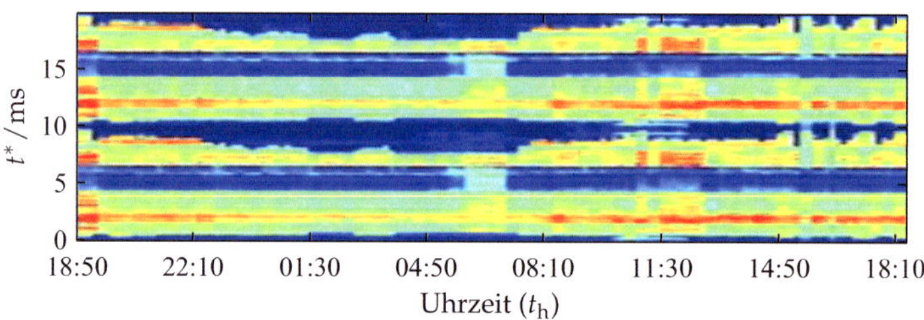

(b) Häufigkeitsverteilung $\overline{\mathrm{H}}^{\mathrm{a}}_{\underset{t_{k_i}}{t_{\Delta\mathrm{Imp}}}}(t_\mathrm{h},t^*)$; Wertebereich: 0…3,9

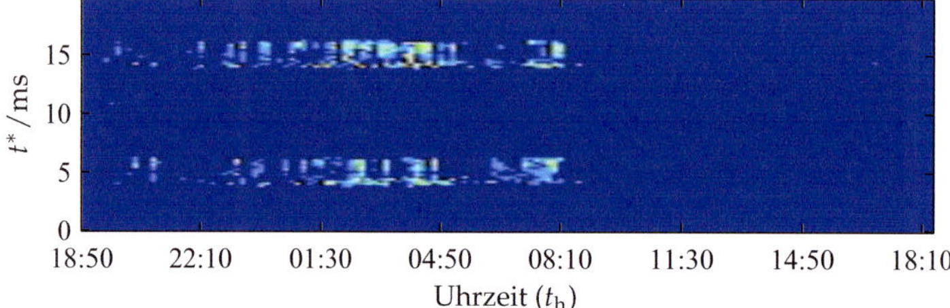

(c) Häufigkeitsverteilung $\overline{\mathrm{H}}^{\mathrm{a}}_{\underset{t_{k_i}}{t_{\Delta\mathrm{Imp}}}}(t_\mathrm{h},t^*)$; Wertebereich: 0…0,04

Abbildung A.5 Mess-Ort B: Mittlere Störleistung über der Netzperiode und Auftrittszeitpunkte der Impuls-Maxima.

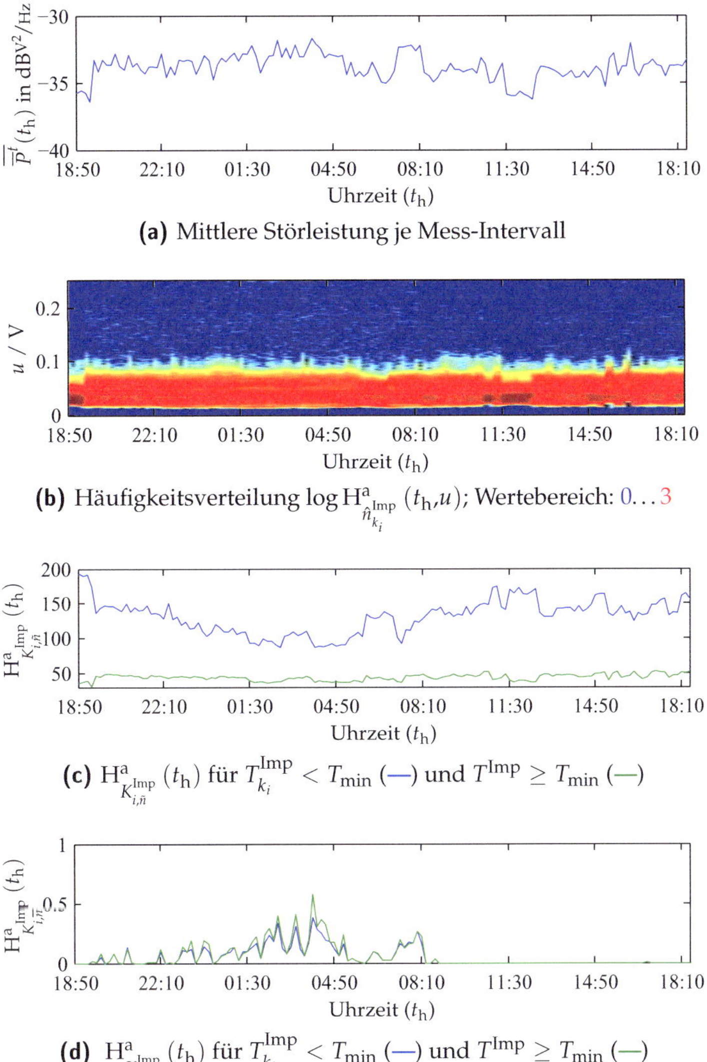

(a) Mittlere Störleistung je Mess-Intervall

(b) Häufigkeitsverteilung $\log \mathrm{H}^{\mathrm{a}}_{\hat{n}_{k_i}^{\mathrm{Imp}}}(t_\mathrm{h}, u)$; Wertebereich: 0...3

(c) $\mathrm{H}^{\mathrm{a}}_{K_{i,\tilde{n}}^{\mathrm{Imp}}}(t_\mathrm{h})$ für $T_{k_i}^{\mathrm{Imp}} < T_{\min}$ (—) und $T^{\mathrm{Imp}} \geq T_{\min}$ (—)

(d) $\mathrm{H}^{\mathrm{a}}_{K_{i,\overline{n}}^{\mathrm{Imp}}}(t_\mathrm{h})$ für $T_{k_i}^{\mathrm{Imp}} < T_{\min}$ (—) und $T^{\mathrm{Imp}} \geq T_{\min}$ (—)

Abbildung A.6 Mess-Ort B: Mittlere Störleistung, absolute Häufigkeit der Maximalamplituden von Impulsen sowie mittlere Anzahl detektierter Impulse je Netzperiode.

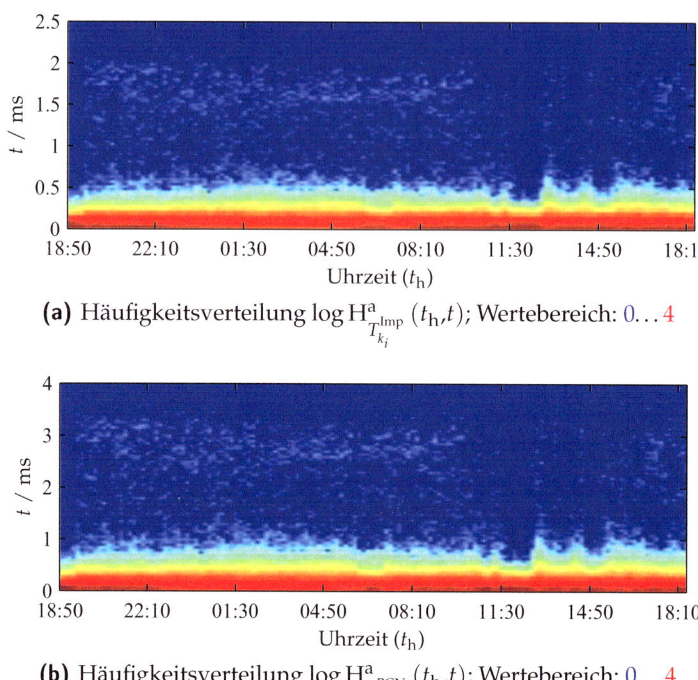

(a) Häufigkeitsverteilung $\log \mathrm{H}^{\mathrm{a}}_{T^{\mathrm{Imp}}_{k_i}}(t_{\mathrm{h}},t)$; Wertebereich: $0\ldots 4$

(b) Häufigkeitsverteilung $\log \mathrm{H}^{\mathrm{a}}_{T^{\mathrm{BGN}}_{k_i}}(t_{\mathrm{h}},t)$; Wertebereich: $0\ldots 4$

Abbildung A.7 Mess-Ort B: Zeit- und amplitudenbezogene Parameter.

gegenüber der jeweiligen maximalen mittleren Leistung um etwa 8 bis 14 dB geringer. In den Abschnitten A1, A3, A4 und A5 ist die Leistung innerhalb der ersten 3 ms einer Halbperiode minimal gegenüber allen anderen Zeitpunkten.

Bezüglich des Verlaufes der mittleren Leistung über der Netzperiode sind, wie in Tabelle A.5 aufgelistet, sechs verschiedene Abschnitte zu unterscheiden.

Die Verteilung der Auftrittszeitpunkte von Impuls-Maxima korrespondiert für alle Abschnitte im Wesentlichen mit dem gemittelten Verlauf der Störleistung über der Netzperiode. Die Maxima der Leistungsdichte fallen zeitlich mit der (bezüglich der Netzperiode) ersten Gruppe von Impulsen, die im Zeitraum zwischen etwa 4 bis 6 ms auftreten, zusammen. Die zweite im Intervall 7 bis 10 ms auftretende Gruppe hat dem gegenüber eine geringere Leistungsdichte.

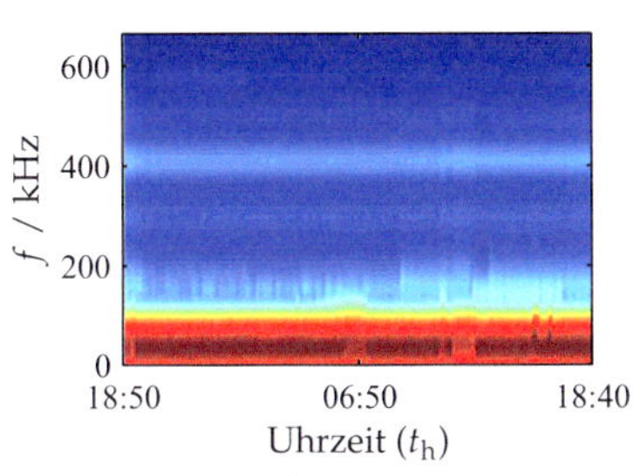

(a) Spektren $\overline{\widetilde{N}}^{\mathrm{Imp}}(f,t_\mathrm{h})$; Wertebereich: -151,37 ... -77 dBV²/Hz

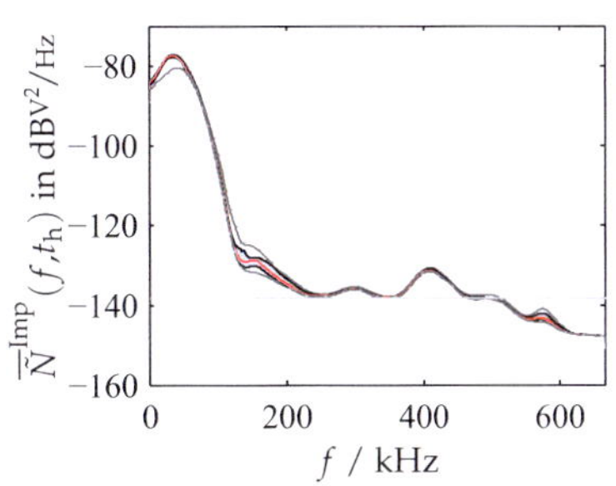

(b) Statistik der mittleren Spektren der Impulse ohne Übersteuern

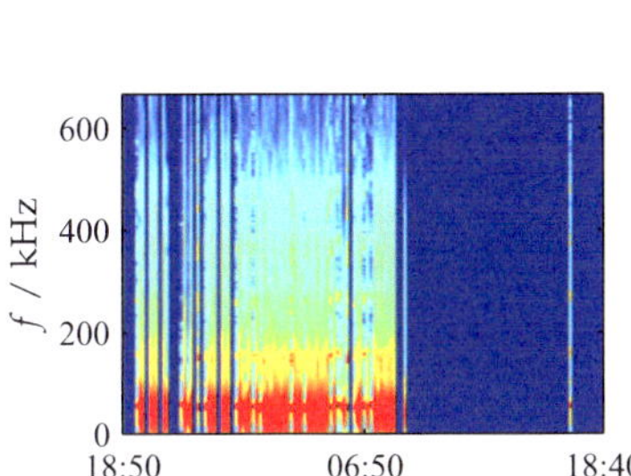

(c) Spektren $\overline{\overline{N}}^{\mathrm{Imp}}(f,t_\mathrm{h})$; Wertebereich: -153 ... -51,4 dBV²/Hz

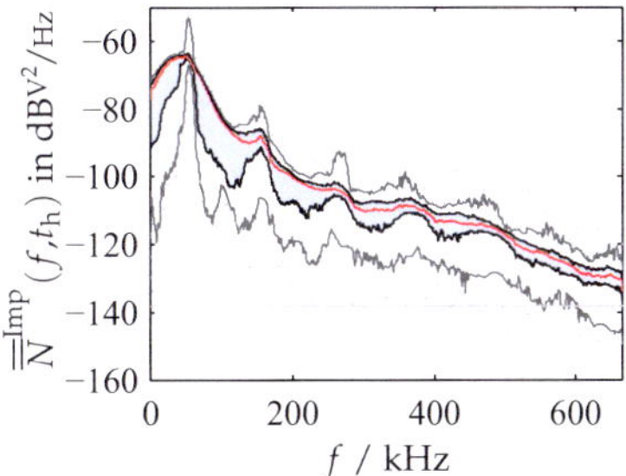

(d) Statistik der mittleren Spektren der Impulse mit Übersteuern

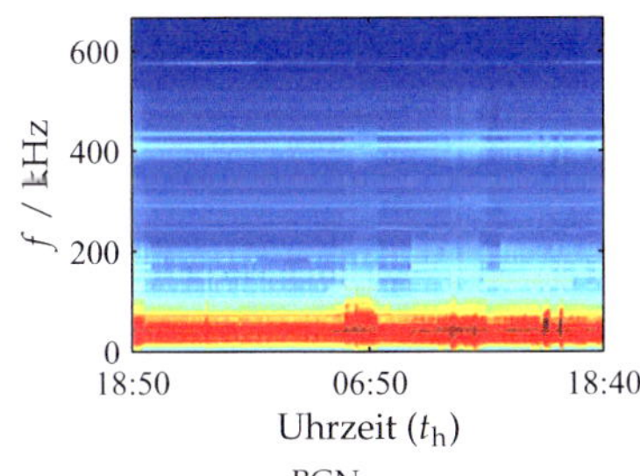

(e) Spektren $\overline{\widetilde{N}}^{\mathrm{BGN}}(f,t_\mathrm{h})$; Wertebereich: -151,2 ... -85,6 dBV²/Hz

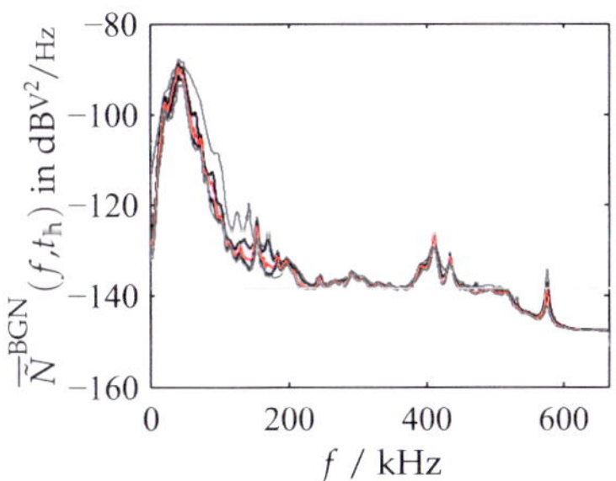

(f) Statistik der mittleren Spektren der Hintergrundstörung

Abbildung A.8 Mess-Ort B: Mittlere Leistungsdichtespektren der Impuls- und Hintergrund-Segmente.

Bezeichnung und Index	Zeitraum (Uhrzeit) Beginn	Ende
Abschnitte		
A1	18:50	24:00
A2	00:10	06:30
A3	06:40	09:00
A4	09:10	10:20
A5	10:30	14:20
A6	14:30	18:40
Ereignisse		
E1	07:30	07:50
E2	12:00	12:30
E3	14:30	14:50
E4	17:50	

Tabelle A.5 Mess-Ort C: Intervalle ähnlicher Leistungsverteilung über der Netzperiode

Auffällig ist, dass die Aussteuergrenzen des AD-Wandlers lediglich in zwei der während der gesamten Messung aufgezeichneten Mess-Intervalle erreicht werden, nämlich in dem um 09:30 h (zwei Impuls-Segmente) und in dem um 13:50 h aufgezeichneten (ein Impuls-Segment). Dies ist mit hoher Wahrscheinlichkeit auf aperiodische Impulsstörer zurückzuführen, deren Zeitdauer mit maximal 0,6 ms und ansonsten 0,24 ms bzw. 0,21 ms sehr kurz ausfällt.

Abschnitt A1 Der Verlauf der gemittelten Störsignalleistung über der Netzperiode, dargestellt in Abbildung A.9(a), weist eindeutige Maxima im Intervall zwischen 5 und 6 ms auf, die -27 und -25 dBV^2 betragen. Ab 7 ms bis zum Ende einer Halbperiode nimmt die mittlere Störleistung Werte zwischen -36 und -38 dBV^2 an; kurz vor dem Maximum, bei 4 ms sind es -35 dBV^2. Das Minimum der Störsignalleistung liegt bei 2 ms und beträgt -45 dBV^2.

Die in Abbildung A.9(b) dargestellte mittlere Anzahl von Impuls-Maxima über der Netzperiode tritt in zwei Gruppen je Halbperiode auf, wobei die Verteilung relativ gleichförmig ist. Die erste Gruppe befindet sich zwischen 3,2 und 6,6 ms, die zweite Gruppe zwischen 7 und 10 ms.

Die Abbildung A.10(c) zu entnehmende durchschnittliche Anzahl an Impulsen je Netzperiode ist mit 14,5 bis 27 minimal.

Die Maximalamplituden der Impulse sind, wie Abbildung A.10(b) zeigt, im Bereich zwischen 30 und 175 mV verteilt. Die Werte treten in zwei Bereichen gehäuft auf. Ein Teil der Maximalamplituden ist zu Beginn von A1 zwischen 30 und 80 mV, der andere Teil im Bereich über etwa 90 bis 175 mV verteilt. Während sich die Grenze zwischen beiden Bereichen innerhalb von A1, ebenso wie die maximal auftretenden Werte, geringfügig zu niedrigeren Werten hin verschiebt, bleibt die höchste Dichte der Maximalamplituden zwischen 30 und ca. 50 mV über den gesamten Abschnitt erhalten.

Eine ähnliche Verteilung liegt mit Abbildung A.11(a) für die Zeitdauern der Impulse vor. Diese nehmen Werte bis zu 2,4 ms an. Für die ersten 75% der Dauer von A1 fallen die Zeitdauern in zwei Bereiche. In den Bereich bis 0,4 ms fällt auch der Bereich mit der höchsten Dichte (30 bis 120 μs). Der zweite Bereich von über 0,4 bis 1,1 ms umfasst einen weiteren großen Anteil der Zeitdauern.

Wie Abbildung A.10(a) erkennen lässt, ist die mittlere Leistung in A1 mit etwa -32 dBV^2 maximal, trotz der minimalen mittleren Anzahl an Impulsen je Netzperiode.

Der in Abbildung A.12(a) dargestellte zeitliche Verlauf der mittleren Leistungsdichte der Impulse ist innerhalb von A1 näherungsweise konstant. Die höchste Leistungsdichte liegt zwischen 7,5 und 75 kHz mit dem Bereich maximaler Leistungsdichte von etwa -70 dBV^2/Hz zwischen 36 und 43 kHz und einem Nebenmaximum bei 68 kHz. Äquidistante Spektralanteile lassen auf breitbandige, periodisch auftretende Signalformen mit ca. 70 kHz Wiederholrate schließen.

Das mittlere Leistungsdichtespektrum der Hintergrund-Segmente in Abbildung A.12(c) besitzt im Bereich zwischen 16 und 60 kHz die höchste Leistungsdichte mit einem ausgeprägten Maximum bei 50 kHz (-81 dBV^2/Hz), und einem weiteren markanten lokalen Maximum mit -96 dBV^2/Hz bei 66 kHz. Es treten viele schmalbandige Signalanteile auf, allerdings ist keine direkt erkennbare Systematik vorhanden. Das Vorhandensein periodisch wiederholter, breitbandiger Signalformen ist dennoch nicht auszuschließen.

Die Zeitdauern der Hintergrund-Segmente, dargestellt in Abbildung A.11(b), reichen bis 8,3 ms. Neben der maximalen Auftrittshäufigkeit bei 25 μs sind Häufungen bei Zeitdauern von unter 1 ms, zwischen 3,3 und 4,8 ms und zwischen 7 und 8 ms zu erkennen.

Abschnitt A2 Der gemittelte Verlauf der Leistung über der Netzperiode ist zu dem in A1 ähnlich. Der Verlauf in A2 ist jedoch deutlich niedriger, wobei die Unterschiede von -5 dB gegenüber dem in A1 bei 1-3 ms über -10 dB bei 4 und 8 ms bis zu -13 bis -17 dB im Bereich 5-7 ms reichen. Das Minimum der des mittleren Verlaufs der Störleistung liegt bezüglich der Netzperiode nicht mehr wie in A1 bei 2 ms, obwohl auch hier die Leistung relativ niedrig ist, sondern mit -50 dBV^2 bei 7 ms.

Die durchschnittliche Anzahl der Impulse je Netzperiode steigt mit Beginn von A2 sprungartig auf ca. 125, in Spitzen bis zu 158, was den maximal beobachteten Wert an diesem Mess-Ort darstellt. Die Verteilung der Auftrittszeitpunkte der Impulsmaxima lässt nach wie vor wie in A1 zwei Gruppen je Halbperiode erkennen. Zwischen diesen Gruppen, genauer in den Bereichen 0 bis 3 ms und 6 bis 8 ms, nimmt die mittlere Anzahl der in einem Zeitintervall registrierten Impulsmaxima deutlich zu. Zwischen 8 und 10 ms der Netzperiode sind die meisten Impuls-Maxima zu verzeichnen. Gleichzeitig sind die Maximalamplituden nahezu aller in A2 registrierten Impulse niedriger als die aller Impulse in A1. Die Verteilung erstreckt sich über den Bereich zwischen 2,5 und 33 mV, am häufigsten treten Maximalamplituden mit 10 bis 13 mV auf. Auch die Zeitdauern der Impuls-Segmente sind deutlich reduziert. Sie sind im Bereich bis 360 μs verteilt, am häufigsten treten Impulse mit einer Zeitdauer von 30 μs auf.

Aufgrund der geringen Zeitdauern und Maximalamplituden nimmt die mittlere Leistung in diesem Abschnitt für diesen Mess-Ort ihr Minimum an mit -45 dBV^2.

Die Leistungsdichtespektren der Impulse lassen erkennen, dass sich wegen der kurzen Zeitdauern der Impuls-Segmente – trotz der Verwendung eines Spektralschätzers – der Leckeffekt deutlich auswirkt: Die in A1 vorhandenen Spektralanteile sind zwar auch in A2 weiterhin erkennbar, sie „zerfließen" jedoch, d.h. ihre Bandbreite erhöht sich. Gleichzeitig ist die maximale Leistungsdichte in den betreffenden Bändern niedriger (z.B. um 20 dB bei 40 kHz), was jedoch nicht allein auf den Leckeffekt zurückzuführen ist sondern seine maßgebliche Ursache in der wesentlich geringeren Leistung der einzelnen Signalformen hat.

Gleiches gilt für die mittleren Leistungsdichtespektren der Hintergrund-Segmente. Hier fallen die Unterschiede in der Leistung jedoch bei Weitem nicht so drastisch aus: Der Unterschied beträgt zwar beispielsweise bei 48 kHz 12 dB, bei 66 kHz jedoch nur 1 dB.

Auch die Zeitdauern der Hintergrund-Segmente sind gegenüber A1 deutlich niedriger und erreichen im Wesentlichen Werte im Bereich bis

3,8 ms. Eine deutliche Häufung befindet sich bei Zeitdauern kleiner als 0,2 ms.

Abschnitt A3 Gegenüber dem vorangegangenen Abschnitt wächst die Störleistung an. Besonders deutlich ist der Unterschied mit 9 bis 10 dB im Bereich 5 bis 8 ms. Auch im Bereich um 4 ms und zwischen 9 und 10 ms ist die Zunahme mit 5 dB beträchtlich. Das Minimum liegt wieder, wie schon in A1, mit -47 dBV^2 bei 2 ms.

Die Impulsmaxima treten wieder in ähnlichen Intervallen der Netzperiode auf wie in A1. Allerdings treten an Stelle der ersten Gruppe nun drei Häufungen in den Bereichen 3,4 bis 4 ms, 4,4 bis 5,4 ms und 5,8 bis 6,2 ms auf. Insgesamt ist die Dichte der registrierten Impulsmaxima je Zeiteinheit größer und der Bereich, in dem sich die erste Gruppe befindet, beginnt etwa 1 ms früher als noch in A1. Die mittlere Anzahl an Impulsen je Netzperiode liegt mit durchschnittlich ca. 55 in etwa doppelt so hoch wie in A1.

Die Maximalamplituden erreichen Werte zwischen 15 und 91 mV. Erneut sind zwei Häufungen erkennbar. Die Häufung zwischen 15 und 45 mV schließt dabei einen deutlich größeren Anteil an Impulsen ein als die Häufung zwischen 48 und 91 mV, deren Obergrenze sich im Laufe des Abschnitts ändert.

Die Impulsdauern erreichen Werte bis 1,3 ms. Auch hier ist eine deutliche Häufung im Bereich niedriger Zeitdauern bis 330 μs mit Maximum bei 60 μs erkennbar. Eine weitere Häufung findet sich im Bereich 400 bis 900 μs.

Die mittlere Störleistung wächst dadurch auf etwa -37 dBV^2 an.

Die gemittelten Leistungsdichtespektren der Impulse verhalten sich ähnlich wie in A2, allerdings wird durch die längeren Impulsdauern auch die spektrale Auflösung besser. Die wesentlichen erkennbaren Spektralanteile liegen in denselben Frequenzbändern wie in A1 und A2, wobei die Leistungsdichte an den Stellen der Maxima gegenüber A1 um etwa 5 dB niedriger liegt.

Dieselben Aussagen gelten auch für die mittleren Spektren der Hintergrund-Segmente.

Die Zeitdauern der Hintergrund-Segmente weisen zwei Häufungen auf. Eine der Häufungen liegt im Bereich bis 1,8 ms, wobei der hauptsächliche Anteil bei unter 0,5 ms liegt. Die andere Häufungen liegt im Bereich zwischen 2,7 bis 4,4 ms.

Abschnitt A4 Die Maxima des mittleren Verlaufs der gemittelten Störleistung über der Netzperiode erreichen vergleichbare Werte wie in A1. Der Verlauf ist ebenfalls wieder ähnlich, allerdings ist die Leistung bei 7 ms um 4 dB höher. Das Minimum der Leistungsdichte beträgt etwa - 49 dBV^2 und liegt in diesem Abschnitt bei 1 bis 2 ms der Netzperiode.

Die Auftrittszeitpunkte der Impulsmaxima befinden sich in ähnlichen Bereichen der Netzperiode wie in A1, allerdings ist deren Dichte im Bereich der zweiten Gruppe, also von 7 bis 9,6 ms, höher als im Bereich zwischen 3,6 bis 6,4 ms. Ähnlich wie in A3 zeigen sich zwischen 3,6 bis 6,4 ms drei Häufungen, die allerdings weniger deutlich ausgeprägt sind.

Die Verteilungen der Maximalamplituden und der Zeitdauern der Impulse entsprechen ebenfalls in weiten Teilen denen in A1, wobei die Häufung bei höheren Zeitdauern deutlicher ausgeprägt ist.

Die Ähnlichkeit der Struktur des Störszenarios im betrachteten Abschnitt zu der in A1 zeigt sich auch darin, dass die mittlere Leistung je Netzperiode vergleichbare Werte annimmt, ebenso wie die mittlere Anzahl der Impulse je Netzperiode. Die Leistungsdichtespektren von Impuls- und Hintergrund-Segmenten sowie die Verteilung der Zeitdauern der Hintergrund-Segmente entsprechen ebenfalls denen in A1. Auch die Verteilung der Zeitdauern der Hintergrund-Segmente entspricht der Verteilung in A1.

Abschnitt A5 Die Maxima der Leistungsverteilung über der Netzperiode nehmen im Vergleich zu A4 um 4 dB bei 6 ms bzw. sogar um 10 dB bei 5 ms ab. Die Minima sind jedoch gegenüber A4 unverändert.

Impulsmaxima zeigen sich gehäuft zwischen 2,4 und 10 ms. Dabei sind zwischen 3,8 und 6,4 ms sowie 6,8 und 10 ms zwei Bereiche größerer Dichte zu erkennen. Insgesamt treten je Netzperiode im Mittel vergleichbar viele Impulse auf wie in A3.

Die Verteilung der Maximalamplituden ist zwar ebenfalls der in A3 ähnlich, allerdings existiert lediglich noch die Häufung bei niedrigen Werten. Auch die Verteilung der Impulsdauern ähnelt der in A3. Allerdings ist die bereits in A4 beobachtete Häufung von Zeitdauern bei höheren Werten weiterhin erkennbar und weist einen zeitveränderlichen Wertebereich auf, der bis zum Ende des Abschnitts stetig abnimmt.

Bezüglich des Verlaufs der Leistungsdichtespektren von Impulsen ergibt sich ein ähnliches Bild wie in A1 und A4, abgesehen von der Tatsache, dass die maximale Leistungsdichte in einem schmaleren Frequenzband konzentriert ist und eine um etwa 4 dB geringere Leistungsdichte besitzt.

Hingegen ist der Verlauf der Leistungsdichtespektren der Hintergrund-Segmente dem in A3 ähnlich.

Die Zeitdauern der Hintergrund-Segmente weisen nun zwei deutlich voneinander getrennte Häufungen auf, die in Bereichen bis 1,9 ms und 2,8 bis 5 ms liegen.

Abschnitt A6 Die Leistungsdichte über der Netzperiode weist wieder zwei ausgeprägte Maxima zwischen 5 und 6 ms auf. Hinzu kommen zwei Nebenmaxima bei 4 und 7 ms. Wie in vorhergehenden Abschnitten auch ist die Leistung im Intervall 9 bis 10 ms gegenüber dem Bereich geringer Leistung bis 3 ms erhöht. Etwa im mittleren Drittel des Abschnitts ist die Leistung in diesem Intervall der Netzperiode zeitweise geringfügig erhöht. Die minimale Leistung mit etwa -48 dBV^2 befindet sich bei 2 ms. Dieser Wert wird auch bei 8 ms erreicht, und zwar außerhalb der Zeitintervalle des Abschnitts, in denen die Leistung zeitweilig ansteigt.

Die Verteilung der Impulsmaxima zwischen 2,8 und 6,4 ms der Netzperiode verhält sich ähnlich zu der in A1. Eine Besonderheit gegenüber allen vorangegangenen Abschnitten stellt die zweite Gruppe zwischen 7,2 und 10 ms dar, die lediglich für die Zeit zwischen 15:40h und 17:20h existiert.

Die Maximalamplituden der Impulse sind im Bereich 17 bis 137 mV verteilt. Es zeigen sich zwei Häufungen zwischen 17 und 46 mV sowie 53 bis 101 mV. Die Häufung bei niedrigeren Werten zeigt ein weniger deutlich ausgeprägtes Maximum als in anderen Abschnitten, dafür ist die Häufung bei höheren Werten deutlicher ausgeprägt. Die obere Grenze dieser Häufung nimmt mit fortschreitender Zeit ab.

Auch die Impulsdauern weisen, wie bereits in den zwei vorangegangenen Abschnitten, zwei Häufungen auf (bis 210 μs und 270 bis 120 μs). Auch hier ist die Häufung bei höheren Werten deutlicher ausgeprägt, der Bereich maximaler Dichte hingegen weniger.

Die mittlere Leistung je Netzperiode ist zwar ähnlich hoch wie in A5, nimmt jedoch über die Dauer des Abschnitts stetig von -36,5 dBV^2 auf -37,5 dBV^2 ab.

Ereignis E1 Bedingt durch geringere Maximalamplituden ist während der Dauer dieses Ereignisses eine geringere mittlere Leistung zu beobachten als im umgebenden Abschnitt A3. Die übrigen Parameter bleiben hingegen unverändert gegenüber denen des angrenzenden Abschnitts.

Ereignisse E2 und E3   Im Gegensatz zu E1 werden zu Beginn von E2 und E3 sowohl die Verteilung der Leistung als auch die Verteilung der Maximalamplituden über der Netzperiode verändert. Zu Beginn von E2 treten kurzzeitig geringfügig mehr Impulse auf als im umgebenden Abschnitt A5, und die Maximalamplituden nehmen geringfügig höhere Werte an. Die Verteilung der Zeitdauern der Impulse erstreckt sich, genauso wie die Verteilung der Zeitdauern der Hintergrund-Segmente, über einen etwas niedrigeren Wertebereich. Während das Leistungsdichtespektrum der Impulse im Wesentlichen unverändert bleibt, entspricht der Verlauf des Leistungsdichtespektrums der Hintergrund-Segmente eher dem in A2, wenngleich mit höherer Leistung. Der darauf folgende Einbruch der mittleren Leistung ist auf geringfügig niedrigere Maximalamplituden zurückzuführen.

Zu Beginn von E3 bricht die mittlere Anzahl der registrierten Impuls-Segmente je Netzperiode auf 32 ein. Dennoch nimmt die mittlere Leistung zu, bedingt durch die wesentlich höheren Maximalamplituden. Im weiteren Verlauf des Abschnitts brechen diese auf ähnlich niedrige Werte ein, wie sie ansonsten in A2 vorzufinden sind. Auch die Zeitdauer der Impulssegmente ist in diesem Zeitraum wesentlich niedriger als sonst in A6. Die Spektren der Impulse sind denen in A2 ähnlich, die der Hintergrundsegmente entsprechen eher denen in A1. Die Zeitdauern der Hintergrund-Segmente liegen in einem niedrigeren Wertebereich als in A5, wobei außer einer Häufung zu niedrigen Werten hin keine weiteren Häufungen auftreten.

E4 zeigt ein ähnliches Verhalten wie E3, nur ohne das Maximum der mittleren Leistung zu Beginn des Abschnitts und die damit einhergehenden Änderungen der sonstigen Parameter.

In Abschnitt A2 verändert sich das Störszenario grundlegend. Zwar sind die vorher beschriebenen Intervalle innerhalb der Netzperiode weiterhin vorhanden, wenngleich die Anzahl der Impuls-Maxima gegenüber A1 erhöht ist. Allerdings treten in A2 auch in den Zeiträumen zwischen diesen Gruppen Impulse auf und zudem in schneller Folge, so dass hier weit mehr Maxima innerhalb eines Zeitintervalls zu bobachten sind. Die mittlere Anzahl an Impulsen je Netzperiode ist mit maximal bis zu ca. 160 um mehr als Faktor sechs höher als im Intervall A1. Ebenfalls höher

Mittenfrequenz (kHz)	Leistungsdichte (dBV^2/Hz)
153	-113,1
183	-125,1
207	-132
216	-129,7
234	-131,9
252	-135,5
270	-129,6
576	-117,3

Tabelle A.6 Langwellensender in den Spektren der Hintergrund-Segmente – Mess-Ort C

als in A1 ist die mittlere Anzahl an Impulsen in den Abschnitten A3 und A5.

Die mittlere Störleistung ist in Abschnitten A1 und A4 mit ca. -32 dB am höchsten. In diesen Intervallen nehmen auch die Maximalamplituden deutlich höhere Werte an Abbildung A.10(b). Am niedrigsten ist die mittlere Störleistung im Intervall A2. In diesem Zeitraum besitzen die Maximalamplituden der Impulse gegenüber allen anderen Intervallen deutlich niedrigere Maximalamplituden

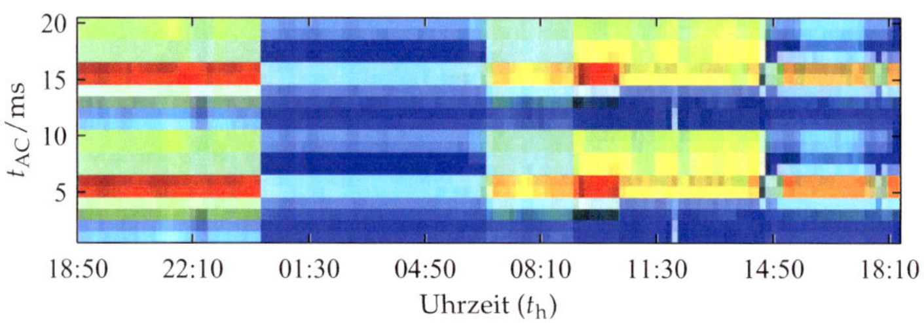

(a) Mittlere Leistung $\overline{P}^t(m,t_{\mathrm{h}})$; Wertebereich: -51,2...-24 dBV^2

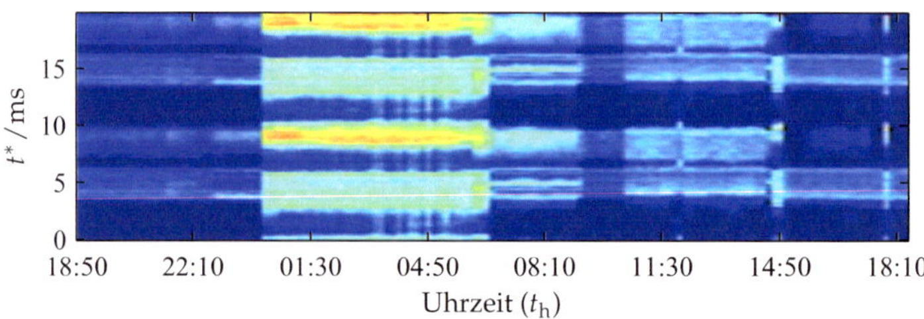

(b) Häufigkeitsverteilung $\overline{\mathrm{H}}^{\mathrm{a}}_{\hat{t}^{\mathrm{Imp}}_{t_{k_i}}}(t_{\mathrm{h}},t^*)$; Wertebereich: 0...4,33

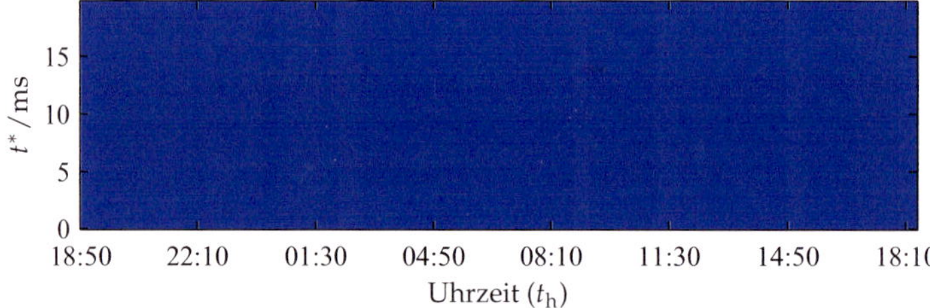

(c) Häufigkeitsverteilung $\overline{\mathrm{H}}^{\mathrm{a}}_{\hat{t}^{\mathrm{Imp}}_{t_{k_i}}}(t_{\mathrm{h}},t^*)$; Wertebereich: 0...8 · 10^{-4}

Abbildung A.9 Mess-Ort C: Mittlere Störleistung über der Netzperiode und Auftrittszeitpunkte der Impuls-Maxima.

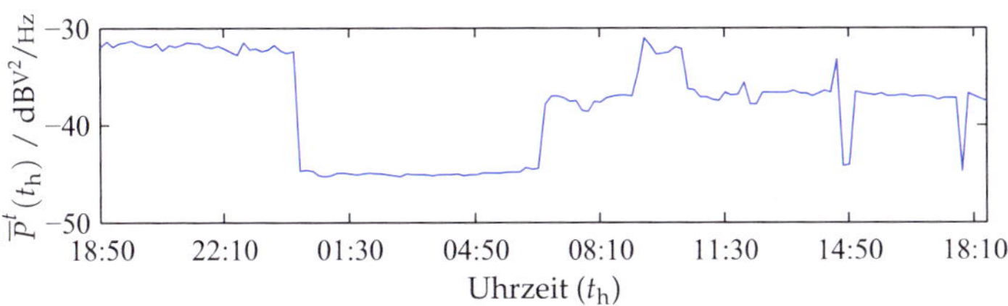

(a) Mittlere Störleistung je Mess-Intervall

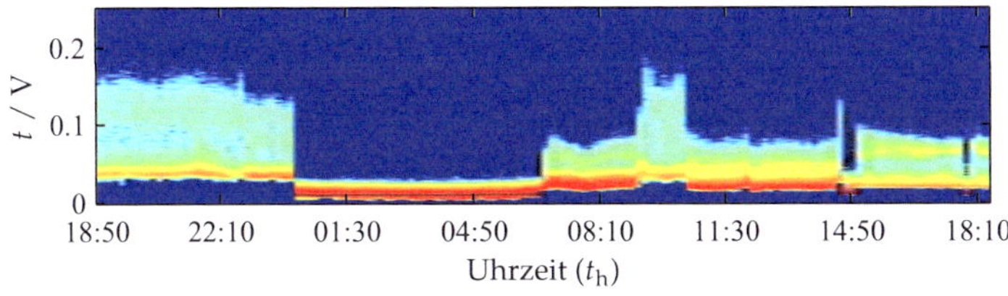

(b) Häufigkeitsverteilung $\log \mathrm{H}^{\mathrm{a}}_{\hat{n}_{k_i}^{\mathrm{Imp}}}(t_{\mathrm{h}},u)$; Wertebereich: $0\dots 3{,}6$

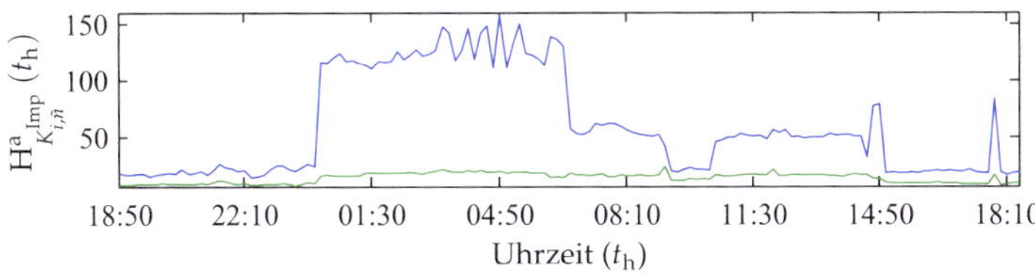

(c) $\mathrm{H}^{\mathrm{a}}_{K_{i,\tilde{n}}^{\mathrm{Imp}}}(t_{\mathrm{h}})$ für $T_{k_i}^{\mathrm{Imp}} < T_{\min}$ (—) und $T^{\mathrm{Imp}} \geq T_{\min}$ (—)

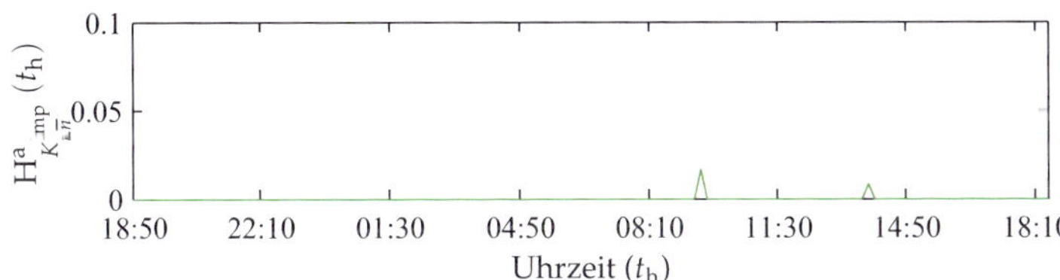

(d) Häufigkeitsverteilung $\mathrm{H}^{\mathrm{a}}_{K_{i,\overline{n}}^{\mathrm{Imp}}}(t_{\mathrm{h}})$ für $T_{k_i}^{\mathrm{Imp}} < T_{\min}$ (—) und $T^{\mathrm{Imp}} \geq T_{\min}$ (—)

Abbildung A.10 Mess-Ort C: Mittlere Störleistung, absolute Häufigkeit der Maximalamplituden von Impulsen sowie mittlere Anzahl detektierter Impulse je Netzperiode.

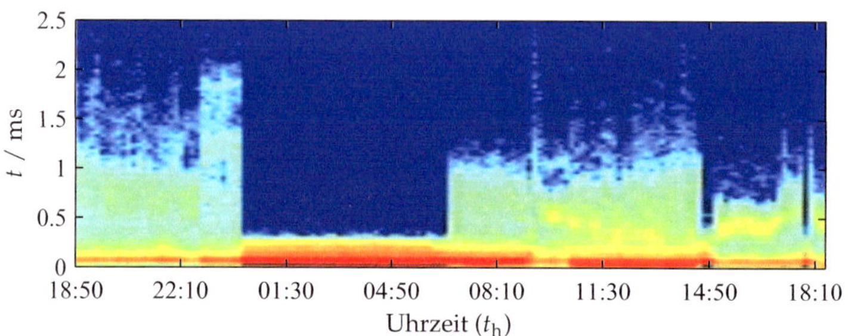

(a) Häufigkeitsverteilung $\log H^a_{T^{Imp}_{k_i}}(t_h, t)$; Wertebereich: $0\ldots 4$

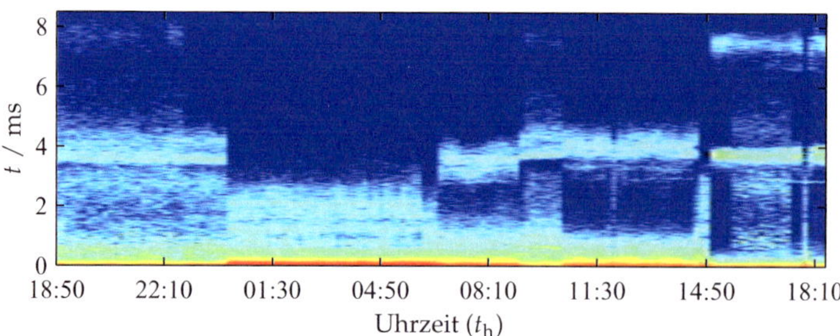

(b) Häufigkeitsverteilung $\log H^a_{T^{BGN}_{k_i}}(t_h, t)$; Wertebereich: $0\ldots 4{,}1$

Abbildung A.11 Mess-Ort C: Zeit- und amplitudenbezogene Parameter.

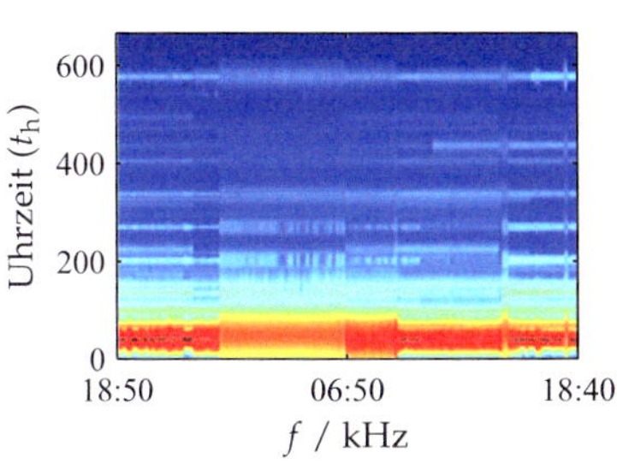

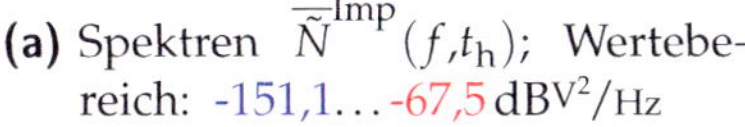

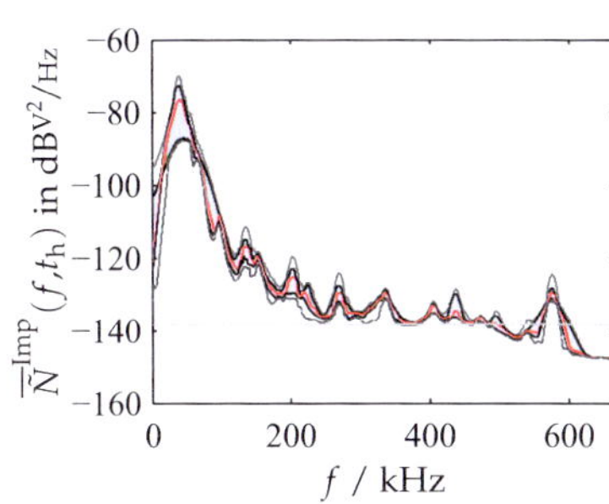

(a) Spektren $\overline{\widetilde{N}}^{\mathrm{Imp}}(f,t_{\mathrm{h}})$; Wertebereich: -151,1 ... -67,5 dBV^2/Hz

(b) Statistik der mittleren Spektren der Impulse ohne Übersteuern

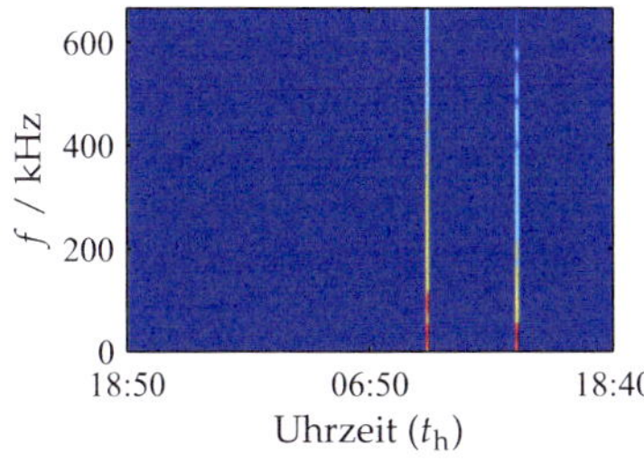

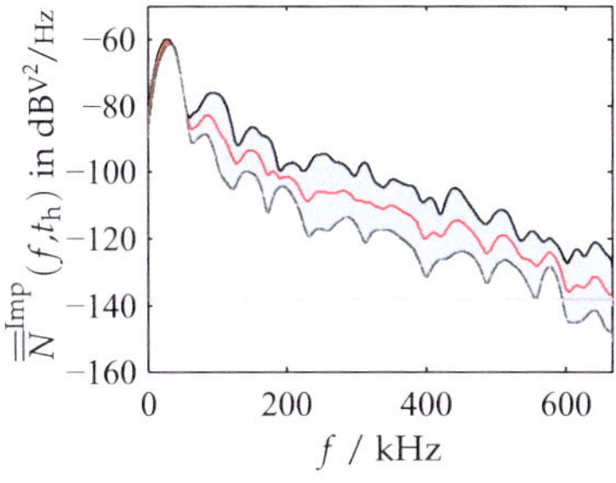

(c) Spektren $\overline{\overline{N}}^{\mathrm{Imp}}(f,t_{\mathrm{h}})$; Wertebereich: -151 ... -60 dBV^2/Hz

(d) Statistik der mittleren Spektren der Impulse mit Übersteuern

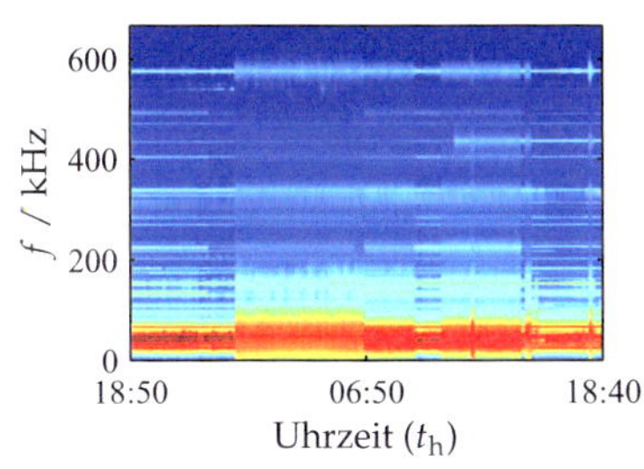

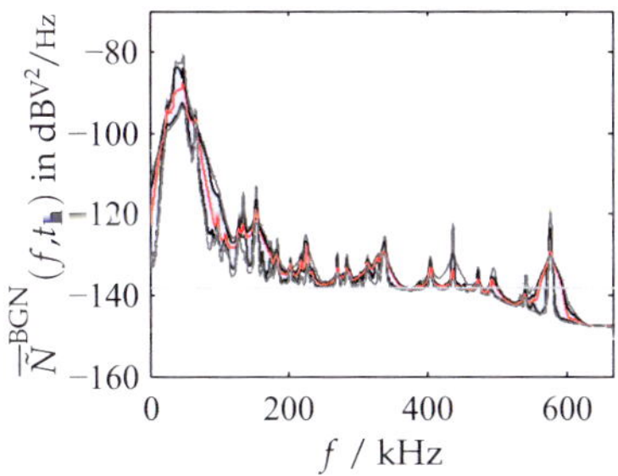

(e) Spektren $\overline{\widetilde{N}}^{\mathrm{BGN}}(f,t_{\mathrm{h}})$; Wertebereich: -151 ... -79,3 dBV^2/Hz

(f) Statistik der mittleren Spektren der Hintergrundstörung

Abbildung A.12   Mess-Ort C: Mittlere Leistungsdichtespektren der Impuls- und Hintergrund-Segmente.

B Kanalkapazität und Symbolenergie in Abhängigkeit von OFDM-Systemparametern

Grundlage für die Formulierung einer Abschätzung der Kanalkapazität (vgl. Gleichung 7.20) und einer Abschätzung der mittleren Symbolenergie eines auf einem Subträger eines einzelnen OFDM-Symbols übertragenen Bits (vgl. Tabelle 7.8) sind bestimmte OFDM-Systemparameter. Tabelle B.1 enthält eine Übersicht der in diesem Zusammenhang relevanten Parameter. Ihre Wahl beeinflusst Zeitdauer, Bandbreite und mittlere Leistung des OFDM-Signals maßgeblich.

Bezeichnung	Gleichung
OFDM-Symboldauer	T_S
Subträgeranzahl	N_C
Peak-to-Average-Power-Ratio	$\Lambda_x = \dfrac{\max\{|x(t)|\}^2}{\mathrm{E}\{|x(t)|^2\}}$
Bandbreite eines OFDM-Symbols	$W_S = (N_C + 1) \cdot \dfrac{1}{T_S}$
Bandbreite eines OFDM-Subträgers	$W_{SC} = \dfrac{1}{T_S}$

Tabelle B.1 Übersicht der für die Abschätzung von Kanalkapazität und Symbolenergie relevanten OFDM-Systemparameter. Angegeben sind die einseitigen Bandbreiten eines OFDM-Symbols und eines OFDM-Subträgers.

Die Angaben der Bandbreiten in Tabelle B.1 gelten, wie weiter unten gezeigt wird, in guter Näherung.

Tatsächlich folgt bei Betrachtung des kontinuierlichen Zeitsignals eines Subträgers eines einzelnen OFDM-Symbols dessen Leistungs- bzw. Energiedichte einer si $(\cdot)$-Funktion. Bevor im Weiteren auf die Abschätzungen für Kanalkapazität und Symbolenergie eingegangen wird, wird zunächst gezeigt, inwiefern die näherungsweise Angabe der Parameter in Tabelle B.1 gerechtfertigt ist.

B.1 Approximation der Bandbreiten von OFDM-Symbolen und -Subträgern

Abbildung B.1 zeigt das Leistungsdichtespektrum $S_O(f)$ eines OFDM-Symbols, wie es durch ein entsprechend Tabelle 6.1 parametriertes System übertragen würde. Ohne die Allgemeinheit der folgenden Betrachtungen einzuschränken wird dieses Leistungsdichtespektrum exemplarisch für die folgenden Betrachtungen herangezogen. Die Subträger überlappen zu beträchtlichen Anteilen. Für die Approximation der Bandbreiten allerdings werden Sender und Empfänger als ideal synchronisiert angenommen (vgl. Unterabschnitt 6.1.2), daher spielt Überlappung der Subträger keine Rolle. Die jeweilige Leistung der einzelnen Subträger ist so normiert, dass ihre Leistungsdichte jeweils $1\,\mathrm{b\,dBV^2/Hz}$ beträgt. Infolgedessen überschreitet das Summenspektrum des OFDM-Symbols diesen Wert.

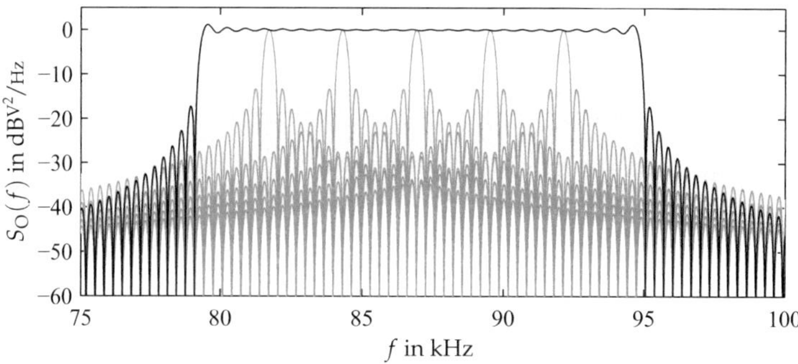

Abbildung B.1   Leistungsdichtespektrum eines OFDM-Symbols mit 48 Subträgern. Die Leistungsdichtespektren der einzelnen Subträger sind in grau dargestellt.

B.1.1 Approximation der Bandbreite eines OFDM-Symbols

Um eine möglichst einfache mathematische Handhabung zu ermöglichen, soll die Bandbreite eines OFDM-Symbols B_S durch ein Rechteck

approximiert werden. Wie Abbildung B.2 zeigt, gibt die in [10] vorgeschlagene Approximation gemäß

$$W_S = (N_C + 1) \cdot \frac{1}{T_S}$$

die Bandbreite hinreichend genau wieder. Eine numerische Integration
des Leistungsdichtespektrums über die so definierte Bandbreite ergibt,
dass diese Approximation in der Tat 99,79% der Signalleistung erfasst.

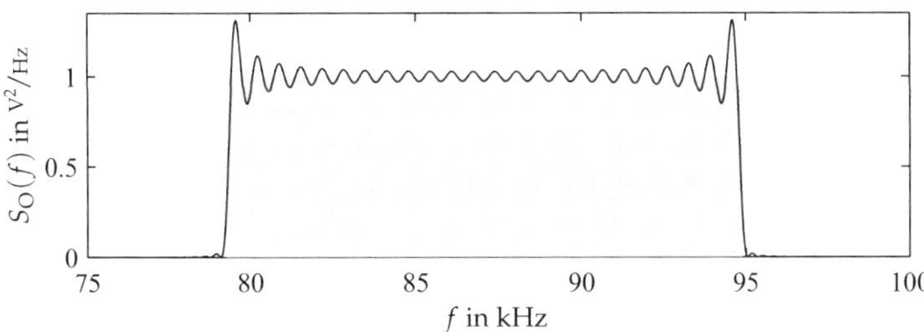

Abbildung B.2 Approximation des Leistungsdichtespektrum eines OFDM-
Symbols mit 48 Subträgern. 99,79% der Signalleistung liegen innerhalb der Bandbreite W_S (in grau dargestellt).

B.1.2 Approximation der Bandbreite eines OFDM-Subträgers

In [10] wird vorgeschlagen, die Subträger-Bandbreite durch

$$W_{SC}^* = \frac{2}{T_S}$$

zu approximieren. In dem so definierten Frequenzband liegen 90,3% der
gesamten Subträger-Leistung. Eine numerische Integration über dieses
Frequenzband ergibt unter der Annahme einer konstanten Leistungsdichte von $1\,V^2/Hz$ jedoch eine Gesamtleistung des Subträgers, die um
100% über der tatsächlichen Leistung liegt. Aus diesem Grund wird die
Bandbreite eines OFDM-Subträgers im Rahmen dieser Arbeit durch

$$W_{SC} = \frac{1}{T_S}$$

approximiert. In einem Frequenzband dieser Bandbreite sind immerhin
77,44% der gesamten Subträger-Leistung konzentriert. Dabei repräsen-

tiert diese Approximation 99,86% der tatsächlichen Signalleistung des gesamten Subträgers und ist somit für die Betrachtung der Kanalkapazität und der Symbolenergie je Subträger besser geeignet.

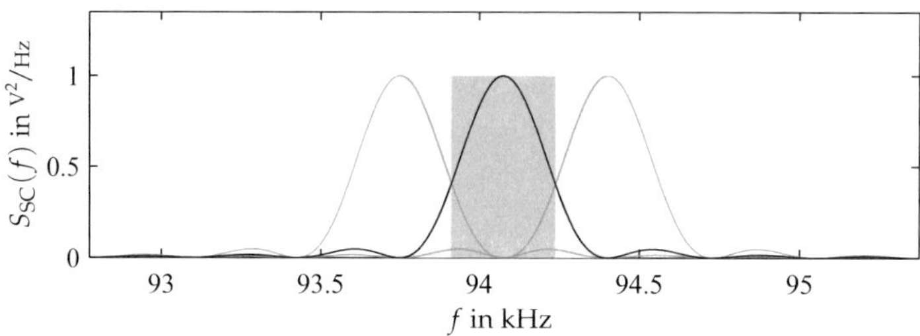

Abbildung B.3   Approximation des Leistungsdichtespektrum des 46. Subträgers (schwarze Linie) des OFDM-Symbols aus Abbildung B.1. Die hellgraue Fläche repräsentiert die Approximation der Subträger-Bandbreite nach [10], die dunkelgraue Fläche die angepasste Subträger-Bandbreite W_{SC}. Zusätzlich dargestellt sind der 45. und der 47. Subträger (jeweils als graue Linie).

B.2 Abschätzung der Kanalkapazität

Nach [62] lässt sich die Kanalkapazität C für weißes Rauschen gemäß

$$C = W\log_2\left(1 + \frac{P}{N}\right) \tag{B.1}$$

bestimmen, wobei W die einseitige Bandbreite des Übertragungssignals ist, P die mittlere Leistung des Signals und N die Leistung des weißen Rauschens innerhalb der Bandbreite W.

Aufbauend auf dieser allgemeinen Formulierung der Kanalkapazität erhält man zusammen mit der Definition des AWGN-Kanals (vgl. [50, 29] bzw. Unterabschnitt 3.3.1) die in [50] dargelegte Definition der Kanalkapazität entsprechend

$$C = W\log_2\left(1 + \frac{P_{av}}{WN_0}\right) \tag{B.2}$$

$$= \frac{B}{2}\log_2\left(1 + \frac{2P_{av}}{BN}\right). \tag{B.3}$$

Für die dazu äquivalente Formulierung in Gleichung B.3 wird anstatt W die zweiseitige Bandbreite B des Übertragungssignals eingesetzt, wobei $B = 2W$.

Für Mehrträger-Modulationsverfahren mit N_C Subträgern berechnet sich die Kanalkapazität der Herleitung in [50] folgend aus der Summe der Kanalkapazitäten der einzelnen Subträger

$$C = \sum_{i=1}^{N_C} C_i. \tag{B.4}$$

Dem liegen die folgenden Annahmen zugrunde:

- Die einseitige Bandbreite W wird in N_C Subträger gleicher Bandbreite Δf unterteilt.

- Das Sendesignal erfährt eine frequenzabhängige Dämpfung durch die Übertragungsfunktion $C(f)$ des bandbegrenzten Übertragungskanals.

- Die Subträger-Bandbreite Δf ist so klein gewählt, dass die mit i indizierten Subträger jeweils um einen konstanten Faktor $C(f_i)$ gedämpft und mit einem Störsignale konstanter Leistung $P_N(f_i)$ überlagert sind.

Aus diesen Annahmen und unter Verwendung des durch Gleichung B.2 beschriebenen Zusammenhangs ergibt sich die Kanalkapazität für jeden einzelnen Subträger zu

$$C_i = \Delta f \log_2 \left(1 + \frac{\Delta f P_S(f_i)\,|C(f_i)|}{\Delta f P_N(f_i)} \right). \tag{B.5}$$

Dabei ist $P_S(f)$ das Leistungsdichtespektrum des OFDM-Signals.

Zur Abschätzung der Kanalkapazität in Abhängigkeit von OFDM-Systemparametern wird des Weiteren vereinfachend angenommen, dass Signaldämpfung und Störleistungsdichte konstant sind über der Frequenz. Entsprechend Gleichung 3.3 ergeben sich dadurch

$$|C(f_i)| = a^2 \tag{B.6}$$

und

$$P_N(f_i) = \frac{N_{PLC}}{2}. \tag{B.7}$$

Die mittlere Leistung eines OFDM-Empfangssignals lässt sich gemäß Gleichung 6.9 unter Verwendung des PAPR (vgl. Gleichung 6.2) aus der maximalen Signalamplitude $\hat{s}$ bestimmen. Für die mittlere Leistung des ungestörten Empfangssignals erhält man

$$P_{\text{av}} = \frac{(a\hat{s})^2}{2N_{\text{C}}} \tag{B.8}$$

Aufgrund des Parsevalschen Theorems [33] gilt

$$P_{\text{av}} = \int_{-\infty}^{\infty} P_{\text{S}}(f)\,\mathrm{d}f.$$

Unter der vereinfachenden Annahme, dass das OFDM-Signal im Wesentlichen auf die Bandbreite $B_{\text{S}} = 2W_{\text{S}}$ (vgl. Tabelle B.1) begrenzt ist, ergibt sich mit der Approximation der Bandbreite gemäß Unterabschnitt B.1.1 die mittlere Leistungsdichte eines OFDM-Symbols zu

$$\begin{aligned} P_{\text{S}}(f) &= \frac{P_{\text{av}}}{B_{\text{S}}} \\ &= \frac{(a\hat{s})^2\, T_{\text{S}}}{4N_{\text{C}}\,(N_{\text{C}}+1)} \end{aligned} \tag{B.9}$$

Für Δf in Gleichung B.5 wird die Subträger-Bandbreite W_{SC} (vgl. Unterabschnitt B.1.2) eingesetzt. Mit Gleichung B.7 ergibt sich somit insgesamt die Abschätzung der Kanalkapazität eines OFDM-Subträgers zu

$$C_i = \frac{1}{T_{\text{S}}}\log_2\left(1 + \frac{(a\hat{s})^2\, T_{\text{S}}}{2N_{\text{C}}\,(N_{\text{C}}+1)\,N_{\text{PLC}}}\right). \tag{B.10}$$

Wegen Gleichung B.4 und aufgrund der Annahme, dass sowohl die Dämpfung der Subträger als auch die Störleistungsdichte konstant über der Frequenz sind, ist die Kanalkapazität in Abhängigkeit von OFDM-Systemparametern

$$C = \frac{N_{\text{C}}}{T_{\text{S}}}\log_2\left(1 + \frac{(a\hat{s})^2\, T_{\text{S}}}{2N_{\text{C}}\,(N_{\text{C}}+1)\,N_{\text{PLC}}}\right). \tag{B.11}$$

B.3 Abschätzung der Symbolenergie je Subträger

Ausschlaggebend für die Bitfehlerwahrscheinlichkeit einer Modulationsart bzw. eines Modulationsverfahrens ist die Symbolenergie (vgl. Kapitel 8). Für den Vergleich verschiedener auf OFDM basierender PLC-Übertragungssysteme ist daher eine analytische Formulierung zur Abschätzung der Symbolenergie E_S in Abhängigkeit von OFDM-Systemparametern wünschenswert.

Wie in Unterabschnitt 5.1.3 dargestellt hängt gemäß Gleichung 5.26 die mittlere Symbolenergie von der mittleren Symbolleistung und der Symboldauer ab:

$$E_S = P_S \cdot T_S$$

Um eine Abschätzung für die mittlere Symbolenergie je Subträger zu erhalten, werden den folgenden Betrachtungen dieselben vereinfachenden Annahmen zugrunde gelegt, die auch in Abschnitt B.2 zur Abschätzung der Kanalkapazität verwendet wurden. Zunächst ist die mittlere spektrale Leistungsdichte eines OFDM-Symbols zu bestimmen (s. Gleichung B.9).

Die mittlere Leistung je Subträger erhält man aus $P_S\,(f)$ mit Hilfe der approximierten Subträger-Bandbreite (vgl. Unterabschnitt B.1.2) zu

$$P_{SC} = P_S\,(f) \cdot B_{SC} \tag{B.12}$$

Folglich liefert

$$E_{S,SC} = \frac{(a\hat{s})^2\, T_S}{2N_C\,(N_C + 1)} \tag{B.13}$$

eine Abschätzung für die mittlere Symbolenergie je Subträger in Abhängigkeit von der OFDM-Symboldauer T_S, der Subträger-Anzahl N_C, der Maximalamplitude $\hat{s}$ und der als konstant über der Frequenz angenommenen Signaldämpfung durch den Übertragungskanal a.

C Einfluss von Störsignalen auf die Phasendifferenz

Bei der differentiellen Phasenmodulation erfolgt die Berechnung der Phasenwinkel auf Grundlage der Amplituden der Inphasen- und Quadraturkomponente (vgl. Unterabschnitt 5.2.1) gemäß

$$\varphi = \arctan\left(\frac{A^{\mathrm{Q}}}{A^{\mathrm{I}}}\right).$$

Jede der Basisfunktionen enthält gemäß Gleichung 5.6 einen Teil des Störsignals, so dass am Empfänger tatsächlich die gestörten Amplituden

$$r_i = A^{\mathrm{I}} + n_i$$
$$r_q = A^{\mathrm{Q}} + n_q$$

vorliegen, wobei im Fall von AWGN $\sigma_{n_i}^2 = \sigma_{n_q}^2 = \frac{N_0}{2}$.

Nimmt man für die additiven Störungen anstatt gaußverteilter Zufallsvariablen deterministische Signale n_i an und formuliert den das Empfangssignal zu einem Zeitpunkt i repräsentierenden Signalraumvektor als komplexen Vektor, so erhält man

$$r_i \mathrm{e}^{\mathrm{j}\varphi_{\mathrm{r},i}} = s_i \mathrm{e}^{\mathrm{j}\varphi_{\mathrm{s},i}} + n_i \mathrm{e}^{\mathrm{j}\varphi_{\mathrm{n},i}}. \tag{C.1}$$

Der Phasenwinkel des Empfangssignalvektors ergibt sich zu

$$\varphi_{\mathrm{r},i} = \arctan\left(\frac{s_i \sin\left(\varphi_{\mathrm{s},i}\right) + n_i \sin\left(\varphi_{\mathrm{n},i}\right)}{s_i \cos\left(\varphi_{\mathrm{s},i}\right) + n_i \cos\left(\varphi_{\mathrm{n},i}\right)}\right) \tag{C.2}$$

Unter Nutzung des Zusammenhangs

$$\arctan\left(X\right) - \arctan\left(Y\right) = \arctan\left(\frac{X-Y}{1+XY}\right) \tag{C.3}$$

ergibt sich mit Gleichung C.2 für die Phasendifferenz zweier mit Störungen überlagerter Empfangssignale $\Delta_{1,2} = \varphi_{\mathrm{r},2} - \varphi_{\mathrm{r},1}$ die Winkeldifferenz

$$\Delta_{1,2} = \frac{A + B - C + D}{A' + B' + C' + D'} \tag{C.4}$$

mit

$$A = s_1 s_2 \sin\left(\varphi_{\mathrm{s},2} - \varphi_{\mathrm{s},1}\right) \qquad A' = s_1 s_2 \cos\left(\varphi_{\mathrm{s},2} - \varphi_{\mathrm{s},1}\right)$$
$$B = s_2 n_1 \sin\left(\varphi_{\mathrm{s},2} - \varphi_{\mathrm{n},1}\right) \qquad B' = s_2 n_1 \cos\left(\varphi_{\mathrm{s},2} - \varphi_{\mathrm{n},1}\right)$$
$$C = n_2 s_1 \sin\left(-\varphi_{\mathrm{n},2} + \varphi_{\mathrm{s},1}\right) \qquad C' = n_2 s_1 \cos\left(-\varphi_{\mathrm{n},2} + \varphi_{\mathrm{s},1}\right)$$
$$D = n_2 n_1 \sin\left(\varphi_{\mathrm{n},2} - \varphi_{\mathrm{n},1}\right) \qquad D' = n_2 n_1 \cos\left(\varphi_{\mathrm{n},2} - \varphi_{\mathrm{n},1}\right)$$

Der Zusammenhang in Gleichung C.4 beschreibt den Einfluss deterministischer Störsignale auf die Phasendifferenz. Sofern zwischen $n_1 \mathrm{e}^{\mathrm{j}\varphi_{\mathrm{n},1}}$ und $n_2 \mathrm{e}^{\mathrm{j}\varphi_{\mathrm{n},2}}$ systematische Zusammenhänge existieren, können damit ihre Einflüsse auf die Phasendifferenzen analytisch beschrieben werden.

D Verzeichnis der Formelzeichen und Symbole

D.1 Lateinische Symbole

Symbol	Bedeutung
a	Verstärkungsfaktor, verwendet zur Modellierung der Dämpfung des Sendesignals bedingt durch den Übertragungskanal
a_{dB}	Verstärkungsfaktor a in dB
$\mathfrak{B}$	Gewählte Wavelet-Packet-Basis
c_0	Lichtgeschwindigkeit im Vakuum
C	Kanalkapazität
$\mathrm{DFT}\,\{x(n)\}$	Diskrete Fourier-Transformation der mit n indizierten Folge von Abtastwerten $x(n)$
$d_j(n)$	Diskrete Details einer Funktion f für Verschiebung n und Skalierung 2^j der Wavelet-Funktion
$d_{\min}$	Minimale Euklid'sche Distanz im Signalraum
$e(t)$	Quantisierungsfehler
E_{b}	Bitenergie
$\overline{E_{\mathrm{b}}}$	Mittlere Bitenergie
$E^{\mathrm{C}}(x)$	Über alle Mehrträger-Symbole aller Datenrahmen kumulierte Anzahl an Bitfehlern im Subband x
$E_{\max}$	Maximal zulässige elektrische Feldstärke
E_{P}	Ereignis „Präambel-Signal zum Beobachtungszeitpunkt im Empfangssignal vorhanden"
$e_p(m_{\mathrm{S}})$	Folge der Bitfehler im Subband p in Abhängigkeit vom Mehrträger-Symbolindex m_{S}
$E(p)$	Anzahl Bitfehler im Subband p, kumuliert über alle übertragenen Mehrträger-Symbole
$E_{\overline{\mathrm{P}}}$	Ereignis „Präambel-Signal im Empfangssignal zum Beobachtungszeitpunkt nicht vorhanden"

Symbol	Bedeutung
$\mathrm{erf}\,(x)$	Fehlerfunktion in Abhängigkeit des Parameters x
E_S	Symbolenergie
$\overline{E}_\mathrm{S}$	Mittlere Symbolenergie
$E^\mathrm{S}(m_\mathrm{S})$	Über alle OFDM-Symbole mit identischem Index innerhalb der Datenrahmen kumulierte Anzahl an Bitfehlern
$E_\mathrm{x}(y)$	Arithmetischer Mittelwert des Parameters y bezüglich x
f	Frequenz
$\widehat{\mathcal{F}}\,\{x(t)\}$	Geschätztes Leistungsdichtespektrum des Energiesignals $x(t)$
$f(t)$	Beliebige Funktion
f_0	Mischfrequenz bzw. Mittenfrequenz des Übertragungssignals in Bandpasslage
f_A	Abtastfrequenz
$f_{C,k}$	Mittenfrequenz des mit k indizierten Subträgers eines Sendesymbols
$F_x^\gamma\,(\tau,f)$	Short-Time-Fourier-Transformierte des Zeitsignals x mit Fensterfunktion γ in Abhängigkeit von Zeitverschiebung τ und Frequenz f
$f_\mathrm{M},f_\mathrm{S}$	Bezeichnung der beiden für IEC 61334-5-1 verwendeten Frequenzen
$g_\mathrm{HP}(n)$	Impulsantwort des Hochpass-Dekompositionsfilters einer Filterbank
$g_\mathrm{R}(t)$	Rechteck-Funktion
$g_\mathrm{S}(t)$	Impulsantwort eines Sende-Filters
$g_\mathrm{TP}(n)$	Impulsantwort des Tiefpass-Dekompositionsfilters einer Filterbank
$h(t)$	Impulsantwort eines linearen Filters
$H^\mathrm{a}(x)$	Absolute Auftretenshäufigkeit des Parameters x
$H_x^\mathrm{a}(y,z)$	Absolute Auftretenshäufigkeit des Parameters x in Abhängigkeit von y und z
$H(f)$	Frequenzgang eines linearen Filters
H_F	Hypothese für das Vorhandensein eines Datenrahmens

Symbol	Bedeutung
$h_{\mathrm{HP}}(n)$	Impulsantwort des Hochpass-Rekonstruktionsfilters einer Filterbank
$H_{\overline{\mathrm{F}}}$	Hypothese für das Nichtvorhandensein eines Datenrahmens
$\mathcal{H}\left\{x(t)\right\}$	Hilbert-Transformierte eines beliebigen Signals $x(t)$
$H_x^{\mathrm{r}}(y)$	Relative Auftretenshäufigkeit des Parameters x in Abhängigkeit von y
$h_{\mathrm{TP}}(n)$	Impulsantwort des Tiefpass-Rekonstruktionsfilters einer Filterbank
I_1, I_2	Den Ereignissen E_{P} und $E_{\overline{\mathrm{P}}}$ zugeordnete Wertebereiche der Zufallsvariable y
$\mathrm{IDFT}\left\{x(k)\right\}$	Inverse Diskrete Fourier-Transformation der mit k indizierten Koeffizienten-Folge $x(k)$
J	Maximale Tiefe des Wavelet-Baumes
K^{Imp}	Mächtigkeit der Menge M^{Imp} innerhalb eines Mess-Intervalls
L	Index der Schicht eines Kommunikationssystems
l	Leitungslänge
$\mathrm{L}^2(\mathbb{R})$	Menge der quadratisch integrierbaren reellwertigen Funktionen
L_{f}	Länge der Impulsantwort eines FIR-Filters
L^{BGN}	Mächtigkeit der Menge M^{BGN} innerhalb eines Mess-Intervalls
M	Wertigkeit einer Modulationsart (Anzahl möglicher Symbole, die aus der Kombination von k Bits entstehen)
m	Ordnung eines FIR-Filters
M^{BGN}	Menge aller Segmente innerhalb eines Beobachtungsintervalls, die als Hintergrundrauschen klassifiziert worden sind
m_{F}	Index zur Indizierung eines Datenrahmens in einer Folge von Datenrahmen
M^{Imp}	Menge aller Segmente innerhalb eines Beobachtungsintervalls, die als Impulsereignisse klassifiziert worden sind

Symbol	Bedeutung
m_S	Index zur Indizierung eines OFDM-Sybols in einer Folge von OFDM-Symbolen
$M_x(y)$	Median des Parameters y bezüglich x
$n(t)$	Störsignal
$N_0(t)$	Stochastischer Prozess des AWGN-Störszenarios
$n_0(t)$	Realisierung des stochastischen Prozesses des AWGN-Störszenarios
n_{AC}	Index eines Abschnittes einer Netzperiode
N_B	Anzahl der Beobachtungsfenster mit jeweiliger Dauer T_B
N_B	Zur Darstellung von Amplitudenwerten verwendete Anzahl Bits
$N_{b,e}$	Anzahl fehlerhafter Bits
N_b	Gesamtanzahl Bits
$N_{BGN}(t)$	Stochastischer Prozess des PLC-Hintergrundrauschens
$n^{BGN}(t)$	Segment einer Realisierung des Störszenarios $n_{PLC}(t)$, das als Hintergrundrauschen klassifiziert wird
$\hat{N}^{BGN}(f)$	Mittleres, geschätztes Spektrum von $n^{BGN}(t)$
$n_{l_i}^{BGN}(t)$	Zeitsignal des l-ten der Hintergrundstörung zugeordneten Segments im Beobachtungsfenster i
N_{BPC}	Anzahl der je OFDM-Subträger übertragenen Bits
N_C	OFDM-Subträger-Anzahl
N_{CP}	Anzahl der Abtastwerte, um die das OFDM-Symbol zyklisch erweitert wird
$N_{D,TX}$	Datenmenge (Anzahl Nutzdatenbits)
N_D	Anzahl der Datensymbole, die in direkter Folge mittels Wavelet-Packet-Modulation moduliert werden
N_F	Gesamtanzahl Datenrahmen
$N_{F,e}$	Anzahl fehlerhafter Datenrahmen
N_{FFT}, N_{FT}	Anzahl der FFT-Punkte
$N_{IMP}(t)$	Stochastischer Prozess der PLC-Impulsstörer
$n^{Imp}(t)$	Segment einer Realisierung des Störszenarios $n_{PLC}(t)$, das als Impulsereignis klassifiziert wird

Symbol	Bedeutung
$\hat{n}^{\mathrm{Imp}}(t)$	Maximale Amplitude innerhalb des Segments $n^{\mathrm{Imp}}(t)$
$\hat{N}^{\mathrm{Imp}}(f)$	Mittleres, geschätztes Spektrum von $n^{\mathrm{Imp}}(t)$
$\tilde{n}_{k_i}^{\mathrm{Imp}}(t)$	Zeitsignal des k-ten Impulsereignisses im Beobachtungsfenster i, wobei die Maximalamplitude u_{max} nicht erreicht wird
$\bar{n}_{k_i}^{\mathrm{Imp}}(t)$	Zeitsignal des k-ten Impulsereignisses im Beobachtungsfenster i, wobei die Maximalamplitude u_{max} erreicht wird
$N_{\mathrm{NBN}}(t)$	Stochastischer Prozess der PLC-Schmalbandstörer
N_{P}	Anzahl der Zeitabschnitte mit Dauer T_{P}, in die ein Beobachtungsfenster unterteilt wird
$\hat{N}_{\mathrm{PHY}}$	Maximale Anzahl Bits des Nutzdatenfeldes eines Datenrahmens der Bitübertragungsschicht
$N_{\mathrm{PLC}}(t)$	Stochastischer Prozess des PLC-Störszenarios
$n_{\mathrm{PLC}}(t)$	Realisierung des stochastischen Prozesses des PLC-Störszenarios
N_{PPDU}	Zur Übertragung einer bestimmten Datenmenge benötigte Anzahl der Datenrahmen der Bitübertragungsschicht
$N_{\mathrm{S,H}}$	Anzahl der Header-Symbole eines Datenrahmens der Bitübertragungsschicht
N_{SI}	Symbolintervall der Wavelet-Packet-Modulation in Abtastwerten
N_{S}	Anzahl der Nutzdaten-Symbole eines Datenrahmens der Bitübertragungsschicht
$N_{\mathrm{SS},j}$	Zeitdauer eines einzelnen Subsymbols der Wavelet-Packet-Modulation in Abtastwerten
N_{WPM}	Anzahl der Abtastwerte einer WPM-Signalform, die N_{D} Datensymbolen entspricht
P	Anzahl der Abtastwerte, die ein Präambel-Signal umfasst
p	Subträger-Index eines Mehrträger-Symbols
$P(x)$	Wahrscheinlichkeit eines Ereignisses x
$P_{\mathrm{b,e}}$	Bitfehlerwahrscheinlichkeit

Symbol	Bedeutung
$P_{e,X}$	Bitfehlerwahrscheinlichkeit bei Verwendung der Modulationsart X
$P_{F,e}$	Rahmenfehlerwahrscheinlichkeit
$R_{F,e}$	Rahmenfehlerrate
$P_i^t(m \cdot T_P)$	Mittlere Leistung des Spannungsverlaufs des Zeitabschnittes m innerhalb des Beobachtungsfensters mit Index i
$P_i^f(m \cdot T_P, f)$	Mittleres geschätztes Leistungsdichtespektrum des Spannungsverlaufs des Zeitabschnittes m innerhalb des Beobachtungsfensters mit Index i
P_S	Signalleistung eines Symbols
$\overline{P}_{u_i}$	Mittlere Leistung des Spannungsverlaufs innerhalb des gesamten Beobachtungsfensters mit Index i
$p_x(y)$	Wahrscheinlichkeitsdichtefunktion der Zufallsvariable x bezüglich des Parameters y
$P_x(y)$	Wahrscheinlichkeitsverteilung der Zufallsvariable x bezüglich des Parameters y
$\hat{P}_x(y)$	Geschätzte Wahrscheinlichkeitsverteilung der Zufallsvariable x bezüglich des Parameters y
$Q(x)$	Q-Funktion
q	Quantisierungsstufe
r	Bandbreite-Effizienz
$r(t)$	Empfangssignal
$r_*(t)$	Unterabgetastetes Signal (Empfangssignal des integrierten Datenübertragungs- und Signalerfassungs-Systems)
R_b	Bit- bzw. Datenrate
$R_{b,e}$	Bitfehlerrate
$R_{b,e}^f(p)$	Anteil an Bitfehlern, die auf den Subträger mit Index p entfallen
$R_{b,e}^t(m_S)$	Anteil an Bitfehlern, die auf das OFDM-Symbol mit Index m_S aller Datenrahmen entfallen
R_F	Rahmendetektionsrate

Symbol	Bedeutung
$R_{\mathrm{F,e}}$	Rahmenfehlerrate
R_K	Symbolrate
$r_{xy}(z)$	Kreuzkorrelation der Zufallsvariablen x und y bezüglich des Parameters z
$\hat{s}$	Absolutes Maximum eines Sendesignals
$s_{\mathrm{Chirp}}(t)$	Chirp-Signal
$\mathrm{sgn}\,(x)$	Signum-Funktion
S_j	Skalierung einer Funktion
$s_m(t)$	Signalform, die der Bitfolge mit Index m zugeordnet ist
$\mathrm{SNR}_{\mathrm{Q,dB}}$	Signal-zu-Störverhältnis bei Betrachtung des Quantisierungsrauschens
$s_{\mathrm{P}}(k)$	Zeitdiskretes Zeitsignal einer Präambel-Signalform
$s(t)$	Sendesignal
$S_{xy}(f)$	Leistungsdichtespektrum der Zufallsvariablen x und y über der Frequenz f
T_0	Uhrzeit des Beginns der Langzeit-Untersuchung eines Netzes
t	Zeit
T_{AC}	Periodendauer der Netzwechselspannung
T_{B}	Dauer eines Beobachtungsfensters
$T^{\mathrm{BGN}}(t)$	Zeitdauer eines Segments, das dem Hintergrundrauschen zugeordnet wird
T_{CP}	Zeitdauer der zyklischen Fortsetzung eines OFDM-Symboldauer
T_{D}	Für die Übertragung einer bestimmten Anzahl Bits benötigte Zeitdauer
t^{E}	Ende eines Segments
T_{G}	Zeitdauer der zyklischen Erweiterung eines OFDM-Symbols
t_{h}	Uhrzeit des Beginns einer Aufzeichnung der Länge T_{M}, bestimmt mit Hilfe von T_0 und $\Delta_{T_{\mathrm{h}}}$

Symbol	Bedeutung
$T^{\mathrm{Imp}}(t)$	Zeitdauer eines Segments, das einem Impulsereignis zugeordnet wird
$\hat{t}^{\mathrm{Imp}}(t)$	Zeitpunkt, zu dem die Maximalamplitude $\hat{n}^{\mathrm{Imp}}(t)$ auftritt
$t^{\mathrm{S}}_{k_i}$	Zeitpunkt, der den Beginn des k-ten Impulsereignisses im i-ten Beobachtungsintervall markiert
$t^{\mathrm{E}}_{k_i}$	Zeitpunkt, der das Ende des k-ten Impulsereignisses im i-ten Beobachtungsintervall markiert
T_{M}	Zeitraum, über dessen Dauer hinweg der Spannungsverlauf $u(t)$ gemessen wird
$T_{\max}$	Maximale Zeitdauer der Impulsantwort eines Übertragungskanals
$T_{\mathrm{PHY},\Sigma}$	Für die Übertragung einer Datenmenge mittels Datenrahmen der Bitübertragungsschicht benötigte Zeitdauer
T_{Pr}	Dauer der Präambel eines Datenrahmens der Bitübertragungsschicht
T_{P}	Dauer des zur Bestimmung der mittleren Leistung herangezogenen Mittelungsintervalls
T_{S}	Symboldauer
t^{S}	Beginn eines Segments
T_{SI}	OFDM-Symbolintervall
$u(t)$	Gemessener, einer Realisierung eines Störszenarios zugeordneter Spannungsverlauf
$u_*(t)$	Aus $u(t)$ durch Abtastung und Bandpass-Filterung gewonnener Spannungsverlauf
$u_i(t)$	Gemessener Spannungsverlauf innerhalb des Beobachtungsfensters mit Index i
$u^{\mathrm{Th}}_{i,1}, u^{\mathrm{Th}}_{i,2}$	Schwellwerte zur Bestimmung der zeitlichen Grenzen eines Impulsereignisses innerhalb des Beobachtungsfensters i
$u_{\max}$	Maximalamplitude eines gemessenen Spannungsverlaufes
$U_{\max}$	Mittels N_{B} Bits maximal darstellbarer Amplitudenwert
$U_{\mathrm{N}}(f)$	Durch additive Störsignale verursachte Spannung

Symbol	Bedeutung
$U_{\mathrm{Rx}}(f)$	Am Netzanschlusspunkt des Empfängers messbare Spannung
$U_{\mathrm{Tx}}(f)$	Am Netzanschlusspunkt des Senders messbare Spannung
V_j	Approximation einer Funktion mit Skalierung 2^j
W	Einseitige Bandbreite eines Übertragungssignals
W_j	Details einer Funktion mit Skalierung 2^j
W_{S}	Einseitige Bandbreite eines Sendesymbols
W_{SC}	Einseitige Bandbreite eines Subträgers eines Sendesymbols
$W_{\mathrm{SC},j}$	Einseitige Bandbreite eines Subbandes der Wavelet-Packet-Modulation
$x(t)$	Beliebiges Zeitsignal
$X_{\mathrm{BP}}(f)$	Spektrum eines beliebigen Signals $x_{\mathrm{BP}}(t)$ in Bandpass-Lage
$x_{\mathrm{BP}}(t)$	Zeitsignal eines beliebigen Signals in Bandpass-Lage
$x^{\mathrm{I}}(t)$	Inphasen-Komponente des äquivalenten Tiefpass-Signals $x_{\mathrm{TP}}(t)$
$x^{\mathrm{Q}}(t)$	Quadratur-Komponente des äquivalenten Tiefpass-Signals $x_{\mathrm{TP}}(t)$
$X_{\mathrm{TP}}(f)$	Spektrum eines beliebigen Signals $x_{\mathrm{TP}}(t)$ in Tiefpass-Lage
$x_{\mathrm{TP}}(t)$	Zeitsignal eines beliebigen Signals in Tiefpass-Lage
$y_1(k), y_2(k),$ $y_3(k)$	Zeitdiskrete Verläufe der Beträge der den Subträgern zugeordneten Koeffizienten $\hat{c}_1$, $\hat{c}_2$ und $\hat{c}_3$
y_{th}	Schwellwert
$y_{\mathrm{K}}(k)$	Zeitdiskretes Korrelationsergebnis bei Korrelation des Empfangssignals mit einer festen Referenz
$y_{\mathrm{X}}(k)$	Zeitdiskretes Korrelationsergebnis bei Korrelation zweier zeitverschobener Beobachtungsfenster des Empfangssignals
$Z_{\mathrm{A}}(f)$	Netzimpedanz am Netzanschlusspunkt des Empfängers
$Z_{\mathrm{E}}(f)$	Netzzugangsimpedanz
$Z_{\mathrm{K}}(f)$	Impedanz der Koppelschaltung des Senders

D.2 Griechische Symbole

Symbol	Bedeutung
β	Bitfehlerrate
$\delta(x)$	Dirac-Impuls in Abhängigkeit des Parameters x
δ	Infinitesimal kleine Abweichung
Δ_f	Frequenzabstand
$\Delta_\varphi^{\mathrm{F}}$	Differenz der Phasenwinkel zweier spektral benachbarter Datensymbole
$\Delta_\varphi^{\mathrm{T}}$	Differenz der Phasenwinkel zweier zeitlich aufeinander folgender Datensymbole
Δ_{T_h}	Zeitlicher Abstand zweier aufeinanderfolgender Aufzeichnungen des Störszenarios
Δ_x	Differenz bzgl. des Parameters x
ϵ_r	Permittivität
Γ_x	Crest-Faktor eines Signals $x(t)$
η_{PHY}	Effizienz der Bitübertragungsschicht eines Übertragungssystems
λ	Wellenlänge des Sendesignals
Λ_x	Peak-to-Average-Power-Ratio (PAPR) eines Signals $x(t)$
μ_r	Permeabilität
ν_S	Anzahl der in direkter Folge übertragenen Symbole
Ω	Normierte Kreisfrequenz
$\phi_{j,n}(t)$	Skalierungsfunktion mit Verschiebung n und Skalierung 2^j
ϕ_j	Basisfunktion mit Index i
φ_m	Phasenwinkel der Signalform mit Index m im Signalraum
$\Psi_{j,n}(t)$	Wavelet mit Verschiebung n und Skalierung 2^j
θ_{PHY}	Kenngröße für den Vergleich zweier Übertragungstechnologien unter Wahl verschiedener Modulationsparameter

Literaturverzeichnis

[1] *EN 50065 – Signalübertragung auf elektrischen Niederspannungsnetzen im Frequenzbereich 3 kHz bis 148,5 kHz*, 2001.

[2] **Arzberger, M., K. Dostert, T. Waldeck** und **M. Zimmermann**: *Fundamental properties of the low voltage power distribution grid.* In: *Proceedings of the 1997 International Symposium on Power Line Communications and Its Applications, Essen, Germany*, 1997.

[3] **Arzberger, Michael**: *Datenkommunikation auf elektrischen Verteilnetzen für erweiterte Energiedienstleistungen.* Dissertation, Berlin, 1998, ISBN 3-89722-061-X.

[4] **Bausch, J., T. Kistner, M. Babic** und **K. Dostert**: *Characteristics of Indoor Power Line Channels in the Frequency Range 50 - 500 kHz.* In: *Power Line Communications and Its Applications, 2006 IEEE International Symposium on*, Seiten 86 –91, 0-0 2006.

[5] **Bausch, Jörg**: *Elektrische Installationsnetze als Datenübertragungsmedium zur Gebäudeautomatisierung.* Mensch & Buch Verl., Berlin, 2005, ISBN 3-89820-986-5.

[6] **Bronstein, I. N.** (Herausgeber): *Taschenbuch der Mathematik.* Deutsch, Frankfurt am Main, 6., vollst. überarb. und erg. aufl., nachdr. Auflage, 2006.

[7] **Bundesministerium für Wirtschaft und Technologie**: *E-Energy Jahreskongress 2009*, November 2009.

[8] **Canete, F.J., J.A. Cortes, L. Diez, J.T. Entrambasaguas** und **J.L. Carmona**: *Fundamentals of the cyclic short-time variation of indoor power-line channels.* Seiten 157 – 161, apr. 2005.

[9] **Chiueh, Tzi Dar ; Tsai, Pei Yun**: *OFDM baseband receiver design for wireless communications.* Wiley, Singapore, 2007, ISBN 978-0-470-82234-0.

[10] **Cimini, L., Jr.**: *Analysis and Simulation of a Digital Mobile Channel Using Orthogonal Frequency Division Multiplexing.* Communications, IEEE Transactions on, 33(7):665 – 675, Juli 1985, ISSN 0090-6778.

[11] **Corripio, F.J.C., J.A.C. Arrabal, L.D. del Rio** und **J.T.E. Munoz**: *Analysis of the cyclic short-term variation of indoor power line channels.* Selected Areas in Communications, IEEE Journal on, 24(7):1327 – 1338, 2006.

[12] **Daubechies, Ingrid**: *Orthonormal bases of compactly supported wavelets.* Communications on Pure and Applied Mathematics, 41(7):909–996, Oktober 1988.

[13] **DIN Deutsches Institut für Normung e. V.**: *EN 61334-5-1*, 2001.

[14] **Dostert, Klaus**: *Powerline-Kommunikation : Smart-Home-Gebäudeautomatisierung, Internet aus der Steckdose, EMV-Aspekte; mit 27 Tabellen*. Franzis, Poing, 2000, ISBN 3-7723-4423-2.

[15] **Europäisches Parlament**: *Richtlinie 2006/32/EG des Europäischen Parlaments und des Rates vom 5. April 2006 über Endenergieeffizienz und Energiedienstleistungen*, 2006.

[16] **Ferreira, Hendrik C. [Hrsg.]** (Herausgeber): *Power line communications : theory and applications for narrowband and broadband communications over power lines*. Wiley, Chichester, 2010, ISBN 978-0-470-74030-9 ; 0-470-74030-2.

[17] **Franz, Oliver** *et al.*: *Potenziale der Informations- und Kommunikations-Technologien zur Optimierung der Energieversorgung und des Energieverbrauchs (eEnergy)*, 2006.

[18] **Gardner, W.** und **L. Franks**: *Characterization of cyclostationary random signal processes*. Information Theory, IEEE Transactions on, 21(1):4 – 14, Januar 1975.

[19] **Gibson, Jerry D. [Hrsg.]** (Herausgeber): *The communications handbook*. The electrical engineering handbook series. CRC Press [u.a.], Boca Raton, Fla., 1997, ISBN 0-8493-8349-8.

[20] **Götz, Matthias**: *Mikroelektronische, echtzeitfähige Emulation von Powerline-Kommunikationskanälen*. Mensch & Buch Verlag, Berlin, 2004, ISBN 3-89820-672-6.

[21] **Harris, F.J.**: *On the use of windows for harmonic analysis with the discrete Fourier transform*. Proceedings of the IEEE, 66(1):51 – 83, 1978.

[22] **Hooijen, Olaf**: *Aspects of residential power line communications*. Dissertation, Aachen, 1998, ISBN 3-8265-3429-8.

[23] **IEEE Computer Society**: *IEEE Standard 802.11-2007: Wireless LAN Medium Access Control (MAC) and Physical Layer (PHY) Specifications*, Juni 2007.

[24] **ISO/IEC**: *Information Technology–Open Systems Interconnection–Basic reference model*, 1994.

[25] **Jeruchim, M.**: *Techniques for Estimating the Bit Error Rate in the Simulation of Digital Communication Systems*. Selected Areas in Communications, IEEE Journal on, 2(1):153 – 170, Januar 1984, ISSN 0733-8716.

[26] **Jondral, Friedrich ; Wiesler, Anne**: *Wahrscheinlichkeitsrechnung und stochastische Prozesse : Grundlagen für Ingenieure und Naturwissenschaftler; mit 45 Übungsaufgaben und Tabellen*. Lehrbuch. Teubner, Stuttgart [u.a.], 2., durchges. und aktualisierte aufl. Auflage, 2002, ISBN 3-519-16263-6.

[27] **Jondral, Friedrich**: *Nachrichtensysteme : Grundlagen - Verfahren - Anwendungen*. Schlembach, Weil der Stadt, 2001, ISBN 3-935340-03-6.

[28] **Jones, W.W.**: *A unified approach to orthogonally multiplexed communication using wavelet bases and digital filter banks.* Dissertation, 1994.

[29] **Kammeyer, Karl Dirk**: *Nachrichtenübertragung.* Studium. Vieweg + Teubner, Wiesbaden, 4., neu bearb. u. erg. aufl. Auflage, 2008, ISBN 3-8351-0179-X ; 978-3-8351-0179-1.

[30] **Kammeyer, Karl-Dirk ; Kroschel, Kristian**: *Digitale Signalverarbeitung : Filterung und Spektralanalyse; mit MATLAB-Übungen; mit 33 Tabellen.* Studium. Vieweg + Teubner, Wiesbaden, 7., erw. u. korr. aufl. Auflage, 2009, ISBN 978-3-8348-0610-9.

[31] **Kaplan, E. L.** und **Paul Meier**: *Nonparametric Estimation from Incomplete Observations.* Journal of the American Statistical Association, 53(282):pp. 457–481, 1958, ISSN 01621459.

[32] **Katayama, M., T. Yamazato** und **H. Okada**: *A mathematical model of noise in narrowband power line communication systems.* Selected Areas in Communications, IEEE Journal on, 24(7):1267–1276, 2006, ISSN 0733-8716.

[33] **Kiencke, Uwe ; Jäkel, Holger**: *Signale und Systeme.* Oldenbourg-Verl., München, 4., korr. aufl. Auflage, 2008, ISBN 978-3-486-58734-0 ; 3-486-58734-X.

[34] **Kiencke, Uwe ; Schwarz, Michael ; Weickert Thomas**: *Signalverarbeitung : Zeit-Frequenz-Analyse und Schätzverfahren.* Oldenbourg, München, 2008, ISBN 978-3-486-58668-8 ; 3-486-58668-8.

[35] **Kistner, Timo**: *Ein neuartiges mehrträgerbasiertes PLC-System mit störresistenter Synchronisation.* Dissertation, Karlsruhe, 2008, ISBN 978-3-86644-224-5.

[36] **Kommission der Europäischen Gemeinschaften**: *Aktionsplan für Energieeffizienz: Das Potenzial ausschöpfen,* Oktober 2006.

[37] **Larsson, A.**: *High frequency distortion in power grids due to electronic equipment.* Licentiate Thesis, Luleå tekniska universitet, 2006.

[38] **Électricité Réseau Distribution France**: *PLC G3 MAC Layer Specification,* 2009.

[39] **Électricité Réseau Distribution France**: *PLC G3 Physical Layer Specification,* 2009.

[40] **Électricité Réseau Distribution France**: *PLC G3 Profile Specification,* 2009.

[41] **Lindsey, A.R.**: *Generalized Orthogonally Multiplexed Communication via Wavelet Packet Bases.* Dissertation, Ohio University, 1995.

[42] **Lüke, Hans Dieter**: *Korrelationssignale : Korrelationsfolgen und Korrelationsarrays in Nachrichten- und Informationstechnik, Messtechnik und Optik.* Springer, Berlin, 1992, ISBN 3-540-54579-4.

[43] **Lynch, Nancy A.**: *Distributed algorithms.* The Morgan Kaufmann Series in Data Management Systems. Kaufmann, San Francisco, Calif., 1996, ISBN 1-55860-348-4.

[44] **Mallat, Stéphane G.**: *A wavelet tour of signal processing : the sparse way.* Academic Press Elsevier, Amsterdam, 3. ed. Auflage, 2009, ISBN 0-12-374370-2 ; 978-0-12-374370-1. Previous ed.: 1999.

[45] **Meschede, Dieter** (Herausgeber): *Gerthsen Physik.* Springer-Lehrbuch. Springer-Verlag Berlin Heidelberg, Berlin, Heidelberg, 23., überarbeite auflage Auflage, 2006, ISBN 978-3-540-29973-8.

[46] **Ohm, Jens-Rainer ; Lüke, Hans Dieter**: *Signalübertragung : Grundlagen der digitalen und analogen Nachrichtenübertragungssysteme.* Springer-Lehrbuch. Springer, Berlin, 10., neu bearb. u. erw. aufl. Auflage, 2007, ISBN 978-3-540-69256-0 ; 3-540-69256-8.

[47] **Oppenheim, Alan V. ; Schafer, Ronald W. ; Buck John R.**: *Zeitdiskrete Signalverarbeitung.* Pearson-Studiumet - Elektrotechnik : Signalverarbeitung. Pearson Studium, München [u.a.], 2., überarb. aufl., [neuübers.] Auflage, 2004, ISBN 3-8273-7077-9.

[48] **Papoulis, Athanasios ; Pillai, S. Unnikrishna**: *Probability, random variables, and stochastic processes.* McGraw-Hill series in electrical and computer engineering. McGraw-Hill, Boston, 4. ed. Auflage, 2002, ISBN 0-07-366011-6.

[49] **PRIME Alliance Technical Working Group**: *PoweRline Intelligent Metering Evolution - Draft Standard 1.3E,* 2010.

[50] **Proakis, John G. ; Salehi, Masoud**: *Digital communications.* McGraw-Hill, Boston [u.a.], 5th ed., international ed. Auflage, 2008, ISBN 978-0-07-126378-8.

[51] **Projekt OPEN meter**: *Deliverable D 1.1 – Report on the Identifiation and Specification of Functional, Technical, Economical and General Requirements of Advanced Multi-Metering Infrastructure, Including Security Requirements,* 2009.

[52] **Projekt OPEN meter**: *Deliverable D 2.1 – Description of state-of-the-art PLC-based Access Technology,* 2009.

[53] **Projekt OPEN meter**: *Deliverable D 2.2 – Assessment of Potentially Adequate Telecommunications Technologies – General Requirements and Assessment of Technologies,* 2009.

[54] **Projekt OPEN meter**: *Deliverable D 2.3 – Identification of Research Needs from Bottom-Up Approach – Knowledge Gaps,* 2009.

[55] **Projekt OPEN meter**: *Deliverable D 3.1 – Design of the Overall System Architecture,* 2010.

[56] **Radgen, Peter**: *Zukunftsmarkt Elektrische Energiespeicherung.* Fallstudie im Auftrag des Umweltbundesamtes, Dezember 2007.

[57] **Sachverständigenrat für Umweltfragen**: *Weichenstellungen für eine nachhaltige Stromversorgung.* Thesenpapier, Mai 2009.

[58] **Schmidl, T.M.** und **D.C. Cox**: *Robust frequency and timing synchronization for OFDM.* Communications, IEEE Transactions on, 45(12):1613–1621, dec 1997, ISSN 0090-6778.

[59] **Schober, Henrik**: *Breitbandige OFDM-Funkübertragung bei hohen Teilnehmergeschwindigkeiten.* Dissertation, Karlsruhe, 2003.

[60] **Schwab, Adolf J.**: *Elektroenergiesysteme : Erzeugung, Transport, Übertragung und Verteilung elektrischer Energie.* Springer, Berlin, 2006, ISBN 3-540-29664-6.

[61] **Shannon, C. E.**: *A mathematical theory of communication.* SIGMOBILE Mob. Comput. Commun. Rev., 5:3–55, January 2001, ISSN 1559-1662. http://doi.acm.org/10.1145/584091.584093.

[62] **Shannon, C.E.**: *Communication in the presence of noise.* Proceedings of the IEEE, 72(9):1192–1201, 1984, ISSN 0018-9219.

[63] **Tanenbaum, Andrew S.**: *Computer networks.* Pearson Education International, Upper Saddle River, NJ, 4. ed., internat. ed. Auflage, 2003, ISBN 0-13-038488-7.

[64] **Thomson, D.J.**: *Spectrum estimation and harmonic analysis.* Proceedings of the IEEE, 70(9):1055–1096, sep. 1982, ISSN 0018-9219.

[65] **Unger, Hans Georg**: *Elektromagnetische Wellen auf Leitungen.* ELTEX. Hüthig, Heidelberg, 4. aufl. Auflage, 1996, ISBN 3-7785-2390-2.

[66] **Weickert, Thomas**: *Nichtstationäre Filterung mit Hilfe analytischer Wavelet Packets am Beispiel von Sprachsignalen.* Dissertation, Karlsruhe, 2009, ISBN 978-3-86644-317-4.

[67] **Wiesler, Anne**: *Parametergesteuertes Software Radio für Mobilfunksysteme.* Dissertation, 2001.

[68] **Zimmermann, Manfred**: *Energieverteilnetze als Zugangsmedium für Telekommunikationsdienste.* Berichte aus der Kommunikationstechnik. Shaker, Aachen, 2000, ISBN 3-8265-7664-0.

Eigene Veröffentlichungen

[69] **Bauer, Michael**: *Impulsive noise on the low voltage mains grid - detection method, parameter analysis and mitigation of its effects.* In: **Puente, Fernando** und **Klaus Dostert** (Herausgeber): *Reports on Industrial Information Technology*, Band 12, Seiten 75–93. KIT Scientific Publishing, Karlsruhe, 2010. http://digbib.ubka.uni-karlsruhe.de/volltexte/1000016446.

[70] **Bauer, Michael, René Anselment** und **Klaus Dostert**: *Integrated wavelet packet modulation and signal analysis using analytic wavelet packets.* In: *IEEE International Symposium on Power Line Communications and Its Applications (ISPLC 2009)*, Seiten 154–159, 2009. ISSN.

[71] **Bauer, Michael** und **Klaus Dostert**: *Automated Metering und Kommunikationstechnologie - Power Line Communication zur Vernetzung intelligenter Stromzähler.* In: **Puente, Fernando, Klaus Dieter Sommer** und **Michael Heizmann** (Herausgeber): *Verteilte Messsysteme*, Seiten 69–83, Karlsruhe, 2010. KIT Scientific Publishing.

[72] **Bauer, Michael** und **Marco Kruse**: *Countering impulsive noise without channel coding.* In: **Puente, Fernando** und **Klaus Dostert** (Herausgeber): *Reports on Industrial Information Technology*, Band 12, Seiten 95–112. KIT Scientific Publishing, Karlsruhe, 2010. http://digbib.ubka.uni-karlsruhe.de/volltexte/1000016446.

[73] **Bauer, Michael** und **Wenqing Liu**: *Robustness testing of an FSK PLC physical layer implementation by means of a channel emulator.* In: **Puente, Fernando** und **Klaus Dostert** (Herausgeber): *Reports on Industrial Information Technology*, Band 12, Seiten 113–128. KIT Scientific Publishing, Karlsruhe, 2010. http://digbib.ubka.uni-karlsruhe.de/volltexte/1000016446.

[74] **Bauer, Michael, Wenqing Liu** und **Klaus Dostert**: *Channel emulation of low-speed PLC transmission channels.* In: *IEEE International Symposium on Power Line Communications and Its Applications (ISPLC 2009)*, Seiten 267–272, 2009. ISSN.

[75] **Bauer, Michael, Wolfgang Plappert, Chong Wang** und **Klaus Dostert**: *Packet-oriented communication protocols for Smart Grid Services over low-speed PLC.* In: *Power Line Communications and Its Applications, 2009. ISPLC 2009. IEEE International Symposium on*, Seiten 89–94, 2009.

[76] **Bauer, Michael, Martin Sigle** und **Klaus Dostert**: *Evaluation von PLC-Übertragungssystemen für Smart Metering.* Technisches Messen, 77(10):516–523, 2010.

[77] **Brummund, Stephan, Michael Bauer** und **Uwe Kiencke**: *Automated configuration of TDMA-based and event-triggered vehicle-networks with respect to real-time constraints.* SAE Technical Paper, Seiten 1–10, Detroit, 13-18 April 2008. SAE World Congress 2008. SAE Technical Paper 2008-01-0276.

[78] **Kistner, T., M. Bauer, A. Hetzer** und **K. Dostert**: *Analysis of zero crossing synchronization for OFDM-based AMR systems*. In: *Power Line Communications and Its Applications, 2008. ISPLC 2008. IEEE International Symposium on*, Seiten 204 –208, 2008.

[79] **Kistner, Timo, Michael Bauer, Johannes Kallenberg, Thilo Fath** und **Wenqing Liu**: *Design of a PLC Modem for Automation of Mining Systems*. In: **Kiencke, Uwe** und **Klaus Dostert** (Herausgeber): *Berichte aus der Informatik Reports on Industrial Information Technology*, Band 11, Seiten 91–102. Shaker Verlag, Aachen, 2008.

[80] **Nenninger, Philipp** und **Michael Bauer**: *Algorithms for Error Detection and Error Containment in Network-based Automotive Communication Media*. In: **Kiencke, Uwe** und **Klaus Dostert** (Herausgeber): *Berichte aus der Informatik Reports on Industrial Information Technology*, Band 10, Seiten 129–140. Shaker Verlag, Aachen, 2007.

[81] **Nenninger, Philipp, Michael Bauer** und **Uwe Kiencke**: *On reliable communication and group membership in safety-relevant automotive electronic systems*. In: *SAE Technical Paper*, SAE Technical Paper, Detroit, April 2007. SAE World Congress 2007.

[82] **Sigle, M., M. Bauer, Wenqing Liu** und **K. Dostert**: *Transmission channel properties of the low voltage grid for narrowband power line communication*. In: *Power Line Communications and Its Applications (ISPLC), 2011 IEEE International Symposium on*, Seiten 289 –294, april 2011.

Betreute Diplom- und Studienarbeiten

[83] **Anselment, René**: *Analyse der Anwendbarkeit der Wavelet-Packet-Modulation für störresistente Datenkommunikation über Energieverteilnetze.* Studienarbeit, Universität Karlsruhe (TH), 2007.

[84] **Anselment, René**: *Analyse und Entwurf wavelet-basierter Methoden zur Optimierung der Zuverlässigkeit der Informationsübertragung mittels PLC.* Diplomarbeit, Universität Karlsruhe (TH), 2008.

[85] **Bliem, Tobias**: *Simulation und Analyse der Auswirkungen von Mehrwegeausbreitung auf die Wavelet-Packet-Modulation für PLC.* Diplomarbeit, Universität Karlsruhe (TH), 2009.

[86] **Fenske, Volker**: *Untersuchung der Auswirkungen von Impulsstörern auf mit Wavelet Packets modulierte Übertragungssignale.* Studienarbeit, Karlsruher Institut für Technologie, 2009.

[87] **Fenske, Volker**: *Analyse der Lokalisierungseigenschaften der Wavelet Packet Modulation bezüglich additiver Störungen des PLC-Übertragungskanals.* Diplomarbeit, Karlsruher Institut für Technologie, 2010.

[88] **Friederich, Stephanie**: *Implementierung eines MAC-Protokolls für die Power Line Kommunikation.* Studienarbeit, Universität Karlsruhe (TH), 2009.

[89] **Gharabli, Nader**: *Implementierung Wavelet Packet Transformation in VHDL.* Studienarbeit, Karlsruher Institut für Technologie, 2010.

[90] **Hammacher, Felix**: *Evaluation der Verwendbarkeit von Verfahren zur Rahmensynchronisation für die Powerline-Kommunikation.* Studienarbeit, Universität Karlsruhe (TH), 2009.

[91] **Hammacher, Felix**: *Zeit-Frequenz-Analyse des PLC-Störszenarios im Frequenzbereich bis 500 kHz.* Diplomarbeit, Karlsruher Institut für Technologie, 2010.

[92] **Köhler, Sebastian**: *Analyse von Methoden für Smart-Metering-Anwendungen zur Wahrung der Datensicherheit.* Studienarbeit, Karlsruher Institut für Technologie, 2010.

[93] **Kruse, Marco**: *Detektion und Filterung von Impulsstörern bei der Power Line Communication.* Diplomarbeit, Universität Karlsruhe (TH), 2009.

[94] **Lax, Luis**: *Implementation and Verification of a Polling-based MAC Layer Protocol for PLC.* Diplomarbeit, Karlsruher Institut für Technologie, 2010.

[95] **Li, Chen**: *Implementierung eines OFDM-Simulationsmodells in Matlab/Simulink.* Studienarbeit, Universität Karlsruhe (TH), 2008.

[96] **Liu, Wenqing**: *Design of a Modular Mixed-Signal Hardware Concept for PLC Channel Emulation.* Diplomarbeit, Universität Karlsruhe (TH), 2008.

[97] **Martínez, Miguel**: *FPGA Implementation of Communication Protocols for PLC Networks.* Diplomarbeit, Universität Karlsruhe (TH), 2009.

[98] **Pan, Yang**: *Simulation und Analyse eines MAC-Protokolls mit erweiterter Fehlerdetektion für PLC*. Diplomarbeit, Karlsruher Institut für Technologie, 2010.

[99] **Perkuhn, Oliver**: *Analyse und Bewertung der Robustheit eines OFDM-basierten PLC-Übertragungssystems nach PRIME-Spezifikation*. Studienarbeit, Universität Karlsruhe (TH), 2009.

[100] **Pham, Minh Giau**: *Programmierung eines USB-Controllers zur Realisieurung einer echtzeitfähigen Datenschnittstelle*. Studienarbeit, Universität Karlsruhe (TH), 2009.

[101] **Plappert, Wolfgang**: *Entwurf und Evaluation effizienter paketorientierter Kommunikationsprotokolle für PLC-basierte Energiemanagement-Anwendungen*. Diplomarbeit, Universität Karlsruhe (TH), 2008.

[102] **Ruhland, Christoph**: *FPGA-Implementierung der Wavelet Packet Transformation*. Studienarbeit, Karlsruher Institut für Technologie, 2010.

[103] **Ruprecht, Bruno**: *Entwicklung einer USB-basierten GUI für ein PLC-Modem*. Studienarbeit, Karlsruher Institut für Technologie, 2010.

[104] **Schwärtzel, Markus**: *Analyse der Auswirkungen von Impulsstörern auf OFDM*. Studienarbeit, Karlsruher Institut für Technologie, 2010.

[105] **Sigle, Martin**: *Entwurf und Implementierung einer VHDL-basierten PLC-Modem-Plattform mit Analysefunktion*. Diplomarbeit, Karlsruher Institut für Technologie, 2009.

[106] **Sigle, Martin**: *Parametrisierung und Entwurf eines Modulationsverfahrens basierend auf der Wavelet-Packet-Transformation*. Studienarbeit, Universität Karlsruhe (TH), 2009.

[107] **Stephan, Ralf**: *Vergleich von CSMA/CA und Polling hinsichtlich der Robustheit unter verschiedenen Fehler-Szenarien*. Studienarbeit, Karlsruher Institut für Technologie, 2010.

[108] **Susanti, Devy**: *Simulation and Evaluation of Methods for Multicarrier Communication Systems*. Masterarbeit, Universität Karlsruhe (TH), 2007.

[109] **Wang, Chong**: *Analyse und Entwurf von MAC-Algorithmen für die zuverlässige Kommunikation mittels PLC*. Diplomarbeit, Universität Karlsruhe (TH), 2008.

[110] **Öztürk, Kutlu Çagri**: *Analyse und Erweiterung eines MAC-Protokolls zur fehlertoleranten Kommunikation mittels PLC*. Diplomarbeit, Karlsruher Institut für Technologie, 2010.

Forschungsberichte
aus der Industriellen Informationstechnik
(ISSN 2190-6629)
Institut für Industrielle Informationstechnik
Karlsruher Institut für Technologie

Hrsg.: Prof. Dr.-Ing. Fernando Puente León, Prof. Dr.-Ing. habil. Klaus Dostert

Die Bände sind unter www.ksp.kit.edu als PDF frei verfügbar oder als Druckausgabe bestellbar.

Band 1   Pérez Grassi, Ana
          **Variable illumination and invariant features for detecting and
          classifying varnish defects.** (2010)
          ISBN 978-3-86644-537-6

Band 2   Christ, Konrad
          **Kalibrierung von Magnet-Injektoren für Benzin-Direkteinspritzsysteme
          mittels Körperschall.** (2011)
          ISBN 978-3-86644-718-9

Band 3   Sandmair, Andreas
          **Konzepte zur Trennung von Sprachsignalen in unterbestimmten
          Szenarien.** (2011)
          ISBN 978-3-86644-744-8

Band 4   Bauer, Michael
          **Vergleich von Mehrträger-Übertragungsverfahren und Entwurfs-
          kriterien für neuartige Powerline-Kommunikationssysteme zur
          Realisierung von Smart Grids.** (2012)
          ISBN 978-3-86644-779-0